DIE GRUNDLEHREN DER MATHEMATISCHEN WISSENSCHAFTEN

IN EINZELDARSTELLUNGEN MIT BESONDERER BERÜCKSICHTIGUNG DER ANWENDUNGSGEBIETE

HERAUSGEGEBEN VON

J. L. DOOB · R. GRAMMEL · E. HEINZ · F. HIRZEBRUCH
E. HOPF · H. HOPF · W. MAAK · W. MAGNUS
F. K. SCHMIDT · K. STEIN

GESCHÄFTSFÜHRENDE HERAUSGEBER

B. ECKMANN UND B. L. VAN DER WAERDEN
ZÜRICH

BAND 113

SPRINGER-VERLAG
BERLIN · GÖTTINGEN · HEIDELBERG
1962

HILBERTSCHE RÄUME MIT KERNFUNKTION

VON

Dr. phil. HERBERT MESCHKOWSKI

APL. PROFESSOR
AN DER FREIEN UNIVERSITÄT BERLIN

MIT 11 ABBILDUNGEN

SPRINGER-VERLAG
BERLIN · GÖTTINGEN · HEIDELBERG
1962

Geschäftsführende Herausgeber:

Prof. Dr. B. Eckmann,

Eidgenössische Technische Hochschule Zürich

Prof. Dr. B. L. van der Waerden,

Mathematisches Institut der Universität Zürich

ISBN-13: 978-3-642-94849-7   e-ISBN-13: 978-3-642-94848-0

DOI: 10.1007/978-3-642-94848-0

Druck der Universitätsdruckerei H. Stürtz AG., Würzburg

Vorwort

Die Hilbertschen Räume mit reproduzierendem Kern gehören zu jenen mathematischen Strukturen, die sich in vielen Gebieten der Analysis anwenden lassen. Manche Klassen von analytischen Funktionen (von einer oder mehreren komplexen Veränderlichen), aber auch gewisse Mengen von Lösungen partieller Differentialgleichungen erweisen sich als Hilbertsche Funktionenräume, die einen reproduzierenden Kern besitzen.

Bald nach Erscheinen der grundlegenden Arbeiten von BERGMAN und BOCHNER im Jahre 1922 (s. Literaturverzeichnis) wurde klar, daß die Einführung von „Kernfunktionen" besonders für die Theorie der konformen Abbildung fruchtbar werden mußte. Während in der von KOEBE und seinen Schülern begründeten Theorie viele Sätze den Charakter reiner Existenzaussagen hatten, gelang es mit Hilfe der Kernfunktionen, die klassischen Abbildungsfunktionen explizit darzustellen und damit ihre effektive Berechnung zu erleichtern.

In früheren Darstellungen über die Kernfunktionen hat man meist die Bedeutung der neuen Betrachtungsweise für die einzelnen Disziplinen getrennt herausgestellt. Bei einer solchen übergreifenden Theorie ist es aber auch möglich, von den *allgemeinen* Eigenschaften Hilbertscher Funktionenräume mit Kernfunktion auszugehen. Besonders die umfassende Arbeit von ARONSZAJN [1] hat eine solche Darstellungsweise nahe gelegt. Sie macht es möglich, Wiederholungen zu vermeiden und allgemeine Eigenschaften der Kernfunktionen als solche herauszustellen.

Um diese Schrift auch für Studenten der mittleren Semester lesbar zu machen, beginnen wir mit einem Kapitel über die allgemeinen Hilbertschen Räume. Wir beschränken uns dabei auf den Beweis solcher Sätze, die für die hier behandelte Theorie gebraucht werden.

Dann folgt eine Darstellung der allgemeinen Eigenschaften von Hilbert-Räumen mit Kern. Der nächste Schritt besteht in der Spezialisierung auf Hilbert-Räume mit solchen Funktionen, die analytisch bzw. stetig sind. Die allgemeine Untersuchung solcher Räume erweist sich als durchaus nützlich. Es gelingt z.B. auf diese Weise, gewisse Aussagen über Orthonormalsysteme nach BERGMAN und SZEGÖ (z.B. die aus der Habilitationsschrift des Verfassers) auf Orthonormalsysteme anderer Hilbert-Räume zu verallgemeinern.

Wir bringen dann spezielle Anwendungen der allgemeinen Theorie. Das ist nicht nur deshalb nötig, weil der Leser einen Überlick über die

Fülle der Anwendungsmöglichkeiten bekommen soll. Es zeigt sich, daß spezielle Kernfunktionen über die zu ihnen gehörenden Hilbert-Räume hinaus von Bedeutung sind. So gibt es in der Theorie der analytischen Funktionen viele Extremalprobleme für Funktionenfamilien, die nicht den Charakter von Hilbert-Räumen haben. Die Lösungsfunktionen sind aber in manchen Fällen doch wieder wohlbekannte Kernfunktionen oder wenigstens solche Funktionen, die sich leicht mit Hilfe der Kernfunktionen berechnen lassen.

Die Darstellung einiger neuerer Ergebnisse aus der Theorie der Kernfunktionen in Räumen mit mehreren komplexen Veränderlichen soll schließlich deutlich machen, welche Bedeutung die Theorie der reproduzierenden Kerne noch für die weitere Forschung auf diesem Gebiet haben kann.

Einigermaßen kurz ist unsere Darstellung über die partiellen Differentialgleichungen (Elftes Kapitel). Hier gibt es ja die umfassende Arbeit von BERGMAN und SCHIFFER, auf die wir verweisen können. Immerhin durfte aber ein Überblick über die Bedeutung der Kernfunktionen für die Lösung von partiellen Differentialgleichungen in unserer Darstellung nicht ganz fehlen.

Nachstehend geben wir eine schematische Darstellung über den Zusammenhang der Kapitel. Sie zeigt unter anderem, daß man bei einer ersten Lektüre das fünfte Kapitel überschlagen kann. — Für treue Hilfe bei der Formulierung dieser Schrift und bei der Korrektur danke ich Herrn Studienreferendar WINFRIED NILSON.

Berlin, im November 1961.   HERBERT MESCHKOWSKI

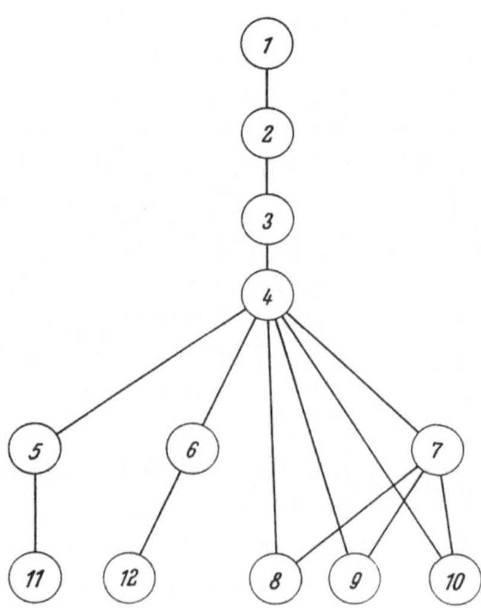

Inhaltsverzeichnis

Erstes Kapitel

Einleitung

In der analytischen Geometrie des dreidimensionalen Raumes stellt man die Vektoren dar in der Form

$$x = \alpha_1\, e_1 + \alpha_2\, e_2 + \alpha_3\, e_3. \tag{1}$$

Dabei sind e_1, e_2 und e_3 paarweise senkrechte Einheitsvektoren; für sie gilt

$$(e_\mu, e_\nu) = \delta_{\mu\nu} = \begin{cases} 1 & \text{für } \mu = \nu, \\ 0 & \text{für } \mu \neq \nu, \end{cases} \tag{2}$$

und daraus folgt für die Koeffizienten α_ν der Darstellung (1)

$$\alpha_\nu = (x, e_\nu). \tag{3}$$

Diese Darstellung (1) läßt sich auf Funktionen übertragen, die etwa in einem Intervall $(a; b)$ der reellen Achse erklärt sind. Dazu definiert man für irgend zwei (als integrierbar vorausgesetzte) komplexwertige Funktionen ein inneres Produkt durch die Vorschrift

$$(f, g) = \int\limits_a^b f \bar{g}\, dx.$$

Eine Folge $\{\varphi_\nu(x)\}$ von Funktionen heißt ein *Orthonormalsystem* für das Intervall $(a; b)$, wenn — in Analogie zu (2) —

$$\big(\varphi_\mu(x), \varphi_\nu(x)\big) = \delta_{\mu\nu} \tag{2'}$$

gilt. Man kann versuchen, im Intervall $(a; b)$ erklärte Funktionen mit Hilfe eines solchen Systems $\{\varphi_\nu(x)\}$ durch eine Reihe von der Form

$$f(x) = \alpha_1\, \varphi_1(x) + \alpha_2\, \varphi_2(x) + \cdots + \alpha_n\, \varphi_n(x) + \cdots \tag{1'}$$

darzustellen. *Wenn* eine solche Darstellung durch eine in jedem Teilintervall von $(a; b)$ gleichmäßig konvergente Reihe möglich ist, kann man die Koeffizienten der Reihe (1') leicht berechnen. Wegen (2') ist ja

$$\alpha_\nu = \big(f(x), \varphi_\nu(x)\big), \tag{3'}$$

in Analogie zu (3).

Um das Ziel unserer Arbeit deutlich zu machen, wollen wir zuerst einige Beispiele von Orthonormalsystemen anführen. Die Folge

$$\varphi_\nu(x) = \frac{1}{\sqrt{\pi}} \sin \nu x \qquad (\nu = 1, 2, 3, \ldots) \tag{4}$$

bildet ein Orthonormalsystem im Intervall $(-\pi, +\pi)$ der reellen Achse.

Zur Definition eines anderen, von O. LEHTO [5] angegebenen Systems gehen wir von einer beliebigen Folge reeller Zahlen a_n aus, die alle zwischen 0 und 1 liegen und monoton abnehmend gegen 0 konvergieren. Mit Hilfe einer solchen Folge a_n erklären wir die Funktionen $\varphi_\nu(x)$ ($\nu = 1, 2, 3, \ldots$) im Intervall $(-1; +1)$ so:

$$\varphi_n(x) = \begin{cases} 0 \text{ außerhalb des Intervalles } (a_{n+1}; a_n) \\[2mm] \dfrac{2\sqrt{3}(x - a_{n+1})}{(a_n - a_{n+1})^{\frac{3}{2}}} \quad \text{für } a_{n+1} \leqq x < \frac{1}{2}(a_{n+1} + a_n) \\[3mm] \dfrac{-2\sqrt{3}(x - a_n)}{(a_n - a_{n+1})^{\frac{3}{2}}} \quad \text{für } \frac{1}{2}(a_{n+1} + a_n) \leqq x \leqq a_n . \end{cases} \tag{5}$$

Die Orthogonalität des Systems (5) ergibt sich sofort aus der Tatsache, daß für jeden Punkt x des Intervalles $(-1; +1)$ höchstens *eine* Funktion des Systems (5) von 0 verschieden ist (Abb. 1).

Ein anderes interessantes Orthonormalsystem hat RADEMACHER angegeben[1]. Er schreibt die Zahlen des Intervalles $[0; 1]$ im Dualsystem:

$$x = \frac{a_1(x)}{2} + \frac{a_2(x)}{2^2} + \frac{a_3(x)}{2^3} + \cdots = 0; a_1 a_2 a_3 \cdots \quad (a_\nu(x) = 1 \text{ oder } 0) \tag{6}$$

und erklärt ein Funktionensystem $\varphi_\nu(x)$ durch die Vorschrift

$$\varphi_\nu(x) = \begin{cases} 1, \text{ falls } a_\nu(x) = 0, \\ -1, \text{ falls } a_\nu(x) = 1 \end{cases} \tag{7}$$

ist. Diese Vorschrift (7) gilt für alle die Zahlen des Intervalles, die *eindeutig* als Dualbruch in der Form (6) dargestellt werden können. Das sind jene Zahlen, die *nicht* von der Form $n \cdot 2^{-m}$ sind. Für diese „Ausnahmen" gilt die Vorschrift:

$$\varphi_\nu(x) = 0, \text{ falls die Stelle mit der Nummer } \nu \text{ in beiden Darstellungen } verschieden \text{ ist.} \tag{7'}$$

In allen übrigen Fällen bleibt es bei der Festsetzung (7).

Betrachten wir das Beispiel $x = \frac{3}{4}$. Hier sind zwei Darstellungen als Dualbruch möglich:

$$\frac{3}{4} = \frac{1}{2} + \frac{1}{2^2} + \frac{0}{2^3} + \frac{0}{2^4} + \cdots = \frac{1}{2} + \frac{0}{2^2} + \frac{1}{2^3} + \frac{1}{2^4} + \cdots .$$

---

[1] Vgl. KACZMARZ und STEINHAUS S. 42.

Es wird $\varphi_1\left(\tfrac{3}{4}\right)=-1$, aber $\varphi_\nu\left(\tfrac{3}{4}\right)=0$ für alle $\nu>1$. Abb. 2 zeigt die Funktion $\varphi_3(x)$ dieses Systems.

Das System (7) ist orthogonal, wie man leicht einsieht: Die Funktion $\varphi_\nu(x)$ hat 2^ν Konstanzintervalle, die wir mit J_N bezeichnen wollen $(N=1, 2, 3, \ldots, 2^\nu)$. Dann ist nach Definition der Funktionen $\varphi_\nu(x)$ für $\mu>\nu$:

$$\int\limits_{J_N} \varphi_\nu(x)\,\psi_\mu(x)\,dx = (-1)^{N+1}\int\limits_{J_N} \varphi_\mu(x)\,dx.$$

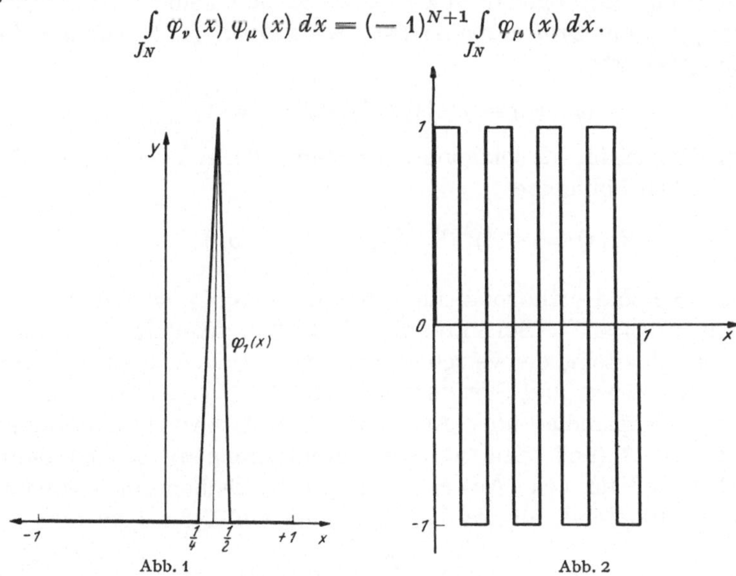

Abb. 1   Abb. 2

J_N zerfällt aber in $2^{\mu-\nu}$ gleiche Intervalle, in denen $\varphi_\mu(x)$ abwechselnd $+1$ und -1 ist. Deshalb ist

$$\int\limits_0^1 \varphi_\nu(x)\,\varphi_\mu(x)\,dx = \sum \int\limits_{J_N} \varphi_\nu(x)\,\varphi_\mu(x)\,dx = 0.$$

Wir wollen jetzt ein Orthonormalsystem angeben für einen Bereich der komplexen Ebene. Für die in einem beschränkten und von n glatten Kurven begrenzten Bereich $\mathfrak{B}$ erklärten Funktionen kann man das innere Produkt zweier Funktionen $f(z)$ und $g(z)$ erklären durch die Vorschrift

$$(f, g) = \iint\limits_{\mathfrak{B}} f(z)\,\overline{g(z)}\,dx\,dy. \tag{8}$$

Wir wählen als einfaches Beispiel den Einheitskreis $\mathfrak{E}$ als Bereich und haben dann in

$$\varphi_\nu(z) = \left(\frac{\nu}{\pi}\right)^{\frac{1}{2}} z^{\nu-1} \qquad (\nu = 1, 2, 3, \ldots) \tag{9}$$

1*

ein System von Orthogonalfunktionen Es gilt nämlich

$$\iint\limits_{\mathfrak{C}} \varphi_\nu(z)\,\overline{\varphi_\mu(z)}\,dx\,dy = \frac{(\nu\mu)^{\frac{1}{2}}}{\pi}\int\limits_{r=0}^{1}\int\limits_{\vartheta=0}^{2\pi} r^{\nu+\mu-1}\,e^{i\vartheta(\nu-\mu)}\,dr\,d\vartheta = \delta_{\nu\mu}.$$

Für manche Fälle ist eine Variation in der Definition des inneren Produktes und der Orthogonalität zweckmäßig. Man nennt ein Funktionensystem $\psi_\nu(x)$ ein *Orthonormalsystem im Intervall* $(a;b)$ *mit der Belegfunktion* $g(x)$, wenn

$$(\psi_\nu, \psi_\mu) = \int g(x)\,\psi_\nu(x)\,\overline{\psi_\mu(x)}\,dx = \delta_{\nu\mu}.$$

Als ein Beispiel für die Orthonormalsysteme dieses Typs wollen wir die Hermiteschen Polynome

$$H_\nu(x) = (-1)^\nu\,e^{x^2}\,\frac{d^\nu e^{-x^2}}{dx^\nu}\qquad (\nu = 0, 1, 2, \ldots)$$

nennen. Sie sind orthogonal im Intervall $(-\infty, +\infty)$ mit der Belegfunktion $g(x) = e^{-x^2}$ (SCHMEIDLER [1], S. 29). Weitere Beispiele für Orthonormalsysteme der verschiedenen Typen finden sich bei SCHMEIDLER [1], KACZMARZ und STEINHAUS, TRICOMI.

Durch die grundlegenden Arbeiten von BERGMAN [1] und BOCHNER im Jahre 1922 (und viele weitere Untersuchungen) ist nun deutlich geworden, daß für viele Anwendungen solche Orthonormalsysteme besonders wichtig sind, für die die „Kernfunktion"

$$K(x, y) = \sum_{\nu=1}^{\infty}\varphi_\nu(x)\cdot\overline{\varphi_\nu(y)} \tag{10}$$

existiert. Wir wollen die oben genannten Systeme (4), (5), (7) und (9) daraufhin prüfen, ob die Reihe (10) für alle x und y des Intervalles (bzw. des Bereiches) konvergiert.

Man übersieht sofort, daß die Systeme (4) und (7) *keine* Kernfunktion haben. Setzt man nämlich in (10) für $\varphi_\nu(x)$ die Funktionen des Systems (4) ein, so erhält man für $x = y = \pi/2$:

$$K\left(\frac{\pi}{2},\ \frac{\pi}{2}\right) = \frac{1}{\pi}\sum_{\nu=1}^{\infty}\sin^2\frac{\nu\pi}{2},$$

und diese Reihe ist gewiß divergent. Ebenso erkennt man im Falle (7), daß die Reihe

$$\sum_{\nu=1}^{\infty}\varphi_\nu(x)\,\overline{\varphi_\nu(x)} = \sum_{\nu=1}^{\infty}|\varphi_\nu(x)|^2$$

divergiert. Dagegen haben die Systeme (5) und (9) einen Kern. Im Fall (5) ergibt sich die Konvergenz der Reihe (10) einfach aus der Tatsache, daß für festes x von den Funktionen des Systems höchstens eine von Null verschieden ist. Im Falle (9) haben wir[1]

$$K(z, \overline{u}) = \sum_{\nu=1}^{\infty} \frac{\nu}{\pi} z^{\nu-1} \overline{u}^{\nu-1} = \frac{1}{\pi(1 - z\,\overline{u})^2}\,. \tag{11}$$

Diese Kernfunktion ist analytisch für alle z mit $|z| < 1$ und antianalytisch in u für $|u| < 1$. Für $z = u = 1$ wird die Funktion singulär.

Die wichtigste Eigenschaft jeder Kernfunktion ist ihre Fähigkeit zur „Reproduktion". Damit ist folgendes gemeint: Es sei $f(x)$ eine Funktion, die durch eine in jedem abgeschlossenen Teilbereich (bzw. in jedem abgeschlossenen Teilintervall) gleichmäßig konvergente Reihe von der Form

$$f(x) = \sum_{\nu=1}^{\infty} a_\nu\, \varphi_\nu(x)\,, \qquad \sum_{\nu=1}^{\infty} |a_\nu|^2 < \infty\,, \tag{12}$$

dargestellt werden kann. Dann gilt für diese Funktion

$$f(u) = \big(f(x), K(x, \overline{u})\big) = \int_a^b f(x)\, \overline{K(x, \overline{u})}\, dx\,. \tag{13}$$

Jede in der Form (12) darstellbare Funktion ist also Lösung der Integralgleichung (13). Zum Beweis setzen wir in das innere Produkt $\big(f(x), K(x, \overline{u})\big)$ die Reihenentwicklungen ein. Dann wird wegen (2'):

$$\big(f(x), K(x, \overline{u})\big) = \left(\sum_{\nu=1}^{\infty} a_\nu\, \varphi_\nu(x), \sum_{\mu=1}^{\infty} \varphi_\mu(x)\, \overline{\varphi_\mu(u)} \right)$$

$$= \sum_{\nu,\,\mu} \big(a_\nu\, \varphi_\nu(x),\, \varphi_\mu(x)\, \overline{\varphi_\mu(u)}\big) = \sum_{\nu=1}^{\infty} a_\nu\, \varphi_\nu(u) = f(u)\,.$$

Wir werden zeigen (Kap. II), daß die Klassen der Funktionen, die durch Orthonormalsysteme in der Form (12) darstellbar sind, Hilbertsche Räume bilden. Uns soll in dieser Schrift die Theorie jener Hilbertschen Räume beschäftigen, die einen reproduzierenden Kern haben.

Daß es Hilbertsche Räume gibt, die keine Kernfunktion haben, wissen wir bereits: Für die Systeme (4) und (7) ist ja die Reihe (10) divergent. Das bedeutet unter anderem, daß der in der reellen Analysis wichtige Raum L^2 der im Intervall $(a; b)$ im Lebesgueschen Sinne quadratisch integrablen Funktionen *nicht* in den Bereich unserer Betrachtungen gehört. Für diesen Raum[2] ist ja (im Intervall $(-\pi, +\pi)$) das System

$$\frac{1}{\sqrt{2\pi}}\,, \qquad \frac{1}{\sqrt{\pi}} \cos \nu x\,, \qquad \frac{1}{\sqrt{\pi}} \sin \nu x\,, \qquad \nu = 1, 2, 3, \ldots, \tag{14}$$

---

[1] Man schreibt oft $K(z, \overline{u})$ statt $\underline{K}(z, u)$, um anzudeuten, daß die Funktion analytisch in $\overline{u}$ ist.

[2] Siehe darüber z.B. ACHIESER-GLASMANN oder RIESZ-NAGY.

ein „vollständiges Orthonormalsystem". Das heißt: Jede Funktion, für die das im Lebesgueschen Sinne zu verstehende Integral

$$\int\limits_{-\pi}^{+\pi} |f(x)|^2\, dx$$

existiert, ist darstellbar in der Form[1]

$$f(x) \approx a_0 \frac{1}{\sqrt{2\pi}} \sum_{\nu=1}^{\infty} (a_\nu \cos \nu\, x + b_\nu \sin \nu\, x).$$

Aber dieses System (14) hat keine Kernfunktion, da ja schon $\sum \sin^2 \frac{\nu\pi}{2}$ divergiert.

Weitere Beispiele für Räume *mit* Kernfunktion geben wir im Kap. IV.

Zweites Kapitel

Allgemeine Eigenschaften der Hilbertschen Räume

Die Hilbertschen Räume mit Kernfunktion sind eine besonders wichtige Klasse von separierbaren Hilbertschen Räumen. Um ihre Gesetzlichkeiten zu verstehen, brauchen wir die Grundtatsachen aus der *allgemeinen* Theorie der Hilbertschen Räume. Wir bringen in diesem Kapitel die notwendigen Definitionen und Lehrsätze.

§ 1. Definitionen

Erklärung: Eine Menge R von Elementen $x, y, z, \ldots$ heißt ein *metrischer Raum*, wenn folgende Bedingungen erfüllt sind:

a) In R ist eine „Addition" definiert (Zeichen: $+$), für die R eine Abelsche Gruppe bildet[2].

b) In R ist eine Multiplikation mit (reellen oder komplexen) Zahlen $\alpha, \beta, \gamma, \ldots$ definiert, für die die folgenden Gesetze erfüllt sind:

$$\alpha\,(x + y) = \alpha\,x + \alpha\,y$$
$$(\alpha + \beta)\,x = \alpha\,x + \beta\,x$$
$$\alpha\,(\beta\,x) = (\alpha\,\beta)\,x$$
$$1 \cdot x = x$$
$$0 \cdot x = \mathbf{0}.$$

---

[1] Das Zeichen $\approx$ bedeutet, daß die Konvergenz der Reihe als „Konvergenz in der Norm" gemeint ist. Siehe darüber S. 19!

[2] Das Nullelement dieser Gruppe wird mit $\mathbf{0}$ bezeichnet.

c) Jedem Paar von Elementen x, y aus R ist genau eine (reelle oder komplexe) Zahl (x, y) zugeordnet, für die die folgenden Gesetze erfüllt sind:

$$(x, y) = \overline{(y, x)}$$

$$(\alpha x + \beta y, z) = \alpha (x, z) + \beta (y, z)$$

$$(x, x) \geqq 0, \text{ und das Gleichheitszeichen steht nur für } x = 0.$$

Diese Zahl (x, y) heißt das *skalare* oder *innere Produkt* der Elemente (oder „Vektoren") x und y. Die nicht negative Wurzel

$$\|x\| = \sqrt{(x, x)}$$

heißt die *Norm* von x und $\|x - y\|$ die *Entfernung* zwischen den Elementen x und y.

Satz II 1

Für irgend zwei Elemente eines metrischen Raumes gilt die Schwarzsche[1] Ungleichung

$$|(x, y)| \leqq \|x\| \cdot \|y\|. \tag{1}$$

Zum Beweis dieser Ungleichung setzen wir $\lambda = (x, y) \cdot |(x, y)|^{-1}$ und haben dann unter Beachtung der unter c) aufgeführten Eigenschaften des inneren Produktes für beliebiges reelles μ:

$$0 \leqq (\overline{\lambda} x + \mu y, \overline{\lambda} x + \mu y) = \mu^2 (y, y) + 2\mu |(x, y)| + (x, x). \tag{2}$$

Auf der rechten Seite von (2) steht ein Polynom zweiten Grades in μ, das nicht negativ wird. Die quadratische Gleichung

$$\mu^2 (y, y) + 2\mu |(x, y)| + (x, x) = 0$$

hat also höchstens *eine* reelle Lösung. Daraus folgt sofort (1).

Definiert man für die (etwa im Riemannschen Sinne) in einem Intervall der reellen Achse integrierbaren Funktionen ein inneres Produkt durch die Vorschrift

$$(f, g) = \int\limits_a^b f \overline{g} \, dx,$$

so sind für dieses Produkt die Axiome c) erfüllt. Es gilt also

$$\left| \int\limits_a^b f \overline{g} \, dx \right|^2 \leqq \int\limits_a^b |f|^2 \, dx \cdot \int\limits_a^b |g|^2 \, dx. \tag{1'}$$

---

[1] Sie wird auch als die Cauchy-Bunjakowskische Ungleichung bezeichnet, siehe z. B. ACHIESER-GLASMANN.

Das *Gleichheitszeichen* kann in (1) und (2) nur stehen, wenn $\bar{\lambda}\,x + \mu\,y$ das Nullelement ist. Das heißt:

Satz II 1'

Dann und nur dann steht in der Schwarzschen Ungleichung (1) *das Gleichheitszeichen, wenn* $x = \alpha\,y$ *gilt mit einer gewissen komplexen Zahl* α.

Satz II 2

Für alle $x \in \boldsymbol{R}$, $y \in \boldsymbol{R}$ *gilt die* ,,*Dreiecksungleichung*"

$$\|x + y\| \leqq \|x\| + \|y\|. \tag{3}$$

Es ist nämlich

$$(x + y,\, x + y) = \|x + y\|^2 = (x,\, x) + (y,\, y) + (y,\, x) + (x,\, y)$$
$$\leqq \|x\|^2 + \|y\|^2 + 2\,|(x,\, y)|.$$

Nach (1) folgt daraus

$$\|x + y\|^2 \leqq \|x\|^2 + \|y\|^2 + 2\,\|x\| \cdot \|y\| = (\|x\| + \|y\|)^2.$$

Erklärung: Eine Folge x_n von Elementen aus $\boldsymbol{R}$ heißt eine *Fundamentalfolge* (oder auch eine *Cauchy-Folge*), wenn es zu jedem $\varepsilon > 0$ ein N gibt, so daß für alle natürlichen Zahlen $n > N$ und $m > N$ $\|x_n - x_m\| < \varepsilon$ ist.

Man sagt weiter von einer Folge $x_n \in \boldsymbol{R}$, sie sei gegen $x \in \boldsymbol{R}$ *konvergent*, wenn für fast alle n $\|x_n - x\|$ kleiner ist als jede vorgegebene positive reelle Zahl ε.

Offenbar ist jede konvergente Folge in einem metrischen Raum auch eine Fundamentalfolge, denn es gilt ja nach der Dreiecksungleichung (3)

$$\|x_n - x_m\| = \|(x_n - x) + (x - x_m)\| \leqq \|x_n - x\| + \|x_m - x\|.$$

Umgekehrt braucht in einem metrischen Raum nicht zu *jeder* Fundamentalfolge x_n ein Element $x \in \boldsymbol{R}$ zu gehören, gegen das x_n konvergiert. *Wenn* das der Fall ist, heißt der Raum *vollständig*. Man spricht in diesem Fall auch von einem Hilbertschen Raum.

Erklärung: Ein metrischer Raum heißt ein *Hilbertscher Raum*, wenn jede Fundamentalfolge dieses Raumes gegen ein Element des Raumes konvergiert[1].

---

[1] Achieser-Glasmann spricht nur dann von einem Hilbertschen Raum, wenn es in ihm mindestens abzählbar viele linear unabhängige Elemente gibt. Die andern werden als ,,Euklidische Räume" bezeichnet. Bei Schmeidler [2] dagegen wird gefordert, daß der Raum separierbar sei. Wir ziehen die hier gegebene Definition vor, die Räume von endlicher Dimension und nicht separierbare Räume einschließt.

Ein nicht vollständiger metrischer Raum wird gelegentlich auch als *unvollständiger Hilbert-Raum* bezeichnet.

Das einfachste Beispiel für einen solchen Hilbertschen Raum ist der n-dimensionale Euklidische Raum. Die Elemente x, y, z, ... werden hier als Ortsvektoren (in irgendeinem rechtwinkligen Koordinatensystem) gedeutet: $x = (x_1, x_2, \ldots, x_n)$. Das innere Produkt (x, y) hat die in der analytischen Geometrie übliche Bedeutung:

$$(x, y) = \sum_{\nu=1}^{n} x_\nu \, y_\nu \, .$$

Ein weiteres wichtiges Beispiel ist der „Hilbertsche Folgenraum" l^2, dessen Elemente Vektoren mit unendlich vielen komplexen Komponenten sind:

$$x = (x^{(1)}, x^{(2)}, x^{(3)}, \ldots) \, .$$

Von diesen Komponenten wird vorausgesetzt, daß die Summe der Quadrate ihrer absoluten Beträge konvergent sei:

$$\sum_{\nu=1}^{\infty} |x^{(\nu)}|^2 < \infty \, . \tag{4}$$

Man erkennt sofort, daß für diese Vektoren die Axiome des metrischen Raumes erfüllt sind, wenn das innere Produkt durch die Reihe

$$(x, y) = \sum_{\nu=1}^{\infty} x^{(\nu)} \, \overline{y^{(\nu)}}$$

erklärt wird. Die Konvergenz dieser Reihe ergibt sich wegen (4) leicht aus der Schwarzschen Ungleichung.

Wenn wir diesen metrischen Raum als Hilbert-Raum bezeichnen, müssen wir noch nachweisen, daß jede Fundamentalfolge gegen einen Vektor dieses Raumes konvergiert. Es sei also $\{x_n\}$ eine solche Folge von Vektoren x_n mit den Komponenten $x_n^{(\nu)}$:

$$x_n = \{x_n^{(1)}, x_n^{(2)}, x_n^{(3)}, \ldots\}, \quad \sum_{\nu=1}^{\infty} |x_n^{(\nu)}|^2 < \infty, \quad n = 1, 2, 3, \ldots \, .$$

Da x_n eine Fundamentalfolge ist, gilt für $n > N(\varepsilon)$, $m > N(\varepsilon)$

$$\|x_n - x_m\|^2 = \sum_{\nu=1}^{\infty} |x_n^{(\nu)} - x_m^{(\nu)}|^2 < \varepsilon \, . \tag{5}$$

Es ist also a fortiori

$$|x_n^{(\nu)} - x_m^{(\nu)}|^2 < \varepsilon, \quad \nu = 1, 2, 3, \ldots \, .$$

Nach dem Cauchy-Konvergenzkriterium für Zahlen folgt daraus die Existenz einer Zahlenfolge $x^{(\nu)}$ mit der Eigenschaft

$$\lim_{n \to \infty} x_n^{(\nu)} = x^{(\nu)} \, . \tag{6}$$

Wir zeigen nun, daß

$$x = (x^{(1)}, x^{(2)}, \ldots, x^{(\nu)}, \ldots)$$

ein Vektor ist, d.h. daß $\sum |x^{(\nu)}|^2$ konvergiert. In der Tat: Nach der Dreiecksungleichung (3) ist

$$\|x_n\| \leq \|x_m\| + \|x_n - x_m\|. \tag{7}$$

Nach (5) folgt aus (7) die gleichmäßige Beschränktheit von $\|x_n\|$. Es gibt danach eine positive Zahl k, für die

$$\sum_{\nu=1}^{M} |x_n^{(\nu)}|^2 < k \tag{8}$$

gilt für alle n bei beliebig groß gewähltem M. Wegen (6) folgt aber aus (8)

$$\sum_{\nu=1}^{M} |x^{(\nu)}|^2 \leq k.$$

Ähnlich zeigt man nun, daß die Folge x_n tatsächlich gegen den Vektor x konvergiert: Aus

$$\sum_{\nu=1}^{M} |x_n^{(\nu)} - x_m^{(\nu)}|^2 < \varepsilon$$

für beliebig großes M folgt

$$\sum_{\nu=1}^{M} |x^{(\nu)} - x_m^{(\nu)}|^2 \leq \varepsilon$$

und damit auch

$$\sum_{\nu=1}^{\infty} |x^{(\nu)} - x_m^{(\nu)}|^2 \leq \varepsilon$$

für $m > N(\varepsilon)$.

Weitere Beispiele von Hilbertschen Räumen werden wir später kennenlernen. Zunächst entwickeln wir die allgemeine Theorie weiter.

§ 2. Die Orthogonalisierung

Erklärung: Die Elemente $x_1, x_2, \ldots, x_n$ eines metrischen Raumes heißen *linear unabhängig*, wenn die Relation

$$\alpha_1 x_1 + \alpha_2 x_2 + \cdots + \alpha_n x_n = 0$$

nur möglich ist im Falle $\alpha_1 = \alpha_2 = \cdots = \alpha_n = 0$. Im andern Fall nennt man die Elemente $x_1, x_2, \ldots, x_n$ *linear abhängig*.

Ein metrischer Raum wird *n-dimensional* genannt, wenn er n linear unabhängige Elemente hat, aber je $n+1$ Elemente des Raumes linear abhängig sind. Gibt es keine solche Zahl, so heißt der Raum *von unendlicher Dimension*.

Man kann leicht zeigen, daß der Hilbertsche Folgenraum von unendlicher Dimension ist: Jede endliche Teilmenge der Vektorenfolge

$$(1, 0, 0, .\ \ldots)$$
$$(0, 1, 0, .\ \ldots)$$
$$(0, 0, 1, 0, \ldots)$$
$$\cdot\ \ \cdot\ \ \cdot\ \ \cdot\ \ \cdot\ \ \cdot$$

ist nämlich linear unabhängig.

Es ist nun für die mancherlei Anwendungen unserer Theorie wichtig, daß man in jedem Hilbertschen Raum durch ein einfaches Verfahren Systeme orthogonaler Vektoren gewinnen kann. Es gilt

Satz II 3

Jede Folge linear unabhängiger Elemente eines Hilbertschen Raumes kann „orthogonalisiert" werden.

Das heißt ausführlicher: Es sei

$$x_1, x_2, x_3, \ldots \tag{9}$$

eine Folge linear unabhängiger Elemente[1]. Dann ist es möglich, durch lineare Kombination von Elementen der Folge (9) eine neue Folge

$$y_1, y_2, y_3, \ldots \tag{10}$$

zu gewinnen, für die die Orthogonalitätsrelation

$$(y_i, y_k) = \delta_{ik} = \begin{cases} 0 \ \text{für} \ i \neq k, \\ 1 \ \text{für} \ i = k \end{cases} \tag{11}$$

erfüllt ist.

Die Konstruktion der Folge (10) erfolgt sukzessiv nach dem Schmidtschen[2] Orthogonalisierungsverfahren. Der erste Vektor y_1 der neuen Folge wird $x_1 \|x_1\|^{-1}$. Er hat offenbar die Norm 1. Dann bilden wir

$$z_2 = x_2 - (x_2, y_1)\, y_1.$$

Dieser Vektor ist nicht der Nullvektor, denn sonst wären ja x_1 und x_2 linear abhängig. Er ist zu y_1 orthogonal, hat aber im allgemeinen noch nicht die Norm 1. Wir berechnen seine Norm und definieren dann den zweiten Vektor der gesuchten Folge (10) so: $y_2 = z_2 \cdot \|z_2\|^{-1}$. Dieser Vektor hat die Norm 1 und ist zu y_1 orthogonal:

$$(y_2, y_1) = \|z_2\|^{-1} \left(x_2 - (x_2, y_1)\, y_1, y_1 \right) = 0.$$

Das Verfahren kann nun fortgesetzt werden. Nehmen wir an, daß wir schon n Vektoren y_ν $(\nu = 1, 2, 3, \ldots, n)$ bestimmt haben, die sämtlich

---

[1] Eine Folge x_n heißt linear unabhängig, wenn jede endliche Teilmenge dieser Folge linear unabhängig ist.

[2] Genannt nach ERHARD SCHMIDT (1876—1958).

normiert[1] und paarweise orthogonal sind. Dann bestimmen wir den Vektor y_{n+1} so: Wir erklären zuerst einen Vektor z_{n+1} durch die Vorschrift

$$z_{n+1} = x_{n+1} - (x_{n+1}, y_1)\, y_1 - (x_{n+1}, y_2)\, y_2 - \cdots - (x_{n+1}, y_n)\, y_n. \quad (12)$$

Man liest an (12) sofort ab, daß $(z_{n+1}, y_\nu) = 0$ ist für $\nu = 1, 2, 3, \ldots, n$. Der Vektor $y_{n+1} = z_{n+1}\, \|z_{n+1}\|^{-1}$ hat dann die gleichen Orthogonalitätseigenschaften wie z_{n+1} und ist außerdem normiert. Die Multiplikation mit $\|z_{n+1}\|^{-1}$ setzt allerdings voraus, daß z_{n+1} nicht der Nullvektor ist. Dieser Fall kann auch sicher nicht eintreten, weil sonst nach (12) die Vektoren $x_{n+1}, y_1, y_2, \ldots, y_n$ linear abhängig wären. Da die y_ν lineare Kombinationen der Vektoren x_ν sind, wären dann die Vektoren x_1, $x_2, \ldots, x_{n+1}$ gleichfalls linear abhängig, und das widerspricht der Voraussetzung über die Folge x_n. Das Verfahren zur Bestimmung der Vektoren y_ν kann also unbegrenzt fortgesetzt werden.

Für viele Anwendungen wichtig ist nun das folgende Kriterium für die lineare Unabhängigkeit:

Satz II 4

Dann und nur dann sind die Vektoren $x_1, x_2, \ldots, x_n$ eines Hilbertschen Raumes linear unabhängig, wenn die Gramsche Determinante

$$G_n = \|(x_i, x_k)\|_{(n)} = \begin{vmatrix} (x_1, x_1) & (x_1, x_2) & \ldots & (x_1, x_n) \\ (x_2, x_1) & (x_2, x_2) & \ldots & (x_2, x_n) \\ \cdot & \cdot & \cdot & \cdot \\ (x_n, x_1) & (x_n, x_2) & \ldots & (x_n, x_n) \end{vmatrix}$$

von Null verschieden ist.

Zum Beweis dieses Kriteriums benutzen wir das Orthogonalisierungsverfahren. Das eben beschriebene Verfahren liefert uns die orthogonalen Vektoren y_ν als lineare Kombinationen der x_ν in der Form

$$\left. \begin{aligned} y_1 &= c_{11}\, x_1 \\ y_2 &= c_{21}\, x_1 + c_{22}\, x_2 \\ &\cdots\cdots\cdots\cdots\cdots\cdots \\ y_n &= c_{n1}\, x_1 + c_{n2}\, x_2 + \cdots + c_{nn}\, x_n. \end{aligned} \right\} \quad (13)$$

Wir definieren nun die Determinante C_n aus den Koeffizienten von (13):

$$C_n = \begin{vmatrix} c_{11} & 0 & \cdot & \cdots 0 \\ c_{21} & c_{22} & 0 & \cdots 0 \\ c_{31} & c_{32} & c_{33} & 0 \ldots 0 \\ \vdots & \vdots & \vdots & \vdots \\ c_{n1} & c_{n2} & c_{n3} & \cdots c_{nn} \end{vmatrix}$$

---

[1] Ein Vektor mit der Norm 1 heißt normiert.

Dann bekommen wir (durch Kombination von Zeilen mit Spalten)

$$C_n \cdot G_n = \begin{vmatrix} (y_1, x_1) & (y_1, x_2) & \cdots & (y_1, x_n) \\ (y_2, x_1) & (y_2, x_2) & \cdots & (y_2, x_n) \\ \vdots & \vdots & & \vdots \\ (y_n, x_1) & (y_n, x_2) & \cdots & (y_n, x_n) \end{vmatrix}$$

und schließlich

$$C_n G_n \overline{C}_n = \begin{vmatrix} (y_1, y_1) & (y_1, y_2) & \cdots & (y_1, y_n) \\ (y_2, y_1) & (y_2, y_1) & \cdots & (y_2, y_n) \\ \cdots & \cdots & \cdots & \cdots \\ (y_n, y_1) & (y_n, y_2) & \cdots & (y_n, y_n) \end{vmatrix} = \begin{vmatrix} 1 & 0 & . & . & \cdots & 0 \\ 0 & 1 & 0 & . & \cdots & 0 \\ 0 & 0 & 1 & 0 & \cdots & 0 \\ . & . & . & . & . & . \\ 0 & . & . & . & 0 & 1 \end{vmatrix} = 1 \quad (14)$$

Jetzt ist es nicht mehr schwer, unser Kriterium zu beweisen. Nehmen wir zuerst an, die x_ν seien linear unabhängig. Dann ist eine Orthogonalisierung möglich, und es gilt für G_n und die durch die Koeffizienten der Orthogonalisierung bestimmte Determinante C_n die Relation (14). Daraus folgt sofort, daß G_n von Null verschieden ist.

Sind umgekehrt die x_ν linear abhängig, so folgt aus

$$\alpha_1 x_1 + \alpha_2 x_2 + \cdots + \alpha_n x_n = 0$$

sofort

$$\sum_{\nu=1}^{n} \alpha_\nu (x_\nu, x_\mu) = 0, \qquad \mu = 1, 2, \ldots, n. \quad (15)$$

Da dieses Gleichungensystem (15) eine nicht triviale Lösung hat, muß seine Determinante G_n verschwinden.

§ 3. Abgeschlossenheit und Vollständigkeit

Erklärung: Eine Teilmenge T eines Hilbertschen Raumes H heißt *in H abgeschlossen*, wenn es zu jedem Element $x \in H$ und zu jeder positiven Zahl ε eine lineare Kombination

$$l = \alpha_1 z_1 + \alpha_2 z_2 + \cdots + \alpha_n z_n$$

von Elementen z_ν aus T gibt, für die $\| l - x \| < \varepsilon$ ist. Teilmengen mit dieser Eigenschaft werden auch als *Grundmengen* bezeichnet. Von den linearen Kombinationen der Elemente einer solchen Grundmenge sagt man, daß sie *in H dicht* liegen. Ein Hilbert-Raum heißt *separierbar*, wenn er eine abzählbare Grundmenge hat.

Für die Theorie der Hilbert-Räume ist es besonders wichtig zu wissen, ob ein vorgelegtes Orthonormalsystem den Charakter einer Grundmenge hat. Hier gilt

Satz II 5

Dann und nur dann ist ein Orthonormalsystem $\{y_n\}$ eines Hilbertschen Raumes abgeschlossen, wenn für jeden Vektor $h \in \boldsymbol{H}$ die Relation

$$\|h\|^2 = \sum_{n=1}^{\infty} |(h, y_n)|^2 \tag{16}$$

gilt.

Zum Beweis dieses Satzes benutzen wir die folgende Extremalaussage:

Satz II 6

Sind y_ν $(\nu = 1, 2, 3, \ldots, n)$ Elemente eines Orthonormalsystems in einem Hilbertschen Raum $\boldsymbol{H}$, so wird für jedes Element $h \in \boldsymbol{H}$ die Norm der Differenz $h - (b_1 y_1 + b_2 y_2 + \cdots + b_n y_n)$ zum Minimum, wenn man für b_ν die „Fourier-Koeffizienten" $a_\nu = (h, y_\nu)$ einsetzt.

In der Tat: Für das Quadrat der Norm gilt doch

$$\left. \begin{aligned}
\left\| h - \sum_{\nu=1}^{n} b_\nu y_\nu \right\|^2 &= \left(h - \sum_{\nu=1}^{n} b_\nu y_\nu, \ h - \sum_{\nu=1}^{n} b_\nu y_\nu \right) \\
&= (h, h) - \sum_{\nu=1}^{n} b_\nu (y_\nu, h) - \sum_{\nu=1}^{n} \overline{b}_\nu (h, y_\nu) + \sum_{\nu=1}^{n} |b_\nu|^2 \\
&= \|h\|^2 + \sum_{\nu=1}^{n} (b_\nu - a_\nu) \overline{(b_\nu - a_\nu)} - \sum_{\nu=1}^{n} |a_\nu|^2 \\
&\geqq \|h\|^2 - \sum_{\nu=1}^{n} |a_\nu|^2 = \left\| h - \sum_{\nu=1}^{n} a_\nu y_\nu \right\|^2 .
\end{aligned} \right\} \tag{17}$$

Aus diesem Satz II 6 folgt nun sofort die *Notwendigkeit* der Bedingung (16) für die Abgeschlossenheit. Nehmen wir an, daß es zu jeder reellen Zahl $\varepsilon > 0$ eine natürliche Zahl N gebe, so daß für alle $n > N$

$$\left\| h - \sum_{\nu=1}^{n} b_\nu y_\nu \right\|^2 < \varepsilon$$

gilt mit einer geeigneten Menge komplexer Zahlen b_ν. Dann ist nach dem eben bewiesenen Satz erst recht

$$\left\| h - \sum_{\nu=1}^{n} (h, y_\nu) y_\nu \right\|^2 = \|h\|^2 - \sum_{\nu=1}^{n} |(h, y_\nu)|^2 < \varepsilon .$$

Um zu zeigen, daß die Bedingung (16) auch *hinreichend* ist für die Abgeschlossenheit, schreiben wir den Vektor $h \in \boldsymbol{H}$ in der Form

$$h = \sum_{\nu=1}^{n} (h, y_\nu) y_\nu + z_n .$$

Nach der letzten Gleichung in (17) folgt dann

$$\|h\|^2 = \sum_{\nu=1}^{n} |(h, y_\nu)|^2 + \|z_n\|^2$$

und die „Besselsche Ungleichung"

$$\sum_{\nu=1}^{n} |(h, y_\nu)|^2 \leqq \|h\|^2. \tag{18}$$

Aus (18) schließen wir auf die Konvergenz der Reihe $\sum_{\nu=1}^{\infty} |(h, y_\nu)|^2$ und die Existenz des Vektors $h^* = \sum_{\nu=1}^{\infty} (h, y_\nu)\, y_\nu$.

Die unendliche Summe steht auch in der Theorie der Hilbertschen Räume für den Limes der Partialsummen. In unserem Fall ist also

$$h^* = \lim_{n \to \infty} s_n = \lim_{n \to \infty} \sum_{\nu=1}^{n} (h, y_\nu)\, y_\nu.$$

Der Grenzwert existiert, da ja für genügend großes n und m

$$\|s_n - s_m\|^2 = \sum_{\nu=n+1}^{m} |(h, y_\nu)|^2$$

beliebig klein wird.

Nach (17) existiert dann auch der Grenzwert $z = \lim_{n \to \infty} z_n$, und wir haben $h = h^* + z$. Nach (16) ist aber

$$\|z\|^2 = \|h\|^2 - \sum_{\nu=1}^{\infty} |(h, y_\nu)|^2 = 0;$$

es folgt also

$$h = h^* = \sum_{\nu=1}^{\infty} (h, y_\nu)\, y_\nu = \lim_{n \to \infty} \sum_{\nu=1}^{n} (h, y_\nu)\, y_\nu.$$

Das System $\{y_\nu\}$ ist danach tatsächlich abgeschlossen.

Aufs engste verwandt mit der Abgeschlossenheit ist die *Vollständigkeit* eines Systems:

Erklärung: Eine Teilmenge $\boldsymbol{H'} \subset \boldsymbol{H}$ heißt *in $\boldsymbol{H}$ vollständig*, wenn es kein vom Nullvektor verschiedenes Element $h \in \boldsymbol{H}$ gibt, das zu allen Elementen von $\boldsymbol{H'}$ orthogonal ist.

Für *vollständige Orthonormalsysteme* gilt nun:

Satz II 7

Dann und nur dann ist ein Orthonormalsystem $\{y_\nu\}$ in $\boldsymbol{H}$ vollständig, wenn es in $\boldsymbol{H}$ abgeschlossen ist.

Nehmen wir zuerst an, daß $\{y_\nu\}$ abgeschlossen sei. Wenn alle inneren Produkte (h, y_ν) verschwinden, wäre nach (16) auch die Norm von h gleich Null, gegen die Voraussetzung.

Setzen wir jetzt umgekehrt die Vollständigkeit voraus. Nach dem Beweisverfahren für Satz II 5 existiert ein Vektor

$$h^* = \sum_{\nu=1}^{\infty} (h,\, y_\nu)\, y_\nu.$$

Wir wollen zeigen, daß er mit h identisch ist. Dazu beachten wir, daß der Differenzvektor

$$z = h - \sum_{\nu=1}^{\infty} (h,\, y_\nu)\, y_\nu$$

zu allen y_ν orthogonal ist:

$$(z,\, y_\nu) = (h,\, y_\nu) - (h,\, y_\nu) = 0.$$

Da unser System $\{y_\nu\}$ vollständig ist, ist z der Nullvektor, und wir haben für jedes Element $h \in H$ die Darstellung

$$h = \sum_{\nu=1}^{\infty} (h,\, y_\nu)\, y_\nu. \tag{19}$$

Das bedeutet aber, daß das System $\{y_\nu\}$ auch abgeschlossen ist.

§ 4. Separierbarkeit von Hilbertschen Räumen

Für einen separierbaren[1] Hilbertschen Raum kann man leicht die Existenz eines vollständigen Orthonormalsystems nachweisen. Wir haben hier die abzählbar vielen Elemente

$$g_1,\, g_2,\, g_3,\, \ldots$$

einer Grundmenge. Wir streichen in dieser Reihe die linear abhängigen Elemente und gewinnen so eine Folge

$$u_1,\, u_2,\, u_3,\, \ldots$$

linear unabhängiger Elemente, die wir nach dem Schmidtschen Verfahren orthogonalisieren können. Die Orthogonalfunktionen y_ν haben (als lineare Kombinationen der u_ν bzw. g_ν) natürlich auch den Charakter einer Grundmenge. Das System $\{y_\nu\}$ ist also abgeschlossen und nach Satz II 7 auch vollständig.

Ist umgekehrt in einem Hilbertschen Raum H ein vollständiges und nach Satz II 7 auch abgeschlossenes System $\{y_\nu\}$ von Orthogonalvektoren bekannt, so stellt dieses System bereits eine abzählbare Grundmenge dar; H ist also separierbar. Damit ist bewiesen:

Satz II 8

Dann und nur dann enthält ein Hilbertscher Raum eine vollständige Folge von Orthogonalvektoren, wenn er separierbar ist.

---

[1] Siehe die Definition auf S. 13!

Wir können aber noch mehr zeigen:

Satz II 9

Ist ein Hilbertscher Raum separierbar, so besteht jedes Orthonormalsystem aus höchstens abzählbar vielen Elementen.

Die Existenz *eines* abzählbaren Systems ist schon in Satz II 8 behauptet worden. Wir fügen jetzt noch hinzu, daß es auch kein anderes System *von höherer Mächtigkeit* in H geben kann.

In einem separierbaren Raum H kann jedes Element durch lineare Kombinationen $g = \sum\limits_{\nu=1}^{n} \alpha_\nu \, g_\nu$ einer Grundmenge G mit den Elementen g_ν ($\nu = 1, 2, 3, \ldots$) approximiert werden. Bezeichnen wir mit G' die Menge der linearen Kombinationen $g^* = \sum\limits_{\nu=1}^{n} \beta_\nu \, g_\nu$ mit Koeffizienten von der Form $\beta_\nu = \gamma_\nu + i \, \delta_\nu$ mit *rationalen* Zahlen γ_ν und δ_ν. Diese Menge G' ist auch abzählbar.

Wir approximieren jetzt ein beliebiges Element $h \in H$ durch eine lineare Kombination g der Grundmenge, so daß

$$\|h - g\| < \frac{\varepsilon}{2}$$

gilt. Weiter bestimmen wir zu g ein Element $g' \in G'$, für das

$$\|g - g'\| < \frac{\varepsilon}{2}$$

ist. Dann haben wir nach der Dreiecksungleichung $\|h - g'\| < \varepsilon$.

Diese Überlegung kann nun auch auf die Elemente $\{\varphi, \psi, \chi, \ldots\}$ eines beliebigen Orthonormalsystems S von H angewandt werden. Wir können jedem Element $\varphi, \psi, \chi, \ldots$ aus S ein Element $g', h', k', \ldots$ aus G' zuordnen, so daß

$$\|\varphi - g'\| < \frac{\sqrt{2}}{2}, \quad \|\psi - h'\| < \frac{\sqrt{2}}{2}, \quad \|\chi - k'\| < \frac{\sqrt{2}}{2}, \quad \ldots$$

gilt. Verschiedenen Elementen φ und ψ aus S entsprechen hier verschiedene Elemente g' und h' aus G', denn aus $g' = h'$ könnte man schließen

$$\|\varphi - \psi\| = \|(\varphi - g') - (\psi - h')\| \leqq \|\varphi - g'\| + \|\psi - h'\| < \sqrt{2}.$$

Es ist aber

$$\|\varphi - \psi\|^2 = \|\varphi\|^2 + \|\psi\|^2 = 2.$$

Die Mächtigkeit von S ist daher nicht größer als die von G'; S ist also höchstens abzählbar.

Wir wollen abschließend unsere Ergebnisse über die Darstellbarkeit der Elemente von H in einem Satz zusammenfassen:

Satz II 10

In jedem separierbaren Hilbertschen Raum H gibt es vollständige Orthonormalsysteme $\{y_\nu\}$, durch die jedes Element $h \in H$ eindeutig dargestellt werden kann in der Form

$$h = \sum_{\nu=1}^{\infty} a_\nu\, y_\nu. \tag{19'}$$

Dabei ist

$$a_\nu = (h,\, y_\nu), \qquad \sum_{\nu=1}^{\infty} |a_\nu|^2 = \|h\|^2. \tag{19''}$$

Daß jedes Element $h \in H$ in der Form (19) dargestellt werden kann, wurde schon bewiesen. Wir haben nur noch zu zeigen, daß die Darstellung *eindeutig* ist, daß also aus (19') $a_\nu = (h,\, y_\nu)$ folgt.

Dazu benutzen wir die Formel

$$\lim_{n \to \infty} (f_n,\, g) = \left(\lim_{n \to \infty} f_n,\, g\right), \tag{20}$$

die man leicht mit der Schwarzschen Ungleichung beweist. In der Tat: Ist f der Grenzwert der Folge f_n, so gilt doch

$$|(f_n,\, g) - (f,\, g)| = |(f_n - f,\, g)| \leqq \|f_n - f\| \cdot \|g\|.$$

Die Zahlenfolge $(f_n,\, g)$ konvergiert also gegen $(f,\, g)$.

Setzen wir jetzt $h = \lim\limits_{n \to \infty} s_n = \lim\limits_{n \to \infty} \sum\limits_{\nu=1}^{n} a_\nu\, y_\nu$, so haben wir nach (20)

$$(h,\, y_\nu) = \left(\lim_{n \to \infty} s_n,\, y\right) = \lim_{n \to \infty} (s_n,\, y_\nu) = a_\nu.$$

Man nennt eine Folge f_n von Vektoren eines Hilbertschen Raumes H *schwach konvergent* gegen den Vektor f, wenn für jeden Vektor $g \in H$

$$\lim_{n \to \infty} (f_n,\, g) = (f,\, g)$$

gilt. Nach (20) folgt aus der Konvergenz in der Norm (die man auch die „*starke*" *Konvergenz* nennt) die schwache. Dieser Satz ist nicht umkehrbar: Es gibt Folgen, die zwar schwach, aber nicht stark konvergent sind. Diese Eigenschaft hat jedes Orthonormalsystem. Wir wissen, daß für jeden Vektor $h \in H \sum\limits_{\nu=1}^{\infty} |(h,\, y_\nu)|^2$ konvergiert. Daraus folgt doch

$$0 = \lim_{\nu \to \infty} (h,\, y_\nu) = (h,\, 0).$$

Trotzdem konvergiert y_ν nicht gegen das Nullelement.

Man bezeichnet die starke Konvergenz durch einen normalen Pfeil, z.B.: $x_n \rightarrow x$, die schwache dagegen durch einen einfach gefiederten: $x_n \rightharpoonup x$.

§ 5. Beispiele

Wir wollen im folgenden einige Beispiele von Hilbertschen Räumen angeben, deren Elemente Funktionen (einer reellen Veränderlichen x oder einer komplexen Veränderlichen z) sind. Sie können nach (19) durch vollständige Orthonormalsysteme $\varphi_\nu(x)$ dargestellt werden in der Form

$$f(x) \approx \sum_{\nu=1}^{\infty} a_\nu \, \varphi_\nu(x). \tag{21}$$

Wir schreiben hier das Zeichen $\approx$ an Stelle des gewohnten Gleichheitszeichens, um einem naheliegenden Mißverständnis zu wehren. $h = \sum_{\nu=1}^{\infty} a_\nu \, y_\nu = \lim_{n \to \infty} \sum_{\nu=1}^{n} a_\nu \, y_\nu$ bedeutet doch nach S. 8: Das Quadrat der Norm

$$\left\| \sum_{\nu=n+1}^{\infty} a_\nu \, y_\nu \right\|^2 = \sum_{\nu=n+1}^{\infty} |a_\nu|^2$$

wird beliebig klein, wenn man nur die Nummer n genügend groß wählt. Entsprechend bedeutet (21): Es ist

$$\left\| f(x) - \sum_{\nu=1}^{n} a_\nu \, \varphi_\nu(x) \right\|^2 < \varepsilon$$

für $n > N(\varepsilon)$. Das bedeutet aber *nicht* ohne weiteres

$$\left| f(x) - \sum_{\nu=1}^{n} a_\nu \, \varphi_\nu(x) \right| < \varepsilon, \tag{22}$$

also Konvergenz der Reihe $\sum_{\nu=1}^{\infty} a_\nu \, \varphi_\nu(x)$ in gewöhnlichem Sinne. Falls z.B. das innere Produkt durch ein Integral

$$(f, g) = \int_a^b f \, \bar{g} \, dx$$

erklärt ist, bedeutet (21) die „*Konvergenz im Mittel*": Es ist

$$\int_a^b \left| f(x) - \sum_{\nu=1}^{n} a_\nu \, \varphi_\nu(x) \right|^2 dx < \varepsilon$$

für $n > N(\varepsilon)$; das ist nicht gleichbedeutend mit (22).

Wir benutzen jetzt zunächst die im ersten Kapitel angegebenen Orthonormalsysteme, um Beispiele von Hilbertschen Funktionenräumen zu konstruieren.

2*

Ist $\varphi_\nu(x)$ $\big(\text{bzw. } \varphi_\nu(z)\big)$ das im Beispiel (I 4), (I 5), (I 7) oder (I 9) angegebene Orthonormalsystem, so bilden die in der Form

$$f(x) \approx \sum_{\nu=1}^\infty a_\nu\,\varphi_\nu(x)\,, \qquad \sum_{\nu=1}^\infty |a_\nu|^2 < \infty\,, \tag{23}$$

darstellbaren Funktionen einen separierbaren Hilbertschen Raum. Das System (I 9) liefert uns z. B. einen Hilbert-Raum, zu dem alle die Funktionen gehören, die für $|z| < 1$ in der Form

$$f(z) \approx \sum_{\nu=1}^\infty a_\nu\left(\frac{\nu}{\pi}\right)^{\frac{1}{2}} z^{\nu-1}\,, \qquad \sum_{\nu=1}^\infty |a_\nu|^2 < \infty\,, \tag{24}$$

darstellbar sind.

Man überzeugt sich leicht, daß für diese Funktionenklassen die Axiome des Hilbertschen Raumes erfüllt sind. Wir beschränken uns auf den Nachweis der Tatsache, daß jede Fundamentalfolge gegen ein Element des Raumes konvergiert. Es sei

$$f_n(x) \approx \sum_{\nu=1}^\infty a_\nu^{(n)}\,\varphi_\nu(x)\,, \qquad f_m(x) \approx \sum_{\nu=1}^\infty a_\nu^{(m)}\,\varphi_\nu(x)$$

und

$$\|f_n(x) - f_m(x)\|^2 = \sum_{\nu=1}^\infty |a_\nu^{(n)} - a_\nu^{(m)}|^2 < \varepsilon\,.$$

Aus dem Beweisverfahren von S. 9 folgt danach die Existenz einer Zahlenfolge a_ν, für die die Quadratsumme konvergent ist. Zu diesem Vektor des Folgenraumes l^2 gehört dann auch wieder eine Funktion $f(x) \approx \sum_{\nu=1}^\infty a_\nu\,\varphi_\nu(x)$, für die

$$\|f - f_n(x)\|^2 = \sum_{\nu=1}^\infty |a_\nu - a_\nu^{(n)}|^2 \leqq \varepsilon$$

ist.

Wir haben uns die Arbeit leicht gemacht, indem wir von vorgegebenen Orthonormalsystemen ausgingen. Man kann die hier entstehenden Hilbertschen Räume aber auch charakterisieren, wenn noch kein solches Funktionensystem vorliegt. So ist der durch (24) charakterisierte Raum identisch mit der Menge der im Einheitskreis der z-Ebene regulären und eindeutigen Funktionen, für die das „Dirichlet-Integral"

$$\iint_{|z|<1} |f(z)|^2\,dx\,dy$$

existiert. Das werden wir später (Kap. IV) beweisen.

Für manche Hilbertsche Räume kann man in der Darstellung (23) das Zeichen $\approx$ auch durch das Gleichheitszeichen ersetzen. Das heißt also: Die Reihe konvergiert auch für alle x des Intervalles (oder alle z des Gebietes) im Sinne der gewöhnlichen Konvergenz.

Das gilt z. B. für den zuletzt betrachteten Raum $H_B(|z| < 1)$ [1]. Hier haben wir in (24) auf der rechten Seite eine Potenzreihe von der Form

$$\sum_{\mu=0}^{\infty} c_\mu z^\mu, \qquad c_\mu = a_{\mu+1}\left(\frac{\mu+1}{\pi}\right)^{\frac{1}{2}}. \tag{25}$$

Der Konvergenzkreis dieser Reihe hat den Radius

$$\varrho = \left(\overline{\lim}\sqrt[\mu]{|c_\mu|}\right)^{-1} = \left(\overline{\lim}\left|a_{\mu+1}\left(\frac{\mu+1}{\pi}\right)^{\frac{1}{2}}\right|^{1/\mu}\right)^{-1}.$$

Wegen der Konvergenz von $\sum_{\mu=0}^{\infty}|a_{\mu+1}|^2$ ist ϱ gewiß nicht kleiner als 1. Wir können hinzufügen, daß es umgekehrt im Einheitskreis konvergente Potenzreihen gibt, die *nicht* zu unserem Hilbertschen Raum gehören. Ein Beispiel dafür ist die Reihe

$$g(z) = \sum_{\mu=0}^{\infty}(\mu+1)z^\mu.$$

Ihr Konvergenzradius ist $r = \left(\lim\left(\sqrt[\mu]{\mu+1}\right)\right)^{-1} = 1$, aber der Fourier-Koeffizient $a_{\mu+1}$ wird hier nach (25): $a_{\mu+1} = (\pi(\mu+1))^{\frac{1}{2}}$, und die Reihe

$$\sum_{\mu=0}^{\infty}|a_{\mu+1}|^2 = \pi\sum_{\mu=0}^{\infty}(\mu+1)$$

divergiert.

Wir wollen schließlich noch ein Beispiel für einen *nicht separierbaren* Hilbertschen Raum angeben. Dazu betrachten wir bei festem reellem λ und reellem $x(-\infty < x < +\infty)$ Linearformen des Typs

$$\sum_{\nu=1}^{\infty} a_\nu e^{i\lambda_\nu x}. \tag{26}$$

Nehmen wir noch die Grenzwerte aller auf der reellen Achse gleichmäßig konvergenten Folgen solcher Linearformen hinzu, so haben wir damit eine Menge von Funktionen, die wir als Hilbertschen Raum definieren können. Dazu müssen wir nur durch eine geeignete Vorschrift ein inneres Produkt einführen. Wir definieren

$$(f, g) = \lim_{T \to \infty}\frac{1}{2T}\int_{-T}^{+T} f(t)\,\overline{g(t)}\,dt.$$

Man erkennt leicht, daß die Funktionen $e^{i\lambda x}$ bei beliebigem reellem λ ein Orthonormalsystem bilden. Es ist nämlich, wenn man $(\lambda - \mu)T = \tau$

---

[1] Die Bezeichnung wird im Kap. IV erklärt.

setzt:

$$\lim_{T \to \infty} \frac{1}{2T} \int_{-T}^{+T} e^{i(\lambda-\mu)t}\, dt = \lim_{\tau \to \infty} \frac{e^{i\tau} - e^{-i\tau}}{2i\tau} = \lim_{\tau \to \infty} \frac{\sin \tau}{\tau} = 0$$

für $\lambda \neq \mu$. Für $\lambda = \mu$ hat man entsprechend

$$\lim_{T \to \infty} \frac{1}{2T} \int_{-T}^{+T} dt = 1;$$

also ist

$$(e^{i\lambda x}, e^{i\mu x}) = \delta_{\lambda\mu}.$$

Dieser Hilbertsche Raum kann nicht separierbar sein: Er hat ja ein Orthonormalsystem von der Mächtigkeit des Kontinuums. H. BOHR hat gezeigt, daß eine auf der ganzen reellen Achse stetige Funktion genau dann zu unserem nicht separierbaren Hilbertschen Raum gehört, wenn sie *fastperiodisch* ist (ACHIESER-GLASMANN, S. 31 ff.).

§ 6. Unterräume

Erklärung: Eine Teilmenge U eines Hilbertschen Raumes H heißt ein *Unterraum* von H, wenn U selbst ein Hilbertscher Raum ist.

Satz II 11

Es sei U ein Unterraum eines Hilbertschen Raumes H und h ein beliebiges Element aus H. Dann gibt es ein wohlbestimmtes Element $h^* \in U$ und ein Element $g^* \in H$ mit folgenden Eigenschaften:

1. Es ist $h = h^* + g^*$.

2. g^* ist zu allen Elementen von U orthogonal.

3. Für alle Elemente $u \in U$ wird $\|h - u\|$ zum Minimum für $u = h^*$.

Dieses Element $h^* \in U$ heißt auch die *Projektion von h auf U*.

Der Beweis dieses Satzes wird besonders einfach, wenn man sich auf den Fall separierbarer Räume beschränkt. Wir wollen das tun, da die uns später beschäftigenden Räume stetiger Funktionen mit reproduzierendem Kern separierbar sind[1]. Jedes Element h eines solchen Hilbert-Raumes ist nach (19) darstellbar in der Form

$$h = \sum_{\nu=1}^{\infty} (h, y_\nu)\, y_\nu.$$

Wir zerlegen nun die Elemente des Systems $\{y_\nu\}$ in zwei Teilsysteme[2] $\{y_\varrho\}$ und $\{y_\sigma\}$. Dabei gehören zu $\{y_\varrho\}$ alle die Vektoren von $\{y_\nu\}$, die

---

[1] Der Beweis für den allgemeinen Fall findet sich z.B. bei ACHIESER-GLASMANN, S. 8 ff.

[2] In jedem dieser Systeme numerieren wir die Elemente von 1, 2, 3, ... durchlaufend.

zum Unterraum U gehören, zu $\{y_\sigma\}$ alle übrigen. Zu jedem dieser Systeme können endlich oder abzählbar viele Elemente gehören. Wir setzen nun

$$h^* = \sum_{\varrho=1}^{\infty} (h, y_\varrho)\, y_\varrho\,, \qquad g^* = \sum_{\sigma=1}^{\infty} (h, y_\sigma)\, y_\sigma\,.$$

Die so definierten Elemente von H haben offenbar die in Satz II 11 unter 1. und 2. genannten Eigenschaften. Zur Begründung von 3. schreiben wir das Element $u \in U$ in der Form

$$u = \sum_{\varrho=1}^{\infty} a_\varrho\, y_\varrho\,.$$

Dann ist

$$\|h - u\|^2 = \sum_{\varrho=1}^{\infty} |(h, y_\varrho) - a_\varrho|^2 + \sum_{\sigma=1}^{\infty} |(h, y_\sigma)|^2\,.$$

Dieser Ausdruck wird zum Minimum für $a_\varrho = (h, y_\varrho)$ $(\varrho = 1, 2, 3, \ldots)$, also für $u = h^*$. Der Minimalabstand h von U ist danach

$$\|g^*\| = \left(\sum_{\sigma=1}^{\infty} |(h, y_\sigma)|^2 \right)^{\frac{1}{2}}.$$

Die Menge der Elemente $g \in H$, die durch das System $\{y_\sigma\}$ darstellbar sind in der Form $g = \sum_{\sigma=1}^{\infty} (g, y_\sigma)\, y_\sigma$, bildet auch einen Hilbertschen Raum. Man nennt ihn das *orthogonale Komplement* G zu U und schreibt den Zusammenhang zwischen H, U und G in der Form

$$H = U \oplus G$$

oder auch

$$U = H \ominus G, \quad G = H \ominus U.$$

§ 7. Lineare Funktionale

In der allgemeinen Theorie der metrischen Räume spielen die Untersuchungen über Funktionale und Operatoren eine große Rolle. Wir können uns darauf beschränken, aus diesem Problemkreis jene Definitionen und Sätze zusammenzutragen, die für die spätere Anwendung auf Hilbertsche Räume mit Kernfunktion wichtig sind.

Erklärung: Eine Funktion $A\,h$, die jedem Element h aus einer Teilmenge D eines Hilbertschen Raumes H eine Zahl zuordnet, heißt ein *Funktional in H mit dem Definitionsbereich*[1] D.

Ein Funktional heißt *linear*, wenn es folgende Eigenschaften hat:

F 1. Es ist additiv: $A(h_1 + h_2) = A\,h_1 + A\,h_2$.

F 2. Es ist homogen: $A(\alpha\,h) = \alpha A\,h$ für komplexe Zahlen α.

---

[1] D kann auch mit H zusammenfallen.

F 3. Es ist beschränkt: Es gibt eine Zahl M derart, daß für alle $h \in \boldsymbol{D}$

$$|A\,h| \leqq M \cdot \|h\|$$

gilt.

Die kleinste dieser Schranken M heißt auch die *Norm* $\|A\|$ des Funktionals A.

Wir beweisen nun einige wichtige Eigenschaften des linearen Funktionals.

Satz II 12

Dann und nur dann existiert die in der Bedingung F 3 geforderte Schranke M, wenn das Funktional stetig ist.

Wir nennen ein Funktional *stetig*, wenn aus $h_n \to h$ stets $A\,h_n \to A\,h$ folgt.

Nehmen wir zuerst an, die Bedingung F 3 sei erfüllt. Dann folgt aus

$$|A\,h_n - A\,h| = |A\,(h_n - h)| \leqq \|A\| \cdot \|h_n - h\|$$

sofort die Stetigkeit. Ist das Funktional aber *nicht* beschränkt, so gibt es eine Folge, h_n für die

$$|A\,h_n| > n\,\|h_n\| \tag{27}$$

ist für alle Nummern n. Wir setzen nun

$$g_n = \frac{1}{n \cdot \|h_n\|}\,h_n$$

und haben dann in $\|g_n\| = 1/n$ eine Zahlenfolge, die gegen Null konvergiert. Nach (27) ist aber

$$|A\,g_n| = \frac{|A\,h_n|}{n \cdot \|h_n\|} > 1\,.$$

Diese beiden Ergebnisse besagen, daß $A\,g$ *nicht* stetig ist.

Es liegt nahe, das innere Produkt eines festen Elementes $k \in \boldsymbol{H}$ mit allen Elementen $h \in \boldsymbol{H}$ als Beispiel eines beschränkten linearen Funktionals mit dem Definitionsbereich $\boldsymbol{D} = \boldsymbol{H}$ anzuführen:

$$A\,h = (h,\,k)\,. \tag{28}$$

In der Tat hat das innere Produkt alle Eigenschaften des linearen Funktionals. Die Beschränktheit z.B. schließt man aus der Schwarzschen Ungleichung:

$$|(h,\,k)| \leqq \|h\| \cdot \|k\|\,.$$

Die Norm von A ist also gleich $\|k\|$: $\|A\| = \|k\|$. Man kann nun zeigen, daß umgekehrt *jedes* lineare Funktional in einem Hilbertschen Raum sich in der Form (28) schreiben läßt. Das ist die Aussage des wichtigen Satzes von RIESZ:

Satz II 13

Jedes in einem Hilbertschen Raum H erklärte lineare Funktional läßt sich in der Form

$$A g = (g, f)$$

schreiben. Dabei ist f ein eindeutig bestimmtes Element von H.

Zum Beweis gehen wir aus von einer Folge g_n von Elementen aus H mit der Norm $\|g_n\| = 1$, für die $A g_n$ gegen die Norm $\|A\|$ des Funktionals konvergiert:

$$\lim_{n \to \infty} A g_n = \|A\|. \tag{29}$$

Wir wollen zeigen, daß diese Folge gegen ein Element $g^* \in H$ konvergiert, für das $A g^* = \|A\|$ gilt.

Dazu beachten wir: Wegen der Normierung der Folge g_n gilt für irgend zwei Elemente g_n und g_m der Folge

$$(g_m + g_n, g_m + g_n) + (g_n - g_m, g_n - g_m) = 2 \|g_m\|^2 + 2 \|g_n\|^2 = 4,$$

also

$$\|g_m - g_n\|^2 = 4 - \|g_m + g_n\|^2. \tag{30}$$

Wegen

$$|A (g_m + g_n)| \leqq \|A\| \cdot \|g_m + g_n\|$$

folgt aber aus (30):

$$\|g_m - g_n\|^2 \leqq 4 - \frac{1}{\|A\|^2} |A g_m + A g_n|^2.$$

Wählt man nun m und n genügend groß, so wird die rechte Seite dieser Ungleichung beliebig klein. Das heißt aber: Unsere Folge g_n ist eine Fundamentalfolge, und deshalb gibt es ein wohlbestimmtes Element $g^* \in H$, gegen das g_n konvergiert:

$$\lim_{n \to \infty} g_n = g^*, \qquad \|g^*\| = 1. \tag{31}$$

Die zweite Aussage gewinnt man leicht mit Hilfe der Schwarzschen Ungleichung[1]. Nun ist aber

$$|A g^* - A g_n| \leqq \|A\| \cdot \|g^* - g_n\|.$$

Wegen $\lim\limits_{n \to \infty} \|g^* - g_n\| = 0$ haben wir danach $\lim\limits_{n \to \infty} A g_n = A g^*$, nach (29) also

$$A g^* = \|A\|. \tag{32}$$

Wir wollen nun zeigen, daß

$$A g = (g, f) \tag{33}$$

---

[1] Man beweise die Verallgemeinerung von (20): Aus $f_n \to f$ und $g_n \to g$ folgt $(f_n, g_n) \to (f, g)$.

ist mit $f = \|A\| \cdot g^*$. Man sieht sofort, daß (33) *richtig ist für* $g = g^*$. Der nächste Schritt in unserem Beweis ist nun der Nachweis, daß (33) auch stimmt *für solche Elemente* g, *für die* $Ag = 0$ *ist*. In diesem Fall haben wir doch für beliebige Zahlen λ:

$$\|A\|^2 = (A\,g^*)^2 = |A(g^* - \lambda\,g)|^2 \leqq \|A\|^2 \cdot \|g^* - \lambda\,g\|^2$$
$$= \|A\|^2 \big(1 - \lambda(g, g^*) - \bar{\lambda}(g^*, g) + \lambda\bar{\lambda}(g, g)\big).$$

Danach ist

$$- \lambda(g, g^*) - \bar{\lambda}(g^*, g) + \lambda\bar{\lambda}(g, g) \geqq 0.$$

Für $\lambda = (g^*, g)(g, g)^{-1}$, also $\bar{\lambda} = (g, g^*)(g, g)^{-1}$, wird daraus

$$- |(g, g^*)|^2 \geqq 0,$$

also $(g, g^*) = 0$ und

$$(g, f) = \|A\| \cdot (g, g^*) = 0.$$

Es ist also auch in diesem Fall die Relation (33) richtig; wir haben $A\,g = (g, f) = 0$.

Wir benutzen unsere bisherigen Ergebnisse, um jetzt die Gültigkeit von (33) für *beliebige* Elemente $g \in \boldsymbol{H}$ nachzuweisen. Schreiben wir ein solches Element g in der Form

$$g = \frac{A\,g}{A\,g^*}\, g^* + g_0.$$

Dann ist

$$A\,g_0 = A\,g - A\,g = 0$$

und

$$A\,g = A\,g_0 + \mu\,A\,g^*, \qquad \mu = \frac{A\,g}{A\,g^*}.$$

Da für g_0 und g^* die Darstellung des Funktionals durch das innere Produkt zulässig ist, haben wir für beliebige $g \in \boldsymbol{H}$:

$$A\,g = (g_0, f) + \mu(g^*, f) = (g_0 + \mu\,g^*, f) = (g, f).$$

§ 8. Lineare Operatoren

Ein *Funktional* ordnet Elementen eines Hilbertschen Raumes *komplexe Zahlen* zu. Eine Funktion, die den Elementen von $\boldsymbol{H}$ (oder den Elementen einer Teilmenge $\boldsymbol{D}$ von $\boldsymbol{H}$) *wieder Elemente von* $\boldsymbol{H}$ zuordnet, heißt ein *Operator* oder auch eine *Transformation* $\mathfrak{T}\,h$.

Von besonderem Interesse sind die *linearen* Operatoren, die wir in Analogie zu den linearen Funktionalen so definieren:

Erklärung: Ein Operator $\mathfrak{T}$ in einem Hilbertschen Raum heißt *linear*, wenn er die folgenden Eigenschaften hat:

$\mathfrak{T}\,1$. Er ist additiv: $\mathfrak{T}\,(h_1 + h_2) = \mathfrak{T}\,h_1 + \mathfrak{T}\,h_2$.

$\mathfrak{T}\,2$. Er ist homogen: $\mathfrak{T}\,(\alpha\,h) = \alpha\,\mathfrak{T}\,h$ für komplexe Zahlen α.

$\mathfrak{T}\,3$. Er ist beschränkt: Es gibt eine Konstante M, für die

$$\|\mathfrak{T}\,h\| \leq M \cdot \|h\|$$

gilt für alle h des Definitionsbereiches $\boldsymbol{D}$.

Man nennt einen Operator *stetig*, wenn aus $h_n \to h$ stets $\mathfrak{T}\,h_n \to \mathfrak{T}\,h$ folgt. Wie bei den Funktionalen kann man zeigen, daß die Bedingung $\mathfrak{T}\,3$ gleichwertig ist mit der Stetigkeit des Operators.

Die kleinste der Schranken M in der Bedingung $\mathfrak{T}\,3$ heißt auch die *Norm* $\|\mathfrak{T}\|$ des Operators $\mathfrak{T}$. Es gilt also

$$\|\mathfrak{T}\,h\| \leq \|\mathfrak{T}\| \cdot \|h\|.$$

Ein einfaches Beispiel für einen beschränkten linearen Operator liefert in einem Hilbertschen Funktionenraum die Multiplikation mit einer fest gewählten Funktion $g \in \boldsymbol{H}$:

$$\mathfrak{T}\,f = f \cdot g.$$

Auch die Differentiation von Funktionen kann zur Definition eines Operators benutzt werden: $\mathfrak{T}\,f(x) = f'(x)$. Für diesen Operator sind die Bedingungen $\mathfrak{T}\,1$ und $\mathfrak{T}\,2$ erfüllt, wie man sofort übersieht, nicht aber $\mathfrak{T}\,3$.

Schließlich nennen wir noch einen einfachen Operator im Folgenraum $\boldsymbol{l^2}$. Ist $x = (x^{(1)}, x^{(2)}, x^{(3)}, \ldots)$ ein beliebiger Vektor aus $\boldsymbol{l^2}$, so ist

$$\mathfrak{T}\,x = (0, 0, x^{(3)}, x^{(4)}, x^{(5)}, \ldots)$$

ein überall in $\boldsymbol{l^2}$ erklärter linearer Operator, der jedem Vektor x seine „Projektion" $(0, 0, x^{(3)}, x^{(4)}, x^{(5)}, \ldots)$ zuordnet. In diesem Fall kann man die Norm der Transformation sofort angeben. Es ist doch

$$\|\mathfrak{T}\,x\|^2 = |x^{(3)}|^2 + |x^{(4)}|^2 + \cdots \leq |x^{(1)}|^2 + |x^{(2)}|^2 + |x^{(3)}|^2 + \cdots = \|x\|^2.$$

Da aber auch die Vektoren $(0, 0, x^{(3)}, x^{(4)}, x^{(5)}, \ldots)$ zu $\boldsymbol{l^2}$ gehören, ist 1 die kleinste Schranke für $\|\mathfrak{T}\,x\| \cdot \|x\|^{-1}$. Wir haben also: $\|\mathfrak{T}\| = 1$.

Die Multiplikation eines Operators $\mathfrak{T}$ mit einer Zahl c, die Addition und die Multiplikation zweier Operatoren kann man auf naheliegende Weise so erklären:

$$(c \cdot \mathfrak{T})\,h = c \cdot \mathfrak{T}\,h, \quad (\mathfrak{T}_1 + \mathfrak{T}_2)\,h = \mathfrak{T}_1 h + \mathfrak{T}_2 h,$$
$$(\mathfrak{T}_1 \cdot \mathfrak{T}_2)\,h = \mathfrak{T}_1(\mathfrak{T}_2 h), \quad h \in \boldsymbol{H}.$$

Für die entsprechenden Normen gilt, wie man leicht nachweisen kann:

$$\|c\,\mathfrak{T}\| = |c| \cdot \|\mathfrak{T}\|, \quad \|\mathfrak{T}_1 + \mathfrak{T}_2\| \leq \|\mathfrak{T}_1\| + \|\mathfrak{T}_2\|, \quad \|\mathfrak{T}_1 \cdot \mathfrak{T}_2\| \leq \|\mathfrak{T}_1\| \cdot \|\mathfrak{T}_2\|,$$

also auch für alle natürlichen Zahlen n

$$\|\mathfrak{T}^n\| \leq \|\mathfrak{T}\|^n.$$

Satz II 14

Jedem beschränkten überall in $\boldsymbol{H}$ *definierten Operator* $\mathfrak{T}$ *in einem Hilbertschen Raum* $\boldsymbol{H}$ *kann ein adjungierter Operator* $\mathfrak{T}^*$ *zugeordnet werden, für den die Relation*

$$(\mathfrak{T}\,f, g) = (f, \mathfrak{T}^*\,g) \tag{34}$$

erfüllt ist. $\mathfrak{T}^*$ *ist ebenfalls beschränkt, und es gilt* $\|\mathfrak{T}^*\| = \|\mathfrak{T}\|$.

Zum Beweis benutzen wir den Satz von RIESZ (Satz II 13). Es ist doch $(\mathfrak{T}\,f, g)$ für festes g ein beschränktes lineares Funktional in $\boldsymbol{H}$, und es gibt nach Satz II 13 ein Element $g^* \in \boldsymbol{H}$ mit der Eigenschaft

$$(\mathfrak{T}\,f, g) = (f, g^*) .$$

Dieses Element $g^* \in \boldsymbol{H}$ setzen wir gleich $\mathfrak{T}^*\,g$. Der so definierte Operator ist offenbar additiv und homogen. Weiter haben wir nach (34):

$$(\mathfrak{T}^*\,g, \mathfrak{T}^*\,g) = (\mathfrak{T}\,\mathfrak{T}^*\,g, g) \leqq \|\mathfrak{T}\,\mathfrak{T}^*\,g\| \cdot \|g\| \leqq \|\mathfrak{T}\| \cdot \|\mathfrak{T}^*\,g\| \cdot \|g\|,$$

also

$$\|\mathfrak{T}^*\,g\| \leqq \|\mathfrak{T}\| \cdot \|g\|.$$

Danach ist $\|\mathfrak{T}^*\| \leqq \|\mathfrak{T}\|$. Setzt man aber in (34) $g = \mathfrak{T}\,f$, so erhält man durch einen entsprechenden Schluß $\|\mathfrak{T}\| \leqq \|\mathfrak{T}^*\|$; es ist also $\|\mathfrak{T}^*\| = \|\mathfrak{T}\|$.

In der analytischen Geometrie der Euklidischen Räume spielen die orthogonalen Transformationen eine wichtige Rolle; sie lassen das innere Produkt invariant. In Analogie dazu erklären wir für die Hilbertschen Räume die *unitären* Operatoren.

Erklärung: Ein überall in einem Hilbertschen Raum erklärter Operator $\mathfrak{U}\,f$, der $\boldsymbol{H}$ auf sich abbildet, heißt *unitär*, wenn für alle f und g aus $\boldsymbol{H}$

$$(\mathfrak{U}\,f, \mathfrak{U}\,g) = (f, g) \tag{35}$$

gilt.

Satz II 15

Zu jedem unitären Operator $\mathfrak{U}$ *gibt es einen inversen Operator* $\mathfrak{U}^{-1}$, *der ebenfalls unitär ist.*

Um die Existenz eines solchen inversen Operators zu beweisen, zeigen wir, daß aus $\mathfrak{U}\,f = \mathfrak{U}\,g$ stets $f = g$ folgt. Es sei also $\mathfrak{U}\,f = \mathfrak{U}\,g$. Dann ist doch

$$\begin{aligned}
0 &= (\mathfrak{U}\,f - \mathfrak{U}\,g, \quad \mathfrak{U}\,f - \mathfrak{U}\,g) \\
&= (\mathfrak{U}\,f, \mathfrak{U}\,f) - (\mathfrak{U}\,g, \mathfrak{U}\,f) - (\mathfrak{U}\,f, \mathfrak{U}\,g) + (\mathfrak{U}\,g, \mathfrak{U}\,g) \\
&= (f, f) - (g, f) - (f, g) + (g, g) = \|f - g\|^2 .
\end{aligned}$$

Es ist also $f = g$. Damit ist gezeigt: Zu verschiedenen Elementen f und g aus $\boldsymbol{H}$ gehören auch verschiedene Bildelemente $\mathfrak{U}\,f$ und $\mathfrak{U}\,g$. Danach existiert zu $\mathfrak{U}$ eine eindeutige Umkehrung $\mathfrak{U}^{-1}$. Auch dieser Operator ist unitär. Schreibt man nämlich f' für $\mathfrak{U} f$ und g' für $\mathfrak{U} g$, so kann man (35) auch so deuten:

$$(f', g') = (\mathfrak{U}^{-1} f', \mathfrak{U}^{-1} g') . \tag{36}$$

Ersetzt man in dieser Formel (36) g' durch g, so hat man

$$(\mathfrak{U} f, g) = (f, \mathfrak{U}^{-1} g) .$$

Diese Gleichung zeigt, daß *für einen unitären Operator der adjungierte Operator mit dem inversen zusammenfällt:*

$$\mathfrak{U}^* = \mathfrak{U}^{-1} . \tag{37}$$

Für das praktische Rechnen mit Operatoren ist es oft nützlich, sie durch unendliche Matrizen darzustellen:

Satz II 16

In jedem separierbaren Hilbertschen Raum $\boldsymbol{H}$ ist ein linearer Operator $\mathfrak{T}$ charakterisiert durch eine unendliche Matrix

$$M(\mathfrak{T}) = \begin{pmatrix} a_{11} & a_{12} & a_{13} \cdots \\ a_{21} & a_{22} & a_{23} \cdots \\ \cdot & \cdot & \cdot \quad \cdot \quad \cdot \\ \cdot & \cdot & \cdot \quad \cdot \quad \cdot \end{pmatrix} \tag{38}$$

mit

$$a_{ik} = (\mathfrak{T} y_k, y_i) . \tag{39}$$

Dabei ist $\{y_i\}$ ein vollständiges Orthonormalsystem in $\boldsymbol{H}$. Für die Zahlen a_{ik} der Matrix (38) gilt

$$\sum_{i=1}^{\infty} |a_{ik}|^2 < \infty, \qquad k = 1, 2, 3, \ldots, \tag{40}$$

und

$$\left| \sum_{i=1}^{p} \sum_{k=1}^{q} a_{ki} \alpha_i \bar{\beta}_k \right| \leq M \cdot \sqrt{\sum_{i=1}^{p} |\alpha_i|^2} \cdot \sqrt{\sum_{k=1}^{q} |\beta_k|^2} \tag{40'}$$

bei beliebigen komplexen Zahlen α_i und β_k und einer gewissen positiven Zahl M.

Mit der „Charakterisierung" ist dies gemeint: *Die Komponenten des Bildvektors $\mathfrak{T} f$ in irgendeinem vollständigen Orthonormalsystem $\{y_i\}$ können mit Hilfe der Matrix (38) berechnet werden, wenn die von f bekannt sind.*

Es sei also $f = \sum\limits_{k=1}^{\infty} \alpha_k y_k$ gegeben. Für $\mathfrak{T} f$ haben wir entsprechend $\mathfrak{T} f = \sum\limits_{k=1}^{\infty} \beta_k y_k$ mit zunächst unbekannten Zahlen β_k. Nach (39) ist nun

$$\beta_k = (\mathfrak{T} f, y_k) = \left(\mathfrak{T} \sum_{i=1}^{\infty} \alpha_i y_i, y_k \right) = \sum_{i=1}^{\infty} (\alpha_i; \mathfrak{T} y_i, y_k) = \sum_{i=1}^{\infty} \alpha_i a_{ki} . \tag{41}$$

Dabei haben wir $\mathfrak{T} \lim s_n = \lim \mathfrak{T} s_n$ (für die Teilsummen s_n der unend-lichen Reihe $\sum_{i=1}^{\infty} \alpha_i y_i$) benutzt. Diese Beziehung beweist man leicht aus der Beschränktheit des linearen Operators. Es ist doch

$$\|\mathfrak{T} s_n - \mathfrak{T} f\| \leqq \|\mathfrak{T}\| \cdot \|s_n - f\|.$$

Für $f = y_i$ folgt aus (41):

$$\mathfrak{T} y_i = \sum_{k=1}^{\infty} a_{ki} y_k, \tag{42}$$

und daraus folgt sofort (40). Die Beziehung (40') schließlich folgt aus der Beschränktheit des Operators $\mathfrak{T}$. Es ist doch für $f \in \boldsymbol{H}$, $g \in \boldsymbol{H}$:

$$|(\mathfrak{T} f, g)| \leqq \|\mathfrak{T} f\| \cdot \|g\| \leqq \|\mathfrak{T}\| \cdot \|f\| \cdot \|g\|.$$

Setzt man hier $f = \sum_{i=1}^{p} \alpha_i y_i$ und $g = \sum_{k=1}^{q} \beta_k y_k$, $\|\mathfrak{T}\| = M$, so hat man (40').

Wir merken noch an, daß in der Matrix (38) nicht nur die Quadrat-summe der Spalten, sondern auch die der Zeilen konvergent ist. Dazu ziehen wir den zu $\mathfrak{T}$ adjungierten Operator $\mathfrak{T}^*$ heran. Dann ist doch nach (39) und (34):

$$a_{ik} = (\mathfrak{T} y_k, y_i) = (y_k, \mathfrak{T}^* y_i) = \overline{(\mathfrak{T}^* y_i, y_k)}. \tag{43}$$

Da auch $\mathfrak{T}^* y_i$ ein Vektor ist, muß auch $\sum_{k=1}^{\infty} |a_{ik}|^2$ konvergent sein.

Der Satz II 16 schafft die Möglichkeit, die Theorie der linearen Gleichungen mit unendlich vielen Unbekannten zur Lösung des „Um-kehrproblems" heranzuziehen: Ist der Vektor $\mathfrak{T} f$ mit den Komponenten β_k vorgegeben, so hat man zur Bestimmung der Komponenten von f selbst das unendliche Gleichungensystem

$$\beta_k = \sum_{i=1}^{\infty} \alpha_i a_{ik}, \quad (k = 1, 2, 3, \ldots).$$

Die Theorie dieser Systeme ist von ERHARD SCHMIDT entwickelt worden[1].

Nach (43) ist die Matrix $((b_{ik}))$ des zu $\mathfrak{T}$ adjungierten Operators $\mathfrak{T}^*$ durch

$$b_{ik} = \overline{a_{ki}} \tag{44}$$

gegeben. Ist $a_{ik} = \overline{a_{ki}}$ für alle i und k, so ist der Operator $\mathfrak{T}$ *selbstadjun-giert:* Es gilt $\mathfrak{T} = \mathfrak{T}^*$. Ein Beispiel für einen solchen Operator liefert die Integraltransformation

$$g(u) = \mathfrak{T} f(u) = \int_{a}^{b} k(x, u) f(x)\, dx. \tag{45}$$

---

[1] Man findet die Grundzüge dieser Theorie im Anhang von SCHMEIDLER [1].

Dabei ist $(a; b)$ ein Intervall der reellen Achse und $k(x, u)$ eine im abgeschlossenen Intervall $[a; b]$ stetige Funktion, für die die Symmetriebeziehung $k(x, u) = \overline{k(u, x)}$ erfüllt ist. Die Funktionen f und g sollen einem Hilbertschen Raum angehören, in dem das innere Produkt durch

$$(f, g) = \int_a^b f \, \overline{g} \, dx \tag{46}$$

definiert ist. Dann ist nach (43)

$$a_{ik} = \int_a^b \int_a^b k(x, u) \, y_k(x) \, \overline{y_i(u)} \, dx \, du = \overline{a_{ki}}. \tag{47}$$

Man überzeugt sich leicht, daß der durch (45) definierte Operator linear ist. Nach (47) ist er auch selbstadjungiert.

Von besonderem Interesse für viele Anwendungen ist nun die Frage, ob ein linearer Operator eines Hilbertschen Raumes $\boldsymbol{H}$ für gewisse Elemente $f \in \boldsymbol{H}$ eine Bedingung von der Form

$$\mathfrak{T} f = \mu f \tag{48}$$

mit einer geeigneten Zahl μ erfüllt. Im Falle der Integraltransformation (45) kommt man auf diese Weise auf eine Integralgleichung

$$\mu f(u) = \int_a^b k(x, u) \, f(x) \, dx. \tag{49}$$

Wir erklären nun: Ist (48) für eine von Null verschiedene Zahl μ erfüllt, so heißt μ ein *Eigenwert*, f ein *Eigenelement (Eigenvektor)* des Operators $\mathfrak{T}$.

Ein linearer Operator heißt *symmetrisch*, wenn er selbstadjungiert ist und sein Definitionsbereich $\boldsymbol{D}$ mit $\boldsymbol{H}$ zusammenfällt.

Satz II 17

Ein symmetrischer Operator hat, wenn überhaupt, lauter reelle Eigenwerte. Die zu verschiedenen Eigenwerten gehörenden Eigenvektoren sind orthogonal.

Zum Beweis dieses Satzes zeigen wir zuerst, daß $(\mathfrak{T} f, f)$ stets reell ist:

$$(\mathfrak{T} f, f) = (f, \mathfrak{T}^* f) = (f, \mathfrak{T} f) = \overline{(\mathfrak{T} f, f)}.$$

Danach muß auch μ in (48) reell sein, denn es ist doch

$$(\mathfrak{T} f, f) = \mu (f, f).$$

Es seien jetzt f und g Eigenvektoren, die zu verschiedenen Eigenwerten μ und ν gehören. Dann ist

$$(\mathfrak{T} f, g) = (\mu f, g) = \mu (f, g)$$

und

$$(f, \mathfrak{T} g) = (f, \nu g) = \nu (f, g).$$

Wegen der Symmetrie des Operators $\mathfrak{T}$ ist deshalb $\mu (f, g) = \nu (f, g)$. Da $\mu \neq \nu$ vorausgesetzt war, haben wir: $(f, g) = 0$.

Satz II 18

Die Norm $\|\mathfrak{T}\|$ *eines symmetrischen Operators* $\mathfrak{T}$ *ist die kleinste unter allen Zahlen* $K_{\mathfrak{T}}$, *für die (für alle* $f \in \boldsymbol{H}$)

$$|(\mathfrak{T} f, f)| \leq K_{\mathfrak{T}} \cdot \|f\|^2 \tag{50}$$

gilt.

Nach der Schwarzschen Ungleichung ist nämlich stets

$$|(\mathfrak{T} f, f)| \leq \|\mathfrak{T} f\| \cdot \|f\| \leq \|\mathfrak{T}\| \cdot \|f\|^2.$$

Wir haben also nur noch zu zeigen, daß $\|\mathfrak{T}\|$ die *kleinste* Zahl ist, für die diese Ungleichung (50) erfüllt ist. Um das zu zeigen, beachten wir die Relation

$$(\mathfrak{T}^2 f, f) = (\mathfrak{T} f, \mathfrak{T} f) = \|\mathfrak{T} f\|^2.$$

Danach ist für beliebiges $\lambda > 0$:

$$\|\mathfrak{T} f\|^2 = \frac{1}{4}\left[\left(\mathfrak{T}\left\{\lambda f + \frac{1}{\lambda} \mathfrak{T} f\right\}, \lambda f + \frac{1}{\lambda} \mathfrak{T} f\right) - \left(\mathfrak{T}\left\{\lambda f - \frac{1}{\lambda} \mathfrak{T} f\right\}, \lambda f - \frac{1}{\lambda} \mathfrak{T} f\right)\right]$$

$$\leq \frac{1}{4}\left[K_{\mathfrak{T}}\left\|\lambda f + \frac{1}{\lambda} \mathfrak{T} f\right\|^2 + K_{\mathfrak{T}}\left\|\lambda f - \frac{1}{\lambda} \mathfrak{T} f\right\|^2\right]$$

$$= \frac{1}{2} K_{\mathfrak{T}}\left(\lambda^2 \|f\|^2 + \frac{1}{\lambda^2} \|\mathfrak{T} f\|^2\right).$$

Die Klammer ist hier von der Form

$$y = x \alpha^2 + \frac{1}{x} \beta^2, \qquad x = \lambda^2.$$

Das Minimum dieser Funktion $y(x)$ wird erreicht für $x = \beta \ \alpha^{-1}$, wie man sofort durch Differentiation erkennt. Setzen wir also $\lambda^2 = \|\mathfrak{T} f\| \cdot \|f\|^{-1}$, um eine besonders wirksame Abschätzung zu erhalten. Dann ergibt sich

$$\|\mathfrak{T} f\|^2 \leq K_{\mathfrak{T}} \ \|\mathfrak{T} f\| \cdot \|f\|$$

oder

$$\|\mathfrak{T} f\| \leq K_{\mathfrak{T}} \cdot \|f\|.$$

Da nach Definition der Norm $\|\mathfrak{T}\|$ die kleinste Zahl ist, für die eine Ungleichung dieser Form gilt, haben wir tatsächlich $\|\mathfrak{T}\| \leq K_{\mathfrak{T}}$.

§ 9. Eigenwertprobleme für vollstetige Operatoren

Erklärung: Ein Operator $\mathfrak{T}$ in einem Hilbertschen Raum $\boldsymbol{H}$ heißt *vollstetig*, wenn aus jeder in der Norm beschränkten Folge f_n von Elementen aus $\boldsymbol{H}\left(\|f_n\|<C\right)$ eine Teilfolge $f_{n'}$ ausgewählt werden kann, für die $\mathfrak{T} f_{n'}$ konvergent ist.

Man kann zeigen[1], daß der Operator $\mathfrak{T}$ genau dann vollstetig ist, *wenn er jede schwach konvergente Folge* (vgl. S. 18!) *in eine stark konvergente transformiert.*

Nicht jeder beschränkte Operator ist auch vollstetig. Das einfachste Gegenbeispiel ist die Identität $\mathfrak{T} f = \mathfrak{J} f = f$. Es sei nämlich $\{y_n\}$ ein vollständiges Orthonormalsystem in $\boldsymbol{H}$. Dann ist y_n natürlich eine in der Norm beschränkte Folge (für alle n ist $\|y_n\|=1$), aber es gelingt nicht, aus y_n eine konvergente Teilfolge auszuwählen. Wegen der Orthogonalität der Funktionen ist ja für $i \neq k$:

$$(y_i - y_k, y_i - y_k) = \|y_i - y_k\|^2 = \|y_i\|^2 + \|y_k\|^2 = 2.$$

Dagegen *ist die Projektion auf einen Raum von endlich vielen Dimensionen vollstetig.* Es sei etwa $\mathfrak{T}_3$ der Operator, der jedem Element $f=\sum\limits_{\nu=1}^{\infty} a_\nu\, y_\nu$ aus $\boldsymbol{H}$ den Vektor

$$\mathfrak{T}_3 f = a_1\, y_1 + a_2\, y_2 + a_3\, y_3$$

zuordnet. Aus $\|f\|<C$ folgt dann natürlich $\|\mathfrak{T}_3 f\|<C$. Die Elemente von $\mathfrak{T}_3 f$ können deshalb eineindeutig den Vektoren des dreidimensionalen euklidischen Raumes (mit den Komponenten a_1, a_2, a_3) zugeordnet werden, und aus einer beschränkten Folge von Vektoren *dieses* Raumes kann man immer eine konvergente Teilfolge auswählen. Es gibt deshalb auch in $\boldsymbol{H}$ eine Teilfolge $f_{n'}$, für die $\mathfrak{T}_3 f_{n'}$ konvergent ist. Wir werden später zeigen, daß auch Integraltransformationen vom Typ (45) vollstetig sind.

Satz II 19

Jeder symmetrische vollstetige Operator hat mindestens einen und höchstens abzählbar viele Eigenwerte. Zu jedem Eigenwert gehören nur endlich viele linear unabhängige Eigenvektoren, und die zu verschiedenen Eigenwerten gehörenden Eigenvektoren sind orthogonal.

Zum Beweis dieses wichtigen Satzes beachten wir, daß nach Satz II 18 für alle $f \in \boldsymbol{H}$ mit $\|f\|=1$

$$\overline{\lim}\,|(\mathfrak{T} f, f)| = \overline{\lim}\,\|\mathfrak{T} f\| = \|\mathfrak{T}\|$$

gilt. Da $\mathfrak{T}$ außerdem vollstetig ist, können wir aus den Elementen von $\boldsymbol{H}$ eine Folge $f_{n'}$ mit $\|f_{n'}\|=1$ auswählen, für die $\lim |(\mathfrak{T} f_{n'}, f_{n'})| = \|\mathfrak{T}\|$ gilt

---

[1] Wir machen von dieser Tatsache keinen Gebrauch und verzichten deshalb auf diesen Beweis. Er steht z. B. bei ACHIESER-GLASMANN und bei SCHMEIDLER [2].

und für die außerdem $\mathfrak{T} f_{n'}$ konvergent ist. Wir beachten weiter, daß (nach dem Beweis von Satz II 17) die Zahlen $(\mathfrak{T} f_{n'}, f_{n'})$ für symmetrische Transformationen $\mathfrak{T}$ stets reell sind. Die Folge $(\mathfrak{T} f_{n'}, f_{n'})$ hat deshalb höchstens die beiden Häufungspunkte $+\|\mathfrak{T}\|$ und $-\|\mathfrak{T}\|$. Für eine geeignete Teilfolge f_n von $f_{n'}$ gilt dann

$$\lim_{n \to \infty} (\mathfrak{T} f_n, f_n) = \mu_1, \qquad \mu_1 = +\|\mathfrak{T}\| \text{ oder } -\|\mathfrak{T}\|. \tag{51}$$

Dann ist jedenfalls für genügend großes n bei beliebig vorgegebenem $\varepsilon > 0$:

$$-2\mu_1 (\mathfrak{T} f_n, f_n) < -2\mu_1^2 + \varepsilon. \tag{52}$$

Jetzt schließen wir aus der Ungleichung

$$0 \leqq \|\mathfrak{T} f_n - \mu_1 f_n\|^2 = \|\mathfrak{T} f_n\|^2 - 2\mu_1 (\mathfrak{T} f_n, f_n) + \mu_1^2 \|f_n\|^2$$

wegen (51), (52), $\|f_n\| = 1$ und $\|\mathfrak{T} f_n\|^2 \leqq \|\mathfrak{T}\|^2$ auf

$$0 \leqq \|\mathfrak{T} f_n - \mu_1 f_n\|^2 < \mu_1^2 - 2\mu_1^2 + \varepsilon + \mu_1^2 = \varepsilon.$$

Das bedeutet aber

$$\lim_{n \to \infty} (\mathfrak{T} f_n - \mu_1 f_n) = 0. \tag{53}$$

Die Elemente f_n sind also „Näherungslösungen" der Gleichung

$$\mathfrak{T} f = \mu_1 f. \tag{54}$$

Da aber die Folge $\mathfrak{T} f_n$ konvergiert, ist nach (53) auch f_n selbst konvergent. Der Grenzwert f dieser Folge f_n ist nach (53) dann eine Lösung der Gl. (54): f *ist ein Eigenvektor* und μ_1 ein *Eigenwert* des Operators $\mathfrak{T}$.

Das Element $f \in \boldsymbol{H}$ ist danach eine Lösung der folgenden Extremalaufgabe:

Unter allen Vektoren $g \in \boldsymbol{H}$ *mit der Norm* $\|g\| = 1$ *soll ein Element bestimmt werden, für das* $|(\mathfrak{T} g, g)|$ *möglichst groß ist.*

Wir bezeichnen diesen ersten Eigenvektor mit y_1 und betrachten dann den Teilraum $\boldsymbol{H}_1$ von $\boldsymbol{H}$, der aus allen zu y_1 orthogonalen Elementen besteht. Auch für diesen Raum $\boldsymbol{H}_1$ können wir nach einem Element mit der Norm 1 fragen, für das $|(\mathfrak{T} f, f)|$ möglichst groß ist. Die für $\boldsymbol{H}$ angestellte Überlegung führt auf einen Eigenvektor y_2, der zu einem Eigenwert μ_2 mit $|\mu_2| \leqq |\mu_1|$ gehört. Die Fortsetzung dieses Verfahrens liefert eine Folge y_n von Eigenvektoren. Der Vektor mit der Nummer n ist Lösung der folgenden Extremalaufgabe:

Es soll ein Element $f \in \boldsymbol{H}$ *bestimmt werden, für das* $|(\mathfrak{T} f, f)|$ *zum Maximum wird unter den Nebenbedingungen:*

$$\|f\| = 1, \qquad (f, y_1) = (f, y_2) = \cdots = (f, y_{n-1}) = 0.$$

Für diesen Eigenvektor gilt

$$\mathfrak{T} y_n = \mu_n y_n, \tag{55}$$

und die Folge der absoluten Beträge der Eigenwerte nimmt monoton ab:

$$|\mu_1| \geqq |\mu_2| \geqq |\mu_3| \geqq \cdots. \tag{56}$$

Von den Eigenwerten dieser Folge können jeweils *nur endlich viele einander gleich sein*. Das ist sofort klar, wenn wir gezeigt haben, daß

$$\lim_{n \to \infty} \mu_n = 0 \tag{57}$$

gilt. Nehmen wir an, daß die Folge $|\mu_n|$ eine von Null verschiedene untere Schranke habe. Dann ist $\left\| \dfrac{1}{\mu_n} y_n \right\|$ nach oben beschränkt, und da $\mathfrak{T}$ vollstetig ist, müßte nach (55) y_n eine konvergente Teilfolge enthalten. Das ist aber unmöglich wegen der Orthogonalität der Eigenvektoren. Wir haben doch

$$\|y_n - y_m\|^2 = \|y_n\|^2 + \|y_m\|^2 = 2.$$

Es ist dagegen durchaus möglich, daß die Reihe (56) nur endlich viele Eigenwerte enthält, auch wenn H nicht von endlicher Dimension ist. Dann gibt es einen Teilraum H_{n+1} von H, für dessen sämtliche Elemente g $\mathfrak{T}\,g = 0$ ist. Ein solcher Operator heißt *entartet*.

Nehmen wir im folgenden an, daß $\mathfrak{T}$ nicht entartet sei. Es gibt dann unendlich viele von Null verschiedene Eigenwerte μ_n mit den entsprechenden Eigenvektoren y_n. Es sei f ein beliebiger Vektor aus H und

$$g_n = f - \sum_{i=1}^{n} (f, y_i)\, y_i. \tag{58}$$

Dann ist $(g_n, y_i) = 0$ für $i = 1, 2, 3, \ldots, n$. g_n gehört also zum Teilraum H_{n+1}, und deshalb ist

$$\|\mathfrak{T}\,g_n\| \leqq |\mu_{n+1}| \cdot \|g_n\|. \tag{59}$$

Weiter ist

$$\|g_n\|^2 = \|f\|^2 - \sum_{i=1}^{n} |(f, y_i)|^2 \leqq \|f\|^2.$$

g_n ist also gleichmäßig beschränkt. Da $\mathfrak{T}$ vollstetig ist, haben wir nach (59):

$$\lim_{n \to \infty} \mathfrak{T}\,g_n = 0.$$

Das heißt aber nach (58):

$$0 = \lim_{n \to \infty} \mathfrak{T}\,g_n = \mathfrak{T}\,f - \sum_{i=1}^{\infty} (f, y_i) \cdot \mathfrak{T}\,y_i. \tag{60}$$

Wegen

$$\mathfrak{T}\,y_i = \mu_i y_i$$

kann man (60) auch so schreiben:

$$\mathfrak{T}\,f = \sum_{i=1}^{\infty} \mu_i (f, y_i)\, y_i. \tag{61}$$

Dabei sind alle Eigenwerte entsprechend ihrer Vielfachheit zu berücksichtigen. Wir lesen übrigens aus dieser Darstellung (61) ab, daß es *außer den bei unserem Verfahren gefundenen Eigenwerten keine weiterer* geben kann. Nehmen wir an, daß μ ein zu dem Eigenvektor y gehörenden Eigenwert sei, der von allen μ_n verschieden ist. Dann kann man $\mathfrak{T}\,y$ nach (61) so darstellen:

$$\mathfrak{T}\,y = \sum_{i=1}^{\infty} \mu_i\,(y,\,y_i)\,y_i = 0,$$

da ja y nach Satz II 17 zu allen y_i orthogonal sein müßte. Das ist aber ein Widerspruch zu $\mathfrak{T}\,y = \mu\,y$.

Nach (61) können alle *Bild*elemente $\mathfrak{T}\,f$ durch das Orthonormalsystem $\{y_i\}$ dargestellt werden. Es fragt sich, unter welchen Bedingungen dieses System für den Raum **H** selbst vollständig ist. Hier gilt

Satz II 20

*Dann und nur dann ist das System der Eigenfunktionen eines vollstetigen Operators vollständig in **H**, wenn $\mathfrak{T}\,f = 0$ nur die Lösung $f = 0$ zuläßt.*

Für das Element

$$g = f - \sum_{i=1}^{\infty} (f,\,y_i)\,y_i$$

aus **H** gilt nämlich nach (61) $\mathfrak{T}\,g = 0$. f ist danach darstellbar in der Form

$$f = g + \sum_{i=1}^{\infty} (f,\,y_i)\,y_i,$$

wobei für den Rest g gilt $\mathfrak{T}\,g = 0$. Daraus folgt sofort Satz II 20.

Die wichtige Entscheidung, ob ein Operator vollstetig sei, kann oft nach dem folgenden Kriterium erfolgen:

Satz II 21

Hinreichend[1] *für die Vollstetigkeit eines Operators $\mathfrak{T}$ mit der Matrix*[2] $M = ((a_{ik}))$ *ist die Konvergenz von* $\sum_{i,k} |a_{ik}|^2$.

Erleichtern wir uns den Beweis dieses Satzes durch einen

Hilfssatz:

Wenn es zu jedem $\varepsilon > 0$ einen vollstetigen Operator $\mathfrak{T}_\varepsilon$ gibt, der der Ungleichung

$$\|(\mathfrak{T} - \mathfrak{T}_\varepsilon)\,f\| \leqq \varepsilon \cdot \|f\| \tag{62}$$

genügt, dann ist $\mathfrak{T}$ selbst auch vollstetig.

---

[1] Die Bedingung ist *nicht* notwendig.
[2] Vgl. Satz II 16.

Zum Beweis gehen wir aus von einer monoton fallenden Nullfolge ε_n und den entsprechenden Operatoren $\mathfrak{T}_{\varepsilon_n}$, für die (62) gilt. Es sei M eine beliebige in der Norm beschränkte Menge von Elementen f aus H: $\|f\| < C$. Es sei weiter

$$F_1: \quad f_{11}, f_{12}, f_{13}, f_{14}, \cdots$$

eine aus $\mathfrak{M}$ ausgewählte Teilfolge, für die $\mathfrak{T}_{\varepsilon_1} f_{1\nu}$ konvergent ist. Wegen der Vollstetigkeit von $\mathfrak{T}_{\varepsilon_1}$ muß es ja eine solche Folge geben.

$$F_2: \quad f_{21}, f_{22}, f_{23}, f_{24}, \cdots$$

sei eine Teilfolge von F_1, für die $\mathfrak{T}_{\varepsilon_2} f_{2\nu}$ konvergiert. Dieses Verfahren sei beliebig weit fortgesetzt: Immer soll F_{n+1} eine Teilfolge von F_n sein und $\mathfrak{T}_{\varepsilon_{n+1}} f_{n+1,\nu}$ konvergieren. Die Diagonalfolge

$$D: \quad f_{11}, f_{22}, f_{33}, f_{44} \cdots$$

konvergiert dann für *alle* Operatoren $\mathfrak{T}_{\varepsilon_n}$. Denn bis auf höchstens endlich viele Elemente ist ja D eine Teilfolge von jeder Folge F_n.

Nach der Dreiecksungleichung und nach (62) ist nun

$$\|\mathfrak{T} f_{nn} - \mathfrak{T} f_{mm}\| \leq \|(\mathfrak{T} - \mathfrak{T}_{\varepsilon_k}) f_{nn}\| + \|\mathfrak{T}_{\varepsilon_k} f_{nn} - \mathfrak{T}_{\varepsilon_k} f_{mm}\| + \|(\mathfrak{T} - \mathfrak{T}_{\varepsilon_k}) f_{mm}\|$$

$$\leq 2\,\varepsilon_k \cdot C + \|\mathfrak{T}_{\varepsilon_k} (f_{nn} - f_{mm})\|.$$

Wählt man jetzt k *und dann* auch m und n entsprechend groß, so wird $\|\mathfrak{T} f_{nn} - \mathfrak{T} f_{mm}\|$ beliebig klein. Das heißt aber: $\mathfrak{T}$ selbst ist auch vollstetig.

Mit diesem Hilfssatz kann nun Satz II 21 leicht bewiesen werden. Nach der Voraussetzung dieses Satzes gibt es nämlich zu jedem $\varepsilon > 0$ eine natürliche Zahl $p(\varepsilon)$, so daß

$$\sum_{i=p+1}^{\infty} \sum_{k=1}^{\infty} |a_{ik}|^2 \leq \varepsilon^2 \tag{63}$$

gilt. Wie beim Beweis des Satzes II 16 stellen wir jetzt die Elemente f von H dar in der Form $f = \sum_{k=1}^{\infty} \alpha_k y_k$ durch ein vollständiges Orthonormalsystem $\{y_k\}$. Für den Bildvektor gilt dann entsprechend $\mathfrak{T} f = \sum_{i=1}^{\infty} \beta_i y_i$, wobei (vgl. Satz II 16) $\beta_i = \sum_{k=1}^{\infty} \alpha_k a_{ik}$.

Jetzt führen wir den Operator

$$\mathfrak{T}_\varepsilon f = \beta_1 y_1 + \beta_2 y_2 + \cdots + \beta_p y_p$$

ein. Er leistet eine Abbildung auf einen Raum von endlich vielen Dimensionen und ist deshalb $\left(\text{wegen der Beschränktheit von } \sum_{\varrho=1}^{p} |\beta_\varrho|^2\right)$

vollstetig[1]. Für diesen Operator gilt nach (63):

$$\|\mathfrak{T}f - \mathfrak{T}_\varepsilon f\|^2 = \sum_{i=p+1}^{\infty} |\beta_i|^2 = \sum_{i=p+1}^{\infty} \left| \sum_{k=1}^{\infty} a_{ik}\,\alpha_k \right|^2$$

$$\leq \sum_{i=p+1}^{\infty} \sum_{k=1}^{\infty} |a_{ik}|^2 \cdot \|f\|^2 \leq \varepsilon^2 \cdot \|f\|^2.$$

Damit ist die Voraussetzung unseres Hilfssatzes erfüllt, und deshalb ist auch der Operator $\mathfrak{T}$ selbst vollstetig.

Wir wollen diesen Abschnitt abschließen mit einem Satz über die inhomogene Funktionalgleichung

$$f - \lambda\,\mathfrak{T}f = h. \tag{64}$$

h ist dabei ein gegebenes, f ein gesuchtes Element aus $\boldsymbol{H}$. $\mathfrak{T}$ ist ein vollstetiger Operator. Beispiele für diese Gl. (64) liefern Integralgleichungen des Typs[2]

$$f(y) - \lambda \int_a^b K(x,\,y)\,f(x)\,dx = h(y).$$

Für $\lambda = 1/\mu$ und $h = 0$ wird aus (64) die bereits bekannte homogene Gl. (48). Wir beweisen nun

Satz II 22

Die Gl. (64) hat genau eine Lösung

$$f = h + \lambda \sum_{i=1}^{\infty} \frac{\mu_i}{1 - \lambda\mu_i}\,(h,\,y_i)\,y_i, \tag{65}$$

wenn λ^{-1} kein Eigenwert der homogenen Gleichung

$$\mathfrak{T}f = \mu\,f \tag{66}$$

ist. μ_i ist dabei die Folge der Eigenwerte, y_i die der Eigenvektoren von (66).

Nehmen wir zum Beweis an, daß ein Element $f \in \boldsymbol{H}$ der Gl. (64) genüge. Dann haben wir nach (61) für f die Darstellung

$$f = h + \lambda\,\mathfrak{T}f = h + \lambda \sum_{i=1}^{\infty} \mu_i\,(f,\,y_i)\,y_i;$$

also ist

$$(1 - \lambda\mu_i)\,(f,\,y_i) = (h,\,y_i).$$

---

[1] Vgl. die Überlegung auf S. 33!

[2] Wir werden später (§ X 1) zeigen, daß Integraloperatoren des Typs

$$\mathfrak{T}f(y) = \int_a^b K(x,\,y)\,f(x)\,dx$$

mit einem stetigen „Kern" $K(x,\,y)$ vollstetig sind.

Für $1 - \lambda \mu_i \neq 0$ haben wir für f dann die Darstellung (65). Sei nun umgekehrt eine Reihe von der Form (65) vorgelegt. Wir bemerken zuerst, daß sie konvergent ist. Für die Teilsummen s_n dieser Reihe gilt nämlich

$$\| s_n - s_m \|^2 = \sum_{i=m+1}^{n} \left| \frac{\lambda \mu_i}{1 - \lambda \mu_i} (h, y_i) \right|^2 \leq c \cdot \sum_{i=m+1}^{n} |(h, y_i)|^2 \to 0.$$

Dabei ist c eine obere Schranke für $|\lambda \mu_i (1 - \lambda \mu_i)|^{-1}$. Eine solche Schranke existiert, da $\lambda \mu_i \neq 1$ ist und μ_i gegen 0 konvergiert.

Die konvergente Reihe (65) ist nun tatsächlich eine Lösung von (64). Denn aus dieser Darstellung folgt doch

$$(f, y_i) = (h, y_i) + \lambda \frac{\mu_i}{1 - \lambda \mu_i} (h, y_i) = \frac{1}{1 - \lambda \mu_i} (h, y_i)$$

oder

$$f - h = \lambda \sum_{i=1}^{\infty} \mu_i (f, y_i) \, y_i.$$

Nach (61) heißt das aber

$$f - h = \lambda \mathfrak{T} f.$$

Ohne Beweis wollen wir noch anmerken[1]: *Ist λ^{-1} ein Eigenwert von (66), so hat die inhomogene Gleichung dann und nur dann Lösungen, wenn h zu allen Vektoren dieses Eigenwertes orthogonal ist.*

§ 10. Die Quadratwurzel aus symmetrischen und positiven Operatoren

Man nennt einen Operator $\mathfrak{T}$ eines Hilbertschen Raumes $\boldsymbol{H}$ *positiv*, wenn $(\mathfrak{T} f, f) \geq 0$ ist für alle $f \in \boldsymbol{H}$. Zu diesen positiven Operatoren gehört z.B. das Quadrat eines symmetrischen Operators: Es ist ja

$$(\mathfrak{T}^2 f, f) = (\mathfrak{T} f, \mathfrak{T} f) \geq 0.$$

Für die symmetrischen und positiven Operatoren kann man nun eine Ordnung definieren durch die folgende Vorschrift: Es gilt

$$\mathfrak{T}_1 \leq \mathfrak{T}_2 \quad \text{oder auch} \quad \mathfrak{T}_2 \geq \mathfrak{T}_1,$$

wenn $(\mathfrak{T}_1 f, f) \leq (\mathfrak{T}_2 f, f)$ ist für alle $f \in \boldsymbol{H}$.

Für Folgen symmetrischer und positiver Operatoren gilt nun ein Konvergenzsatz, der als ein Gegenstück zu einem bekannten Satz über konvergente Zahlenfolgen gelten kann:

Satz II 23

Jede monoton wachsende und beschränkte Folge $\mathfrak{T}_n$ von symmetrischen und positiven Operatoren konvergiert stark gegen einen symmetrischen und positiven Operator $\mathfrak{T}$.

---

[1] Siehe z.B. ACHIESER-GLASMANN.

Man sagt von einer Folge $\mathfrak{T}_n$ von Operatoren, sie sei *stark konvergent gegen einen Operator* $\mathfrak{T}$, wenn für alle $f \in \boldsymbol{H}$ $\mathfrak{T}_n f$ stark gegen $\mathfrak{T} f$ konvergiert.

Zum Beweis unseres Satzes brauchen wir eine für symmetrische und positive Operatoren gültige Verallgemeinerung der Schwarzschen Ungleichung (1):

$$|(\mathfrak{T} f, g)|^2 \leqq (\mathfrak{T} f, f) \cdot (\mathfrak{T} g, g), \qquad f \in \boldsymbol{H},\ g \in \boldsymbol{H}. \tag{67}$$

Man beweist sie ähnlich wie (1); für jeden reellen Wert von λ und für $h_\lambda = f + \lambda (\mathfrak{T} f, g) g$ ist $(\mathfrak{T} h_\lambda, h_\lambda)$ nicht negativ:

$$0 \leqq (\mathfrak{T} h_\lambda, h_\lambda) = (\mathfrak{T} f, f) + 2\lambda |(\mathfrak{T} f, g)|^2 + \lambda^2 |(\mathfrak{T} f, g)|^2 (\mathfrak{T} g, g).$$

Daraus folgt (67) ähnlich wie (1) aus (2).

Von der monotonen Folge $\mathfrak{T}_n$ wollen wir voraussetzen, daß $\mathfrak{T}_n \leqq \mathfrak{J}$ ($\mathfrak{J} =$ Identität) gilt für alle n. Den allgemeinen Fall kann man leicht auf diesen zurückführen. Wir haben also[1]

$$\mathfrak{O} \leqq \mathfrak{T}_1 \leqq \mathfrak{T}_2 \leqq \cdots \leqq \mathfrak{J}. \tag{68}$$

Für $m > n$ ist danach $\mathfrak{T}_{mn} = \mathfrak{T}_m - \mathfrak{T}_n \geqq \mathfrak{O}$. Nach (67) gilt deshalb für alle $f \in \boldsymbol{H}$:

$$\|\mathfrak{T}_{mn} f\|^4 = (\mathfrak{T}_{mn} f, \mathfrak{T}_{mn} f)^2 \leqq (\mathfrak{T}_{mn} f, f)\, (\mathfrak{T}_{mn}^2 f, \mathfrak{T}_{mn} f). \tag{69}$$

Nach (68) ist nun $\|\mathfrak{T}_{mn}\| \leqq 1$, und deshalb folgt aus (69):

$$\|\mathfrak{T}_m f - \mathfrak{T}_n f\|^4 \leqq [(\mathfrak{T}_m f, f) - (\mathfrak{T}_n f, f)] \cdot \|f\|^2. \tag{70}$$

Nach (68) ist die Zahlenfolge $(\mathfrak{T}_n f, f)$ beschränkt und nicht fallend. Sie ist also konvergent. Nach (70) ist dann $\mathfrak{T}_n, f$ eine Cauchy-Folge im Hilbert-Raum $\boldsymbol{H}$. Wir bezeichnen den Grenzwert dieser Folge mit $\mathfrak{T} f$ und haben damit einen neuen offensichtlich symmetrischen und positiven Operator definiert.

Der Satz II 23 kann nun benutzt werden, um die Existenz eines *Wurzeloperators* für symmetrische und positive Operatoren zu beweisen.

Satz II 24

Zu jedem symmetrischen und positiven Operator $\mathfrak{T}$ *gibt es einen wohlbestimmten symmetrischen und positiven Operator* $\mathfrak{T}^{\frac{1}{2}}$ *mit der Eigenschaft* $(\mathfrak{T}^{\frac{1}{2}})^2 = \mathfrak{T}$. *Er kann dargestellt werden als Grenzwert (im starken Sinne) einer Folge von Polynomen von* $\mathfrak{T}$.

Zum Beweis nehmen wir wieder $\mathfrak{T} \leqq \mathfrak{J}$ an. Wir setzen $\mathfrak{T} = \mathfrak{J} - \mathfrak{S}$ und schreiben $\mathfrak{X} = \mathfrak{J} - \mathfrak{Y}$ für den (noch nicht als existent erwiesenen) Operator $\mathfrak{T}^{\frac{1}{2}}$. Dann gilt $\mathfrak{O} \leqq \mathfrak{S} \leqq \mathfrak{J}$ und

$$\mathfrak{Y} = \tfrac{1}{2}(\mathfrak{S} + \mathfrak{Y}^2). \tag{71}$$

---

[1] $\mathfrak{O}$ ist der Nulloperator, der jedem Element aus $\boldsymbol{H}$ das Nullelement zuordnet.

Wir versuchen, diese Gleichung durch sukzessive Approximation zu lösen und setzen

$$\mathfrak{Y}_0 = \mathfrak{O}, \qquad \mathfrak{Y}_1 = \tfrac{1}{2}\mathfrak{S}, \tag{72}$$

$$\mathfrak{Y}_{n+1} = \tfrac{1}{2}(\mathfrak{S} + \mathfrak{Y}_n^2). \tag{73}$$

Dann wird

$$\mathfrak{Y}_{n+1} - \mathfrak{Y}_n = \tfrac{1}{2}(\mathfrak{Y}_n^2 - \mathfrak{Y}_{n-1}^2) = \tfrac{1}{2}(\mathfrak{Y}_n + \mathfrak{Y}_{n-1})(\mathfrak{Y}_n - \mathfrak{Y}_{n-1}). \tag{74}$$

Wir haben hier die bekannte Formel $(a+b)(a-b)=a^2-b^2$ auf unsere Operatoren angewandt. Das bedarf einer Rechtfertigung. Nach der auf S. 27 gegebenen Definition der Addition und Multiplikation von Operatoren ist natürlich

$$(\mathfrak{Y}_n + \mathfrak{Y}_{n-1})(\mathfrak{Y}_n - \mathfrak{Y}_{n-1}) = \mathfrak{Y}_n^2 + \mathfrak{Y}_{n-1}\mathfrak{Y}_n - \mathfrak{Y}_n\mathfrak{Y}_{n-1} - \mathfrak{Y}_{n-1}^2,$$

und daraus folgt

$$(\mathfrak{Y}_n + \mathfrak{Y}_{n-1})(\mathfrak{Y}_n - \mathfrak{Y}_{n-1}) = \mathfrak{Y}_n^2 - \mathfrak{Y}_{n-1}^2,$$

wenn die Operatoren $\mathfrak{Y}_n$ und $\mathfrak{Y}_{n-1}$ vertauschbar sind. Das ist aber gewiß möglich, da nach (72) und (73) unsere Operatoren „Polynome" in $\mathfrak{S}$ sind. Die Formel (74) ist also richtig.

Wir bemerken nun, daß mit $\mathfrak{S}$ auch alle Polynome in $\mathfrak{S}$ mit rationalen nicht negativen Koeffizienten positiv sind. Es ist nämlich

$$(\mathfrak{S}^{2m}f, f) = \|\mathfrak{S}^m f\|^2 \geqq 0, \qquad (\mathfrak{S}^{2m+1}f, f) = (\mathfrak{S}\,\mathfrak{S}^m f, \mathfrak{S}^m f) \geqq 0,$$

und aus $(\mathfrak{S}_1 f, f)\geqq 0$, $(\mathfrak{S}_2 f, f)\geqq 0$ folgt $((\mathfrak{S}_1+\mathfrak{S}_2)f, f)\geqq 0$. Die Operatoren $\mathfrak{Y}_n$ sind also sämtlich positiv, und es gilt weiter

$$\mathfrak{Y}_{n+1} - \mathfrak{Y}_n \geqq \mathfrak{O}, \qquad \mathfrak{Y}_n \leqq \mathfrak{J}.$$

Das folgt aus (72) und (74) bzw. (73) durch vollständige Induktion. $\mathfrak{Y}_n$ erfüllt also die Voraussetzungen von Satz 23 und konvergiert deshalb stark gegen einen Operator $\mathfrak{Y}$. Aus (73) folgt nun, daß $\mathfrak{Y}=\lim\mathfrak{Y}_n$ die Gl. (71) befriedigt. $\mathfrak{X}=\mathfrak{J}-\mathfrak{Y}$ ist dann ein positiver Operator, dessen Quadrat gleich $\mathfrak{T}$ ist.

Wir zeigen noch, daß er der *einzige* Operator mit dieser Eigenschaft ist. Nehmen wir an, es gäbe noch einen zweiten *symmetrischen und positiven* Operator $\mathfrak{X}'$, für den $\mathfrak{X}'^2=\mathfrak{T}$ gilt. Dann wäre $\mathfrak{X}\mathfrak{X}'=\mathfrak{X}'\mathfrak{X}$. Es ist nämlich

$$\mathfrak{X}'\,\mathfrak{S} = \mathfrak{X}'\,\mathfrak{X}'^2 = \mathfrak{X}'^3 = \mathfrak{X}'^2\,\mathfrak{X}' = \mathfrak{S}\,\mathfrak{X}'.$$

Das heißt also: $\mathfrak{X}'$ ist mit $\mathfrak{S}$ vertauschbar. Daraus folgt, daß $\mathfrak{X}'$ auch mit jedem Polynom von $\mathfrak{S}$ vertauschbar ist. Da $\mathfrak{X}=\mathfrak{J}-\mathfrak{Y}$ der Grenzwert einer Folge solcher Polynome ist, ist $\mathfrak{X}'$ auch mit $\mathfrak{X}$ vertauschbar. Nach den Überlegungen von S. 41 haben wir deshalb für diese beiden

Operatoren $\mathfrak{X}$ und $\mathfrak{X}'$ die Relation

$$\mathfrak{X}^2 - \mathfrak{X}'^2 = (\mathfrak{X} + \mathfrak{X}')\,(\mathfrak{X} - \mathfrak{X}'). \tag{75}$$

Es seien nun $\sqrt{\mathfrak{X}}$ und $\sqrt{\mathfrak{X}'}$ die beiden positiven Operatoren die man nach dem eben beschriebenen Verfahren aus $\mathfrak{X}$ bzw. $\mathfrak{X}'$ (an Stelle von $\mathfrak{T}$) gewinnen kann. Dann ist nach (75), wenn wir für beliebiges $g \in \boldsymbol{H}$ $(\mathfrak{X} - \mathfrak{X}')\,g = f$ setzen:

$$\|\sqrt{\mathfrak{X}}\,f\|^2 + \|\sqrt{\mathfrak{X}'}\,f\|^2 = (\mathfrak{X}\,f,\,f) + (\mathfrak{X}'\,f,\,f)$$
$$= ((\mathfrak{X} + \mathfrak{X}')\,(\mathfrak{X} - \mathfrak{X}')\,g,\,f) = ((\mathfrak{X}^2 - \mathfrak{X}'^2)\,g,\,f) = 0.$$

Daraus folgt

$$\sqrt{\mathfrak{X}}\,f = \sqrt{\mathfrak{X}'}\,f = \boldsymbol{0}, \quad \mathfrak{X}\,f = \mathfrak{X}'\,f = \boldsymbol{0}$$

und

$$\|(\mathfrak{X} - \mathfrak{X}')\,g\|^2 = ((\mathfrak{X} - \mathfrak{X}')^2\,g,\,g) = ((\mathfrak{X} - \mathfrak{X}')\,f,\,g)) = 0.$$

Es ist also $(\mathfrak{X} - \mathfrak{X}')\,g = \boldsymbol{0}$ für alle $g \in \boldsymbol{H}$, d.h. $\mathfrak{X} = \mathfrak{X}'$.

Drittes Kapitel

Der reproduzierende Kern

§ 1. Grundlegende Eigenschaften

Wir haben im Kapitel I die Kernfunktion $K(x, y)$ eines Orthonormalsystems $\{\varphi_\nu(x)\}$ so definiert:

$$K(x, y) = \sum_{\nu=1}^{\infty} \varphi_\nu(x) \cdot \overline{\varphi_\nu(y)}. \tag{1}$$

Es zeigte sich, daß diese Funktion für Reihen von der Form (I 12) die reproduzierende Eigenschaft[1]

$$f(y) = \big(f(x),\, K(x, y)\big)_x \tag{2}$$

hat.

In der von ARONSZAJN [1] u. a. begründeten *allgemeinen* Theorie der Kernfunktionen wird diese Eigenschaft (2) an den Anfang gestellt. Es gelingt auf diese Weise, die Kernfunktion zu definieren, ohne daß ein Orthonormalsystem vorliegen muß. Die Aronszajnsche Theorie schafft die Möglichkeit, die in der Funktionentheorie, der Potentialtheorie oder der Theorie der allgemeinen elliptischen Differentialgleichungen gewonnenen Aussagen über einzelne Kernfunktionen des Typs (1) zusammenzufassen zu einem System von Sätzen, das sich in verschiedenen

---

[1] Das dem inneren Produkt in (2) beigefügte x bedeutet, daß das Produkt in bezug auf die Veränderliche x zu bilden ist.

Gebieten der Analysis anwenden läßt. Ein weiterer Vorteil dieser allgemeinen Theorie liegt darin, daß sie auch auf *nicht separierbare* Räume anwendbar ist.

Wir beginnen mit der Definition des „reproduzierenden Kernes".

Erklärung: Es sei H eine in einer Punktmenge E definierte Klasse von Funktionen, die einen Hilbertschen Raum bilden. Die Funktion $K(x, y)$ ($x \in E$, $y \in E$) heißt ein *reproduzierender Kern*, wenn

1. $K(x, y)$ für jedes y als Funktion von x zu H gehört,
2. $K(x, y)$ die reproduzierende Eigenschaft (2) hat.

Aus dieser Definition gewinnt man die folgenden Eigenschaften der Kernfunktion:

$$K(y, y) \geq 0, \qquad K(x, y) = \overline{K(y, x)}, \tag{3}$$

$$|K(x, y)|^2 \leq K(x, x) \cdot K(y, y). \tag{4}$$

Zur Begründung der ersten Ungleichung von (3) wenden wir (2) auf die Kernfunktion selbst an; bei festem y gehört ja $K(x, y)$ als Funktion von x zu H, und wir haben deshalb

$$K(y, y) = \big(K(x, y), K(x, y)\big) = \|K(x, y)\|^2 \geq 0.$$

Aus

$$\big(K(u, y), K(u, x)\big) = K(x, y), \qquad \big(K(u, x), K(u, y)\big) = K(y, x)$$

folgt dann die zweite Aussage von (3). (4) schließlich ist eine Folge der Schwarzschen Ungleichung.

Als eine Verallgemeinerung von (3) wollen wir noch die für beliebige komplexe Zahlen λ_ν ($\nu = 1, 2, 3, \ldots$) gültige Ungleichung

$$\sum_{\mu=1}^{n} \sum_{\nu=1}^{n} \lambda_\nu \bar\lambda_\mu K(x_\mu, x_\nu) \geq 0 \qquad (x_\nu \in E) \tag{5}$$

notieren. Unter Beachtung von (2) gilt nämlich

$$0 \leq \Big(\sum_{\nu=1}^{n} \lambda_\nu K(x, x_\nu), \ \sum_{\mu=1}^{n} \lambda_\mu K(x, x_\mu) \Big) = \sum_{\mu=1}^{n} \sum_{\nu=1}^{n} \lambda_\nu \bar\lambda_\mu K(x_\mu, x_\nu).$$

Satz III 1

Ein Hilbertscher Funktionenraum kann niemals mehr als einen reproduzierenden Kern haben.

Gäbe es nämlich neben $K(x, y)$ noch eine zweite Funktion $K'(x, y)$ mit der Kerneigenschaft, so wäre

$$\|K(x, y) - K'(x, y)\|^2 = (K - K', K - K')_x = (K - K', K)_x - (K - K', K')_x$$

$$= K(y, y) - K'(y, y) - K(y, y) + K'(y, y) = 0,$$

da ja beide Kernfunktionen „reproduzieren".

Satz III 2

*Dann und nur dann hat ein Hilbertscher Raum **H** von Funktionen $f(y)$ mit $y \in E$ einen reproduzierenden Kern $K(x, y)$, wenn $f(y)$ für jedes feste $y \in E$ ein lineares Funktional des Hilbertschen Raumes **H** ist.*

Nehmen wir zuerst an, daß der Kern $K(x, y)$ existiere. Dann folgt aus (2) nach der Schwarzschen Ungleichung (II 1):

$$|f(y)| = |(f(x), K(x, y))| \leq \|f\| \cdot \|K(x, y)\|$$
$$= \|f\| \cdot (K(x, y), K(x, y))^{\frac{1}{2}} = \|f\| \cdot K(y, y)^{\frac{1}{2}}.$$

Das Funktional $f(y)$ ist also in der Tat beschränkt. Wir haben

$$\frac{|f(y)|}{\|f\|} \leq K(y, y)^{\frac{1}{2}} \tag{6}$$

und übersehen sofort, daß auch die übrigen Eigenschaften des *linearen* Funktionals vorliegen (S. 23).

Setzen wir jetzt umgekehrt voraus, daß $f(y)$ ein lineares Funktional sei. Nach dem Satz von RIESZ (Satz II 13) existiert dann eine von y abhängige und auch zu **H** gehörende Funktion $g_y(x)$, mit deren Hilfe das Funktional als inneres Produkt geschrieben werden kann:

$$f(y) = (f(x), g_y(x)).$$

Diese Funktion $g_y(x)$ hat also die reproduzierende Eigenschaft (2), und wir brauchen sie nur noch als Kernfunktion zu bezeichnen: $g_y(x) = K(x, y)$.

Man kann der Ungleichung (6) auch noch eine andere Form geben. Wegen $(K(x, y), K(x, y)) = K(y, y)$ ist

$$K(y, y)^{\frac{1}{2}} = \frac{K(y, y)}{\|K(x, y)\|}$$

und deshalb folgt aus (6)

$$\frac{|f(y)|}{\|f(x)\|} \leq \frac{K(y, y)}{\|K(x, y)\|} \tag{6'}$$

bzw.

$$\frac{\|K(x, y)\|}{K(y, y)} \leq \frac{\|f(x)\|}{|f(y)|}. \tag{6''}$$

Damit haben wir

Satz III 3

*Unter allen Funktionen $f(x)$ eines Hilbertschen Funktionenraumes **H** mit einer Kernfunktion $K(x, y)$, die an der Stelle y den Wert 1 annehmen, hat $K(x, y) K(y, y)^{-1}$ die kleinste Norm.*

*Für alle Funktionen $f(x) \in$ **H** mit der Norm 1 ist der absolute Betrag an irgendeiner Stelle y des Definitionsbereiches **E** höchstens gleich dem absoluten Betrag von $K(x, y) \cdot \|K(x, y)\|^{-1}$ an der Stelle $x = y$.*

Wir haben im Kapitel II darauf hingewiesen, daß in einem Hilbertschen Funktionenraum die Konvergenz in der Norm nicht mit der punktweisen Konvergenz verwechselt werden darf. Es ist nun sehr wichtig, daß in einem Hilbert-Raum mit Kernfunktion die Konvergenz in der Norm die gewöhnliche Konvergenz nach sich zieht. Es gilt nämlich

Satz III 4

Wenn ein Hilbertscher Funktionenraum H einen reproduzierenden Kern hat, dann konvergiert jede stark konvergierende Folge von Funktionen $f_n(x) \in H$ auch im Sinne der gewöhnlichen Konvergenz. Die Konvergenz ist gleichmäßig in jeder Teilmenge von E, in der $K(x, x)$ beschränkt ist.

Der Beweis dieses Satzes ergibt sich leicht aus der reproduzierenden Eigenschaft des Kerns. Nach (2) und (II 1) ist doch

$$|f_n(y) - f(y)| = |((f_n(x) - f(x),\ K(x, y))| \leqq \|f_n - f\| \cdot \|K(x, y)\|$$
$$= \|f_n - f\| \cdot K(y, y)^{\frac{1}{2}}.$$

Wir können hinzufügen, daß die gewöhnliche (nicht ohne weiteres die gleichmäßige[1]) Konvergenz einer Folge sich schon aus der *schwachen* Konvergenz herleiten läßt. Wir haben doch dann

$$\left(h_n(x),\ K(x, y)\right) \to \left(h(x), K(x, y)\right),$$

also nach (2) auch[2] $h_n(y) \to h(y)$.

Nach Satz III 3 haben die Hilbertschen Räume *mit* Kernfunktion vor den anderen den großen Vorteil, daß man das Zeichen $\approx$ in der Reihendarstellung (vgl. S. 6)

$$h(x) \approx \sum_{\nu=1}^{\infty} a_\nu\, \varphi_\nu(x)$$

stets durch das Gleichheitszeichen ersetzen darf, das die „gewöhnliche" Konvergenz ausdrückt. Für *separierbare* Räume mit einem vollständigen Orthonormalsystem $\varphi_\nu(x)$ haben wir danach für alle Elemente $h \in H$ die Darstellung

$$h(x) = \sum_{\nu=1}^{\infty} (h, \varphi_\nu) \cdot \varphi_\nu(x). \tag{7}$$

Diese Reihe (7) konvergiert nicht nur „in der Norm"; sie konvergiert gleichmäßig in jeder Teilmenge $E' \subset E$, in der $K(x, x)$ gleichmäßig beschränkt ist.

---

[1] Unter gewissen weiteren Voraussetzungen kann auch aus der *schwachen* Konvergenz auf die *gleichmäßige* geschlossen werden, vgl. ARONSZAJN [1], S. 344.

[2] Hier steht der Pfeil für die punktweise Konvergenz.

Diese Funktion $K(x, x)$ wird in der Theorie der Kernfunktionen oft benutzt. Es ist nützlich darauf hinzuweisen, daß *diese Funktion nicht — wie $K(x, y)$ als Funktion von x bei festem y — zu unserem Raum H zu gehören braucht.*

O. Lehto [5] hat auf die bemerkenswerte Tatsache hingewiesen, daß selbst in einem separierbaren Raum mit lauter stetigen Funktionen $K(x, x)$ *nicht stetig* sein muß. Natürlich ist in diesem Fall $K(x, y)$ stetig *für jedes feste y.* Wir bringen das Lehtosche Beispiel:

Es sei a_n eine monoton fallende Nullfolge mit $a_n \leqq \frac{1}{2}$ für alle n und entsprechend b_n eine monoton wachsende gegen 1 konvergierende Folge mit $\frac{1}{2} < b_n < 1$. Mit Hilfe dieser beiden Folgen wird nun die Funktionenfolge $\psi_n(x)$ durch folgende Vorschrift für das Intervall $(-1; +1)$ definiert:

$$\psi_n(x) = \begin{cases} 0 & \text{für} \quad -1 < x \leqq a_{n+1} \\[2mm] \dfrac{2(x - a_{n+1})}{a_n - a_{n+1}} & \text{für} \quad a_{n+1} \leqq x \leqq \dfrac{a_n + a_{n+1}}{2} \\[2mm] \dfrac{-2(x - a_n)}{a_n - a_{n+1}} & \text{für} \quad \dfrac{a_n + a_{n+1}}{2} \leqq x \leqq a_n \\[2mm] 0 & \text{für} \quad a_n \leqq x \leqq b_n \\[2mm] \dfrac{2 k_n (x - b_n)}{b_{n+1} - b_n} & \text{für} \quad b_n \leqq x \leqq \dfrac{b_n + b_{n+1}}{2} \\[2mm] \dfrac{-2 k_n (x - b_{n+1})}{b_{n+1} - b_n} & \text{für} \quad \dfrac{b_n + b_{n+1}}{2} \leqq x \leqq b_{n+1} \\[2mm] 0 & \text{für} \quad b_{n+1} \leqq x < 1 . \end{cases} \tag{8}$$

Die Koeffizienten k_n sollen dabei so gewählt werden, daß

$$\|\psi_n\|^2 = \int\limits_{-1}^{+1} |\psi_n|^2 \, dx = 1$$

ist für alle n. Jede dieser Funktionen $\psi_n(x)$ ist stetig, und für $\mu \neq \nu$ haben wir

$$\big(\psi_\nu(x), \psi_\mu(x)\big) = \int\limits_{-1}^{+1} \psi_\nu(x)\, \psi_\mu(x)\, dx = 0 ,$$

da ja für jedes x höchstens eine der Funktionen $\psi_\nu(x)$ von Null verschieden ist (Abb. 3). Die Funktionen $h(x) = \sum\limits_{\nu=1}^{\infty} a_\nu\, \psi_\nu(x) \left(\text{mit} \sum\limits_{\nu=1}^{\infty} |a_\nu|^2 < \infty\right)$ bilden dann einen Hilbertschen Raum mit dem reproduzierenden Kern

$$K(x, y) = \sum\limits_{\nu=1}^{\infty} \psi_\nu(x) \cdot \overline{\psi_\nu(y)}.$$

Aus der Definition (8) der Funktionen $\psi_\nu(x)$ erkennt man leicht, daß die Funktionen $\psi_\nu^2(x)$ gleichmäßig beschränkt sind in jedem Intervall $(-1, 1-\varepsilon)$. $K(x, x) = \sum\limits_{\nu=1}^{\infty} |\psi_\nu(x)|^2$ ist deshalb auch in jedem Intervall $(-1, 1-\varepsilon)$ gleichmäßig beschränkt, da ja von den Funktionen $\psi_\nu(x)$ für jedes x höchstens eine von Null verschieden ist.

Aus (6) folgt danach die *gleichmäßige* Konvergenz jeder Reihe $\sum\limits_{\nu=1}^{\infty} a_\nu \psi_\nu(x)$ mit $\sum\limits_{\nu=1}^{\infty} |a_\nu|^2 < \infty$. Die Grenzfunktion einer gleichmäßig konvergenten Folge stetiger Funktionen ist aber wieder stetig, und deshalb sind *alle* Funktionen unseres Hilbertschen Raumes stetig.

Trotzdem ist $K(x, x)$ an der im Innern des Intervalles gelegenen Stelle $x = 0$ unstetig. Es ist nämlich $K(0, 0) = 0$, aber andererseits haben wir nach (8):

$$K\left(\tfrac{1}{2}(a_n + a_{n+1}), \tfrac{1}{2}(a_n + a_{n+1})\right)$$
$$= \left[\psi_n\left(\tfrac{1}{2}(a_n + a_{n+1})\right)\right]^2 = 1,$$

also $\overline{\lim\limits_{x \to 0}} K(x, x) = 1$.

Wir schließen den einleitenden Abschnitt mit einigen Aussagen über die Teilräume:

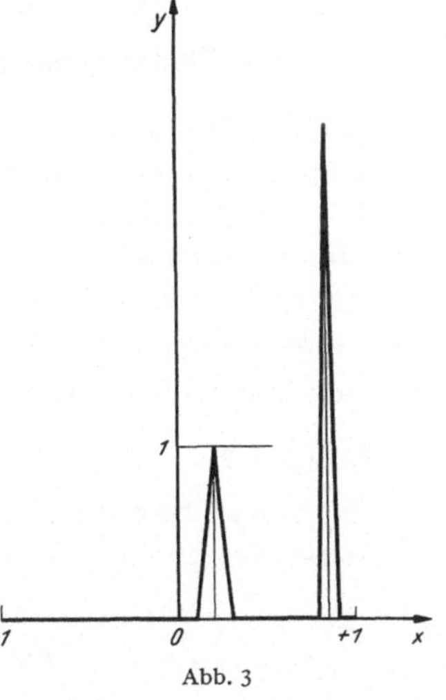

Abb. 3

Satz III 5

Wenn ein Hilbertscher Raum einen reproduzierenden Kern hat, so hat auch jeder abgeschlossene lineare Teilraum $\boldsymbol{H}' \subset \boldsymbol{H}$ einen Kern.

Das ergibt sich sofort aus Satz III 2. In der Tat: Hat $\boldsymbol{H}$ einen Kern, so ist $h(y)$ für alle $h(x) \in \boldsymbol{H}$ ein lineares Funktional. Das gilt auch für die $h(x)$, die zum Teilraum $\boldsymbol{H}'$ gehören. Nach Satz III 2 folgt daraus umgekehrt die Existenz einer Kernfunktion für $\boldsymbol{H}'$.

Satz III 6

Ist $K(x, y)$ die Kernfunktion eines Teilraumes $\boldsymbol{H}' \subset \boldsymbol{H}$, so ist

$$h'(y) = \big(h(x), K(x, y)\big)$$

die Projektion des Elementes $h \in \boldsymbol{H}$ auf $\boldsymbol{H}'$.

Nach Satz II 11 kann man nämlich jedes Element $h \in \boldsymbol{H}$ darstellen in der Form

$$h(x) = h'(x) + g(x),$$

wobei

$$h' \in \boldsymbol{H}', \quad (g, h') = 0 \quad \text{für alle} \quad h' \in \boldsymbol{H}'.$$

Da auch $K(x, y)$ als Funktion von x zu $\boldsymbol{H}'$ gehört, ist danach

$$(g, K(x, y)) = 0,$$

und wir haben

$$(h, K(x, y)) = (h' + g, K(x, y)) = (h', K(x, y)) = h'(y).$$

Wir wollen noch anmerken, daß für zwei *komplementäre Teilräume* $\boldsymbol{H}'$ und $\boldsymbol{H}''$ von $\boldsymbol{H}$ für die entsprechenden Kerne das Gesetz gilt:

$$K(x, y) = K'(x, y) + K''(x, y).$$

§ 2. Separierbarkeit von Räumen mit Kernfunktion

Bei den bisher bewiesenen Sätzen über die Kernfunktion haben wir keine speziellen Voraussetzungen über die Menge $\boldsymbol{E}$ gemacht, in der die Funktionen des Raumes erklärt sind. Es wurde auch nicht gefordert, daß $\boldsymbol{H}$ separierbar sei. Freilich waren die in den Beispielen herangezogenen Räume stets separierbar. Es ist zu fragen, ob es überhaupt *nicht separierbare Räume mit reproduzierendem Kern* geben kann.

Zunächst wollen wir beweisen:

Satz III 7

Dann und nur dann ist die durch die reproduzierende Eigenschaft definierte Kernfunktion durch ein Orthonormalsystem $\{\varphi_\nu(x)\}$ in der Form

$$K(x, y) = \sum_{\nu=1}^{\infty} \varphi_\nu(x) \, \overline{\varphi_\nu(y)} \tag{9}$$

darstellbar, wenn $\boldsymbol{H}$ separierbar ist.

Sei zunächst $\boldsymbol{H}$ separierbar und $K(x, y)$ die Kernfunktion mit der reproduzierenden Eigenschaft (2). Für jedes y gehört $K(x, y)$ nach Definition als Funktion von x zu $\boldsymbol{H}$. $K(x, y)$ ist also durch ein vollständiges Orthonormalsystem darstellbar:

$$K(x, y) = \sum_{\nu=1}^{\infty} C_\nu(y) \cdot \varphi_\nu(x).$$

Daraus folgt nach Satz II 10:

$$C_\nu(y) = (K(x, y), \varphi_\nu(x)) = \overline{\varphi_\nu(y)},$$

also (9). Ist umgekehrt (9) gültig, so folgt aus (2):

$$h(y) = (h(x), K(x, y)) = \left(h(x), \sum_{\nu=1}^{\infty} \varphi_\nu(x) \, \overline{\varphi_\nu(y)}\right) = \sum_{\nu=1}^{\infty} (h(x), \varphi_\nu(x)) \, \varphi_\nu(y).$$

Jedes $h \in \boldsymbol{H}$ ist so darstellbar, d.h.: $\boldsymbol{H}$ ist separierbar.

Das zur Darstellung der Kernfunktion benutzte System $\{\varphi_\nu(x)\}$ muß vollständig sein, ist aber im übrigen beliebig. Ist $\{\psi_\nu(x)\}$ ein zweites vollständiges Orthonormalsystem, so haben wir

$$K(x, y) = \sum_{\nu=1}^{\infty} \varphi_\nu(x)\,\overline{\varphi_\nu(y)} = \sum_{\nu=1}^{\infty} \psi_\nu(x)\,\overline{\psi_\nu(y)}. \tag{9'}$$

Daraus und aus dem Beweis des Satzes III 7 folgt:

Wenn es in einem Hilbertschen Funktionenraum **H** *ein vollständiges Orthonormalsystem* $\{\varphi_\nu(x)\}$ *gibt, für das* $\sum_{\nu=1}^{\infty} \varphi_\nu(x)\,\overline{\varphi_\nu(y)}$ *konvergiert, so konvergiert die entsprechende Summe für jedes vollständige Orthonormalsystem in* **H**. *Alle solche Summen sind gleich und stellen nach (9') die Kernfunktion von* **H** *dar.*

Satz III 8

Es sei **H** *ein nicht separierbarer Hilbertscher Raum, dessen Elemente stetige Funktionen eines separablen topologischen Raumes* **E** *sind*[1]. *Dann hat* **H** *keinen reproduzierenden Kern.*

Nehmen wir zum Beweis an, daß der nicht separierbare Raum **H** einen reproduzierenden Kern habe. Dann gilt für alle Funktionen $h \in$ **H** die Darstellung

$$h(y) = \big(h(x),\, K(x, y)\big). \tag{10}$$

Es sei jetzt $\{y_k\}$ eine abzählbare überall in **E** dichte Teilmenge von **E**. Dann ist das System $\{K(x, y_k)\}$ $(k = 1, 2, 3, \ldots)$ *vollständig in* **H**. Wäre nämlich irgendeine Funktion $h^*(x)$ orthogonal zu allen Funktionen dieses Systems, so wäre nach (10) $h^*(y_k) = 0$ für alle $k = 1, 2, 3, \ldots$. Da die y_k in **E** dicht liegen und die Funktionen von **H** als stetig vorausgesetzt sind, ist $h^*(y) \equiv 0$. Deshalb ist das System $\{K(x, y_k)\}$ vollständig. Durch Orthogonalisierung gewinnt man daraus ein vollständiges und nach Satz II 7 auch abgeschlossenes Orthonormalsystem. **H** wäre dann separierbar, gegen die Voraussetzung. Unter Benutzung von Satz III 2 kann man unser Ergebnis auch so formulieren:

Satz III 9

Es sei **H** *ein Hilbertscher Funktionenraum mit stetigen Funktionen* $h(x)$, *die in einem separierbaren topologischen Raum* **E** *erklärt sind. Wenn für jedes Element* $h \in$ **H** *und für jeden Punkt* $x \in$ **E**

$$|h(x)| \leqq M_x \cdot \|h\|$$

gilt mit einer nur von x, *nicht aber von* h *abhängigen Konstanten* M_x, *so ist* **H** *separierbar.*

---

[1] Hier wird zum erstenmal eine Voraussetzung über den Charakter der Menge **E** gemacht. Sie ist z. B. erfüllt, wenn **E** ein Bereich eines n-dimensionalen Euklidischen Raumes ist.

Die Voraussetzungen dieses Satzes kann man noch weiter herabsetzen. Statt der Stetigkeit der Funktionen $h \in H$ genügt es offenbar zu fordern:

Es sei y_k eine in E dicht liegende Folge von Punkten. Dann soll aus $f(y_k) = 0$ $(k = 1, 2, 3, \ldots)$ folgen $f(y) = 0$ für alle $y \in E$. Wenn also ein nicht separierbarer Hilbert-Raum einen reproduzierenden Kern hat, muß er auch unstetige Funktionen enthalten, und die dabei auftretenden Unstetigkeiten sind nicht hebbar und keine einfachen Sprungstellen.

§ 3. Operatoren in Räumen mit Kernfunktion

Wie zuerst E. H. Moore erkannt hat, ist in Hilbertschen Räumen mit Kernfunktion eine interessante Darstellung aller linearen Operatoren möglich.

Es sei H ein Hilbertscher Funktionenraum mit dem reproduzierenden Kern $K(x, y)$, $\mathfrak{L}$ ein linearer Operator in diesem Raum und $\mathfrak{L}^*$ der entsprechende adjungierte. Dann gilt also

$$(\mathfrak{L} h, k) = (h, \mathfrak{L}^* k).$$

Wir definieren nun die Funktion

$$\Lambda(x, y) = \mathfrak{L}_x^* K(x, y). \tag{11}$$

Der Index x deutet an, daß der Operator auf $K(x, y)$ als Funktion von x (bei festem y) anzuwenden ist. Mit Hilfe dieser Funktion $\Lambda(x, y)$ kann man nun den Operator $\mathfrak{L}$ als inneres Produkt darstellen:

Satz III 10

Es sei H ein Hilbertscher Funktionenraum mit der Kernfunktion $K(x, y)$, $\mathfrak{L}$ ein linearer Operator in H und $\Lambda(x, y)$ die durch (11) definierte Funktion. Dann gilt für den Operator $\mathfrak{L}$ die Darstellung

$$\mathfrak{L} h(y) = \big(h(x), \Lambda(x, y)\big). \tag{12}$$

In der Tat: Nach der Definition von $\Lambda(x, y)$ und nach (2) haben wir

$$\big(h(x), \Lambda(x, y)\big)_x = \big(h(x), \mathfrak{L}_x^* K(x, y)\big)_x = \big(\mathfrak{L} h(x), K(x, y)\big)_x = \mathfrak{L} h(y).$$

Die Funktion $\Lambda(x, y)$ wird als der *Kern* des Operators bezeichnet.

Satz III 11

Ist $\Lambda(x, y)$ der Kern eines linearen Operators $\mathfrak{L}$ in einem Hilbertschen Funktionenraum mit reproduzierendem Kern, so ist

$$\Lambda^*(x, y) = \overline{\Lambda(y, x)} \tag{13}$$

der Kern des adjungierten Operators $\mathfrak{L}^*$.

Der Beweis dieses Satzes ergibt sich aus (12), (2) und dem Gesetz $(\mathfrak{L}^*)^* = \mathfrak{L}$ für den adjungierten Operator. Es ist danach

$$\left(\mathfrak{L}_x K(x, z),\, K(x, y)\right) = \left(\mathfrak{L}_x^{**} K(x, z),\, K(x, y)\right)$$
$$= \left(\Lambda^*(x, z),\, K(x, y)\right) = \Lambda^*(y, z).$$

Andererseits gilt aber auch

$$\left(\mathfrak{L}_x K(x, z),\, K(x, y)\right) = \overline{\left(K(x, y),\, \mathfrak{L}_x K(x, z)\right)} = \overline{\left(\mathfrak{L}_x^* K(x, y),\, K(x, z)\right)}$$
$$= \overline{\left(\Lambda(x, y),\, K(x, z)\right)} = \overline{\Lambda(z, y)}.$$

Aus diesen beiden Gleichungen folgt (13).

Besonders bemerkenswert ist die Darstellung der Funktion $\Lambda(x, y)$ im Falle eines *unitären* Operators. Ist $\Lambda(x, y)$ der Kern eines solchen Operators $\mathfrak{U}$, so gilt doch nach (II 37), (11) und (12)

$$\left(\Lambda(\xi, y),\, \Lambda(\xi, x)\right) = \mathfrak{U}\,\Lambda(x, y) = \mathfrak{U}\,\mathfrak{U}^*\, K(x, y) \left.\begin{array}{c} \\ \end{array}\right\}$$
$$= \mathfrak{U}\,\mathfrak{U}^{-1}\, K(x, y) = K(x, y).\ \ \left.\begin{array}{c} \end{array}\right\} \tag{14}$$

Daraus folgt

Satz III 12

Der Kern $\Lambda(x, y)$ einer unitären Transformation $\mathfrak{U}$ eines separierbaren Hilbertschen Raumes H mit Kernfunktion läßt sich darstellen in der Form

$$\Lambda(x, y) = \sum_{\nu=1}^{\infty} \overline{\lambda_\nu(y)}\, \varphi_\nu(x), \tag{15}$$

wobei die Funktionen $\lambda_\nu(y)$ und $\varphi_\nu(x)$ je ein vollständiges Orthonormalsystem für H bilden.

Zum Beweis beachten wir, daß $\Lambda(x, y)$ für jedes feste y als Funktion von x zu H gehört. $\Lambda(x, y)$ ist also darstellbar in der Form (15) in irgendeinem vollständigen Orthonormalsystem $\{\varphi_\nu(x)\}$. Wir haben nur zu zeigen, daß auch die Funktionen $\{\lambda_\nu(y)\}$ ein vollständiges Orthonormalsystem bilden.

Zunächst gewinnen wir aus (14) und (15) für die Kernfunktion $K(x, y)$ die Darstellung

$$K(x, y) = \left(\Lambda(\xi, y),\, \Lambda(\xi, x)\right) = \left(\sum_{\nu=1}^{\infty} \overline{\lambda_\nu(y)}\, \varphi_\nu(\xi),\, \sum_{\mu=1}^{\infty} \lambda_\mu(x)\, \overline{\varphi_\mu(\xi)}\right)_\xi$$
$$= \sum_{\nu=1}^{\infty} \overline{\lambda_\nu(y)}\, \lambda_\nu(x).$$

Wegen der reproduzierenden Eigenschaft des Kerns kann man deshalb alle Funktionen $h \in H$ so schreiben:

$$h(y) = \left(h(x),\, \sum_{\nu=1}^{\infty} \overline{\lambda_\nu(y)} \cdot \lambda_\nu(x)\right) = \sum_{\nu=1}^{\infty} \left(h(x),\, \lambda_\nu(x)\right) \cdot \lambda_\nu(y). \tag{16}$$

Nach (12) ist weiter für alle $h \in \boldsymbol{H}$:

$$\mathfrak{U}\, h(y) = \bigl(h(x),\, \varLambda(x,\, y),\bigr)$$

also speziell

$$\mathfrak{U}\, \varphi_\nu(y) = \Bigl(\varphi_\nu(x),\, \sum_{\nu=1}^{\infty} \overline{\lambda_\mu(y)}\, \varphi_\mu(x)\Bigr) = \lambda_\nu(y)\,.$$

Da $\mathfrak{U}$ unitär ist, haben wir danach tatsächlich

$$\bigl(\lambda_\nu(y),\, \lambda_\mu(y)\bigr) = \bigl(\mathfrak{U}\, \varphi_\nu(y),\, \mathfrak{U}\, \varphi_\mu(y)\bigr) = (\varphi_\nu,\, \varphi_\mu) = \delta_{\nu\mu}\,.$$

Die Vollständigkeit des Systems $\{\lambda_\nu(y)\}$ ergibt sich aus der Darstellung (16).

Man überzeugt sich leicht, daß man umgekehrt *aus irgend zwei* vollständigen Orthonormalsystemen $\{\varphi_\nu(x)\}$ und $\{\lambda_\nu(x)\}$ den Kern einer unitären Transformation bilden kann:

$$\varLambda(x,\, y) = \sum_{\nu=1}^{\infty} \varphi_\nu(x)\, \overline{\lambda_\nu(y)}\,.$$

Wir können nach (II 37) unter Berücksichtigung der Beziehung

$$\mathfrak{U}^{-1} g(y) = \mathfrak{U}^* g(y) = \bigl(g(x),\, \overline{\varLambda(y,\, x)}\bigr)$$

unsere Ergebnisse so zusammenfassen:

Satz III 13

In einem separierbaren Hilbertschen Raum $\boldsymbol{H}$ mit Kernfunktion läßt sich jede unitäre Transformation

$$g = \mathfrak{U}\, f,\quad f = \mathfrak{U}^{-1} g$$

darstellen in der Form

$$\left.\begin{aligned} g(y) &= \bigl(f(x),\, \varLambda(x,\, y)\bigr) \\ f(y) &= \bigl(g(x),\, \varLambda(y,\, x)\bigr). \end{aligned}\right\} \tag{17}$$

Dabei ist

$$\varLambda(x,\, y) = \sum_{\nu=1}^{\infty} \varphi_\nu(x)\, \overline{\lambda_\nu(y)}$$

und $\{\varphi_\nu(x)\}$ bzw. $\{\lambda_\nu(y)\}$ sind vollständige Orthonormalsysteme in $\boldsymbol{H}$.

(17) zeigt eine formale Ähnlichkeit mit der Fourierschen Integraltransformation

$$g(y) = \frac{1}{\sqrt{2\pi}} \int_{-\infty}^{+\infty} f(x)\, e^{-ixy}\, dx,\quad f(y) = \frac{1}{\sqrt{2\pi}} \int_{-\infty}^{+\infty} g(x)\, e^{ixy}\, dx. \tag{18}$$

(18) ist eine unitäre Transformation des Hilbertschen Raumes $L^{(2)}$ für das Intervall $(-\infty, +\infty)$. Hier ist das innere Produkt durch die Formel

$$(f, g) = \int\limits_{-\infty}^{+\infty} f\,\overline{g}\,dx$$

erklärt. Man kann (18) auch in der Form (17) schreiben, wenn man

$$\Lambda(x, y) = \frac{1}{\sqrt{2\pi}}\, e^{ixy}$$

setzt.

Der Raum $L^{(2)}(-\infty, +\infty)$ hat aber keine Kernfunktion (da z.B. der Raum $L^{(2)}(-1; +1)$ keine hat). Man kann in diesem Fall die Funktion $\Lambda(x, y)$ nicht durch eine Reihe (15) ersetzen. Das ergibt sich daraus, daß $\Lambda(x, y)$ bei festem y keine Funktion von $L^{(2)}(-\infty, +\infty)$ ist. In den Räumen mit Kernfunktion ist dagegen $\Lambda(x, y) = \mathfrak{U}^{-1}K(x, y)$ für festes y immer eine Funktion von H.

Für unitäre Operatoren im Raum $L^{(2)}(a; b)$ (ohne Kernfunktion) gibt es eine Darstellung von BOCHNER[1], die aber komplizierter ist als die für Räume mit Kernfunktion gültige Formel (17).

§ 4. Ergänzung unvollständiger Räume

Gelegentlich hat man mit Funktionenklassen zu tun, die alle Eigenschaften eines Hilbertschen Raumes haben bis auf die Vollständigkeit. In solchen Fällen liegt der Versuch nahe, diese Klassen auf irgendeine Weise zu einem vollständigen Hilbert-Raum zu ergänzen. Man kann freilich nicht einfach „ideale Elemente" hinzufügen in der Weise, daß jeder Cauchy-Folge ein solches ideales Element formal zugeordnet wird. Das ist jedenfalls dann nicht ohne weiteres möglich, wenn es sich um *Funktionen*räume handelt. Es müßte erst sichergestellt sein, daß die idealen Elemente den Charakter von Funktionen haben, die in der Menge E erklärt sind und die nötigen Stetigkeitseigenschaften haben.

Wir wollen etwas aussagen über die Ergänzung von Funktionenräumen durch Funktionen. Die Ergänzung soll in der Weise erfolgen, *daß $f(y)$ bei festem y ein stetiges Funktional im ganzen (ergänzten) Raum ist.* Das schließt nach Satz III 2 ein, daß der vollständige Raum einen reproduzierenden Kern hat. Unter diesen Voraussetzungen können wir die folgende Aussage von ARONSZAJN beweisen:

Satz III 14

Es sei K eine Klasse von Funktionen (erklärt in einer Menge E), die den Charakter eines unvollständigen Hilbert-Raumes hat. Für die

---

[1] Siehe z.B. RIESZ-NAGY, S. 289.

Möglichkeit einer funktionalen Ergänzung dieser Klasse zu einem vollständigen Hilbertschen Raum ist notwendig und hinreichend, daß

  1. *für jedes feste $y \in E$ $f(y)$ ein lineares Funktional in K ist,*

  2. *für eine Cauchy-Folge $f_m \subset K$ die Bedingung $f_m(y) \to 0$ für jedes y immer $\|f_m\| \to 0$ nach sich zieht.*

Die funktionale Ergänzung ist, wenn überhaupt, nur auf eine Weise möglich.

Aus Satz III 2 folgt, daß die erste Bedingung *notwendig* ist. Der vollständige Raum hat ja einen reproduzierenden Kern. Daraus folgt auch, daß für jede Folge $f_n(y)$, die stark gegen das Nullelement konvergiert, auch in jedem Punkt $y \in E$ die Konvergenz $f_n(y) \to 0$ im gewöhnlichen Sinne gilt. Damit ist die *Notwendigkeit* auch der zweiten Bedingung nachgewiesen.

Wir wollen jetzt zeigen, daß die beiden Bedingungen auch *hinreichen*. Dazu gehen wir von irgendeiner Cauchy-Folge $f_n \subset K$ aus. Für jedes feste y gibt es nach der ersten Bedingung ein M_y, so daß

$$|f(y)| \leqq M_y \cdot \|f\| \tag{19}$$

gilt. Also ist auch

$$|f_m(y) - f_n(y)| \leqq M_y \cdot \|f_m - f_n\|.$$

$f_n(y)$ ist danach für jedes $y \in E$ eine Folge komplexer Zahlen, die gegen einen Grenzwert $f(y)$ konvergiert. Wir wollen zeigen, daß K vollständig wird, wenn wir die Menge aller solchen Funktionen hinzunehmen, die (in dem eben geschilderten Sinne) Grenzwerte von Cauchy-Folgen sind. Wir nennen die erweiterte Klasse K^* und definieren in K^* eine neue Norm durch die Vorschrift

$$\|f\|_1 = \lim_{n \to \infty} \|f_n\| \tag{20}$$

für jede Cauchy-Folge $f_n \subset K$. Wir werden zeigen, daß diese Norm *unabhängig ist von der speziellen Wahl der Cauchy-Folge*. Nehmen wir also an, es sei f'_n eine zweite Cauchy-Folge aus K, die in jedem Punkt y gegen $f(y)$ konvergiert. In diesem Fall ist $f'_n(y) - f_n(y)$ eine Cauchy-Folge, die in jedem Punkt y gegen 0 konvergiert. Nach der zweiten Bedingung konvergiert dann auch die Norm $\|f'_n(y) - f_n(y)\|$ gegen 0. Daraus folgt nun

$$\left| \lim_{n \to \infty} \|f'_n\| - \lim_{n \to \infty} \|f_n\| \right| = \lim_{n \to \infty} \left| \|f'_n\| - \|f_n\| \right| \leqq \lim_{n \to \infty} \|f'_n - f_n\| = 0.$$

Diese neue Norm verschwindet dann und — nach (19) — nur dann, wenn f das Nullelement ist.

K ist in K^* enthalten, da ja für die Elemente von K selbst die neue Norm mit der alten übereinstimmt. Man braucht, um das einzusehen, nur eine Folge $f_n = f$ zu wählen, deren sämtliche Glieder gleich dem einen Element f sind. Dann ist f der Grenzwert dieser Folge, und man hat $\|f\| = \|f\|_1$.

Weiter ist K in K^* überall dicht. Ist nämlich f irgendein Element aus K^*, dann gibt es eine Cauchy-Folge $f_n \subset K$, für die die Bedingung (20) erfüllt ist. Dann haben wir aber

$$\lim_{n \to \infty} \|f - f_n\|_1 = \lim_{n \to \infty} \lim_{m \to \infty} \|f_m - f_n\| = 0.$$

Es bleibt noch die Vollständigkeit von K^* zu zeigen. Es sei also f_n irgendeine Cauchy-Folge aus K^*. Da K in K^* dicht liegt, kann man eine Cauchy-Folge $f_n' \subset K$ finden, so daß

$$\lim_{n \to \infty} \|f_n' - f_n\| = 0 \tag{21}$$

ist. Diese Cauchy-Folge f_n' konvergiert gegen ein Element $f \in K^*$, und zwar in einem doppelten Sinne: Für jeden festen Punkt $y \in E$ gilt die Konvergenz im gewöhnlichen Sinne, aber außerdem konvergiert, wie eben gezeigt wurde, f_n' *stark* gegen das zugehörige Element $f \in K^*$. Aus (21) folgt dann, daß auch f_n stark gegen f konvergiert.

Aus der Existenz des reproduzierenden Kerns für den Raum K^* schließt man weiter, daß die funktionale Ergänzung von K nur auf *eine* Weise möglich ist.

Wir wollen nun ein Beispiel einer Funktionenklasse K angeben, für die nach dem Satz III 14 eine funktionale Ergänzung zu einem Hilbert-Raum *nicht* möglich ist.

Es sei E die abzählbare Menge von Punkten

$$E: \quad v_n = 1 - \frac{1}{n^2}, \qquad n = 1, 2, 3, \dots$$

und

$$u_n(z) = \frac{v_n - z}{1 - v_n z}.$$

$u_n(z)$ ist also eine lineare Transformation, die den Einheitskreis so in sich überführt, daß $v_n = 1 - \frac{1}{n^2}$ in den Nullpunkt übergeht. Die als Blaschke-Produkt bezeichnete Funktion

$$\Phi(z) = \prod_{n=1}^{\infty} u_n(z)$$

hat dann die folgenden Eigenschaften:

1. $\Phi\left(1 - \frac{1}{n^2}\right) = 0, \quad n = 1, 2, 3, \dots,$
2. $|\Phi(z)| < 1 \quad \text{für } |z| < 1,$

3. es gibt eine Folge $p_n(z)$ von Polynomen, für die

$$\lim_{n \to \infty} \iint_{|z|<1} |\Phi(z) - p_n(z)|^2 \, dx \, dy = 0$$

ist[1].

Wir betrachten jetzt die *Menge aller Polynome* als eine auf E erklärte Funktionenklasse K. Das innere Produkt zweier Elemente von K sei durch

$$(f, g) = \iint_{|z|<1} f \bar{g} \, dx \, dy$$

definiert. Damit hat K alle Eigenschaften eines Hilbert-Raumes mit Ausnahme der Vollständigkeit. K kann auch nicht zu einem vollständigen Raum ergänzt werden. Denn sonst müßte ja auch das Blaschke-Produkt $\Phi(z)$ als Grenzwert einer geeigneten Folge von Polynomen auftreten. Dieses Blaschke-Produkt hat aber eine positive Norm und verschwindet doch in allen Punkten von E (Eigenschaft 2). Nach Satz III 14 ist deshalb die Ergänzung des Raumes K zu einem Hilbert-Raum nicht möglich.

§ 5. Vollständige Systeme

Beim Beweis des Satzes III 8 haben wir die Tatsache benutzt, daß in einem Hilbertschen Funktionenraum H mit reproduzierendem Kern die Funktionenfolge $K(z, u_\nu)$ vollständig ist, falls alle Funktionen des Raumes stetig sind. Dabei war u_ν eine überall in E dicht liegende Punktfolge.

Wenn man von den Funktionen des Raumes voraussetzt, daß sie sogar (in einem Bereich G der komplexen Ebene) analytisch sind, genügt für die Punktfolge u_ν die Voraussetzung, daß sie mindestens einen in G gelegenen Häufungspunkt hat. In diesem Fall folgt doch aus der reproduzierenden Eigenschaft des Kerns

$$f(u_\nu) = \big(f(z), K(z, u_\nu)\big) \tag{22}$$

für alle $f(z) \in H$ und alle u_ν der Folge. Gäbe es nun eine Funktion $f(z) \in H$, die zu allen Funktionen $K(z, u_\nu)$ orthogonal ist, so würde diese Funktion nach (22) in allen Punkten der Folge u_ν verschwinden. Da u_ν in G einen Häufungspunkt hat, wäre $f(z) \equiv 0$. Danach ist

$$\{K(z, u_\nu)\}$$

ein vollständiges und nach Satz II 7 auch abgeschlossenes System in H.

---

[1] Über die Eigenschaften des Blaschke-Produkts siehe z. B. R. Nevanlinna und Walsh.

Ein anderes und für viele Anwendungen wichtiges abgeschlossenes System gewinnt man in den Ableitungen der Kernfunktion nach $\bar{u}$ [1]:

$$K_\nu(z,\bar{u}) = \frac{\partial^{\nu-1}}{\partial \bar{u}^{\nu-1}}\, K(z,\bar{u}). \tag{23}$$

Bemerken wir zuerst, daß der Raum $\boldsymbol{H}$ (mit Kern) nach Satz III 8 sicher separierbar ist, wenn die Funktionen dieses Raumes analytisch sind. Die Kernfunktion kann dann in der Form

$$K(z,\bar{u}) = \sum_{\mu=1}^{\infty} \varphi_\mu(z)\, \overline{\varphi_\mu(u)}$$

geschrieben werden, und man hat

$$K_\nu(z,\bar{u}) = \sum_{\mu=1}^{\infty} \varphi_\mu(z)\, \overline{\varphi_\mu^{(\nu-1)}(u)}, \qquad \nu = 1, 2, 3, \ldots .$$

Daraus folgt, daß die Ableitungen der Kernfunktion (nach $\bar{u}$) *die Ableitungen der Funktionen aus $\boldsymbol{H}$ reproduzieren:*

$$\left.\begin{aligned}
f^{(\nu-1)}(u) &= \left(f(z),\, K_\nu(z,\bar{u})\right), \quad \nu = 1, 2, 3, \ldots \\
f^{(0)}(u) &= f(u), \quad K_1(z,\bar{u}) = K(z,\bar{u}).
\end{aligned}\right\} \tag{24}$$

Wäre nun eine Funktion $f(z)$ (für irgendein u aus $\boldsymbol{G}$) zu allen Funktionen $K_\nu(z,\bar{u})$ orthogonal, so würden nach (24) die sämtlichen Ableitungen dieser Funktion im Punkte u verschwinden. Das heißt aber, daß die Koeffizienten der Potenzreihe sämtlich gleich Null sind, $f(z)$ verschwände dann im Konvergenzkreis dieser Reihe und nach dem Permanenzprinzip in ganz $\boldsymbol{G}$ identisch. Wir haben damit

Satz III 15

Es sei $\boldsymbol{H}$ ein Hilbertscher Funktionenraum mit reproduzierendem Kern, dessen Funktionen in einem Bereich $\boldsymbol{G}$ der komplexen Ebene analytisch sind. u_ν sei eine Folge von Punkten aus $\boldsymbol{G}$, die in $\boldsymbol{G}$ mindestens einen Häufungspunkt hat. Dann sind die Funktionensysteme

$$K(z,\bar{u}_\nu) \qquad (\nu = 1, 2, 3, \ldots) \tag{25}$$

und

$$K_\nu(z,\bar{u}) = \sum_{\mu=1}^{\infty} \varphi_\mu(z)\, \overline{\varphi_\mu^{(\nu-1)}(u)} \qquad (\nu = 1, 2, 3, \ldots) \tag{26}$$

in $\boldsymbol{H}$ vollständig.

Es liegt nahe, aus diesen Funktionen nach dem Schmidtschen Verfahren ein vollständiges Orthonormalsystem zu gewinnen. Zur Durchführung dieses Prozesses ist die lineare Unabhängigkeit der benutzten

---

[1] Es ist zweckmäßig, bei Räumen mit differenzierbaren Funktionen die Kernfunktion durch $K(z,\bar{u})$ (statt $K(z,u)$) zu bezeichnen. Die Kernfunktion ist dann nach beiden Argumenten differenzierbar.

Funktionenfolge erforderlich. Notfalls muß man eine Teilfolge auswählen, die diese Eigenschaft hat.

Wir wollen dazu dies anmerken: *Wenn der Raum* **H** *die Menge aller Polynome in z enthält*[1], *so sind die Systeme* (25) *und* (26) *linear unabhängig.* In der Tat: Gäbe es eine Beziehung

$$\lambda_1 K(z, \bar{u}_{v_1}) + \lambda_2 K(z, \bar{u}_{v_2}) + \cdots + \lambda_n K(z, \bar{u}_{v_n}) = 0, \qquad \sum_{v=1}^{n} |\lambda_v|^2 > 0,$$

so wäre nach (2)

$$\big(f(z), \lambda_1 K(z, \bar{u}_{v_1}) + \cdots + \lambda_n K(z, \bar{u}_{v_n})\big) = \bar{\lambda}_1 f(u_{v_1}) + \cdots + \bar{\lambda}_n f(u_{v_n}) = 0$$

für alle Funktionen $f(z) \in$ **H**. Da das Polynom

$$P(z) = (z - u_{v_1})(z - u_{v_2}) \ldots (z - u_{v_{n-1}})$$

für $z = u_{v_\lambda}$ $\big(\lambda = 1, 2, \ldots, (n-1)\big)$ verschwindet, nicht aber für $z = u_{v_n}$, so hätte man $\lambda_n = 0$, gegen die Voraussetzung über die Koeffizienten λ_v. Ähnlich kann man für die durch (26) definierte Folge schließen.

Die durch Orthogonalisierung der Folgen (25) und (26) gewonnenen Orthonormalsysteme haben nun einige bemerkenswerte Eigenschaften.

Satz III 16

Es sei u_v *eine Folge von Punkten aus einem Bereich* **G** *der komplexen Ebene, die in* **G** *mindestens einen Häufungspunkt hat und* u *ein Punkt aus* **G**. **H** *sei ein Hilbertscher Funktionenraum mit Kern, dessen in* **G** *definierte Funktionen sämtlich analytisch sind. Die durch* (25) *und* (26) *definierten Funktionensysteme seien linear unabhängig. Dann haben die durch Orthogonalisierung dieser Funktionen gewonnenen vollständigen Orthonormalsysteme* $\{\tau_v(z)\}$ *und* $\{\sigma_v(z)\}$ *die folgenden Eigenschaften:*

1. Es ist

$$\tau_v(u_\mu) = 0, \tag{27}$$

$$\sigma_v^{(\mu-1)}(u) = 0 \tag{27'}$$

für $v > \mu$, $\mu = 1, 2, 3, \ldots$.

2. Die Orthonormalsysteme

$$\{\tau_n(z)\} \qquad (n = v+1, \, v+2, \, v+3, \ldots), \tag{28}$$

$$\{\sigma_n(z)\} \qquad (n = v+1, \, v+2, \, v+3, \ldots) \tag{28'}$$

sind vollständig für gewisse Teilräume von **H**: (28) *für den Hilbert-Raum* **H**$(u_1, u_2, \ldots, u_v)$, *der Funktionen aus* **H**, *für die*

$$f(u_1) = f(u_2) = \cdots = f(u_v) = 0$$

---

[1] Das ist für die wichtigsten Räume dieses Typs erfüllt, z.B. **H**$_B$ und **H**$_S$, s. Kap. IV.

gilt, (28′) für den Teilraum $\boldsymbol{H}_\nu[u]$ *der Funktionen aus* $\boldsymbol{H}$, *die die Bedingung*

$$f(u) = f'(u) = \cdots = f^{(\nu-1)}(u) = 0$$

erfüllen.

Zum Beweis dieses Satzes erinnern wir uns zunächst, daß die Funktionen der Orthonormalsysteme $\{\tau_\nu(z)\}$ und $\{\sigma_\nu(z)\}$ sich aus den Funktionen $K(z, \bar{u}_\nu)$ bzw. $K_\nu(z, \bar{u})$ linear darstellen lassen in der Form

$$\left.\begin{aligned}
\tau_1(z) &= a_{11} K(z, \bar{u}_1) \\
\tau_2(z) &= a_{21} K(z, \bar{u}_1) + a_{22} K(z, \bar{u}_2) \\
&\;\cdot\;\cdot\;\cdot\;\cdot\;\cdot\;\cdot\;\cdot\;\cdot\;\cdot\;\cdot\;\cdot\;\cdot\;\cdot \\
\tau_\nu(z) &= a_{\nu 1} K(z, \bar{u}_1) + a_{\nu 2} K(z, \bar{u}_2) + \cdots + a_{\nu\nu} K(z, \bar{u}_\nu)
\end{aligned}\right\} \quad (29)$$

bzw.

$$\left.\begin{aligned}
\sigma_1(z) &= b_{11} K_1(z, \bar{u}) \\
\sigma_2(z) &= b_{21} K_1(z, \bar{u}) + b_{22} K_2(z, \bar{u}) \\
&\;\cdot\;\cdot\;\cdot\;\cdot\;\cdot\;\cdot\;\cdot\;\cdot\;\cdot\;\cdot\;\cdot\;\cdot\;\cdot \\
\sigma_\nu(z) &= b_{\nu 1} K_1(z, \bar{u}) + b_{\nu 2} K_2(z, \bar{u}) + \cdots + b_{\nu\nu} K_\nu(z, \bar{u}).
\end{aligned}\right\} \quad (30)$$

Die so gewonnenen Funktionen sind orthogonal. Es ist z.B.

$$(\tau_\nu, \tau_1) = \big(a_{\nu 1} K(z, \bar{u}_1) + \cdots + a_{\nu\nu} K(z, \bar{u}_\nu),\ a_{11} K(z, \bar{u}_1)\big) = 0,$$

also nach (2) wegen $a_{11} \neq 0$:

$$a_{\nu 1} K(u_1, \bar{u}_1) + a_{\nu 2} K(u_1, \bar{u}_2) + \cdots + a_{\nu\nu} K(u_1, \bar{u}_\nu) = 0. \quad (31)$$

Damit haben wir nach (29) und (31): $\tau_\nu(u_1) = 0$.

Wir machen jetzt die folgende Induktionsannahme: Es sei

$$\tau_\nu(u_m) = 0 \quad \text{für } m = 1, 2, 3, \ldots, (\mu-1); \quad \mu < \nu. \quad (32)$$

Ferner haben wir

$$0 = (\tau_\mu, \tau_\nu) = \Big(\tau_\mu,\ \sum_{n=1}^{\nu} a_{\nu n} K(z, \bar{u}_n)\Big)$$

$$= \sum_{n=1}^{\nu} \bar{a}_{\nu n} \big(\tau_\mu,\ K(z, \bar{u}_n)\big) = \sum_{n=1}^{\nu} \bar{a}_{\nu n} \tau_\mu(u_n).$$

Nach (29) heißt das:

$$\left.\begin{aligned}
0 &= \sum_{n=1}^{\nu} \bar{a}_{\nu n} \sum_{m=1}^{\mu} a_{\mu m} K(u_n, \bar{u}_m) = \sum_{m=1}^{\mu} a_{\mu m} \Big\{ \sum_{n=1}^{\nu} \bar{a}_{\nu n} K(u_n, \bar{u}_m) \Big\} \\
&= \sum_{m=1}^{\mu} a_{\mu m} \overline{\Big\{ \sum_{n=1}^{\nu} a_{\nu n} K(u_m, \bar{u}_n) \Big\}} = \sum_{m=1}^{\mu} a_{\mu m} \overline{\tau_\nu(u_m)}.
\end{aligned}\right\} \quad (33)$$

Für die Koeffizienten $a_{\nu\mu}$ von (29) gilt[1] aber stets $a_{\mu\mu} \neq 0$; deshalb folgt aus (32) und (33): $\tau_\nu(u_\mu) = 0$. Entsprechend beweist man (27′) unter

---

[1] Das folgt aus dem Beweisverfahren von Satz II 3.

Benutzung von (30) und (24) durch einen Induktionsschluß. Die Gleichung

$$\sigma_\nu^{(m-1)}(u) = 0 \tag{34}$$

ist richtig für $m=1$; für $\nu \neq 1$ ist nämlich nach (30) und (26)

$$0 = (\sigma_\nu, \sigma_1) = \left(b_{\nu 1} K_1(z,\bar u) + \cdots + b_{\nu\nu} K_\nu(z,\bar u),\ b_{11} K(z,\bar u)\right)$$
$$= b_{11}\left(b_{\nu 1} K_1(u,\bar u) + \cdots + b_{\nu\nu} K_\nu(u,\bar u)\right) = b_{11}\, \sigma_\nu^{(0)}(u).$$

Da $b_{\nu\nu}$ stets positiv ist, haben wir danach $\sigma_\nu^{(0)}(u)=0$. Für den folgenden Schluß notieren wir eine Symmetrieeigenschaft der K_ν-Funktion, die man leicht aus (26) und (3) begründet:

$$\overline{K_m^{(n-1)}(z,\bar u)} = K_n^{(m-1)}(u,\bar z). \tag{35}$$

Aus der Orthogonalität der K_ν-Funktionen folgt jetzt unter Beachtung von (24):

$$0 = (\sigma_\mu, \sigma_\nu) = \left(\sigma_\mu,\ \sum_{n=1}^{\nu} b_{\nu n} K_n(z,\bar u)\right)$$
$$= \sum_{n=1}^{\nu} \overline{b}_{\nu n}\left(\sigma_\mu, K_n(z,\bar u)\right) = \sum_{n=1}^{\nu} \overline{b}_{\nu n}\, \sigma_\mu^{(n-1)}(u).$$

Nach (30) und (35) folgt daraus:

$$0 = \sum_{n=1}^{\nu} \overline{b}_{\nu n} \sum_{m=1}^{\mu} b_{\mu m} K_m^{(n-1)}(u,\bar u) = \sum_{m=1}^{\mu} b_{\mu m}\left\{\sum_{n=1}^{\nu} \overline{b}_{\nu n} K_m^{(n-1)}(u,\bar u)\right\}$$
$$= \sum_{m=1}^{\mu} b_{\mu m}\left\{\sum_{n=1}^{\nu} \overline{b}_{\nu n}\ \overline{K_n^{(m-1)}(u,\bar u)}\right\} = \sum_{m=1}^{\mu} \overline{b_{\mu m}\, \sigma_\nu^{(m-1)}(u)}.$$

Jetzt können wir den gewünschten Induktionsschluß ziehen: Wenn (34) richtig ist für alle Zahlen $m < \mu$, so folgt aus dem letzten Ergebnis wegen $b_{\mu\mu} \neq 0$: $\sigma_\nu^{(\mu-1)}(u)=0$. Damit ist der erste Teil unseres Satzes bewiesen.

Man übersieht sofort, daß die Funktionen $f(z) \in \boldsymbol{H}$, die der Bedingung

$$f(u_1) = f(u_2) = \cdots = f(u_\nu) = 0 \tag{36}$$

genügen, einen Teilraum von $\boldsymbol{H}$ bilden. Wir zeigen nun, daß in der Darstellung

$$f(z) = \sum_{n=1}^{\infty} c_n \tau_n(z) \tag{37}$$

für solche Funktionen stets die ersten ν Koeffizienten verschwinden. Es ist nämlich nach (36) für $\mu \leq \nu$:

$$\left(f(z),\ \tau_\mu(z)\right) = \left(f(z),\ \sum_{n=1}^{\mu} a_{\mu n} K(z,\bar u_n)\right) = \sum_{n=1}^{\mu} \overline{a}_{\mu n}\, f(u_n) = 0.$$

Wir haben also für alle Funktionen des Teilraumes $H(u_1, u_2, \ldots, u_\nu)$:

$$f(z) = \sum_{n=\nu+1}^{\infty} c_n \tau_n(z).$$

Entsprechend beweist man die Vollständigkeit des Systems $(28')$ für den Raum $H_\nu[u]$.

Wir wollen zu diesem Beweis noch anmerken: Man kann auch in einem Hilbert-Raum (mit Kern) ein vollständiges Orthonormalsystem $\{\tau_\nu(z)\}$ entwickeln, *wenn die Funktionen dieses Raumes nur als stetig vorausgesetzt sind.* In diesem Fall muß man aber für u_ν eine Folge von Punkten aus G wählen, die in diesem Bereich überall dicht liegt. Dann ist ja das System $\{K(z, \bar{u}_\nu)\}$ ebenfalls vollständig, und die weiteren Schlüsse gelten entsprechend.

Wir beachten jetzt, daß $\tau_\nu(u_\nu)$ und $\sigma_\nu^{(\nu-1)}(u)$ stets *von Null verschiedene Zahlen sind.* Es ist nämlich

$$1 = \big(\tau_\nu(z), \tau_\nu(z)\big) = \big(\tau_\nu(z), a_{\nu 1} K(z, \bar{u}_1) + \cdots + a_{\nu\nu} K(z, \bar{u}_\nu)\big). \tag{38}$$

Da nach (29) auch die Funktionen $K(z, \bar{u}_n)$ als lineare Kombinationen der $\tau_1(z), \tau_2(z), \ldots, \tau_n(z)$ dargestellt werden können, ist

$$\big(\tau_\nu(z), K(z, \bar{u}_n)\big) = 0$$

für $n < \nu$. Damit wird aus (38):

$$1 = \big(\tau_\nu(z), a_{\nu\nu} K(z, \bar{u}_\nu)\big) = a_{\nu\nu} \tau_\nu(u_\nu).$$

$\tau_\nu(u_\nu)$ ist also von Null verschieden, und entsprechend beweist man $\sigma_\nu^{(\nu-1)}(u) \neq 0$. Diese Bemerkung führt uns auf

Satz III 17

Es sei H ein Hilbertscher Funktionenraum (mit Kern), dessen Elemente analytische Funktionen eines Bereiches G der komplexen Ebene sind. $\{\tau_\nu(z)\}$ und $\{\sigma_\nu(z)\}$ seien die in Satz III 16 eingeführten vollständigen Orthonormalsysteme. Dann hat unter allen Funktionen $f(z) \in H$, die der Bedingung

$$f(u_1) = \cdots = f(u_\nu) = 0, \quad f(u_{\nu+1}) = 1 \quad (\nu = 1, 2, 3, \ldots) \tag{39}$$

genügen,

$$\tau_{\nu+1}^*(z) = \frac{\tau_{\nu+1}(z)}{\tau_{\nu+1}(u_{\nu+1})} \quad (\nu = 1, 2, 3, \ldots)$$

die kleinste Norm. Unter allen Funktionen $g(z) \in H$, für die

$$g(u) = g'(u) = \cdots = g^{(\nu-1)}(u) = 0, \quad g^{(\nu)}(u) = 1 \tag{40}$$

ist, hat

$$\sigma_{\nu+1}^*(z) = \frac{\sigma_{\nu+1}(z)}{\sigma_{\nu+1}^{(\nu)}(u)} \quad (\nu = 1, 2, 3, \ldots)$$

die kleinste Norm.

Nach unseren Voraussetzungen verschwindet nämlich

$$f_1(z) = f(z) - \tau^*_{\nu+1}(z)$$

für $z = u_n$, $n = 1, 2, 3, \ldots, (\nu+1)$. Diese Funktion gehört also zum Raum $\boldsymbol{H}(u_1, u_2, \ldots, u_{\nu+1})$. Nach Satz III 16 ist sie so darstellbar:

$$f_1(z) = \sum_{n=\nu+2}^{\infty} a_n \tau_n(z).$$

$f_1(z)$ ist danach zu $\tau_{\nu+1}(z)$ orthogonal, und wir haben deshalb für die Norm $\|f\|$:

$$\|f\|^2 = |\tau_{\nu+1}(u_{\nu+1})|^{-2} + \sum_{n=\nu+2}^{\infty} |a_n|^2,$$

also gewiß

$$\|f\|^2 \geqq |\tau_{\nu+1}(u_{\nu+1})|^{-2} = \|\tau^*_{\nu+1}(z)\|^2.$$

Für die Funktion

$$g_1(z) = g(z) - \sigma^*_{\nu+1}(z)$$

gilt $g_1(u) = g_1'(u) = \cdots = g_1^{(\nu)}(u) = 0$. Sie gehört also zum Raum $\boldsymbol{H}_{\nu+1}[u]$ und kann so dargestellt werden:

$$g_1(z) = \sum_{n=\nu+2}^{\infty} b_n \sigma_n(z).$$

Daraus folgt dann

$$\|g\|^2 \geqq \|\sigma^*_{\nu+1}(z)\|^2.$$

Satz III 17 gilt auch für die Nummer $\nu = 0$. Dann beschränkt sich die Voraussetzung auf $f(u_1) = 1$ (bzw. $g(u) = 1$), und wir haben wieder die erste Aussage von Satz III 3.

Wir merken noch an: Die Aussagen des Satzes III 17 über das System $\{\tau_\nu(z)\}$ gelten (wie zuvor die von III 16) auch für solche Funktionenräume, deren Funktionen nur als *stetig* vorausgesetzt sind, falls man für u_ν eine Punktfolge wählt, die in $\boldsymbol{G}$ überall dicht liegt.

ARONSZAJN [*1*].
LEHTO [*4*], [*5*].
MESCHKOWSKI [*5*], [*7*], [*8*].

Viertes Kapitel

Beispiele von Hilbertschen Räumen mit reproduzierendem Kern

Wir wollen jetzt die grundlegenden Sätze des dritten Kapitels benutzen, um für einige wichtige Hilbertsche Funktionenräume die Existenz eines reproduzierenden Kerns nachzuweisen. In vielen Fällen ist dabei die Menge E ein Gebiet der komplexen z-Ebene (oder der reellen x-y-Ebene). Wir werden dann voraussetzen — auch wenn es nicht jedesmal ausdrücklich erwähnt wird —, daß dieses Gebiet[1] G beschränkt ist und von n glatten Kurven $\left(g = \sum_{\nu=1}^{n} g_\nu\right)$ begrenzt wird.

Diese Voraussetzung ist keine wesentliche Einschränkung: Man kann ein Gebiet G^*, das diese Eigenschaften nicht hat, auf ein beschränktes Gebiet G mit glatten Rändern konform abbilden, und dann lassen sich die für G gültigen Aussagen im allgemeinen ohne Schwierigkeiten auf G^* übertragen. Um uns nicht mit solchen, das Wesen der zu behandelnden Theorie nicht treffenden Fragen aufzuhalten, wollen wir uns auf Bereiche mit den genannten Eigenschaften beschränken und jedenfalls unter einem Gebiet G $\left(\text{mit dem Rand } g = \sum_{\nu=1}^{n} g_\nu\right)$ stets ein beschränktes Gebiet von n-fachem Zusammenhang mit glattem Rand verstehen.

Zur Erleichterung der Arbeit beginnen wir mit einigen Hilfssätzen, die als Umformungen der bekannten Integralsätze von GAUSS und GREEN gelten können.

§ 1. Integralsätze

Es seien $p(x, y)$ und $q(x, y)$ differenzierbare Funktionen mit stetigen partiellen Ableitungen erster Ordnung in einem Bereich G der x-y-Ebene $\left(\text{Rand } g = \sum_{\nu=1}^{n} g_\nu\right)$. Dann ist nach GAUSS[2]

$$\iint\limits_{G} \left(p_x(x, y) + q_y(x, y)\right) dx\, dy = \int\limits_{g} (p\, dy - q\, dx). \tag{1}$$

Setzt man für $p(x, y)$ und $q(x, y)$ die Funktionen

$$p = u(x, y)\, \frac{\partial v(x, y)}{\partial x}, \qquad q = u(x, y)\, \frac{\partial v(x, y)}{\partial y}$$

ein, so kann man aus (1) die beiden bekannten Greenschen Formeln ableiten, die wir für spätere Anwendung hier notieren wollen:

$$\iint\limits_{G} (u_x v_x + u_y v_y)\, dx\, dy = - \iint\limits_{G} u\, \Delta v\, dx\, dy + \int\limits_{g} u\, \frac{\partial v}{\partial n}\, ds, \tag{2}$$

$$\iint\limits_{G} (u \cdot \Delta v - v \cdot \Delta u)\, dx\, dy = \int\limits_{g} \left(u\, \frac{\partial v}{\partial n} - v\, \frac{\partial u}{\partial n}\right) ds. \tag{2'}$$

Dabei ist Δ der Operator $\dfrac{\partial^2}{\partial x^2} + \dfrac{\partial^2}{\partial y^2}$ und $\dfrac{\partial}{\partial n}$ die Differentiation in Richtung der nach außen weisenden Normalen.

---

[1] Die Bezeichnungen „Bereich" und „Gebiet" werden synonym gebraucht.

[2] Man findet die Ableitung der Formeln (1) und (2) z.B. bei COURANT: Vorlesungen über Differential- und Integralrechnung, Bd. 2.

Wir wollen nun Umformungen der Formel (1) für komplexwertige Funktionen ableiten, die sich besonders einfach durch einige neue Operatoren formulieren lassen. Wir erklären:

$$\frac{\partial}{\partial z} = \frac{1}{2}\left(\frac{\partial}{\partial x} - i\,\frac{\partial}{\partial y}\right), \qquad \frac{\partial}{\partial \bar{z}} = \frac{1}{2}\left(\frac{\partial}{\partial x} + i\,\frac{\partial}{\partial y}\right). \tag{3}$$

Man kommt auf diese Definitionen, wenn man in $F(x, y)$

$$x = \frac{z + \bar{z}}{2}, \qquad y = \frac{z - \bar{z}}{2i}$$

setzt und formal partiell differenziert. Ist $f(z) = u(x, y) + i\,v(x, y)$ eine *analytische* Funktion, so gilt nach den Cauchy-Riemannschen Differentialgleichungen:

$$\frac{\partial f}{\partial z} = \frac{1}{2}\,(u_x + i\,v_x - i\,u_y + v_y) = u_x + i\,v_x = f'(z) \tag{4}$$

und

$$\frac{\partial f}{\partial \bar{z}} = \frac{1}{2}\,(u_x + i\,v_x + i\,u_y - v_y) = 0. \tag{5}$$

Analog findet man für *antianalytische* Funktionen $\overline{f(z)} = u(x, y) - i\,v(x, y)$:

$$\frac{\partial \bar{f}}{\partial z} = 0, \qquad \frac{\partial \bar{f}}{\partial \bar{z}} = \overline{f'(z)}. \tag{6}$$

Wenden wir jetzt die Gaußsche Formel (1) auf Ableitungen von der Form $\partial f/\partial \bar{z}$ und $\partial f/\partial z$ an! Wir erhalten dann

$$\left.\begin{aligned}
\iint_G \frac{\partial f}{\partial \bar{z}}\, dx\, dy &= \frac{1}{2} \iint_G (f_x + i\,f_y)\, dx\, dy = \frac{1}{2} \int_g (f\, dy - i\,f\, dx) \\
&= \frac{1}{2i} \int_g f(dx + i\, dy) = \frac{1}{2i} \int_g f\, dz.
\end{aligned}\right\} \tag{7}$$

Entsprechend wird

$$\iint_G \frac{\partial f}{\partial z}\, dx\, dy = -\frac{1}{2i} \int_g f\, \overline{dz}. \tag{8}$$

Für ein Produkt $f(x, y) = \varphi(x, y) \cdot \psi(x, y)$ erhält man aus (7) und (8) wegen $\dfrac{\partial}{\partial \bar{z}}\,(\varphi \cdot \psi) = \varphi \cdot \dfrac{\partial \psi}{\partial \bar{z}} + \psi \cdot \dfrac{\partial \varphi}{\partial \bar{z}}$:

$$\iint_G \left(\varphi\,\frac{\partial \psi}{\partial \bar{z}} + \psi\,\frac{\partial \varphi}{\partial \bar{z}}\right) dx\, dy = \frac{1}{2i} \int_g \varphi \cdot \psi\, dz \tag{9}$$

und

$$\iint_G \left(\varphi\,\frac{\partial \psi}{\partial z} + \psi\,\frac{\partial \varphi}{\partial z}\right) dx\, dy = -\frac{1}{2i} \int_g \varphi \cdot \psi\, \overline{dz}. \tag{10}$$

Es sei jetzt $\varphi(x, y) = g(z)$ eine analytische, $\psi(x, y) = \overline{h(z)}$ eine anti-analytische Funktion. Dann wird aus (9) wegen (5) und (6):

$$\iint_G g \cdot \overline{h}' \, dx \, dy = \frac{1}{2i} \int_g g \cdot \overline{h} \, dz. \tag{11}$$

Aus (10) gewinnt man entsprechend

$$\iint_G \overline{h} \, g' \, dx \, dy = -\frac{1}{2i} \int_g g \cdot \overline{h} \, \overline{dz}. \tag{11'}$$

Aus (11) und (11') ergibt sich schließlich die folgende Zusammenfassung beider Umformungen:

$$\iint_G g' \overline{h}' \, dx \, dy = \frac{1}{2i} \int_g g' \overline{h} \, dz = -\frac{1}{2i} \int_g g \, \overline{h' \, dz}. \tag{12}$$

Wir wollen die Formel (11) benutzen, um in der Cauchyschen Integralformel (für analytische Funktionen) das Randintegral durch ein Gebietsintegral zu ersetzen.

Es sei $f(z)$ eine in einer abgeschlossenen Kreisscheibe K (mit dem Mittelpunkt t und dem Radius r) reguläre und eindeutige Funktion. Dann ist nach Cauchy

$$f(t) = \frac{1}{2\pi i} \int_k \frac{f(z) \, dz}{z - t}.$$

Dabei ist k die Peripherie der Scheibe K. Wegen

$$(z - t) \, \overline{(z - t)} = r^2$$

für $z \in k$ kann man dieses Integral auch so schreiben:

$$f(t) = \frac{1}{2\pi i \, r^2} \int_k f(z) \, \overline{(z - t)} \, dz.$$

Für $h(z) = z - t$, also $h'(z) = 1$, erhält man daraus nach (11):

$$f(t) = \frac{1}{\pi r^2} \iint_K f(z) \, dx \, dy. \tag{13}$$

§ 2. Die Bergmansche Kernfunktion

Wir können jetzt daran gehen, Beispiele für Hilbertsche Räume mit reproduzierendem Kern zusammenzustellen.

Satz IV 1

Es sei $\boldsymbol{H}_B$ die Klasse der in einem beschränkten und von n glatten Kurven begrenzten Gebiet $\boldsymbol{G}$ der komplexen Ebene regulären und eindeutigen Funktionen $f(z)$, für die das Dirichlet-Integral

$$\iint\limits_{\boldsymbol{G}} |f(z)|^2\, dx\, dy \qquad (z = x + i\, y) \tag{14}$$

existiert. Diese Klasse $\boldsymbol{H}_B$ ist ein separierbarer Hilbertscher Raum mit einem reproduzierenden Kern, in dem das innere Produkt (f, g) durch das Integral

$$(f, g) = \iint\limits_{\boldsymbol{G}} f(z)\, \overline{g(z)}\, dx\, dy \tag{15}$$

gegeben ist. Die Kernfunktion dieses Raumes heißt der Bergmansche Kern $K_B(z, \bar{u})$.

Wenn die Funktion $f(z)$ auf dem Rand $\boldsymbol{g}$ von $\boldsymbol{G}$ nicht mehr stetig ist, muß man das Integral (14) entweder im Lebesgueschen Sinne verstehen oder aber als Grenzwert von Riemannschen Integralen deuten. Dazu führt man eine Folge $\boldsymbol{G}_n$ von Teilbereichen von $\boldsymbol{G}$ ein, die $\boldsymbol{G}$ „ausschöpfen". Das heißt: Es ist $\boldsymbol{G}_n < \boldsymbol{G}_{n+1} < \boldsymbol{G}$, und jeder Punkt $z \in \boldsymbol{G}$ gehört einem dieser Bereiche $\boldsymbol{G}_m$ (und damit allen Bereichen $\boldsymbol{G}_{m+\mu}$) an.

Für Funktionen $f(z)$, die auf $\boldsymbol{g}$ nicht stetig sind, kann man dann das Integral (14) so deuten:

$$\iint\limits_{\boldsymbol{G}} |f(z)|^2\, dx\, dy = \lim_{n \to \infty} \iint\limits_{\boldsymbol{G}_n} |f(z)|^2\, dx\, dy.$$

Man kann zeigen, daß das Integral (wenn es existiert) unabhängig ist von der Wahl der speziellen, $\boldsymbol{G}$ ausschöpfenden Folge $\boldsymbol{G}_n$.

Wir zeigen nun zuerst, daß $\boldsymbol{H}_B$ ein Hilbertscher Raum ist. Es geht also um den Nachweis, daß jede Cauchy-Folge von $\boldsymbol{H}_B$ gegen ein Element von $\boldsymbol{H}_B$ konvergiert; der Nachweis der übrigen Eigenschaften des Hilbertschen Raumes ist trivial.

Es sei $\boldsymbol{G}'$ ein Teilbereich von $\boldsymbol{G}$, der vom Rand $\boldsymbol{g}$ von $\boldsymbol{G}$ einen positiven Abstand d hat[1]. Zu jedem $z \in \boldsymbol{G}'$ gibt es dann einen Kreis $\boldsymbol{K}(d; z)$ vom Radius d um z, der ganz zum Inneren von $\boldsymbol{G}$ gehört. Es sei nun f_n eine Cauchy-Folge, also eine abzählbare Menge von Funktionen aus $\boldsymbol{H}_B$, für die zu jedem $\varepsilon > 0$ eine Zahl $N(\varepsilon)$ existiert, so daß

$$\|f_m - f_n\|^2 = \iint\limits_{\boldsymbol{G}} |f_m - f_n|^2\, dx\, dy < \varepsilon^2$$

ist für $m > N(\varepsilon)$, $n > N(\varepsilon)$.

Für die Differenz $f_n(t) - f_m(t)$ gilt nun nach (13) für jeden Punkt $t \in \boldsymbol{G}'$:

$$|f_n(t) - f_m(t)| = \frac{1}{\pi\, d^2} \left| \iint\limits_{\boldsymbol{K}(d;\, t)} \big(f_n(z) - f_m(z)\big)\, dx\, dy \right|.$$

---

[1] Wir wollen einen solchen Bereich $\boldsymbol{G}'$ einen *inneren Teilbereich von $\boldsymbol{G}$* nennen.

Nach der Schwarzschen Ungleichung folgt daraus

$$|f_n(t) - f_m(t)| \leq \frac{1}{\pi d^2} \cdot \|f_n - f_m\| \cdot \left(\iint_G 1 \cdot dx\, dy \right)^{\frac{1}{2}},$$

also

$$|f_n(t) - f_m(t)| \leq \frac{J(G)^{\frac{1}{2}} \cdot \|f_n - f_m\|}{\pi d^2} . \tag{16}$$

Dabei ist $J(G)$ der Flächeninhalt des Gebietes G. Nach (16) ist $f_n(z)$ in G' gleichmäßig konvergent. Es gibt also eine überall in G erklärte eindeutige analytische Funktion $f(z)$, für die

$$f(z) = \lim_{n \to \infty} f_n(z)$$

gilt im Sinne der punktweisen Konvergenz. Deshalb ist für $z \in G'$ und $\eta > 0$

$$|f(z) - f_n(z)| < \eta \tag{17}$$

für genügend großes n. Wir wollen nun zeigen, daß $f(z)$ auch zu H_B gehört, also eine endliche Norm hat. Zunächst beachten wir, daß die Folge $\|f_n\|$ konvergiert. Es ist ja nach der Dreiecksungleichung $\|f_n\| - \|f_m\| \leq \|f_m - f_n\|$. Es sei $\lambda = \lim_{n \to \infty} \|f_n\|$. Für das Integral

$$\|f\|_{G'}^2 = \iint_{G'} |f(z)|^2\, dx\, dy$$

gilt nun nach der Dreiecksungleichung

$$\|f\|_{G'} \leq \|f - f_n\|_{G'} + \|f_n\|_{G'},$$

und daraus folgt wegen (17)

$$\|f\|_{G'} \leq \eta \cdot J(G')^{\frac{1}{2}} + \|f_n\|_G .$$

Dabei ist $J(G')$ der Flächeninhalt von G'. $\|f\|_{G'}$ ist also beschränkt, und daraus folgt die Existenz von

$$\|f\|^2 = \iint_G |f(z)|^2\, dx\, dy \leq \lambda^2 .$$

Die Grenzfunktion $f(z)$ gehört also zur Menge H_B. Damit steht fest, daß H_B ein Hilbertscher Raum ist. Nach Satz III 2 hat er eine Kernfunktion, wenn $f(z)$ für alle festen $z \in G$ ein lineares Funktional ist. Es muß also die Beschränktheit dieses Funktionals nachgewiesen werden; daß die andern beiden Eigenschaften des linearen Funktionals (Kap. II, § 7) vorliegen, ist sofort ersichtlich.

Für diesen Beweis benutzen wir wieder die Formel (13). t sei ein beliebiger Punkt von G und r der Radius einer abgeschlossenen Kreisscheibe $K(r; t)$ um t, die ganz in G liegt. Dann ist nach (13) und der

Schwarzschen Ungleichung

$$|f(t)| = \frac{1}{\pi\,r^2} \left| \iint\limits_{K(r;\,t)} f(z)\cdot 1\,dx\,dy \right| \leq \frac{\|f\|\cdot\sqrt{\pi\,r^2}}{\pi\,r^2}\,.$$

Für den Quotienten $|f(t)|\cdot\|f\|^{-1}$ haben wir also eine (von t abhängende) obere Schranke:

$$\frac{|f(t)|}{\|f\|} \leq S_t = \frac{1}{\sqrt{\pi\cdot r}}\,. \tag{18}$$

Dabei ist r der Abstand des Punktes t vom Rand g von G. Nach Satz III 2 hat der Hilbertsche Raum H_B also einen reproduzierenden Kern.

Da alle Funktionen unseres Raumes stetig sind, muß H_B nach Satz III 9 separierbar sein. Es gibt deshalb vollständige Orthonormalsysteme in H_B, die für alle Funktionen unseres Raumes eine Darstellung in der Form

$$f(t) = \sum_{\nu=1}^{\infty} (f,\,\varphi_\nu)\,\varphi_\nu(t) \tag{19}$$

zulassen. Diese Darstellung (19) besagt zweierlei: Es ist für genügend großes n

$$\left\| f(t) - \sum_{\nu=1}^{n} (f,\,\varphi_\nu)\,\varphi_\nu(t) \right\| < \varepsilon\,.$$

Außerdem ist die Reihe (19) nach Satz III 4 in jedem inneren Teilbereich G' von G gleichmäßig konvergent. Die (nach Satz III 1 eindeutig bestimmte!) Kernfunktion $K_B(z,\,u)$ ist für alle festen $u \in G$ eine analytische Funktion von z; als Funktion von u ist die Kernfunktion antianalytisch:

$$K_B(z,\,\overline{u}) = \sum_{\nu=1}^{\infty} \varphi_\nu(z)\,\overline{\varphi_\nu(u)}\,. \tag{20}$$

Wir haben damit die Existenz und die grundlegenden Eigenschaften der Bergmanschen Kernfunktion aus den Sätzen der allgemeinen Theorie der reproduzierenden Kerne abgeleitet. Natürlich kann man auch den umgekehrten Weg einschlagen: Man kann für unsere Funktionenklasse Orthonormalsysteme aufstellen, ihre Vollständigkeit nachweisen und die Konvergenz der Reihe (20) begründen. In der historischen Entwicklung der Theorie stand dieser Weg (von unten nach oben) naturgemäß am Anfang (BERGMAN [1], BOCHNER [1]). Wir werden später bei einem anderen Beispiel ebenfalls diesen Weg wählen, wollen aber vorerst die Leistungsfähigkeit der allgemeinen Theorie weiter belegen.

Durch eine geringe Variation des bisherigen Beweisverfahrens begründet man

Satz IV 2

Es sei $H_{(B)}$ die Klasse der in G^1 regulären und eindeutigen Funktionen, die ein eindeutiges Integral und ein beschränktes Dirichlet-Integral

$$D_G(f) = \iint\limits_G |f|^2\, dx\, dy$$

haben. Diese Klasse ist ein Hilbert-Raum mit reproduzierendem Kern.

Die zu $H_{(B)}$ gehörende Kernfunktion $K_{(B)}(z, \bar{u})$ heißt *der reduzierte Bergmansche Kern.*

$H_{(B)}$ ist ein Teilraum von H_B: *Er umfaßt alle die Funktionen von H_B, die im Bereich G ein eindeutiges Integral haben.* Für einfach zusammenhängende Bereiche G stimmen danach die beiden Räume und die entsprechenden Kernfunktionen überein. Bei mehrfach zusammenhängenden Bereichen ist aber $H_{(B)}$ ein echter Teil von H_B.

Für den Einheitskreis haben wir die Bergmansche Kernfunktion schon in Kapitel I angegeben:

$$K_B(z, \bar{u}) = K_{(B)}(z, \bar{u}) = \frac{1}{\pi(1 - z\bar{u})^2}\ . \tag{21}$$

Fügen wir jetzt noch die Kernfunktion für den Kreisring dazu. Es sei also der Bereich G jetzt der Ring R mit $r < z < 1$. Man sieht sofort, daß die folgenden Funktionen zusammen ein vollständiges Orthonormalsystem bilden für $H_{(B)}$:

$$\left.\begin{aligned}
\varphi_\nu(z) &= \left(\frac{\nu}{\pi(1 - r^{2\nu})}\right)^{\frac{1}{2}} \cdot z^{\nu - 1}, \\
\varphi_{-\nu}(z) &= \left(\frac{\nu}{\pi(r^{-2\nu} - 1)}\right)^{\frac{1}{2}} \cdot z^{-\nu - 1}, \qquad \nu = 1, 2, 3, \dots
\end{aligned}\right\} \tag{22}$$

Jede im Kreisring R reguläre und eindeutige Funktion ist nämlich durch eine Laurent-Reihe in der Form

$$f(z) = \sum_{\nu = -\infty}^{+\infty}{}' a_\nu z^\nu \tag{23}$$

darstellbar, wenn auch ihr Integral im Ring eindeutig ist. Der Strich beim Summenzeichen in (23) soll andeuten, daß der Summand mit der Nummer -1 wegfällt: Wir haben es ja nur mit den Funktionen zu tun, deren Integrale auch noch eindeutig sind. Normiert man die Potenzen z^ν, so kommt man auf das System (22). Für die Kernfunktion $K_{(B)}(z, \bar{u})$ erhält man in diesem Fall die Reihe

$$K_{(B)}(z, \bar{u}) = \frac{1}{\pi z \bar{u}} \sum_{\nu = -\infty}^{+\infty} \frac{\nu\, z^\nu \bar{u}^\nu}{1 - r^{2\nu}}\ . \tag{24}$$

---

[1] Man beachte die in den ersten Sätzen dieses Kapitels festgelegten Eigenschaften des Bereiches G.

Man kann diese Funktion auch explizit darstellen, wenn man beachtet, daß (24) die Darstellung einer bekannten elliptischen Funktion ist. Man kommt dann auf

$$K_{(B)}(z, \bar{u}) = \frac{1}{\pi z \bar{u}} \{\wp (\log z \bar{u} \mid 2\pi i, 2\log r) + \alpha\}, \quad \alpha = \frac{1}{\pi i} \zeta(\pi i). \tag{25}$$

Wenn das Integral einer in einem Kreisring erklärten regulären und eindeutigen Funktion *nicht eindeutig* ist, hat in der Laurent-Reihe für diese Funktion z^{-1} nicht den Koeffizienten 0. Entsprechend muß man dem System (22) noch eine Funktion $\varphi_0(z)$ hinzufügen, um ein vollständiges System für $\boldsymbol{H}_E$ zu erhalten:

$$\varphi_0(z) = \frac{1}{z} \left(\frac{1}{-2\pi \log r} \right)^{\frac{1}{2}}.$$

Für die Kernfunktionen im Ring haben wir deshalb

$$K_B(z, \bar{u}) = K_{(B)}(z, \bar{u}) - \frac{1}{2\pi z \bar{u} \log r}.$$

Nach dem Riemannschen Abbildungssatz[1] kann man jeden beliebigen einfach zusammenhängenden Bereich mit mindestens zwei Randpunkten umkehrbar eindeutig und konform auf den Einheitskreis abbilden. Mit Hilfe dieser Abbildungsfunktion und durch Rückgriff auf ein Orthonormalsystem des Einheitskreises kann man für solche Bereiche vollständige Orthonormalsysteme und damit auch den Bergmanschen Kern bestimmen.

Es sei $z = h(w)$ eine Funktion, die den gegebenen einfach zusammenhängenden Bereich $\boldsymbol{G}$ der w-Ebene in den Einheitskreis der z-Ebene abbildet und $w = g(z)$ die Umkehrfunktion, $z = x + iy$, $w = \xi + i\eta$. Dann ist

$$\varphi_\nu(w) = \left(\frac{\nu}{\pi} \right)^{\frac{1}{2}} h(w)^{\nu-1} \frac{dh}{dw} \tag{26}$$

ein vollständiges Orthonormalsystem für die in $\boldsymbol{G}$ regulären und eindeutigen Funktionen mit beschränktem Dirichlet-Integral

$$\iint\limits_{\boldsymbol{G}} |f(w)|^2 \, d\xi \, d\eta.$$

Es gilt nämlich

$$\iint\limits_{\boldsymbol{G}} \left(\frac{\nu}{\pi} \right)^{\frac{1}{2}} \left(\frac{\mu}{\pi} \right)^{\frac{1}{2}} h(w)^{\nu-1} \overline{h(w)^{\mu-1}} \left| \frac{dh}{dw} \right|^2 d\xi \, d\eta = \iint\limits_{|z|<1} \frac{(\nu\mu)^{\frac{1}{2}}}{\pi} z^{\nu-1} \overline{z^{\mu-1}} \, dx \, dy = \delta_{\nu\mu}.$$

Die *Vollständigkeit* des Systems (26) kann man so zeigen: Es sei $f(w)$ eine beliebige in $\boldsymbol{G}$ reguläre und eindeutige Funktion mit endlichem

---

[1] Siehe z.B. BEHNKE-SOMMER.

Dirichlet-Integral. Dann hat die Funktion

$$F(z) = g'(z)\, f\big(g(z)\big)$$

die entsprechende Eigenschaft im Einheitskreis der z-Ebene. $F(z)$ gehört deshalb zum Raum[1] $\boldsymbol{H}_B(|z|<1)$, und deshalb ist bei beliebig vorgegebenem ε und genügend großem n

$$\iint\limits_{|z|<1} \left| F(z) - \sum_{\nu=1}^{n} a_\nu \left(\frac{\nu}{\pi}\right)^{\frac{1}{2}} z^{\nu-1} \right|^2 dx\, dy < \varepsilon.$$

Dabei sind die Zahlen a_ν die Fourier-Koeffizienten von $F(z)$. Beim Übergang zur Variablen w wird daraus wegen $g'(z) = h'(w)^{-1}$:

$$\iint\limits_{G} \left| g'(z)\, f(w) - \sum_{\nu=1}^{n} a_\nu \left(\frac{\nu}{\pi}\right)^{\frac{1}{2}} \big(h(w)\big)^{\nu-1} \right|^2 \left|\frac{dh}{dw}\right|^2 d\xi\, d\eta$$

$$= \iint\limits_{G} \left| f(w) - \sum_{\nu=1}^{n} a_\nu \left(\frac{\nu}{\pi}\right)^{\frac{1}{2}} \big(h(w)\big)^{\nu-1} \cdot \frac{dh}{dw} \right|^2 d\xi\, d\eta < \varepsilon.$$

Das System (26) ist also vollständig. Für die Kernfunktion $K_B(w, \overline{v})$ erhalten wir danach

$$K_B(w, \overline{v}) = \sum_{\nu=1}^{\infty} \frac{\nu}{\pi} \big(h(w) \cdot \overline{h(v)}\big)^{\nu-1} h'(w) \cdot \overline{h'(v)}$$

oder

$$K_B(w, \overline{v}) = \frac{h'(w) \cdot \overline{h'(v)}}{\pi\,(1 - h(w) \cdot \overline{h(v)})^2}. \tag{27}$$

Aus (27) erkennt man, daß die Bergmansche Kernfunktion des einfach zusammenhängenden Bereiches $\boldsymbol{G}$ auch *auf dem Rand* $(w \in \boldsymbol{g},\ v \in \boldsymbol{G})$ *noch analytisch* ist[2], da ja die Abbildungsfunktion $h(w)$ diese Eigenschaft hat.

Fassen wir zusammen:

Satz IV 3

$\boldsymbol{G}$ sei ein beschränkter, von einer glatten Kurve $\boldsymbol{g}$ begrenzter Bereich der w-Ebene und $z = h(w)$ eine Funktion, die $\boldsymbol{G}$ umkehrbar eindeutig auf den Einheitskreis der z-Ebene abbildet. Dann ist (26) ein vollständiges Orthonormalsystem für den Hilbert-Raum $\boldsymbol{H}_B$ der in $\boldsymbol{G}$ regulären und eindeutigen Funktionen mit endlichem Dirichlet-Integral. Die Kernfunktion ist durch (27) gegeben. Die Funktionen des Systems (26) und die Kern-

---

[1] Wenn es erforderlich ist, bezeichnen wir die Hilbertschen Funktionenräume näher durch Angabe der Menge $\boldsymbol{E}$, in der die Funktionen definiert sind. Also z. B. $\boldsymbol{H}_{(B)}(\boldsymbol{G})$, $\boldsymbol{H}_B(|z|<1)$ usf.

[2] Wir werden später sehen, daß das auch für mehrfach zusammenhängende Bereiche gilt.

funktion (27) *sind — bei festem* $v \in G$ *— auf dem Rand* g *von* G *noch analytisch.*

Wir werden später zeigen, wie man die Kernfunktion $K_B(z, \bar{u})$ bzw. $K_{(B)}(z, \bar{u})$ für Bereiche von höherem Zusammenhang gewinnen kann (§ 5).

§ 3. Der reproduzierende Kern für Lösungsfunktionen von partiellen Differentialgleichungen

Es gibt mancherlei Beispiele für partielle Differentialgleichungen, deren Lösungsfunktionen (in einem gewissen Bereich G) einen Hilbertschen Raum mit reproduzierendem Kern bilden. Wir beweisen zunächst (nach einem Verfahren von O. LEHTO [4]) die Existenz eines Kerns für einen recht allgemeinen Typ einer *elliptischen Differentialgleichung.*

Es sei G ein beschränkter Bereich der reellen Ebene (Koordinaten x_1 und x_2), der von n glatten Kurven g_ν $\left(\sum\limits_{\nu=1}^{n} g_\nu = g \right)$ berandet wird. Untersucht werden die Lösungsfunktionen $u(x_1, x_2)$ der Differentialgleichung[1]

$$\sum_{i,k=1}^{2} \frac{\partial}{\partial x_k} \left(a_{ik}(x_1, x_2) \frac{\partial u(x_1, x_2)}{\partial x_i} \right) - c(x_1, x_2)\, u(x_1, x_2) = 0. \tag{28}$$

Die Koeffizienten $a_{ik} = a_{ik}(x_1, x_2)$ und $c = c(x_1, x_2)$ sollen die folgenden Bedingungen erfüllen:

1. Die Funktionen a_{ik} sind zweimal stetig differenzierbar in G und genügen einer Lipschitz-Bedingung.

2. Die quadratische Form

$$\sum_{i,k=1}^{2} a_{ik}\, t_i\, t_k$$

ist symmetrisch und positiv in G für reelle Parameter t_i.

3. $c = c(x_1, x_2)$ ist in G reell, stetig und positiv.

Ist speziell $a_{11} = a_{22} = 1$, $a_{12} = a_{21} = 0$, so wird aus (28)

$$\Delta u = \frac{\partial^2 u}{\partial x_1^2} + \frac{\partial^2 u}{\partial x_2^2} = c(x_1, x_2) \cdot u(x_1, x_2). \tag{28'}$$

Mit dieser Differentialgleichung werden wir uns später (Kap. X) ausführlicher beschäftigen.

Wir definieren jetzt für die Lösungen von (28) ein inneres Produkt durch die Vorschrift[2]

$$(u, v) = \iint\limits_{G} \left(\sum_{i,k=1}^{2} a_{ik}\, u_i\, v_k + c \cdot u \cdot v \right) dx_1\, dx_2. \tag{29}$$

---

[1] Wir beschränken uns der Einfachheit wegen auf einen zweidimensionalen Bereich. Die Überlegungen dieses Abschnitts lassen sich aber leicht auf (offene) Bereiche in n-dimensionalen Euklidischen Räumen übertragen.

[2] $u_i = \partial u / \partial x_i$.

Die Norm einer Funktion wird entsprechend

$$\|u\| = \left(\iint\limits_{G} \left(\sum_{i,k=1}^{2} a_{ik}\, u_i\, u_k + c\, u^2 \right) dx_1\, dx_2 \right)^{\frac{1}{2}}. \tag{29'}$$

Es sei nun $\boldsymbol{H_L}$ die Klasse der Lösungsfunktionen von (28), für die die durch (29') definierte Norm endlich ist. Man kann leicht zeigen, daß diese Klasse den Charakter eines Hilbertschen Raumes hat, daß also zu jeder Cauchy-Folge von Lösungsfunktionen immer ein Element des Raumes gehört, das Grenzwert dieser Folge ist[1].

Wir wollen jetzt unter Benutzung von Satz III 2 zeigen, daß $\boldsymbol{H_L}$ auch *einen reproduzierenden Kern hat*. Dazu ziehen wir die Greensche Funktion der partiellen Differentialgleichung

$$\mathfrak{L}[u] = \sum_{i,k=1}^{2} \frac{\partial}{\partial x_k} \left(a_{ik} \frac{\partial u}{\partial x_i} \right) = 0 \tag{30}$$

heran, die zu einem beliebigen Kreis $\boldsymbol{K}$ gehört, der ganz in $\boldsymbol{G}$ liegt. P und Q seien Punkte im Innern dieses Kreises. Dann gibt es eine eindeutig bestimmte Funktion[2] $g(P, Q)$ mit den folgenden Eigenschaften[3]:

a) Für $P \neq Q$ ist $g(P, Q)$ eine reguläre Lösung von (30) in $\boldsymbol{K}$.

b) Für $P \rightarrow Q$ wird g unendlich wie $\log \overline{PQ}^{-1}$.

c) $g(P, Q)$ hat die Randwerte 0.

Die so definierte Funktion $g(P, Q)$ ist im Innern von $\boldsymbol{K}$ positiv.

Es sei jetzt $\boldsymbol{G'}$ ein von glatten Kurven begrenzter Teilbereich von $\boldsymbol{G}$ mit dem Rand $\boldsymbol{g'}$, p und q seien zweimal stetig differenzierbare Funktionen dieses Bereiches. Dann kann man das Gebietsintegral[4]

$$\iint\limits_{G'} Q(p, q)\, dx\, dy = \iint\limits_{G'} \left(\sum_{i,k=1}^{2} a_{ik}\, p_i\, q_k \right) dx\, dy \tag{31}$$

durch Benutzung der Gaußschen Formel

$$\iint\limits_{G'} (a_x + b_y)\, dx\, dy = \int\limits_{g'} (a\, dy - b\, dx) \tag{32}$$

umwandeln. Setzt man nämlich

$$a = q(a_{11} p_1 + a_{21} p_2), \qquad b = q(a_{12} p_1 + a_{22} p_2),$$

---

[1] Siehe dazu Püschel. Für die Gl. (28') wird der Beweis im Kap. X erbracht.

[2] $g(P, Q)$ steht für $g(x_1, x_2; \xi_1, \xi_2)$. P ist der Punkt mit den Koordinaten x_1 und x_2, Q der mit ξ_1 und ξ_2.

[3] Siehe auch Püschel.

[4] $p_i = \dfrac{\partial p}{\partial x_i}$, $q_k = \dfrac{\partial q}{\partial x_k}$, $x_1 = x$, $x_2 = y$.

so wird aus (32):

$$\iint\limits_{G'} (a_x + b_y)\, dx\, dy = \iint\limits_{G'} q \left[\frac{\partial}{\partial x} (a_{11} p_1 + a_{21} p_2) + \frac{\partial}{\partial y} (a_{12} p_1 + a_{22} p_2) \right] dx\, dy$$

$$+ \iint\limits_{G'} \sum_{i,k=1}^{2} a_{ik}\, p_i\, q_k\, dx\, dy = \int\limits_{g'} q\{(a_{11} p_1 + a_{21} p_2)\, dy - (a_{12} p_1 + a_{22} p_2)\, dx\}.$$

Damit haben wir für das Gebietsintegral (31)[1]:

$$\iint\limits_{G'} Q(p,q)\, dx\, dy = - \iint\limits_{G'} q\, \mathfrak{L}[p]\, dx\, dy + \int\limits_{g'} q \cdot \sum_{i,k=1}^{2} a_{ik}\, p_i \cos(n,k)\, ds. \quad (33)$$

Entsprechend ist

$$\iint\limits_{G'} Q(q,p)\, dx\, dy = - \iint\limits_{G'} p\, \mathfrak{L}[q]\, dx\, dy + \int\limits_{g'} p \cdot \sum_{i,k=1}^{2} a_{ik}\, q_i \cos(n,k)\, ds. \quad (33')$$

Wegen der Symmetrie von $Q(p,q)$ erhält man aus (33) und (33') durch Subtraktion

$$\iint\limits_{G'} (p\, \mathfrak{L}[q] - q\, \mathfrak{L}[p])\, dx\, dy = \int\limits_{g'} \sum_{i,k=1}^{2} a_{ik}\, (p\, q_i - q\, p_i) \cos(n,k)\, ds. \quad (34)$$

Wir wählen jetzt einen beliebigen Punkt 0 unseres Gebietes zum Koordinatenanfangspunkt und als Gebiet G' einen ganz in G gelegenen Kreisring mit dem Mittelpunkt 0 und den Radien δ und ϱ $(0 < \delta < \varrho \leq R)$. Weiter setzen wir $p(x,y) = u(x,y)^2$ und $q(x,y) = g(x,y,\xi,\eta)$, wobei $u(x,y)$ eine Lösung der Gl. (28) und g die Greensche Funktion des Kreises um 0 mit dem Radius ϱ ist. Dann ist also $\mathfrak{L}[g] = 0$ in G', und aus (34) wird

$$\left. \begin{aligned} - \iint\limits_{G'} \mathfrak{L}[u^2]\, dx\, dy &= \int\limits_{g'} \sum_{i,k=1}^{2} a_{ik}\, (g_i\, u^2 - (u^2)_i\, g) \cos(n,k)\, ds \\ &= J_\varrho - J_\delta + \sum_{i,k=1}^{2} \int\limits_{\varphi=0}^{2\pi} a_{ik}\, g\, (u^2)_i \cos(n,k) \cdot \delta \cdot d\varphi. \end{aligned} \right\} \quad (35)$$

Dabei ist

$$J_\delta = \sum_{i,k=1}^{2} \int\limits_{\varphi=0}^{2\pi} a_{ik}\, u^2\, g_r \cos(n,i) \cos(n,k) \cdot s \cdot d\varphi. \quad (36)$$

Läßt man jetzt δ gegen 0 konvergieren, so strebt das dritte Integral auf der rechten Seite von (35) gegen 0, da ja $\lim\limits_{\delta \to 0} \delta \cdot \log \delta = 0$ ist. Für J_δ erhält man bei diesem Grenzübergang wegen der Eigenschaft b) der Greenschen Funktion (S. 73)

$$\lim_{\delta \to 0} J_\delta = - u^2(0,0) \sum_{i,k=1}^{2} a_{ik}(0,0) \int\limits_{\varphi=0}^{2\pi} \cos(n,i) \cos(n,k)\, d\varphi. \quad (37)$$

---

[1] $\cos(n,1) = \cos(n,x) = \dfrac{dy}{ds}$, $\cos(n,2) = \cos(n,y) = - \dfrac{dx}{ds}$.

Da

$$\int\limits_{\varphi=0}^{2\pi} \cos^2 \varphi \, d\varphi = \int\limits_{\varphi=0}^{2\pi} \sin^2 \varphi \, d\varphi = \pi, \qquad \int\limits_{\varphi=0}^{2\pi} \cos \varphi \sin \varphi \, d\varphi = 0$$

ist, wird aus (37):

$$\lim_{\delta \to 0} J_\delta = - \pi \, u^2(0,0) \sum_{i=1}^{2} a_{ii}(0,0),$$

und aus (35) folgt für $\delta \to 0$:

$$\pi \, u^2(0,0) \sum_{i=1}^{2} a_{ii}(0,0) = J_\varrho - \iint\limits_{G'} g \, \mathfrak{L}[u^2] \, dx \, dy. \tag{38}$$

Wir beachten jetzt, daß nach unseren Voraussetzungen über $c(x,y)$ und die quadratische Form $\sum\limits_{i,k=1}^{2} a_{ik} t_i t_k$

$$\left.\begin{aligned}
\mathfrak{L}[u^2] &= \sum_{i,k=1}^{2} \frac{\partial}{\partial x_k}\left(a_{ik} \frac{\partial u^2}{\partial x_i}\right) = 2u \, \mathfrak{L}[u] + 2 \sum_{i,k=1}^{2} a_{ik} u_i u_k \\
&= 2u^2 c + 2 \sum_{i,k=1}^{2} a_{ik} u_i u_k \geqq 0
\end{aligned}\right\} \tag{39}$$

ist. Weiter ist $\sum\limits_{i=1}^{2} a_{ii}(0,0) > 0$ und

$$\mu_\varrho = \operatorname*{Max}_{r=\varrho} r \, (- g_r) \sum_{i,k=1}^{2} a_{ik} \cos(n,i) \cos(n,k) > 0,$$

da ja die partielle Ableitung der Greenschen Funktion g nach r auf dem Rand $r=\varrho$ negativ ist. Aus (38) folgt deshalb wegen (36) (für $s=\varrho$):

$$\pi \cdot u^2(0,0) \sum_{i=1}^{2} a_{ii}(0,0) \leqq J_\varrho \leqq \mu_\varrho \int\limits_{\varphi=0}^{2\pi} u^2 \, d\varphi. \tag{40}$$

Wir denken uns jetzt auch ϱ variabel zwischen 0 und R. Es sei $\mu = \overline{\lim\limits_{\varrho \leqq R}} \mu_\varrho$. Multipliziert man beide Seiten der Ungleichung (40) mit ϱ und integriert über ϱ von 0 bis R, so folgt

$$\left.\begin{aligned}
u^2(0,0) &\leqq \frac{2\mu}{\pi\,(a_{11}(0,0) + a_{22}(0,0)) \cdot R^2} \int\limits_{\varrho=0}^{R} \int\limits_{\varphi=0}^{2\pi} u^2 \varrho \, d\varrho \, d\varphi \\
&\leqq \frac{2\mu \, \|u\|^2}{\pi \, R^2 \, c_0 \, (a_{11}(0,0) + a_{22}(0,0))}.
\end{aligned}\right\} \tag{41}$$

Dabei ist $c_0 = \operatorname*{Min}_{r \leqq R} c(x,y)$. Nach (41) ist $u(0,0) \, \|u\|^{-1}$ beschränkt:

$$\frac{|u(0,0)|}{\|u\|} \leqq R^{-1} \cdot \left(2\mu \, \pi^{-1} \, c_0^{-1} \, (a_{11}(0,0) + a_{22}(0,0))^{-1}\right)^{\frac{1}{2}}.$$

Da man jeden beliebigen Punkt in G zum Nullpunkt wählen kann, ist damit gezeigt, daß $u(x, y)$ ein beschränktes Funktional ist. Nach Satz III 2 hat deshalb H_L einen reproduzierenden Kern.

Wir haben also bewiesen:

Satz IV 4

Die Klasse H_L der Lösungsfunktionen von (28), für die die durch (29') definierte Norm endlich ist, bildet einen Hilbertschen Raum mit reproduzierendem Kern.

§ 4. Der Bergman-Kern und die Green-Funktion

Wie M. SCHIFFER herausgefunden hat, besteht ein Zusammenhang zwischen der Bergmanschen Kernfunktion eines Gebietes G und der entsprechenden Greenschen Funktion. Damit ist jetzt die in §3 eingeführte Lösung der Differentialgleichung (30) gemeint *für den Spezialfall* $a_{11}=a_{22}=1$, $a_{12}=a_{21}=0$, also die Lösung der Potentialgleichung $\Delta u=0$, die die auf S. 73 genannten Eigenschaften a), b) und c) hat. Wir bezeichnen *diese* Greensche Funktion mit $G(z, u)$, $z=x+iy$, $u=\xi+i\eta$. Auf dem Rand g von G ist

$$G\big(z(s), u\big) = 0, \quad z(s) \in g, \quad u \in G.$$

Dabei steht s für die Bogenlänge der Randkurve. Wir wollen diese Identität nach s differenzieren und erhalten unter Benutzung der in §1 eingeführten Operatoren $\partial/\partial z$ und $\partial/\partial\overline{z}$:

$$\frac{\partial G}{\partial z} \cdot \frac{dz}{ds} + \frac{\partial G}{\partial \overline{z}} \cdot \frac{d\overline{z}}{ds} = 2\,\mathrm{Re}\left\{z'\,\frac{\partial G}{\partial z}\right\} = 0.$$

Dieses Ergebnis bedeutet, daß $z'\dfrac{\partial G}{\partial z}$ rein imaginär ist:

$$z'(s) \cdot \frac{\partial}{\partial z} G\big(z(s), u\big) = i\,J(\xi, \eta, s), \quad u = \xi + i\eta. \tag{42}$$

Dabei ist $J(\xi, \eta, s)$ eine reellwertige Funktion. Wir definieren nun die Funktionen

$$K^*(z, u) = -\frac{2}{\pi} \cdot \frac{\partial^2 G(z, u)}{\partial z\,\partial\overline{u}}, \quad L^*(z, u) = -\frac{2}{\pi} \cdot \frac{\partial^2 G(z, u)}{\partial z\,\partial u}. \tag{43}$$

Von $K^*(z, u)$ wollen wir zeigen, daß sie mit der Bergmanschen Kernfunktion identisch ist. Zunächst beachten wir, daß die beiden durch (43) definierten Funktionen analytisch in z sind. L^* ist auch in u analytisch, K^* aber antianalytisch. Das kann man leicht unter Benutzung der Cauchy-Riemannschen Differentialgleichungen nachprüfen.

Weiter gilt nach (42) und (43)

$$-\frac{\pi}{2}\, z'(s)\cdot K^*\big(z(s),u\big) = \frac{\partial}{\partial \overline{u}}\,\big(i\,J(\xi,\eta,s)\big) = \frac{1}{2}\left(\frac{\partial (i\,J)}{d\xi} + i\,\frac{\partial (i\,J)}{\partial \eta}\right)$$

$$= \frac{1}{2}\left(-\frac{\partial J}{\partial \eta} + i\,\frac{\partial J}{\partial \xi}\right);$$

also ist

$$z'(s)\,L^*\big(z(s),u\big) = -\,\overline{z'(s)\,K^*\big(z(s),u\big)}\,, \qquad z(s)\in \boldsymbol{g}\,, \qquad u(s)\in \boldsymbol{G}\,. \qquad (44)$$

Die Funktion $K^*(z,u)$ ist für festes u in $\boldsymbol{G}$ eine überall in $\boldsymbol{G}+\boldsymbol{g}$ (also auch für $z=u$) *reguläre* Funktion von z; die logarithmische Singularität der Greenschen Funktion ist bei dem Prozeß der zweimaligen partiellen Differentiation ausgelöscht worden. Die Funktion $L^*(z,u)$ dagegen hat einen doppelten Pol; ihre Entwicklung in der Umgebung von $z=u$ sieht so aus:

$$L^*(z,u) = \frac{1}{\pi\,(z-u)^2} - l(z,u)\,. \qquad (45)$$

Dabei ist $l(z,u)$ eine reguläre Funktion für $z\in\boldsymbol{G}+\boldsymbol{g}$, $u\in\boldsymbol{G}$. Aus der Definition der Funktionen $K^*(z,u)$, $L^*(z,u)$ und $l(z,u)$ ergeben sich die folgenden Symmetrieeigenschaften

$$K^*(z,u) = \overline{K^*(u,z)}\,, \qquad L^*(z,u) = L^*(u,z)\,, \qquad l(z,u) = l(u,z)\,. \qquad (46)$$

Ist $\boldsymbol{G}$ speziell der Einheitskreis $|z|<1$, so haben wir

$$G(z,u) = \log\left|\frac{1-\overline{u}\,z}{z-u}\right|$$

als Greensche Funktion, und nach (45) und (46) ist

$$K^*(z,u) = \frac{1}{\pi\,(1-\overline{u}\,z)^2}\,, \qquad L^*(z,u) = \frac{1}{\pi\,(z-u)^2}\,, \qquad l(z,u) = 0\,. \qquad (47)$$

In diesem Fall haben wir also nach (47) und (21) $K^*(z,u)=K_B(z,\overline{u})$. Wir wollen zeigen, daß das allgemein gilt. Dazu zeigen wir, daß auch $K^*(z,u)$ die reproduzierende Eigenschaft hat, jedenfalls für alle die Funktionen $f(z)\in\boldsymbol{H}_B$, die auf dem Rand $\boldsymbol{g}$ von $\boldsymbol{G}$ noch stetig sind.

Mit einer solchen Funktion $f(z)$ bilden wir das Gebietsintegral

$$J(u) = \iint\limits_{\boldsymbol{G}} \overline{K^*(z,u)}\,f(z)\,dx\,dy = -\frac{2}{\pi}\iint\limits_{\boldsymbol{G}} \overline{\frac{\partial^2 G}{\partial z\,\partial \overline{u}}}\,f(z)\,dx\,dy\,. \qquad (48)$$

Da die bei der Integration auftretende Funktion $\dfrac{\partial G(u,z)}{\partial u}$ bei $z=u$ singulär ist, umgeben wir diesen Punkt mit einem kleinen Kreis $\boldsymbol{K}_\varepsilon$ vom Radius ε und bezeichnen den Bereich $\boldsymbol{G}-\boldsymbol{K}_\varepsilon$ mit $\boldsymbol{G}_\varepsilon$. Dann kann man das Integral (48) auch so schreiben:

$$J(u) = \lim_{\varepsilon \to 0} \iint\limits_{G_\varepsilon} K^*(u, z)\, f(z)\, dx\, dy = \lim_{\varepsilon \to 0} \left(-\frac{2}{\pi}\right) \iint\limits_{G_\varepsilon} \frac{\partial^2 G(u, z)}{\partial u\, \partial \bar z}\, f(z)\, dx\, dy.$$

Nach (9) wird daraus[1]:

$$J(u) = \lim_{\varepsilon \to 0} \left[-\frac{1}{\pi i} \int\limits_{g_\varepsilon} f(z)\, \frac{\partial G(u, z)}{\partial u}\, dz + \frac{2}{\pi} \iint\limits_{G_\varepsilon} \frac{\partial f}{\partial \bar z} \cdot \frac{\partial G(u, z)}{\partial u}\, dx\, dy \right].$$

Dabei ist g_ε der aus den Kurven g und dem kleinen Kreis vom Radius ε zusammengesetzte Rand von G_ε. Wir beachten jetzt, daß nach (5) das Gebietsintegral in der Klammer verschwindet, da ja f in G_ε analytisch ist. Und das Randintegral über g_ε reduziert sich auf das über den Kreis. Auf g verschwindet ja $G(z, u)$, und deshalb ist auch $\dfrac{\partial G(u, z)}{\partial u} = 0$ für $z \in g$.

In der Umgebung von $z = u$ hat nun die Funktion $\dfrac{\partial G(u, z)}{\partial u}$ die Entwicklung

$$\frac{\partial G(u, z)}{\partial u} = \frac{1}{2(z - u)} + H(u, z)$$

mit einer beschränkten Funktion $H(u, z)$. Das sieht man sofort ein, wenn man den Operator $\partial/\partial u$ auf $\log|z - u|$ anwendet. Danach bekommen wir für unser Integral $J(u)$:

$$J(u) = \lim_{\varepsilon \to 0} \frac{1}{2\pi i} \int\limits_{k_\varepsilon} \frac{f(z)}{z - u}\, dz = f(u).$$

Nach (48) haben wir also

$$\iint\limits_{G} \overline{K^*(z, u)}\, f(z)\, dx\, dy = \big(f(z), K^*(z, u)\big) = f(u). \tag{49}$$

Das heißt aber: *Die Funktion $K^*(z, u)$ hat die reproduzierende Eigenschaft für alle die Funktionen aus H_B, die auf dem Rand g von G noch stetig sind.* Diese Einschränkung müssen wir zunächst noch machen, weil wir ja bei der Ableitung von (49) Randintegrale benutzt haben.

Es ist jetzt nicht mehr schwer zu zeigen, daß $K^*(z, u)$ tatsächlich mit dem Bergmanschen Kern $K_B(z, \bar u)$ identisch ist. Dazu brauchen wir nur diesen Kern durch ein Orthonormalsystem darzustellen, dessen Funktionen auf dem Rand g von G noch analytisch sind. Die bisher für ein- und zweifach zusammenhängende Bereiche angegebenen Systeme haben alle diese Eigenschaft. Man kann leicht auch für Bereiche von

---

[1] In unserem Falle ist $\varphi(z) = f(z)$, $\psi(z) = \dfrac{\partial G(u, z)}{\partial u}$.

höherem Zusammenhang solche Orthonormalsysteme angeben, deren Funktionen auf dem Rand noch regulär sind[1].

Ist $\{\varphi_\nu(z)\}$ ein solches System, so gilt

$$\big(\varphi_\nu(z),\, K^*(z, u)\big) = \varphi_\nu(u)$$

für alle ν. Es sei nun eine beliebige Funktion $f(z)$ aus $\boldsymbol{H}_B$ durch das vollständige System $\{\varphi_\nu(z)\}$ dargestellt: $f(z) = \sum\limits_{\nu=1}^{\infty} a_\nu \varphi_\nu(z)$. Dann ist zunächst

$$\Big(\sum_{\nu=1}^{n} a_\nu\, \varphi_\nu(z),\; K^*(z, u)\Big) = \sum_{\nu=1}^{n} a_\nu\, \varphi_\nu(u)$$

für beliebiges n, und nach (II 20) haben wir weiter

$$\big(f(z),\, K^*(z, u)\big) = \Big(\sum_{\nu=1}^{\infty} a_\nu\, \varphi_\nu(z),\, K^*(z, u)\Big) = \sum_{\nu=1}^{\infty} a_\nu\, \varphi_\nu(u) = f(u),$$

also die reproduzierende Eigenschaft der Funktion $K^*(z, u)$ für *alle* Funktionen des Raumes $\boldsymbol{H}_B$. Nach Satz III 1 folgt daraus

Satz IV 5

Zwischen der Greenschen Funktion $G(z, u)$ und der Bergmanschen Kernfunktion $K_B(z, \bar{u})$ eines Bereiches $\boldsymbol{G}$ der komplexen Ebene[2] besteht die Relation

$$K_B(z, \bar{u}) = -\frac{2}{\pi} \cdot \frac{\partial^2 G(z, u)}{\partial z\, \partial \bar{u}}. \tag{50}$$

Dabei sind $\partial/\partial z$ und $\partial/\partial \bar{u}$ die durch (3) definierten Operatoren.

Aus diesem Satz folgt u. a., daß die Kernfunktion $K_B(z, \bar{u})$ *auch auf dem Rand noch analytisch* ist ($z \in \boldsymbol{g}$, $u \in \boldsymbol{G}$).

Beim Beweis von Satz IV 5 haben wir die Existenz eines vollständigen Orthonormalsystems vorausgesetzt, dessen Funktionen auf dem Rand $\boldsymbol{g}$ von $\boldsymbol{G}$ noch analytisch sind. Daß es auch für mehrfach zusammenhängende Bereiche solche Systeme gibt, soll nun gezeigt werden.

§ 5. Approximierung durch rationale Funktionen

Wir kennen bisher vollständige Orthonormalsysteme des Raumes $\boldsymbol{H}_B$ für den Kreis, den Kreisring und für beliebige einfach zusammenhängende Bereiche (Satz IV 3). Bei der Konstruktion des Systems (26) für einen einfach zusammenhängenden Bereich $\boldsymbol{G}$ wurde die Kenntnis der Abbildungsfunktionen $z = h(w)$ vorausgesetzt. Wir wollen nun zeigen, daß

---

[1] Siehe § 5.

[2] Man beachte die Voraussetzungen über $\boldsymbol{G}$, die am Anfang dieses Kapitels gemacht wurden.

man noch einfacher durch Orthogonalisierung der Potenzen $1, z, z^2, \ldots$ in G zum Ziel kommt. Nachher wird sich zeigen, daß man dieses Verfahren leicht verallgemeinern kann auf mehrfach zusammenhängende Bereiche.

Die Anwendung des Schmidtschen Verfahrens (Kap. II) auf die Potenzen $1, z, z^2, \ldots$ führt auf ein System orthogonaler Polynome für den einfach zusammenhängenden Bereich G. Für diese Polynome $P_\nu(z)$ gilt dann

$$\iint\limits_G P_\nu(z)\, P_\mu(z)\, dx\, dy = \delta_{\nu\mu},$$

und die Reihe

$$K_1(z,\bar{u}) = \sum_{\nu=1}^\infty P_\nu(z)\, \overline{P_\nu(u)} \tag{51}$$

konvergiert dann (bei festem $u \in G$) gleichmäßig in jedem inneren Teilbereich von G. Diese Eigenschaft hat nämlich die Reihe $\sum\limits_{\nu=1}^\infty \psi_\nu(z)\, \overline{\psi_\nu(u)}$, die zu einem *vollständigen* System $\{\psi_\nu(z)\}$ gehört. Sollte $\{P_\nu(z)\}$ nicht vollständig sein, so könnte man dieses System zu einem vollständigen System $\{\psi_\nu(z)\}$ ergänzen. Daraus folgt, daß auch $\sum\limits_{\nu=1}^\infty P_\nu(z)\, \overline{P_\nu(u)}$ in der beschriebenen Weise konvergiert.

Wir wollen zeigen, daß $\{P_\nu(z)\}$ tatsächlich vollständig ist und $K_1(z,\bar{u})$ mit $K_B(z,\bar{u})$ zusammenfällt. Nach Satz III 1 genügt dafür der Nachweis, daß $K_1(z,\bar{u})$ die reproduzierende Eigenschaft hat für alle Funktionen des Hilbert-Raumes H_B.

Da die Potenz z^n als lineare Kombination der ersten n Orthogonalfunktionen $P_\nu(z)$ geschrieben werden kann, hat $K_1(z,\bar{u})$ gewiß die reproduzierende Eigenschaft für diese Potenz. Es gilt also

$$u^n = \iint\limits_G \overline{K_1(z,\bar{u})}\, z^n\, dx\, dy. \tag{52}$$

Es sei jetzt K ein Kreis, der $G+g$ in seinem Innern enthält und v ein Punkt außerhalb dieses Kreises. Dann ist die Reihe

$$\frac{1}{v-z} = \frac{1}{v} + \frac{z}{v^2} + \frac{z^2}{v^3} + \cdots$$

gleichmäßig konvergent für alle $z \in G$. Nach (52) gilt deshalb

$$\iint\limits_G \overline{K_1(z,\bar{u})}\, \frac{1}{v-z}\, dx\, dy = \sum_{n=0}^\infty v^{-n-1} \iint\limits_G \overline{K_1(z,\bar{u})}\, z^n\, dx\, dy = \sum_{n=0}^\infty v^{-n-1} \cdot u^n,$$

also

$$\frac{1}{v-u} = \iint\limits_G \overline{K_1(z,\bar{u})}\, \frac{1}{v-z}\, dx\, dy. \tag{53}$$

Beide Seiten von (53) sind analytische Funktionen für alle die v, die nicht zu $G+g$ gehören. Nach dem Permanenzprinzip der Funktionen gilt daher (53) nicht nur für v außerhalb von K, sondern für alle v, die zum Komplement von $G+g$ gehören.

Es sei jetzt $f(z)$ eine beliebige in $G+g$ reguläre Funktion. Sie ist dann nach einem bekannten Satz über analytische Fortsetzung auch in einem gewissen größeren Bereich G^* regulär, der $G+g$ einschließt. Es sei jetzt g^* eine Jordan-Kurve aus G^*, die $G+g$ einschließt, aber keinen Punkt von g trifft. Dann gilt für alle $z \in G$:

$$f(z) = \frac{1}{2\pi i} \int\limits_{g^*} \frac{f(u)}{u-z}\, du.$$

Nach (53) folgt daraus:

$$f(z) = \frac{1}{2\pi i} \int\limits_{g^*} f(u) \left[\iint\limits_{G} \overline{K_1(\zeta, \overline{z})}\, \frac{1}{u-\zeta}\, d\xi\, d\eta \right] du, \qquad \zeta = \xi + i\eta.$$

Ändert man die Reihenfolge der Integrationen, so wird

$$f(z) = \iint\limits_{G} \overline{K_1(\zeta, \overline{z})} \left[\frac{1}{2\pi i} \int\limits_{g^*} \frac{f(u)\, du}{u-\zeta} \right] d\xi\, d\eta$$

oder

$$f(z) = \iint\limits_{G} K_1(\zeta, \overline{z})\, f(\zeta)\, d\xi\, d\eta.$$

$K_1(z, \overline{u})$ hat also die reproduzierende Eigenschaft für alle Funktionen des Raumes H_B, die auf dem Rand von G noch regulär sind.

Wie beim Beweis von Satz IV 5 kann man nun auch hier wieder zeigen, daß dann $K_1(z, \overline{u})$ die reproduzierende Eigenschaft für *alle* Funktionen von H_B hat. Man braucht dazu nur wieder ein auf g noch reguläres vollständiges Orthonormalsystem heranzuziehen, z.B. das System (26). Damit ist gezeigt, daß für einfach zusammenhängende Bereiche G das durch Orthogonalisierung der Potenzen entstehende System vollständig ist.

Wir haben bei unserem Beweis vorausgesetzt, daß G von einer analytischen Kurve g begrenzt sei. Man übersieht leicht, daß unsere Aussage auch dann richtig bleibt, wenn der Rand von G eine Jordan-Kurve ist. Dagegen gilt der Satz über die Vollständigkeit der Potenzen *nicht für beliebige einfach zusammenhängende Bereiche*. Ein Beispiel dafür ist der in Abb. 4 dargestellte Schlitzbereich G_S. Orthogonalisiert man in G_S die Potenzen, so kommt man auf das wohlbekannte System[1] $\left(\frac{v}{\pi} \right)^{\frac{1}{2}} \cdot z^{v-1}$, da ja bei der Integration über den Bereich G_S der Schlitz das Integrationsergebnis nicht ändert.

---

[1] Der Radius des Kreises in Abb. 4 ist dabei gleich 1 gesetzt.

Das so erhaltene Orthonormalsystem ist aber gewiß nicht vollständig in G_S; sonst könnte man ja alle in diesem Bereich regulären Funktionen durch Potenzreihen darstellen.

Es ist nicht schwer, unser Ergebnis auf mehrfach zusammenhängende Gebiete zu übertragen. Es sei G ein schlichter Bereich, der von n einfachen analytischen Kurven g_ν begrenzt wird. Dabei soll die äußere

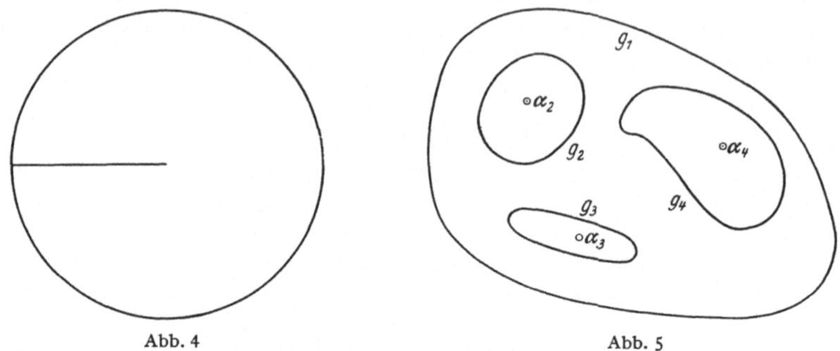

Abb. 4   Abb. 5

Randkomponente die Nummer 1 bekommen. α_ν $(\nu = 2, 3, \ldots, n)$ sei ein Punkt, der in dem von der Randkomponente g_ν $(\nu = 2, 3, \ldots, n)$ umschlossenen Bereich liegt, also außerhalb von G (Abb. 5).

Dann kann man jede auf dem Rand noch reguläre Funktion $f(z)$ des Raumes H_B durch das Cauchy-Integral

$$f(z) = \sum_{\nu=1}^{n} f_\nu(z) = \sum_{\nu=1}^{n} \frac{1}{2\pi i} \int_{g_\nu} \frac{f(\zeta)}{\zeta - z}\, d\zeta \qquad (54)$$

darstellen. Jede der Funktionen

$$f_\nu(z) = \frac{1}{2\pi i} \int_{g_\nu} \frac{f(\zeta)}{\zeta - z}\, d\zeta \qquad (\nu = 2, 3, \ldots, n)$$

ist dann analytisch für alle z, die außerhalb der Randkomponente g_ν liegen, $f_1(z)$ dagegen überall in dem einfach zusammenhängenden beschränkten Bereich G_1, der von g_1 berandet wird.

Von der Voraussetzung, daß $f(z)$ auf dem Rand noch regulär sei, kann man sich leicht befreien, indem man die Randintegrale durch Integrale über benachbarte Kurven g_ν^* ersetzt, die ganz in G liegen. $f_1(z)$ kann deshalb dargestellt werden in der Form

$$f_1(z) = \sum_{\mu=1}^{\infty} c_\mu P_\mu(z).$$

Dabei ist $\{P_\mu(z)\}$ das durch Orthogonalisierung der Potenzen in G_1 entstehende vollständige Orthonormalsystem.

Wir beachten jetzt, daß die durch die Kurven g_ν $(\nu = 2, 3, \ldots, n)$ berandeten Bereiche G_ν $(\nu = 2, 3, \ldots, n)$, die den unendlich fernen Punkt enthalten, durch eine Transformation

$$w_\nu = \frac{1}{z - \alpha_\nu} \qquad (\nu = 2, 3, \ldots, n)$$

in einen beschränkten Bereich der w_ν-Ebene abgebildet werden. Die Funktionen

$$1, \ (z - \alpha_\nu)^{-1}, \ (z - \alpha_\nu)^{-2}, \ \ldots$$

sind deshalb vollständig in G_ν. Damit haben wir nach (54):

Satz IV 6

Es sei G ein beschränkter Bereich, der von n analytischen Kurven g_ν begrenzt wird; g_1 sei die äußere Randkomponente, α_ν ein beliebiger im Innern des von g_ν $(\nu = 2, 3, \ldots, n)$ umschlossenen Bereichs gelegener Punkt. Dann kann man durch Orthogonalisierung der Funktionen

$$z^{\mu-1}, \ (z - \alpha_2)^{-\mu}, \ (z - \alpha_3)^{-\mu}, \ \ldots, \ (z - \alpha_n)^{-\mu} \qquad (\mu = 1, 2, 3, \ldots)$$

ein vollständiges Orthonormalsystem für den Hilbertschen Raum H_B dieses Bereichs gewinnen.

§ 6. Der reproduzierende Kern für harmonische Funktionen

Für die in einem Bereich G der x, y-Ebene harmonischen Funktionen[1] $u(x, y)$, also für die Lösungen der partiellen Differentialgleichung

$$\Delta u = \frac{\partial^2 u}{\partial x^2} + \frac{\partial^2 u}{\partial y^2} = 0,$$

kann man den reproduzierenden Kern leicht aus unseren Ergebnissen über die Bergmanschen Kerne ableiten. Die harmonischen Funktionen (oder „Potentialfunktionen") können ja als Real- bzw. Imaginärteile analytischer Funktionen gedeutet werden.

Wir brauchen für unsere Aussagen einige Grundtatsachen aus der Theorie der harmonischen Funktionen, die wir zunächst zusammenstellen wollen. Die Beweise für diese Existenzsätze findet man in der Lehrbuchliteratur[2].

In jedem Bereich G gibt es zwei Funktionen $G(x, y; \xi, \eta) = G(z, \zeta)$ (Greensche Funktion) und $H(x, y; \xi, \eta) = H(z, \zeta)$ (Neumannsche Funktion) mit folgenden Eigenschaften:

1. Beide Funktionen sind bei festem $\zeta \in G$ und $z \in G + g$ harmonische Funktionen für alle $z \neq \zeta$.

---

[1] Mit endlichem Dirichlet-Integral $\iint\limits_{G} (u_x^2 + u_y^2)\, dx\, dy$.

[2] Zum Beispiel NEHARI [8], Kap. 1.

2. In der Umgebung von $z=\zeta$ sind die Funktionen

$$G(z,\zeta) + \log r, \qquad H(z,\zeta) + \log r \qquad \left(r = \sqrt{(x-\xi)^2 + (y-\eta)^2}\right)$$

harmonisch.

3. Auf dem Rand $(z \in \boldsymbol{g},\ \zeta \in \boldsymbol{G})$ gilt

$$G(z,\zeta) = 0, \qquad \frac{\partial H(z,\zeta)}{\partial n_z} = \text{const}.$$

Dabei bedeutet n die (nach außen zeigende) Normale des Randes $\boldsymbol{g}$ von $\boldsymbol{G}$. Der Index z deutet an, daß die Differentiation in bezug auf die Veränderliche z zu vollziehen ist. Die Neumannsche Funktion ist außerdem auf dem Rand noch normalisiert durch die Vorschrift

$$\int\limits_{\boldsymbol{G}} H(z,\zeta)\,ds = 0.$$

Jede in $\boldsymbol{G}+\boldsymbol{g}$ harmonische Funktion $u(z)$ kann dann dargestellt werden in der Form

$$u(\zeta) = -\frac{1}{2\pi} \int\limits_{\boldsymbol{g}} \frac{\partial G(z,\zeta)}{\partial n_z}\, u(z)\,ds_z \tag{55}$$

oder

$$u(\zeta) = \frac{1}{2\pi} \int\limits_{\boldsymbol{g}} H(z,\zeta)\, \frac{\partial u(z)}{\partial n}\, ds_z. \tag{56}$$

Die Darstellung (56) gilt unter der Voraussetzung, daß die Funktion $u(z)$ (ebenso wie die Neumannsche Funktion) normalisiert ist durch die Vorschrift

$$\int\limits_{\boldsymbol{g}} u(z)\,ds = 0. \tag{57}$$

Zu jeder harmonischen Funktion $u(z)$ existiert eine *konjugierte* Funktion $v(z)$, die mit $u(z)$ durch die Cauchy-Riemannschen Differentialgleichungen

$$u_x = v_y, \qquad u_y = -v_x$$

zusammenhängt. $u(x,y)+iv(x,y)=f(z)=f(x+iy)$ ist dann eine *analytische* Funktion von z. Sie ist nicht unbedingt eindeutig, da die konjugierte Potentialfunktion $v(z)$ mehrdeutig sein kann. Bei einem Umlauf um die Randkomponente $\boldsymbol{g}_\mu$ erfährt nämlich diese Funktion den Zuwachs

$$\int\limits_{\boldsymbol{g}_\mu} dv = \int\limits_{\boldsymbol{g}_\mu} \frac{\partial v}{\partial s}\, ds = \int\limits_{\boldsymbol{g}_\mu} \frac{\partial u}{\partial n}\, ds,$$

und dieses Integral verschwindet nicht immer.

Jeder Randkomponente $\boldsymbol{g}_\nu$ $(\nu=1,2,3,\ldots,n)$ kann nun eine harmonische Funktion $\omega_\nu(z)$ zugeordnet werden, die auf $\boldsymbol{g}_\nu$ den Wert 1 annimmt, auf allen übrigen Randkomponenten aber verschwindet. Diese Potentialfunktion heißt *das harmonische Maß von* g_ν. Die konjugierte Potentialfunktion $\omega_\nu^*(z)$ erfährt beim Umlauf um eine Randkomponente g_μ den Zuwachs

$$p_{\nu\mu} = \int\limits_{g_\mu} d\omega_\nu^* = \int\limits_{g_\mu} \frac{\partial \omega_\nu^*}{\partial s}\, ds = \int\limits_{g_\mu} \frac{\partial \omega_\nu}{\partial n}\, ds = \int\limits_{g} \omega_\mu \frac{\partial \omega_\nu}{\partial n}\, ds.$$

Von diesen Zahlen $p_{\nu\mu}$ kann man leicht folgendes[1] zeigen:

1. Es ist $p_{\nu\mu} = p_{\mu\nu}$;
2. die Determinante

$$D_n = \|p_{\nu\mu}\|_{(n)}$$

ist von Null verschieden.

Für die (nicht immer eindeutigen) analytischen Funktionen

$$F_\nu(z) = \omega_\nu(z) + i\,\omega_\nu^*(z) \qquad (\nu = 1, 2, 3, \ldots) \tag{58}$$

gilt entsprechend

$$\int\limits_{g_\mu} dF_\nu(z) = i \int\limits_{g_\mu} d\omega_\nu^*(z) = i\, p_{\nu\mu}.$$

Es sei jetzt eine beliebige Funktion $F(z)$ vorgelegt, deren Ableitung eine in $G+g$ eindeutige analytische Funktion ist. $F(z)$ selbst darf mehrdeutig sein; bei Umlaufung einer Randkomponente g_μ möge $F(z)$ etwa den Zuwachs d_μ erfahren:

$$\int\limits_{g_\mu} dF(z) = d_\mu.$$

Bestimmt man jetzt die Zahlen c_μ so, daß das Gleichungensystem

$$i \sum_{\nu=1}^{n} c_\nu\, p_{\nu\mu} = d_\mu \qquad (\mu = 1, 2, \ldots, n) \tag{59}$$

erfüllt ist, so ist die Funktion $h(z) = F(z) - \sum_{\nu=1}^{n} c_\nu F_\nu(z)$ in G eindeutig. Die Auflösbarkeit des Systems (59) ergibt sich aus der oben erwähnten Tatsache, daß die Determinante $D_n = \|p_{\nu\mu}\|_{(n)}$ von Null verschieden ist. Damit ist jedes Integral einer in $G+g$ eindeutigen und regulären Funktion darstellbar in der Form

$$F(z) = \sum_{\nu=1}^{n} c_\nu F_\nu(z) + h(z) \tag{60}$$

mit einer in $G+g$ eindeutigen analytischen Funktion $h(z)$.

Wir betrachten nun die Menge H_h aller in G erklärten harmonischen Funktionen, für die das Dirichlet-Integral

$$\|u\|^2 = D[u] = \iint\limits_{G} (u_x^2 + u_y^2)\, dx\, dy < \infty \tag{61}$$

---

[1] Siehe z.B. NEHARI [8], S. 40.

ist und die Normierungsvorschrift[1] (57) gilt. Wir wollen zeigen, daß diese Klasse H_h einen Hilbertschen Raum mit reproduzierendem Kern bildet, wenn man das innere Produkt zweier Funktionen dieser Klasse so definiert:

$$(u, v) = \iint\limits_{G} (u_x v_x + u_y v_y)\, dx\, dy.$$

Um das zu begründen, ziehen wir unsere Ergebnisse über den Raum $H_{(B)}$ heran. Es sei $u(z)$ eine beliebige eindeutige und in G harmonische Funktion mit endlichem Dirichlet-Integral und der Normierungseigenschaft (57), $v(z)$ die entsprechende konjugierte Funktion. Dann kann man $F(z) = u(z) + iv(z)$ in der Form (60) darstellen, und die Ableitung $h'(z)$ der dabei auftretenden Funktion $h(z)$ gehört zum Raum $H_{(B)}$: Sie hat ein eindeutiges Integral, und man schätzt leicht ab, daß ihr Dirichlet-Integral endlich ist. Ist $\{\varphi_\nu(z)\}$ ein vollständiges Orthonormalsystem des Raumes $H_{(B)}$, so kann man nach (60) $u(z)$ durch die Integrale dieser Funktionen so darstellen:

$$u(z) = \operatorname{Re}\left\{ \sum_{\nu=1}^{n} c_\nu F_\nu(z) + \sum_{\mu=1}^{\infty} a_\mu \Phi_\mu(z) \right\}. \tag{62}$$

Dabei ist

$$\Phi_\mu(z) = \int_{z_0}^{z} \varphi_\mu(t)\, dt = \psi_\mu(z) + i\chi_\mu(z). \tag{63}$$

Durch geeignete Wahl der unteren Grenze können wir erreichen, daß $\psi_\mu(z)$ und $\chi_\mu(z)$ beide zu H_h gehören.

Aus der Orthogonalität des Systems $\{\varphi_\mu(z)\}$ folgt nun unter Beachtung der Cauchy-Riemannschen Differentialgleichungen:

$$\delta_{\nu\mu} = \iint\limits_{G} \varphi_\nu \overline{\varphi}_\mu\, dx\, dy = \iint\limits_{G} (\psi_{\nu x} + i\chi_{\nu x})(\psi_{\mu x} - i\chi_{\mu x})\, dx\, dy$$

$$= (\psi_\nu, \psi_\mu) - i(\psi_\nu, \chi_\mu) = (\chi_\nu, \chi_\mu) + i(\chi_\nu, \psi_\mu).$$

Es ist also

$$(\chi_\nu, \chi_\mu) = (\psi_\nu, \psi_\mu) = \delta_{\nu\mu},$$

$$(\psi_\nu, \chi_\mu) = 0, \qquad \nu = 1, 2, 3, \ldots, \qquad \mu = 1, 2, 3, \ldots.$$

Danach bilden die Funktionen

$$\psi_1(z),\ \chi_1(z),\ \psi_2(z),\ \chi_2(z),\ \ldots$$

ein Orthonormalsystem für die Funktionen der Klasse H_h. Es wird nach (62) vollständig, wenn man noch die $(n-1)$ Funktionen $\widetilde{\omega}_\nu(z)$

---

[1] Die Normierungsvorschrift (57) ist hier nicht zu vermeiden: In die Norm und in das innere Produkt gehen doch die *Ableitungen* der Potentialfunktionen ein. Man könnte deshalb zu jeder Funktion eine Konstante addieren, ohne daß sich an der Norm und an den inneren Produkten etwas ändert. Zu jeder Funktion $u = \mathrm{const}$ gehört dann die Norm $\|u\| = 0$. In einem Hilbert-Raum muß aber (Kap. II 1) aus $\|u\| = 0$ folgen $u = \mathbf{0}$.

$(v = 1, 2, \ldots, n-1)$ hinzufügt, die durch Orthogonalisierung der harmonischen Maße $\omega_v(z)$ $(v = 1, 2, \ldots, n-1)$ entstehen. Auf die Funktion $\omega_n(z)$ dürfen wir dabei verzichten, weil zwischen den Funktionen $\omega_v(z)$ die Relation

$$\sum_{v=1}^{n} \omega_v(z) = 1$$

besteht.

Satz IV 7

Es sei $\boldsymbol{H}_h$ die Klasse der in $\boldsymbol{G}$ definierten harmonischen Funktionen, für die die Bedingungen (57) und (61) erfüllt sind. Es sei weiter $\{\varphi_v(z)\}$ irgendein vollständiges Orthonormalsystem des Hilbert-Raumes $\boldsymbol{H}_{(B)}$ und

$$\Phi_v(z) = \int^{z} \varphi_v(t)\, dt = \psi_v(z) + i\,\chi_v(z);$$

$\widetilde{\omega}_v(z)$ $(v = 1, 2, \ldots, n-1)$ seien die durch Orthogonalisierung der harmonischen Maße $\omega_v(z)$ entstehenden Funktionen. Dann ist $\boldsymbol{H}_h$ ein Hilbertscher Raum mit reproduzierendem Kern. Die Funktionen

$$\widetilde{\omega}_1(z), \widetilde{\omega}_2(z), \ldots, \widetilde{\omega}_{n-1}(z), \psi_1(z), \chi_1(z), \psi_2(z), \chi_2(z), \ldots$$

bilden ein vollständiges Orthonormalsystem für diesen Raum. Für die Kernfunktion $K_h(z, \bar{u})$ gibt es eine Darstellung in der Form

$$K_h(z, \bar{u}) = \sum_{v=1}^{\infty} \left(\psi_v(z)\, \overline{\psi_v(u)} + \chi_v(z)\, \overline{\chi_v(u)} \right) + \sum_{v,\,\mu=1}^{n-1} C_{v\mu}\, \omega_v(z)\, \overline{\omega_\mu(u)} \qquad (64)$$

mit geeigneten Konstanten $C_{v\mu}$.

Diese Kernfunktion kann man auch explizit durch bereits bekannte Gebietsfunktionen darstellen.

Satz IV 8

Die Kernfunktion $K_h(z, \bar{u})$ kann durch die Greensche und die Neumannsche Funktion dargestellt werden:

$$K_h(z, \bar{u}) = \frac{1}{2\pi} \left(H(z, u) - G(z, u) \right). \qquad (65)$$

Gehen wir zum Beweis dieser Formel von solchen Potentialfunktionen aus, die auf dem Rand $\boldsymbol{g}$ von $\boldsymbol{G}$ noch differenzierbar sind. Für solche Funktionen kann man das innere Produkt nach der Greenschen Formel auch als Randintegral schreiben:

$$(v, w) = \int_{g} v \cdot \frac{\partial w}{\partial n}\, ds. \qquad (66)$$

Wenden wir diese Formel auf die überall in $\boldsymbol{G} + \boldsymbol{g}$ differenzierbare Potentialfunktion $v(z) = H(z, u) - G(z, u)$ an, so erhalten wir nach (56) wegen $G(z, u) = 0$ für $z \in \boldsymbol{g}$:

$$\big(H(z, u) - G(z, u), w(z)\big) = - \int\limits_{\boldsymbol{g}} G\, \frac{\partial w}{\partial n}\, ds + \int\limits_{\boldsymbol{g}} H\, \frac{\partial w}{\partial n}\, ds = 2\pi\, w(u).$$

Damit ist gezeigt, daß

$$K_h^*(z, \bar{u}) = \frac{1}{2\pi}\, \big(H(z, u) - G(z, u)\big)$$

die reproduzierende Eigenschaft hat für alle die Funktionen von $\boldsymbol{H}_h$, die auf dem Rand $\boldsymbol{g}$ noch harmonisch sind. Durch eine Überlegung, wie sie ähnlich schon in den §§ 4 und 5 dieses Kapitels durchgeführt wurden, kann man leicht zeigen, daß $K_h^*(z, \bar{u})$ die reproduzierende Eigenschaft hat für *alle* Funktionen von $\boldsymbol{H}_h$. Deshalb ist nach Satz III 1 $K_h^*(z, \bar{u})$ mit $K_h(z, \bar{u})$ identisch.

§ 7. Der Szegö-Kern

Man stößt auf eine für die Theorie der konformen Abbildung wichtige Kernfunktion, wenn man das innere Produkt zweier in einem Bereich G (einschließlich des Randes $\boldsymbol{g}$) regulärer Funktionen nicht durch das Gebietsintegral (15), sondern durch das Randintegral

$$[f, g] = \int\limits_{\boldsymbol{g}} f\, \bar{g}\, ds \tag{67}$$

erklärt. Wählen wir als Definitionsbereich für unsere Funktionenklasse zunächst den Einheitskreis $\boldsymbol{E}$ der z-Ebene. Man rechnet sofort nach, daß die Funktionen der Folge

$$\varphi_\nu(z) = (2\pi)^{-\frac{1}{2}} \cdot z^{\nu-1} \qquad (\nu = 1, 2, 3, \ldots) \tag{68}$$

ein Orthonormalsystem bilden für das durch (67) erklärte innere Produkt. Jede auf dem Kreis selbst noch reguläre Funktion $f(z)$ ist dann durch eine Potenzreihe, also auch durch eine Reihe von der Form $f(z) = \sum\limits_{\nu=1}^{\infty} a_\nu \varphi_\nu(z)$ darstellbar. Für das durch (67) definierte Normquadrat gilt dann

$$\|f\|^2 = [f, f] = \int\limits_{|z|=1} |f|^2\, ds = \sum\limits_{\nu=1}^{\infty} |a_\nu|^2.$$

Betrachten wir jetzt die Menge der Funktionen, die durch das Orthonormalsystem (68) in der Form

$$g(z) = \sum\limits_{\nu=1}^{\infty} a_\nu\, \varphi_\nu(z), \qquad \sum\limits_{\nu=1}^{\infty} |a_\nu|^2 < \infty,$$

darstellbar sind. Wenn wir das innere Produkt zweier solcher Funktionen $g(z) = \sum\limits_{\nu=1}^{\infty} a_\nu \varphi_\nu(z)$ und $h(z) = \sum\limits_{\nu=1}^{\infty} b_\nu \varphi_\nu(z)$ durch

$$[g, h]_1 = \sum_{\nu=1}^{\infty} a_\nu \bar{b}_\nu \tag{69}$$

erklären, so haben wir in dieser Funktionenmenge einen Hilbertschen Raum $\boldsymbol{H}_S$. Diese Menge von Funktionen kann nämlich eineindeutig dem Hilbertschen Folgenraum l^2 zugeordnet werden:

$$\sum_{\nu=1}^{\infty} a_\nu \varphi_\nu(z) \leftrightarrow \{a_1, a_2, a_3, \ldots\}.$$

Dabei ist die Norm der zugeordneten Größen gleich. Aus der Vollständigkeit von l^2 ergibt sich dann sofort die von $\boldsymbol{H}_S$. Für Funktionen, die auf dem Rand noch regulär sind, stimmt das durch (69) definierte innere Produkt mit dem durch (67) definierten überein.

Wenn man die Theorie der Lebesgueschen Integrale heranzieht, kann man den Raum $\boldsymbol{H}_S$ auch anders charakterisieren: Es ist die Menge der im Einheitskreis regulären Funktionen, die auf dem Rand noch im Lebesgueschen Sinne quadratisch integrabel sind.

Der Raum $\boldsymbol{H}_S$ hat einen reproduzierenden Kern (Szegö-Kern), den man leicht explizit berechnen kann:

$$K_S(z, \bar{u}) = \sum_{\nu=1}^{\infty} \varphi_\nu(z) \overline{\varphi_\nu(u)} = \frac{1}{2\pi} \cdot \frac{1}{1 - z\bar{u}}. \tag{70}$$

Es sei nun $\boldsymbol{G}$ ein beliebiger einfach zusammenhängender Bereich der w-Ebene, der durch eine analytische Kurve $\boldsymbol{g}$ begrenzt wird. $w = w(z)$ sei eine Funktion, die den Einheitskreis der z-Ebene schlicht auf den Bereich $\boldsymbol{G}$ der w-Ebene abbildet, $z = z(w)$ die Umkehrfunktion. Dann bilden die Funktionen

$$\psi_\nu(w) = \left(\frac{z'(w)}{2\pi}\right)^{\frac{1}{2}} \cdot z(w)^{\nu-1} \tag{71}$$

ein vollständiges Orthonormalsystem für $\boldsymbol{G}$. Es ist nämlich

$$\frac{1}{2\pi} \int\limits_{\boldsymbol{g}} z(w)^{\nu-1} \overline{z(w)}^{\mu-1} \left|\frac{dz}{dw}\right| |dw| = \frac{1}{2\pi} \int\limits_{|z|=1} z^{\nu-1} \bar{z}^{\mu-1} |dz| = \delta_{\nu\mu}.$$

Für den Szegö-Kern in $\boldsymbol{G}$ gewinnen wir dann die Darstellung

$$K_S(w, \bar{v}) = \frac{(z'(w)\,\overline{z'(v)})^{\frac{1}{2}}}{2\pi} \cdot \sum_{\nu=1}^{\infty} z(w)^{\nu-1} \overline{z(v)^{\nu-1}} = \frac{(z'(w)\,\overline{z'(v)})^{\frac{1}{2}}}{2\pi\,(1 - z(w)\,\overline{z(v)})}. \tag{72}$$

Man kann nun ähnlich wie in §5 diese Ergebnisse auf n-fach zusammenhängende Gebiete übertragen. Zunächst zeigt man wieder, daß im einfach zusammenhängenden Bereich $\boldsymbol{G}$ der w-Ebene die Potenzen $1, w,$

$w^2, w^3, \ldots$ ein vollständiges System bilden. Durch Orthogonalisierung (diesmal nach der Definition (67)) gewinnt man dann ein vollständiges Orthonormalsystem, dessen Funktionen Polynome sind, dann schließt man wie in §5, daß in einem Bereich mit n Randkomponenten ein vollständiges Orthonormalsystem durch Orthogonalisierung der Funktionen

$$z^{\mu-1}, \ (z - \alpha_2)^{-\mu}, \ \ldots, \ (z - \alpha_n)^{-\mu}, \qquad \mu = 1, 2, 3, \ldots$$

gewonnen werden kann. Dabei ist α_ν $(\nu = 2, 3, \ldots, n)$ ein Punkt aus dem Innern des von der Kurve g_ν begrenzten und beschränkten Gebietes.

Die Formel (72) für den Szegö-Kern eines einfach zusammenhängenden Bereiches wird noch wesentlich einfacher, wenn man für v den Punkt von G einsetzt, dessen Bild im Einheitskreis der Nullpunkt ist. Dann haben wir

$$K_S(w, \bar{v}) = \frac{1}{2\pi} \left(z'(w)\, \overline{z'(v)} \right)^{\frac{1}{2}}$$

oder

$$K_S^2(w, \bar{v}) = \frac{\overline{z'(v)}}{4\pi^2} \cdot z'(w) = \text{const} \cdot z'(w). \tag{73}$$

Das Quadratintegral des Szegö-Kerns von G leistet also die Abbildung dieses Bereiches auf einen Kreis. Der Punkt v wird dabei in den Nullpunkt abgebildet. Eine ähnliche Beziehung können wir auch für den Bergman-Kern (eines einfach zusammenhängenden Bereiches) ableiten. Nach (27) ist doch im Falle $z(v) = h(v) = 0$:

$$K_B(w, \bar{v}) = \frac{1}{\pi}\, z'(w) \cdot \overline{z'(v)}. \tag{74}$$

Damit haben wir Beziehungen hergestellt zwischen den Kernfunktionen eines Gebietes G und einer Normalabbildungsfunktion dieses Gebietes. Weitere Beispiele dieser Art werden uns im nächsten Kapitel beschäftigen. Die Bedeutung solcher Formeln wie (73) und (74) liegt in der Tatsache, daß man die Kernfunktion ohne Kenntnis der Kreisabbildung etwa durch Orthogonalisierung der Potenzen gewinnen kann. Dann liefern Formeln wie (73) oder (74) die Möglichkeit, daraus die Abbildungsfunktion effektiv zu berechnen.

Aus (73) und (74) lesen wir einen einfachen Zusammenhang zwischen den beiden Kernfunktionen (für einfach zusammenhängende Gebiete) ab:

$$K_S^2(w, \bar{v}) = \frac{1}{4\pi} K_B(w, \bar{v}). \tag{75}$$

Fassen wir unsere Ergebnisse zusammen:

Satz IV 9

Es sei G ein einfach zusammenhängendes und beschränktes Gebiet mit der analytischen Randkurve g und H_S die Klasse der in G eindeutigen *und regulären Funktionen mit quadratisch integrablen Randwerten. Erklärt man das innere Produkt zweier Funktionen dieser Klasse durch (67), so ist H_S ein Hilbertscher Raum mit dem reproduzierendem Kern $K_S(w, \overline{v})$, der mit dem Bergman-Kern des Gebietes durch die Beziehung (75) zusammenhängt.*

§ 8. Der Bergman-Kern
für Funktionen mit mehreren komplexen Veränderlichen

Die Theorie der analytischen Funktionen mit *mehreren* komplexen Veränderlichen[1] hat ihre eigenen Gesetze, die man nicht immer als naheliegende Verallgemeinerungen von Aussagen der klassischen Funktionentheorie ansprechen kann. Es ist deshalb besonders bemerkenswert, daß die Sätze über Orthonormalsysteme und die Bergmansche Kernfunktion sich recht leicht auf analytische Funktionen von mehreren komplexen Veränderlichen übertragen lassen. Wir wollen uns der Einfachheit wegen darauf beschränken, die Existenz eines reproduzierenden Kerns für Funktionen von *zwei* komplexen Veränderlichen nachzuweisen. Die Übertragung der Schlüsse auf Funktionen mit beliebig vielen Veränderlichen macht gar keine Schwierigkeiten.

Es seien $f(z_1, z_2)$ und $g(z_1, z_2)$ eindeutige Funktionen von zwei komplexen Veränderlichen

$$z_\nu = x_\nu + i\, y_\nu, \qquad \nu = 1, 2,$$

die in einem beschränkten Gebiet G des vierdimensionalen Raumes mit den Koordinaten x_1, y_1, x_2, y_2, analytisch sind[2]. Das innere Produkt (f, g) der beiden Funktionen f und g wird dann erklärt durch das Integral

$$(f, g) = \iiiint\limits_{G} f \cdot \overline{g}\, d\tau_1\, d\tau_2, \qquad d\tau_\nu = dx_\nu\, dy_\nu, \qquad \nu = 1, 2. \tag{76}$$

Wir betrachten nun die Menge $H_{B(2)}$ der im Gebiet G [3] analytischen Funktionen, für die das Integral

$$\|f\|^2 = (f, f) = \iiiint\limits_{G} |f|^2\, d\tau_1\, d\tau_2 \tag{77}$$

beschränkt ist. Es soll gezeigt werden, daß diese Menge einen Hilbert-Raum mit reproduzierendem Kern bildet.

---

[1] Im Kapitel XI gehen wir ausführlicher auf die Funktionen mit mehreren komplexen Veränderlichen ein; dort werden auch die wichtigsten Definitionen gegeben. Hier wollen wir nur die Existenz des reproduzierenden Kerns nachweisen.

[2] $f(z_1, z_2)$ ist dann bei festem z_2 eine reguläre Funktion von z_1 und umgekehrt. Im übrigen vgl. Kap. XI.

[3] Wenn die Abhängigkeit des Bergman-Raumes (für zwei komplexe Veränderliche) vom Gebiet G ausgedrückt werden muß, schreiben wir $H_{B(2)}(G)$.

Dazu ist zu beweisen:

a) Das Vollständigkeitsaxiom (§ II 1) ist erfüllt.

b) Für alle Funktionen $f(z_1, z_2) \in \boldsymbol{H}_{B(2)}$ ist $f(z_1, z_2)$ $\big($bei festem $(z_1, z_2)\big)$ ein lineares Funktional.

Mit dem Nachweis von a) ist $\boldsymbol{H}_{B(2)}$ als Hilbert-Raum ausgewiesen, denn die Gültigkeit der übrigen Axiome ist sofort ersichtlich. Aus b) folgt nach Satz III 2, daß der Hilbert-Raum einen reproduzierenden Kern hat.

Die beiden Beweise können ähnlich wie in §2 geführt werden. Wir wollen deshalb, um Wiederholungen zu vermeiden, nur den Beweis von b) explizit durchführen.

Man sieht sofort, daß das Funktional $f(z_1, z_2)$ additiv und homogen ist (vgl. § II 7). Es kommt darauf an, die *Beschränktheit* nachzuweisen.

Es sei $P^*(x_1^*, y_1^*, x_2^*, y_2^*)$ ein beliebiger Punkt aus $\boldsymbol{G}$, $t_1 = x_1^* + i y_1^*$, $t_2 = x_2^* + i y_2^*$. Die positiven Zahlen r_1 und r_2 seien so klein gewählt, daß auch die Punkte $P(x_1, y_1, x_2, y_2)$ noch zu $\boldsymbol{G}$ gehören, für die

$$|z_1 - t_1| < r_1, \qquad |z_2 - t_2| < r_2 \tag{78}$$

gilt. Dabei ist $z_1 = x_1 + i y_1$, $z_2 = x_2 + i y_2$.

Diese Punktmenge $\boldsymbol{D}$ wird als *Dizylinder* $\big($mit dem Mittelpunkt $(t_1, t_2)\big)$ bezeichnet.

Wir können nun jede Funktion $f(z_1, z_2) \in \boldsymbol{H}_{B(2)}$ im Mittelpunkt des Dizylinders nach der verallgemeinerten Cauchyschen Integralformel so darstellen:

$$f(t_1, t_2) = \frac{1}{(2\pi i)^2} \int\limits_{c_1} \frac{d z_1}{z_1 - t_1} \left\{ \int\limits_{c_2} \frac{f(z_1, z_2)}{z_2 - t_2} \, d z_2 \right\}. \tag{79}$$

Dabei sind die Integrationswege c_1 und c_2 gegeben durch

$$|z_1 - t_1| = r_1 \quad \text{bzw.} \quad |z_2 - t_2| = r_2.$$

Nach (13) kann man nun das innere Integral in (79) so umformen:

$$\frac{1}{2\pi i} \cdot J = \frac{1}{2\pi i} \int\limits_{c_2} \frac{f(z_1, z_2)}{z_2 - t_2} \, d z_2 = \frac{1}{\pi r_2^2} \iint\limits_{|z_2 - t_2| < r_2} f(z_1, z_2) \, d\tau_2.$$

Vollzieht man die entsprechende Transformation für das Integral über c_1, so wird schließlich aus (79):

$$f(t_1, t_2) = \frac{1}{\pi^2 r_1^2 r_2^2} \iiiint\limits_{\boldsymbol{D}} f(z_1, z_2) \, d\tau_1 \, d\tau_2, \tag{80}$$

und daraus folgt die Abschätzung

$$|f(t_1, t_2)| \leq \frac{1}{\pi^2 r_1^2 r_2^2} \iiiint\limits_{\boldsymbol{G}} |f(z_1, z_2)| \cdot 1 \cdot d\tau_1 \, d\tau_2.$$

Durch Anwendung der Schwarzschen Ungleichung wird daraus weiter

$$|f(t_1, t_2)| \leq \frac{1}{\pi^2 r_1^2 r_2^2} \|f\| \cdot (V(G))^{\frac{1}{2}}. \tag{81}$$

Dabei ist $V(G)$ das Volumen von G. Nach (81) ist das Funktional $f(z_1, z_2)$ beschränkt, und wir haben

Satz IV 10

Die Menge $\boldsymbol{H}_{B(2)}$ der in einem beschränkten Gebiet $\boldsymbol{G}$ des vierdimensionalen Raumes mit den Koordinaten x_1, y_1, x_2, y_2 analytischen Funktionen $f(z_1, z_2)$ $(z_1 = x_1 + i y_1,\ z_2 = x_2 + i y_2)$ mit beschränktem Dirichlet-Integral

$$\iiiint\limits_{G} |f(z_1, z_2)|^2 \, d\omega, \qquad d\omega = d\tau_1 \cdot d\tau_2 = dx_1 \cdot dy_1 \cdot dx_2 \cdot dy_2,$$

bilden einen Hilbertschen Raum mit einem reproduzierenden Kern $K_{B(2)}(z_1, z_2, \bar{u}_1, \bar{u}_2)$.

Es ist leicht, für einen Dizylinder $\boldsymbol{D}$ $(|z_1| < R_1, |z_2| < R_2)$ diese Kernfunktion zu berechnen. Die in $\boldsymbol{D}$ quadratisch integrablen Funktionen sind durch eine Potenzreihe in der Form

$$f(z_1, z_2) = \sum_{\nu, \mu = 0}^{\infty} a_{\nu\mu} z_1^{\nu} z_2^{\mu}$$

darstellbar. Irgend zwei verschiedene Produkte $z_1^{\nu} z_2^{\mu}$ sind aber orthogonal, denn es ist doch

$$\iiiint\limits_{D} z_1^{\nu_1} z_2^{\mu_1} \bar{z}_1^{\nu_2} \bar{z}_2^{\mu_2} \, d\omega$$

$$= \frac{R_1^{\nu_1 + \nu_2 + 2} R_2^{\mu_1 + \mu_2 + 2}}{(\nu_1 + \nu_2 + 2)(\mu_1 + \mu_2 + 2)} \int\limits_{\psi = 0}^{2\pi} \int\limits_{\varphi = 0}^{2\pi} e^{i(\varphi(\nu_1 - \nu_2) + \psi(\mu_1 - \mu_2))} \cdot d\varphi \, d\psi = 0$$

für

$$(\nu_1 - \nu_2)^2 + (\mu_1 - \mu_2)^2 \neq 0.$$

Die Funktionen

$$\varphi_{mn}(z_1, z_2) = \frac{z_1^m z_2^n \sqrt{(m+1)(n+1)}}{\pi R_1^{m+1} R_2^{n+1}} \qquad (m = 0, 1, 2, \ldots;\ n = 0, 1, 2, \ldots) \tag{82}$$

bilden deshalb ein vollständiges Orthonormalsystem für den zum Dizylinder gehörenden Raum $\boldsymbol{H}_{B(2)}$. Aus dem System (82) gewinnt man die Bergmansche Kernfunktion

$$\left. \begin{aligned} K_{B(2)}(z_1, z_2, \bar{u}_1, \bar{u}_2) &= \sum_{m=0}^{\infty} \sum_{n=0}^{\infty} \frac{(m+1)(n+1) z_1^m z_2^n \bar{u}_1^m \bar{u}_2^n}{\pi^2 R_1^{2m+2} R_2^{2n+2}} \\ &= \frac{R_1^2 R_2^2}{\pi^2 (R_1^2 - z_1 \bar{u}_1)^2 (R_2^2 - z_2 \bar{u}_2)^2} \, . \end{aligned} \right\} \tag{83}$$

§ 9. Die Abhängigkeit der Funktion $K(x, x)$ vom Gebiet

Bei den in diesem Kapitel betrachteten Räumen

$$H_B, H_{(B)}, H_{B(2)}, H_h, H_L \qquad (84)$$

waren das innere Produkt und die Norm durch ein Integral über das Gebiet G erklärt worden. Diese Definition ist für jedes beschränkte Gebiet möglich, und es liegt deshalb nahe, die *Abhängigkeit der Kernfunktion solcher Räume vom Gebiet* zu untersuchen.

Für die durch ein positives Gebietsintegral erklärte Norm haben wir offenbar für alle Räume (84)

$$\|f\|_{G^*} \leqq \|f\|_G, \qquad (85)$$

falls $G^* \subset G$. Daraus schließen wir auf

Satz IV 11

Die Funktionen

$$K_B(u, \bar{u}; G), K_{(B)}(u, \bar{u}; G), \dots$$

sind monoton abnehmende Gebietsfunktionale.

Das heißt für $K_B(u, \bar{u}; G)$: Aus $G^* \subset G$ folgt

$$K_B(u, \bar{u}; G^*) \geqq K_B(u, \bar{u}; G). \qquad (86)$$

Wir beschränken uns darauf, den Beweis für $K_B(u, \bar{u})$ zu führen. Nach Satz III 2 ist doch

$$\frac{1}{K_B(u, \bar{u}; G^*)^{\frac{1}{2}}} = \mathrm{Min} \left\| \frac{f(z)}{f(u)} \right\|.$$

Dabei sind als Funktionen $f(z)$ alle Elemente des Raumes $H_B(G^*)$ zugelassen. Dazu gehört auch die Kernfunktion von G. Es ist deshalb wegen (85)

$$\frac{1}{K_B(u, \bar{u}; G^*)^{\frac{1}{2}}} \leqq \left\| \frac{K_B(z, \bar{u}; G)}{K_B(u, \bar{u}; G)} \right\|_{G^*} \leqq \left\| \frac{K_B(z, \bar{u}; G)}{K_B(u, \bar{u}; G)} \right\| = \frac{1}{K_B(u, \bar{u}; G)^{\frac{1}{2}}}.$$

Damit ist (86) bewiesen. Unser Beweis läßt sich zwar auf die übrigen Räume (84), nicht aber auf H_S übertragen. In diesem Raum ist die Norm durch ein Randintegral gegeben, und es braucht die Beziehung (85) nicht erfüllt zu sein. Trotzdem gilt

$$K_S(u, \bar{u}; G^*) \geqq K_S(u, \bar{u}; G) \qquad (87)$$

für $G^* \subset G$. Ist G ein einfach zusammenhängendes Gebiet, so folgt (87) aus (86) und (75). Für mehrfach zusammenhängende Gebiete beweist man diese Ungleichung unter Benutzung von Satz IX 5 (vgl. § IX 4).

Man gewinnt eine wichtige Anwendungsmöglichkeit der Ungleichung (86), wenn man die *Bergmansche Metrik* einführt. Es sei $w = g(z)$ eine Funktion, die den Bereich G schlicht auf einen Bereich G' der w-Ebene abbildet. Die Umkehrfunktion nennen wir $z = \gamma(w)$. Dann ist

$$K_B(w, \bar{t}\,;\, G') = K_B(z, \bar{u}\,;\, G) \cdot \gamma'(w) \cdot \overline{\gamma'(t)} \tag{88}$$

der Bergman-Kern des Bildbereiches. Das erkennt man durch eine naheliegende Verallgemeinerung der Deduktion von (27). Aus (88) folgt, daß das *,,nichteuklidische Linienelement"*

$$d\sigma = K_B(z, \bar{z})^{\frac{1}{2}} \cdot |d z| \tag{89}$$

invariant ist gegenüber konformen Abbildungen:

$$d\sigma_{G'} = K_B(w, \overline{w}\,;\, G')^{\frac{1}{2}} |d w| = K_B(z, \bar{z}\,;\, G)^{\frac{1}{2}} |d z| = d\sigma_{G}. \tag{90}$$

Daraus lassen sich wichtige Folgerungen ziehen. Zunächst schließen wir aus Satz IV 11 auf die Monotonie des Bergmanschen Differentials:

Satz IV 12

Es sei G^* ein Teilgebiet von G. Dann gilt für die entsprechenden Differentiale der Bergmanschen Metrik (89):

$$d\sigma_{G^*} = K_B(z, \bar{z}\,;\, G^*)^{\frac{1}{2}} |d z| \geq K_B(z, \bar{z}\,;\, G)^{\frac{1}{2}} |d z| = d\sigma_{G}. \tag{91}$$

Nehmen wir jetzt für das Gebiet G speziell den Einheitskreis der z-Ebene. G' sei ein Teilbereich des Einheitskreises der w-Ebene. Dann haben wir nach (90), (21) und (91):

$$\frac{|d z|}{\pi^{\frac{1}{2}}(1 - |z|^2)} = K_B(w, \overline{w}\,;\, G')^{\frac{1}{2}} |d w| \geq \frac{|d w|}{\pi^{\frac{1}{2}}(1 - |w|^2)}$$

oder

$$\frac{|d z|}{1 - |z|^2} \geq \frac{|d w|}{1 - |w|^2}. \tag{92}$$

In Worten: *Bei der konformen Abbildung des Einheitskreises auf einen Teilbereich des Einheitskreises wird das ,,hyperbolische Längenelement" $|d z|\,(1 - |z|^2)^{-1}$ nicht vergrößert.*

Damit haben wir das bekannte[1] ,,Prinzip des hyperbolischen Maßes" als einen Sonderfall des allgemeinen Prinzipes (91) für die Bergmansche Metrik abgeleitet. Durch Integration kann man aus (92) das Schwarzsche Lemma gewinnen.

Bergman [1], [2], [3], [4].
Lehto [4], [5].

---

[1] Siehe z.B. Nevanlinna, S. 37.

Fünftes Kapitel

Die Hilbert-Räume positiver Matrizen

Im dritten Kapitel wurden die grundlegenden Eigenschaften der reproduzierenden Kerne behandelt. Dabei gingen wir von gegebenen Hilbertschen Funktionenräumen aus und fragten u.a. nach den notwendigen und hinreichenden Bedingungen für die Existenz einer Kernfunktion. Man kann aber auch umgekehrt vorgehen und fragen, *ob zu einer gegebenen Funktion $K(x, y)$ ein Hilbert-Raum H gehört, für den $K(x, y)$ der reproduzierende Kern ist, welcher Hilbert-Raum zur Summe oder zum Produkt zweier gegebener Kernfunktionen gehört usf.*

Wir wollen uns in diesem Kapitel mit Fragestellungen dieser Art befassen. Dabei kommt uns zugute, daß wir im vierten Kapitel eine Reihe von Hilbert-Räumen mit reproduzierenden Kernen kennengelernt haben, die wir jetzt als Beispiele heranziehen können.

§ 1. Positive Matrizen

Nicht jede beliebige Funktion $K(x, y)$, die für $x \in E$, $y \in E$ erklärt ist, kann auch Kernfunktion eines zur Menge E gehörenden Hilbertschen Funktionenraums H sein. Notwendig ist ja, daß $K(x, y)$ die Eigenschaft (III 5) hat: Für alle $x_i \in E$ muß stets

$$\sum_{i,k=1}^{n} \lambda_i \bar{\lambda}_k K(x_k, x_i) \geqq 0 \tag{1}$$

sein. Eine Funktion mit dieser Eigenschaft nennen wir auch eine *positive Matrix*. Diese Eigenschaft (1) ist aber auch *hinreichend* dafür, daß $K(x, y)$ (für einen gewissen Hilbert-Raum) Kernfunktion ist:

Satz V 1

Zu jeder positiven Matrix $K(x, y)$ gehört ein Hilbertscher Raum H, für den $K(x, y)$ der reproduzierende Kern ist.

Betrachten wir zunächst die Klasse C der Funktionen $f(x)$, die in der Form

$$f(x) = \sum_{k=1}^{n} \alpha_k K(x, y_k) \qquad (y_k \in E)$$

darstellbar sind. Für irgend zwei Funktionen[1]

$$f(x) = \sum_{i=1}^{n} \alpha_i K(x, y_i), \qquad g(x) = \sum_{i=1}^{n} \beta_i K(x, y_i)$$

erklären wir ein inneres Produkt durch die Vorschrift

$$(f, g) = \sum_{i,k=1}^{n} \alpha_i \cdot \bar{\beta}_k K(y_k, y_i). \tag{2}$$

---

[1] Nicht alle α_i bzw. β_i müssen von Null verschieden sein.

Setzt man in (2) speziell $\beta_j = 1$, $\beta_i = 0$ für $i \neq j$, so folgt

$$(f(x), K(x, y_j)) = \sum \alpha_i K(y_j, y_i) = f(y_j), \tag{3}$$

also die reproduzierende Eigenschaft von $K(x, y)$ für die Funktionen der Klasse C. Aber C ist kein Hilbert-Raum: Es fehlt die Eigenschaft der Vollständigkeit.

Man kann nun C leicht zu einem solchen Raum ergänzen, indem man die Grenzwerte aller Cauchy-Folgen aus C zu dieser Klasse hinzufügt. Beachten wir dazu, daß zu jeder solchen Cauchy-Folge $f_n(y)$ eine Grenzfunktion $f(y)$ gehört, gegen die die Folge in jedem Punkt $y \in E$ in gewöhnlichem Sinne[1] konvergiert. Für $y = y_j$ ist nämlich nach (3) und der Schwarzschen Ungleichung (II 1)

$$|f_m(y_j) - f_n(y_j)| = |(f_m - f_n, K(x, y_j))| \leq \|f_m - f_n\| \cdot K(y_j, y_j)^{\frac{1}{2}}.$$

Auch die Folge der entsprechenden Normen ist (nach der Dreiecksungleichung) konvergent; es ist ja

$$|\|f_m\| - \|f_n\|| \leq \|f_m - f_n\|, .$$

Definieren wir also eine neue Norm durch die Vorschrift

$$\|f\| = \lim \|f_n\|.$$

Man folgert dann leicht, daß die um die Grenzwerte der Cauchy-Folgen ergänzten Menge C einen Hilbertschen Raum H bildet, für den $K(x, y)$ der reproduzierende Kern ist.

§ 2. Die Summe zweier Kernfunktionen

Sind $K_1(x, y)$ und $K_2(x, y)$ die reproduzierenden Kerne zweier in der Menge E erklärter Hilbertscher Funktionenräume H_1 und H_2 mit den Normen $\|\ \|_1$ und $\|\ \|_2$, so sind nach (III 5) beide Kerne positive Matrizen, und nach Satz V 1 spielt dann die (ebenfalls positive) Summe $K_1(x, y) + K_2(x, y)$ die Rolle eines reproduzierenden Kerns für einen gewissen Hilbertschen Funktionenraum.

Um diesen Raum und seine Norm $\|\ \|$ zu finden, betrachten wir vorerst den Hilbertschen Raum H^+, der durch alle Paare $\{f_1, f_2\}$ ($f_1 \in H_1$, $f_2 \in H_2$) gebildet wird. Für diese Paare wird die Summe und die Multiplikation mit einer Konstanten so erklärt:

$$\{f_1, f_2\} + \{g_1, g_2\} = \{f_1 + g_1, f_2 + g_2\}; \qquad a\{f_1, f_2\} = \{af_1, af_2\}.$$

Das innere Produkt wird in H^+ definiert durch die Vorschrift

$$(\{f_1, f_2\}, \{g_1, g_2\}) = (f_1, g_1)_1 + (f_2, g_2)_2;$$

---

[1] Das heißt punktweise.

dabei bedeutet $(\ ,\ )_i$ das innere Produkt in $\boldsymbol{H}_i$ $(i=1, 2)$. Für die Normen haben wir entsprechend

$$\|\{f_1, f_2\}\|^2 = \|f_1\|_1^2 + \|f_2\|_2^2. \tag{4}$$

Es sei nun $\boldsymbol{K}_0$ die Klasse der Funktionen, die zu $\boldsymbol{H}_1$ *und* zu $\boldsymbol{H}_2$ gehören, $\boldsymbol{H}_0$ die Menge der Paare $\{f, -f\}$ mit $f \in \boldsymbol{K}_0$. Diese Menge kann leer sein, sie ist aber jedenfalls ein abgeschlossener linearer Teilraum von $\boldsymbol{H}^+$. Die Abgeschlossenheit kann man leicht so nachweisen: Es sei $\{f_n, -f_n\}$ eine Cauchy-Folge dieser Teilmenge und

$$\|\{f_n, -f_n\} - \{f_m, -f_m\}\| = \|\{f_n - f_m, -(f_n - f_m)\}\| < \varepsilon;$$

dann folgt aus (4):

$$\|f_n - f_m\|_1 < \varepsilon, \qquad \|f_n - f_m\|_2 < \varepsilon.$$

Da f_n und $-f_n$ zu $\boldsymbol{H}_1$ und zu $\boldsymbol{H}_2$ gehören, folgt daraus die Existenz von Grenzelementen: $f_n \to f'$, $-f_n \to f''$, und $\{f_n, -f_n\} \to \{f', f''\}$. Nun konvergiert aber f_n *punktweise* gegen f' und $-f_n$ entsprechend gegen f''. Das heißt aber: $f'' = -f'$: Das Grenzelement $\{f', f''\} = \{f', -f'\}$ gehört also tatsächlich zu $\boldsymbol{H}_0$.

Es gibt dann (vgl. § II 6) einen zu $\boldsymbol{H}_0$ komplementären Raum $\boldsymbol{H}'$, und $\boldsymbol{H}^+$ kann dann so zerlegt werden:

$$\boldsymbol{H}^+ = \boldsymbol{H}_0 \oplus \boldsymbol{H}'; \qquad \{f_1, f_2\} = \{f_{10}, -f_{10}\} + \{f_1', f_2'\}. \tag{5}$$

Wir wollen nun jedem Element $\{f_1, f_2\} \in \boldsymbol{H}^+$ die Funktion $f(x) = f_1(x) + f_2(x)$ zuordnen. Durch diese Vorschrift wird der Raum $\boldsymbol{H}^+$ in eine neue lineare Funktionenklasse $\boldsymbol{F}$ transformiert, in die Menge der Summen $f(x)$. Es werden dabei offenbar *genau die Elemente von $\boldsymbol{H}^+$ in das Nullelement $f(x) \equiv 0$ übergeführt, die zu $\boldsymbol{H}_0$ gehören.*

Wir zeigen nun, daß durch die Zuordnung

$$\{f_1, f_2\} \to f = f_1 + f_2 \qquad (f_1 \in \boldsymbol{H}_1,\ f_2 \in \boldsymbol{H}_2)$$

eine umkehrbar eindeutige Abbildung von $\boldsymbol{H}'$ auf $\boldsymbol{F}$ geleistet wird. Jedem Element $\{f_1', f_2'\} \in \boldsymbol{H}'$ ist ja ein wohlbestimmtes Element $f = f_1 + f_2 = f_1' + f_2'$ zugeordnet. Um zu zeigen, daß auch das Umgekehrte richtig ist, gehen wir von zwei verschiedenen Zerlegungen

$$f = f_1 + f_2 = h_1 + h_2 \qquad (f_1, h_1 \in \boldsymbol{H}_1,\ f_2, h_2 \in \boldsymbol{H}_2) \tag{6}$$

eines Elementes $f \in \boldsymbol{F}$ aus. Dann hat man nach (5) für die Paare aus $\boldsymbol{H}^+$:

$$\left.\begin{aligned} \{f_1, f_2\} &= \{f_{10}, -f_{10}\} + \{f_1', f_2'\}, \\ \{h_1, h_2\} &= \{h_{10}, -h_{10}\} + \{h_1', h_2'\}. \end{aligned}\right\} \tag{7}$$

Daraus folgt

$$\{f_1' - h_1', f_2' - h_2'\} = \{f_1 - h_1, f_2 - h_2\} + \{f_{10}, -f_{10}\} - \{h_{10}, -h_{10}\}.$$

Nach (6) und (7) gehören aber die auf der rechten Seite dieser Gleichung stehenden Paare alle zu H_0. Die Summe solcher Paare hat die gleiche Eigenschaft, und deshalb müßte auch $\{f_1' - h_1', f_2' - h_2'\}$ zu H_0 gehören. Als Differenz zweier Paare aus H' gehört dieses Paar aber auch zu H'. Da H' und H_0 nur das Nullelement gemeinsam haben, folgt daraus $f_1' = h_1'$, $f_2' = h_2'$.

Also: Auch bei verschiedenen Zerlegungen (6) gibt es *ein* wohlbestimmtes Element $\{f_1', f_2'\} \in H'$, das der Funktion $f \in F$ zugeordnet ist. Dieses Element werden wir auch mit $\{g'(f), g''(f)\}$ bezeichnen. Es gilt also

$$f = f_1 + f_2 = (f_{10} - f_{10}) + (f_1' + f_2') = f_1' + f_2' = g'(f) + g''(f). \tag{8}$$

Wir erklären nun in F eine Metrik durch die Vorschrift

$$(f, h) = (\{g'(f), g''(f)\}, \{g'(h), g''(h)\}) = (g'(f), g'(h))_1 + (g''(f), g''(h))_2. \tag{9}$$

Damit wird F zu einem Hilbertschen Raum[1], und wir werden zeigen, *daß* $K = K_1 + K_2$ *sein reproduzierender Kern ist.*

$K(x, y)$ ist jedenfalls für festes $y \in E$ ein Element von F, denn diese Funktion entspricht dem Element $\{K_1(x, y), K_2(x, y)\} \in H^+$, und wir haben deshalb nach (8):

$$K(x, y) = K_1(x, y) + K_2(x, y) = K'(x, y) + K''(x, y),$$

also

$$K''(x, y) - K_2(x, y) = -[K'(x, y) - K_1(x, y)].$$

$\{K_1(x, y) - K'(x, y), K_2(x, y) - K''(x, y)\}$ gehört danach zu H_0. Weiter ist für alle $f \in F$:

$$\begin{aligned}
f(y) &= f'(y) + f''(y) = (f'(x), K_1(x, y))_1 + (f''(x), K_2(x, y))_2 \\
&= (\{f', f''\}, \{K_1(x, y), K_2(x, y)\}) \\
&= (\{f', f''\}, \{K'(x, y), K''(x, y)\}) \\
&\quad + (\{f', f''\}, \{K_1 - K', K_2 - K''\}).
\end{aligned}$$

Dieses letzte innere Produkt ist aber gleich Null, da $\{f', f''\}$ zu H', $\{K_1 - K', K_2 - K''\}$ aber zu H_0 gehört. Wir haben daher nach (9)

$$f(y) = (\{g'(f), g''(f)\}, \{g'[K(x, y)], g''[K(x, y)]\}) = (f, K(x, y)). \tag{10}$$

$K(x, y)$ hat also für den Hilbert-Raum F die reproduzierende Eigenschaft.

Man kann die Norm im Raum F auch charakterisieren, *ohne auf die Räume H_0 und H' Bezug zu nehmen.* Es sei $f = f_1 + f_2$ eine beliebige

---

[1] Die Vollständigkeit ergibt sich leicht aus der Vollständigkeit von H_1 und H_2.

Zerlegung eines Elementes $f \in \mathbf{F}$ mit $f_i \in \mathbf{H}_i$, $i = 1, 2$. Dann ist $f_1 = g'(f) + (f_1 - g'(f))$, $f_2 = g''(f) + (f_2 - g''(f))$ und wegen (4) und (8):

$$\|\{f_1, f_2\}\|^2 = \|f_1\|_1^2 + \|f_2\|_2^2 \\ = \|\{g'(f), g''(f)\}\|^2 + \|\{f_1 - g'(f), f_2 - g''(f)\}\|^2 \geq \|\{g'(f), g''(f)\}\|^2. \quad (11)$$

Von allen Zerlegungen $f = f_1 + f_2$ ($f_i \in \mathbf{H}_i$, $i = 1, 2$) liefert also

$$f = f' + f'' = g'(f) + g''(f)$$

die *mit kleinster Norm*.

Satz V 2

Sind $K_i(x, y)$ die reproduzierenden Kerne der Hilbertschen Funktionenräume H_i mit der Norm $\|\ \|_i$ ($i = 1, 2$), so ist $K(x, y) = K_1(x, y) + K_2(x, y)$ der reproduzierende Kern des Hilbert-Raumes H, der aus allen Funktionen $f = f_1 + f_2$ ($f_i \in \mathbf{H}_i$) gebildet wird und in dem die Norm erklärt ist durch

$$\|f\|^2 = \mathrm{Min}\{\|f_1\|_1^2 + \|f_2\|_2^2\}.$$

Dabei ist das Minimum zu nehmen über alle Zerlegungen $f = f_1 + f_2$ mit $f_i \in \mathbf{H}_i$.

Besonders einfach liegen die Verhältnisse, wenn der Raum $\mathbf{H}_0$ leer ist. Dann ist das Normquadrat von f einfach $\|f\|^2 = \|f_1\|_1^2 + \|f_2\|_2^2$. Natürlich kann man Satz V 2 leicht verallgemeinern auf endliche Summen von Kernen $\sum\limits_{i=1}^{n} K_i(x, y)$.

Betrachten wir ein Beispiel! Es sei $\mathbf{H}_1$ der Teilraum von $H_B(G)$, zu dem alle die in G quadratintegrablen Funktionen gehören, die an der Stelle $u_1 \in G$ verschwinden. $\mathbf{H}_2$ sei entsprechend der durch die bei u_2 ($u_2 \neq u_1$) verschwindenden Funktionen gegebene lineare Teilraum. $\{\tau_\nu(z)\}$ sei das in § III 5 definierte vollständige Orthonormalsystem für $H_B(G)$ mit einer Folge u_ν, deren beide ersten Glieder unsere gegebenen Zahlen u_1 und u_2 sind.

Dann ist der Raum $\mathbf{K}_0 = \mathbf{H}_1 \cap \mathbf{H}_2$ gegeben durch alle die Funktionen von $\mathbf{H}_B(G)$, die *bei u_1 und bei u_2 verschwinden*. Nach Satz III 16 sind sie darstellbar in der Form $f_0 = \sum\limits_{\nu=3}^{\infty} \alpha_\nu \tau_\nu(z)$. Die Funktionen von $\mathbf{H}_1$ sind entsprechend gegeben durch

$$f_1(z) = \sum_{\nu=2}^{\infty} a_\nu \tau_\nu(z). \quad (12)$$

Die Funktionen von H_2 kann man auch durch das System $\{\tau_\nu(z)\}$ darstellen, wenn man die Bedingung $f_2(u_2) = 0$ in die Entwicklung $f_2(z) = \sum\limits_{1}^{\infty} b_\nu \tau_\nu(z)$ einträgt. Wegen (III 27) führt das auf

$$b_2 = -\frac{b_1 \tau_1(u_2)}{\tau_2(u_2)}. \quad (13)$$

Wir wollen nun eine vorgegebene Funktion $f(z) \in \boldsymbol{F}$ auf alle möglichen Weisen zerlegen in der Form $f = f_1 + f_2$ $(f_i \in \boldsymbol{H}_i)$. Das führt nach (12) und (13) auf

$$f(z) = \sum_1^\infty c_\nu \tau_\nu(z) = f_1 + f_2 = \left[a_2 \tau_2(z) + \sum_3^\infty \alpha_\nu \tau_\nu(z) \right] \left. \begin{array}{c} \\ \\ \end{array} \right\} \quad (14)$$
$$+ \left[b_1 \tau_1(z) + \left(-\frac{b_1 \tau_1(u_2)}{\tau_2(u_2)} \right) \tau_2(z) + \sum_3^\infty \beta_\nu \tau_\nu(z) \right].$$

In dieser Summe sind die Koeffizienten a_2 und b_1 durch die vorgegebene Funktion $f(z)$ festgelegt. Es muß ja

$$c_1 = b_1, \qquad a_2 - \frac{b_1 \tau_1(u_2)}{\tau_2(u_2)} = c_2$$

sein; die Zahlen α_ν und β_ν können dagegen auf irgendeine Weise so gewählt werden, daß $\alpha_\nu + \beta_\nu = c_\nu$ $(\nu = 3, 4, \ldots)$ gilt.

Das Normquadrat von f in dem neuen Hilbert-Raum $\boldsymbol{H}$ erhält man nach Satz V 2 als das Minimum von $\|f_1\|_1^2 + \|f_2\|_2^2$ für alle möglichen Zerlegungen. Wegen

$$|\alpha_\nu|^2 + |\beta_\nu|^2 \geqq \tfrac{1}{2} |c_\nu|^2$$

für $\alpha_\nu + \beta_\nu = c_\nu$ ist also

$$\|f\|^2 = \mathrm{Min}\{\|f_1\|_1^2 + \|f_2\|_2^2\} = |c_1|^2 \left(1 + \left| \frac{\tau_1(u_2)}{\tau_2(u_2)} \right|^2 \right) + \left| c_2 + \frac{c_1 \tau_1(u_2)}{\tau_2(u_2)} \right|^2 + \frac{1}{2} \sum_3^\infty |c_\nu|^2.$$

In dem Raum mit dieser Norm ist $K = K_1 + K_2$ der reproduzierende Kern. Wir haben den Hilfsraum $\boldsymbol{H}^+$ dabei gar nicht herangezogen. Es ist aber nicht schwer, die Funktionen f_1', f_2' und f_{10} in unserem Fall anzugeben. f_1' und f_2' sind ja dadurch ausgezeichnet, daß die Zerlegung $f = f_1' + f_2'$ auf die minimale Norm führt. Es wird deshalb

$$f_1' = a_2 \tau_2(z) + \sum_3^\infty \frac{c_\nu}{2} \tau_\nu(z),$$

$$f_2' = b_1 \tau_1(z) - \frac{b_1 \tau_1(u_2)}{\tau_2(u_2)} \tau_2(z) + \sum_3^\infty \frac{c_\nu}{2} \tau(z),$$

und entsprechend

$$f_{10} = f_1 - f_1' = f_2' - f_2 = \sum_3^\infty \left(\alpha_\nu - \frac{c_\nu}{2} \right) \tau_\nu(z) = \sum_3^\infty \left(\frac{c_\nu}{2} - \beta_\nu \right) \tau_\nu(z).$$

§ 3. Die Differenz von Kernen

Die Differenzbildung $K(x, y) - K_1(x, y) = K_2(x, y)$ ist für uns nur interessant, wenn $K_2(x, y)$ wieder den Charakter einer Kernfunktion hat, also positiv definit ist. In diesem Fall schreiben wir

$$K_1 \ll K.$$

Aus $K_1 \ll K_2 \ll K_3$ folgt natürlich $K_1 \ll K_3$. Weiter kann man aus $K_1 \ll K_2$ und $K_2 \ll K_1$ auf $K_1 = K_2$ schließen. In diesem Fall ist nämlich $K_2(x, x) - K_1(x, x) \geqq 0$ und $K_1(x, x) - K_2(x, x) \geqq 0$, also $K_1(x, x) = K_2(x, x)$. Wegen der Schwarzschen Ungleichung ist dann aber auch

$$|K_2(x, y) - K_1(x, y)|^2 \leqq |K_2(x, x) - K_1(x, x)| \cdot |K_2(y, y) - K_1(y, y)| = 0.$$

Daraus folgt $K_2(x, y) = K_1(x, y)$, wie behauptet. Unsere zweistellige Relation $\ll$ hat also den Charakter einer *Halbordnung*[1].

Satz V 3

K und K_1 seien die reproduzierenden Kerne der Hilbert-Räume $\boldsymbol{H}$ und $\boldsymbol{H_1}$ mit den Normen $\| \ \|$ und $\| \ \|_1$. Wenn $K_1 \ll K$, dann ist $\boldsymbol{H_1} \subset \boldsymbol{H}$ und $\|f_1\|_1 \geqq \|f_1\|$ für alle $f_1 \in \boldsymbol{H_1}$.

Nach Voraussetzung ist ja $K(x, y) - K_1(x, y) = K_2(x, y)$ eine positive Matrix. $\boldsymbol{H_2}$ sei der Hilbert-Raum, der nach Satz V 1 zu $K_2(x, y)$ gehört und etwa die Norm $\| \ \|_2$ hat. Wegen $K = K_1 + K_2$ ist dann nach Satz V 2 $\boldsymbol{H}$ der Hilbert-Raum, der aus allen Funktionen $f = f_1 + f_2$ mit $f_1 \in \boldsymbol{H_1}$, $f_2 \in \boldsymbol{H_2}$ besteht. Da $f_2 = 0$ auch zu $\boldsymbol{H_2}$ gehört, ist $\boldsymbol{H_1}$ ein Teilraum von $\boldsymbol{H}: \boldsymbol{H_1} \subset \boldsymbol{H}$. Weiter ist, wieder nach Satz V 2,

$$\|f\|^2 = \text{Min} \{\|f_1\|_1^2 + \|f_2\|_2^2\}$$

für alle Zerlegungen $f = f_1 + f_2$, $f_1 \in \boldsymbol{H_1}$, $f_2 \in \boldsymbol{H_2}$. Für die Zerlegung $f_1 = f_1 + 0$ folgt daraus, wie behauptet, $\|f_1\| \leqq \|f_1\|_1^2$.

Satz V 4

$K(x, y)$ sei der reproduzierende Kern eines Hilbert-Raumes $\boldsymbol{H}$ mit der Norm $\| \ \|$ und $\boldsymbol{H_1} \subset \boldsymbol{H}$ ein Hilbert-Raum mit der Norm $\| \ \|_1$, und es möge für alle $f_1 \in \boldsymbol{H}$ gelten $\|f_1\|_1 \geqq \|f_1\|$. Dann hat $\boldsymbol{H_1}$ einen reproduzierenden Kern K_1 mit der Eigenschaft $K_1 \ll K$.

Da $\boldsymbol{H}$ einen reproduzierenden Kern hat, existiert nach Satz III 2 eine Schranke M_y, so daß $|f(y)| \leqq M_y \cdot \|f\|$ gilt für alle $f \in \boldsymbol{H}$. Wegen $\boldsymbol{H_1} \subset \boldsymbol{H}$ und der Voraussetzung über die Norm $\| \ \|_1$ haben wir dann für alle $h_1 \in \boldsymbol{H_1}$:

$$|h_1(y)| \leqq M_y \|h_1\| \leqq M_y \|h_1\|_1,$$

und danach hat (Satz III 2) auch $\boldsymbol{H_1}$ einen reproduzierenden Kern K_1.

Etwas schwieriger ist es, die Relation $K_1 \ll K$ zu begründen. Dazu führen wir zunächst im Raum $\boldsymbol{H}$ einen Operator L ein, der $\boldsymbol{H}$ in $\boldsymbol{H_1}$ abbildet und der Gleichung

$$(h_1, h) = (h_1, L h)_1 \qquad (h \in \boldsymbol{H}, \ h_1 \in \boldsymbol{H_1}) \tag{15}$$

genügt für alle $h_1 \in \boldsymbol{H_1}$. Die Existenz dieses Operators kann man so begründen: (h_1, h) ist für festes $h \in \boldsymbol{H}$ ein lineares Funktional von h_1

---

[1] Siehe dazu z.B. HERMES, S. 10.

in $\boldsymbol{H}$. Das gilt erst recht, wenn wir h_1 auf $\boldsymbol{H}$ beschränken. (h_1, h) ist also auch ein lineares Funktional im Raum H_1 und nach dem Satz von RIESZ (Satz II 14) durch ein inneres Produkt (h_1, g) darstellbar, $g \in \boldsymbol{H}_1$. Schreiben wir $L\,h$ für g, so ist damit überall in $\boldsymbol{H}$ ein linearer Operator definiert, der Werte aus H_1 annimmt. Er ist

a) symmetrisch, b) positiv, c) beschränkt mit einer Schranke ≤ 1.

Beweisen wir zuerst die Eigenschaft a)! Nach Definition ist für $h \in \boldsymbol{H}$, $h' \in \boldsymbol{H}$:

$$(L\,h, h') = (L\,h, L\,h')_1 = \overline{(L\,h', L\,h)_1} = \overline{(L\,h', h)} = (h, L\,h').$$

b) ergibt sich so:

$$(L\,h, h) = (L\,h, L\,h)_1 \geq 0.$$

c) Die Schranke ≤ 1 existiert, denn es ist

$$(L\,h, h) = (L\,h, L\,h)_1 = \|L\,h\|_1^2 \geq \|L\,h\|^2.$$

Daraus folgt aber

$$\|L\,h\|^2 \leq (L\,h, h) \leq \|L\,h\| \cdot \|h\|,$$

also $\|L\,h\| \leq \|h\|$.

Für den Operator[1] $J - L$ gelten offenbar die entsprechenden Aussagen. Nach Satz II 24 existiert deshalb der wohlbestimmte, symmetrische, positive und beschränkte Wurzeloperator $L' = (J - L)^{\frac{1}{2}}$.

Wir erklären nun $\boldsymbol{H}_2$ als die Klasse der Funktionen $h_2 = L'h$ mit $h \in \boldsymbol{H}$. *Für diese Klasse $\boldsymbol{H}_2$ soll ein inneres Produkt so erklärt werden, daß sie zu einem Hilbert-Raum mit dem reproduzierenden Kern $K_2 = K - K_1$ wird.*

Zu diesem Zweck bezeichnen wir zunächst mit $\boldsymbol{H}_0$ den Teilraum von $\boldsymbol{H}$, dessen Elemente durch L' in das Nullelement übergeführt werden: $L'h_0 = 0$, $h_0 \in \boldsymbol{H}_0$. Man kann $\boldsymbol{H}_0$ auch durch $L'^2 h = (J - L)\,h = 0$ oder $L\,h = h$ charakterisieren, denn aus $L'h = 0$ folgt doch $L'\,(L'h) = 0$, und umgekehrt kann man aus $L'^2 h = 0$ auf $L'h = 0$ schließen: Es ist ja im Falle $L'^2 h = 0$:

$$0 = (L'^2\,h, h) = (L'h, L'h) = \|L'h\|^2.$$

Mit $\boldsymbol{H}'$ wollen wir den zu $\boldsymbol{H}_0$ komplementären Raum $\boldsymbol{H} - \boldsymbol{H}_0$ bezeichnen. Dann ist, wie wir zeigen wollen, *$\boldsymbol{H}_2$ ein Teilraum von $\boldsymbol{H}'$*:

$$\boldsymbol{H}_2 \subset \boldsymbol{H}'. \tag{16}$$

Das ergibt sich so: Nehmen wir an, $L'h = h_2 \neq 0$ wäre gleich einem Element $h_0 \in \boldsymbol{H}_0$. Dann hätten wir wegen der Symmetrie des Operators L':

$$(h_2, h_2) = (h_0, h_2) = (h_0, L'h) = (L'h_0, h) = (0, h) = 0.$$

Dieser Widerspruch begründet (16).

---

[1] J bedeutet die Identität.

Wir bezeichnen nun die Projektion von $\boldsymbol{H}$ auf $\boldsymbol{H}'$ mit P und definieren für den Teilraum $\boldsymbol{H}_2$ eine Metrik durch die Vorschrift

$$(h_2, g_2)_2 = (P h, P g), \qquad h_2 = L' h, \quad g_2 = L' g, \quad g, h \in \boldsymbol{H}. \tag{17}$$

Wir wollen zeigen, *daß der so definierte Hilbert-Raum $\boldsymbol{H}_2$ die Funktion $K - K_1 = K_2$ zum reproduzierenden Kern hat.*

Dazu beachten wir zuerst, daß nach (15) $\big($für $h(x) = f(x)$, $h_1(x) = K_1(x, y)\big)$

$$f_1(y) = L f(y) = \big(f(x), K_1(x, y)\big) \tag{18}$$

gilt. Daraus folgt insbesondere

$$L K(y, z) = \big(K(x, z), K_1(x, y)\big) = K_1(y, z). \tag{19}$$

Wendet man nun den Operator $L'^2 = J - L$ auf die Kernfunktion $K(x, z)$ an, so hat man nach (19):

$$L'^2 K(x, z) = (J - L) K(x, z) = K(x, z) - K_1(x, z) = K_2(x, z). \tag{20}$$

Daraus folgt, daß $K_2(x, z)$ *für jedes feste z ein Element von $\boldsymbol{H}_2$ ist:* Es ist doch $K_2(x, z) = L'\big(L' K(x, z)\big)$ ein L'-Bild eines Elementes von $\boldsymbol{H}$.

Wir beachten nun eine Eigenschaft des Projektionsoperators P. Jedes Element $h \in \boldsymbol{H}$ kann doch eindeutig zerlegt werden in der Form $h = h_0 + h'$, $h_0 \in \boldsymbol{H}_0$, $h' \in \boldsymbol{H}'$, $(h_0, h') = 0$ (vgl. Satz II 12). Daraus folgt für $h \in \boldsymbol{H}$, $h^* \in \boldsymbol{H}$:

$$(h, h^*) = (h_0, h_0^*) + (h', h^{*\prime}) = (h_0, h_0^*) + (P h, P h^*).$$

Ist $h_0^* = \boldsymbol{0}$, so ist $(h, h^*) = (P h, P h^*)$. Es ist deshalb insbesondere

$$\big(P h, P L' K(x, y)\big) = \big(h, L' K(x, y)\big), \tag{21}$$

da ja $L' K$ zu $\boldsymbol{H}_2$, nach (16) also auch zu $\boldsymbol{H}'$ gehört.

Unter Beachtung von (17), (20) und (21) beweisen wir nun die reproduzierende Eigenschaft von $K_2(x, y)$. Für jede Funktion $h_2 \in \boldsymbol{H}_2$ gilt

$$\begin{aligned}
h_2(y) &= \big(h_2(x), \ K(x, y)\big) = \big(L' h, K(x, y)\big) = \big(h, L' K(x, y)\big) \\
&= \big(P h, P L' K(x, y)\big) = \big(L' h, L' L' K(x, y)\big)_2 = \big(h_2, K_2(x, y)\big)_2.
\end{aligned}$$

Damit ist nun auch die Relation $K_1 \ll K$ bewiesen: Die Differenz $K - K_1 = K_2$ ist ja reproduzierender Kern eines gewissen Hilbertschen Funktionenraumes.

Wir haben bei diesem Beweis bemerkenswerte Eigenschaften des Raumes $\boldsymbol{H}_2$ und seiner Kernfunktion K_2 herausgefunden, die wir noch in einem besonderen Satz zusammenfassen wollen.

Satz V 5

Unter den Voraussetzungen von Satz V 4 ist ein zum Kern $K_2 = K - K_1$ gehörender Hilbertscher Raum $\boldsymbol{H}_2$ mit einer Norm $\| \ \|_2$ so definiert: Der Operator

$$L\,h(y) = \big(h(x), K_1(x, y)\big) \qquad (\|L\| \leqq 1)$$

transformiert $\boldsymbol{H}$ in $\boldsymbol{H}_1 < \boldsymbol{H}$. Die positive Quadratwurzel $L' = (J - L)^{\frac{1}{2}}$ transformiert $\boldsymbol{H}$ in einen Hilbertschen Funktionenraum $\boldsymbol{H}_2$. Ist $\boldsymbol{H}_0$ der Teilraum aller Funktionen $h_0 \in \boldsymbol{H}$ mit der Eigenschaft $h_0 = L h_0$, ist $\boldsymbol{H}' = \boldsymbol{H} \ominus \boldsymbol{H}_0$ und $h - h_0 + h'$ die Zerlegung der Elemente $h \in \boldsymbol{H}$ nach den beiden komplementären Teilräumen $\boldsymbol{H}_0$ und $\boldsymbol{H}'$, so ist die Norm von $\boldsymbol{H}_2$ gegeben durch

$$\|h_2\|_2 = \|L' h\|_2 = \|h'\|.$$

Damit ist *ein* zu $K_2 = K - K_1$ gehörender Hilbert-Raum ermittelt. Es ist nicht der einzige: Man kann nämlich zu einem positiven und symmetrischen Operator T unendlich viele Quadratwurzeln bestimmen, die alle symmetrisch sind[1]. Auch mit diesen (nicht unbedingt positiven) kann man einen entsprechenden Hilbert-Raum bilden.

Betrachten wir als ein Beispiel die Hilbert-Räume $\boldsymbol{H}_B(\boldsymbol{G})$ und $\boldsymbol{H}_B(\boldsymbol{G}_1)$ zweier Gebiete $\boldsymbol{G}$ und $\boldsymbol{G}_1$ der komplexen Ebene, wobei $\boldsymbol{G} < \boldsymbol{G}_1$. Wir können dann $\boldsymbol{H}_B(\boldsymbol{G}_1)$ auch als einen im Teilgebiet $\boldsymbol{G}$ erklärten Raum ansehen. Die in $\boldsymbol{G}_1$ quadratintegrablen Funktionen sind ja auch in $\boldsymbol{G}$ definiert. Die Norm $\| \ \|_1$ ist dann durch das Integral über $\boldsymbol{G}_1$ gegeben. Es ist weiter $\|h_1\|_1 \geqq \|h\|$, und damit erfüllen $\boldsymbol{H}_B(\boldsymbol{G}) = \boldsymbol{H}$ und $\boldsymbol{H}_B(\boldsymbol{G}_1) = \boldsymbol{H}_1$ die Voraussetzungen von Satz V 4 bzw. V 5. Es gilt also

$$K_B(\boldsymbol{G}_1) \ll K_B(\boldsymbol{G}). \tag{22}$$

Daraus folgt insbesondere $K_B(z, \bar{z}; \boldsymbol{G}_1) \leqq K_B(z, \bar{z}; \boldsymbol{G})$. Die Aussage (22) ist aber stärker als die bereits bekannte Ungleichung (IV 86).

Man kann aus (22) eine schärfere Abschätzung der Kernfunktion herleiten. Es seien $\boldsymbol{G}'$ und $\boldsymbol{G}''$ Teilgebiete von $\boldsymbol{G}$, $z_1 \in \boldsymbol{G}'$, $z_2 \in \boldsymbol{G}''$. Dann ist nach (22) und der Schwarzschen Ungleichung:

$$\big|K(z_1, z_2; \boldsymbol{G}) - K(z_1, z_2; \boldsymbol{G}_1)\big|^2$$
$$\leqq \big[K(z_1, z_1; \boldsymbol{G}) - K(z_1, z_1; \boldsymbol{G}_1)\big] \cdot \big[K(z_2, z_2; \boldsymbol{G}) - K(z_2, z_2; \boldsymbol{G}_1)\big]$$
$$\leqq \big[K(z_1, z_1; \boldsymbol{G}') - K(z_1, z_1; \boldsymbol{G})\big] \cdot \big[K(z_2, z_2; \boldsymbol{G}'') - K(z_2, z_2; \boldsymbol{G}_1)\big].$$

§ 4. Das Produkt zweier Kernfunktionen

Von I. SCHUR stammt der erste Beweis für die Tatsache, daß das Produkt zweier positiver Matrizen wieder eine positive Matrix ist. Wir wollen hier — nach ARONSZAJN [1] — einen Beweis führen, der auch

---

[1] Wir haben in Kap. II (Satz II 24) nur die Existenz *eines* (positiven) Wurzeloperators nachgewiesen.

den zu dem Produkt $K_1 \cdot K_2$ gehörigen Hilbertschen Raum und seine Norm liefert.

Es seien $\|\ \|_i$ die Normen der Hilbert-Räume H_i mit den Kernen K_i ($i = 1, 2$). Die Funktionen dieser Räume seien in der Menge E erklärt. Wir betrachten dann die Produktmenge $E' = E \times E$, die aus allen Punktepaaren (x_1, x_2) $(x_i \in E)$ besteht und in E' die Menge der Funktionen, die in der Form

$$f(x_1, x_2) = \sum_{k=1}^{n} f_1^{(k)}(x_1)\, f_2^{(k)}(x_2)\,, \qquad f_i^{(k)}(x_i) \in H_i\,, \tag{23}$$

darstellbar sind. Als inneres Produkt zweier solcher Funktionen erklären wir

$$(f, g) = \sum_{k=1}^{n} \sum_{l=1}^{m} (f_1^{(k)}, g_1^{(l)})_1\, (f_2^{(k)}, g_2^{(l)})_2\,, \tag{24}$$

wobei m die Zahl der Glieder in der Reihendarstellung (23) für $g(x_1, x_2)$ ist.

Für eine Funktion $f(x_1, x_2)$ kann es *verschiedene* Zerlegungen (23) geben. Das innere Produkt zweier Funktionen (f, g) ist aber von der speziellen Wahl der Zerlegung unabhängig. Aus (24) folgt nämlich

$$(f, g) = \sum_{l=1}^{m} \big(f(x_1, x_2), g_1^{(l)}(x_1)\big)_1\,, g_2^{(l)}(x_2)\big)_2\,.$$

Damit ist gezeigt, daß das innere Produkt von der speziellen Zerlegung der Funktion f unabhängig ist. Entsprechend erkennt man die Unabhängigkeit von der Zerlegung von g.

Es ist klar, daß durch (24) eine bilineare hermitesche Form definiert ist. Um zu zeigen, daß $(f, f) \geq 0$ gilt und daß das Gleichheitszeichen nur für $f = 0$ steht, orthogonalisieren wir die Folgen $\{f_1^{(k)}\}$ und $\{f_2^{(l)}\}$ in den Räumen H_1 bzw. H_2. $\{\varphi_\mu\}$ und $\{\psi_\nu\}$ seien die entsprechenden Orthogonalfolgen, $\mu = 1, 2, 3, \ldots, n_1$, $\nu = 1, 2, 3, \ldots, n_2$.

Da jede Funktion f bzw. g eine lineare Kombination der entsprechenden Orthogonalfunktionen ist, bekommen wir nach (23) für $f(x_1, x_2)$ eine Darstellung von der Form

$$f(x_1, x_2) = \sum_{\mu=1}^{n_1} \sum_{\nu=1}^{n_2} \alpha_{\mu\nu}\, \varphi_\mu(x_1)\, \psi_\nu(x_2)\,, \tag{25}$$

und für das innere Produkt (f, f) gilt

$$\left.\begin{aligned}
(f, f) &= \sum_{\mu=1}^{n_1} \sum_{\nu=1}^{n_2} \sum_{\mu'=1}^{n_1} \sum_{\nu'=1}^{n_2} \alpha_{\mu\nu}\, \overline{\alpha_{\mu'\nu'}}\, (\varphi_\mu, \varphi_{\mu'})\, (\psi_\nu, \psi_{\nu'}) \\
&= \sum_{\mu=1}^{n_1} \sum_{\nu=1}^{n_2} |\alpha_{\mu\nu}|^2\,.
\end{aligned}\right\} \tag{26}$$

Aus dieser Darstellung ersieht man sofort, daß $(f, f) \geqq 0$ ist und das Gleichheitszeichen nur im Falle $\alpha_{\mu\nu}=0$ (für alle μ und ν) steht, also für $f=0$.

Die Klasse der in der Form (23) darstellbaren Funktionen bildet noch keinen Hilbert-Raum, weil sie nicht vollständig ist. Es ist aber nicht schwer, diese Klasse zu einem vollständigen Hilbert-Raum zu ergänzen. Dazu greifen wir auf die Darstellung (25) durch die Orthogonalfunktionen zurück und betrachten Funktionen, die in der Form

$$f(x_1, x_2) = \sum_{\mu=1}^{\infty} \sum_{\nu=1}^{\infty} \alpha_{\mu\nu}\, \varphi_\mu(x_1)\, \psi_\nu(x_2) \tag{27}$$

darstellbar sind mit

$$(f, f) = \sum_{\mu=1}^{\infty} \sum_{\nu=1}^{\infty} |\alpha_{\mu\nu}|^2 < \infty. \tag{28}$$

Die endlichen Summen sind als Spezialfall in dieser allgemeineren Darstellung enthalten. Wir zeigen nun zuerst, daß die Summen vom Typ (27) für alle $x_1 \in E$, $x_2 \in E$ *absolut konvergent* sind.

Dazu beachten wir, daß H_1 und H_2 Hilbert-Räume mit reproduzierenden Kernen K_1 bzw. K_2 sind. Deshalb ist wegen der Voraussetzung (28):

$$\sum_{\mu=1}^{\infty} |\alpha_{\mu\nu}|\,|\varphi_\mu(x_1)| \leqq K_1(x_1, x_1)^{\frac{1}{2}} \cdot \left(\sum_{\mu=1}^{\infty} |\alpha_{\mu\nu}|^2 \right)^{\frac{1}{2}}.$$

Daraus folgt dann, da auch H_2 einen reproduzierenden Kern K_2 hat:

$$\left.\begin{aligned}
\sum_{\mu=1}^{\infty} \sum_{\nu=1}^{\infty} |\alpha_{\mu\nu}|\,|\varphi_\mu(x_1)|\,|\psi_\nu(x_2)| &\leqq \sum_{\nu=1}^{\infty} |\psi_\nu(x_2)| \cdot K_1(x_1, x_1)^{\frac{1}{2}} \cdot \left(\sum_{\mu=1}^{\infty} |\alpha_{\mu\nu}|^2 \right)^{\frac{1}{2}} \\
&\leqq [K_1(x_1, x_1)\, K_2(x_2, x_2)]^{\frac{1}{2}} \cdot \left(\sum_{\mu,\,\nu=1}^{\infty} |\alpha_{\mu\nu}|^2 \right)^{\frac{1}{2}}.
\end{aligned}\right\} \tag{29}$$

Die Klasse der durch (27) darstellbaren Funktionen bildet nun einen vollständigen Hilbertschen Raum, der isomorph ist zum Raum der Folgen $\{\alpha_{\mu\nu}\}$, die die Bedingung (28) erfüllen. Das innere Produkt zweier Funktionen $f = \sum \alpha_{\mu\nu}\varphi_\mu\psi_\nu$ und $g = \sum \beta_{\mu\nu}\varphi_\mu\psi_\nu$ ist dabei gegeben durch

$$(f, g) = \sum_{\mu=1}^{\infty} \sum_{\nu=1}^{\infty} \alpha_{\mu\nu}\, \overline{\beta_{\mu\nu}}. \tag{28'}$$

Aus (29) schließen wir wegen (28) auf

$$|f(x_1, x_2)| \leqq [K_1(x_1, x_1) \cdot K_2(x_2, x_2)]^{\frac{1}{2}} \cdot \|f(x_1, x_2)\|.$$

Das bedeutet aber nach Satz III 2, daß der Hilbert-Raum der in der Form (25) darstellbaren Funktionen einen reproduzierenden Kern hat. Dieser Raum ist, wie man leicht einsieht, die Ergänzung der Funktionenklasse (23) mit dem inneren Produkt (24).

Der Hilbert-Raum aller Funktionen (27) mit der Norm (28) bildet das „direkte Produkt" $H = H_1 \otimes H_2$. Es ist unabhängig von der speziellen Wahl der vollständigen Systeme $\{\varphi_\mu\}$ und $\{\psi_\nu\}$, da der Raum ja als Ergänzung der Klasse (23) mit der Norm (24) angesehen werden kann. Der reproduzierende Kern von $H = H_1 \otimes H_2$ ist das Produkt $K_1(x_1, u_1) \cdot K_2(x_2, u_2)$. In der Tat: Es ist doch

$$K = K_1 \cdot K_2 = \sum_{\mu, \nu = 1}^{\infty} \overline{\varphi_\mu(u_1)} \, \overline{\psi_\nu(u_2)} \, \varphi_\mu(x_1) \, \psi_\nu(x_2),$$

und für eine Funktion $f \in H$ mit der Darstellung

$$f(x_1, x_2) = \sum \alpha_{\mu\nu} \, \varphi_\mu(x_1) \cdot \psi_\nu(x_2)$$

gilt dann nach (28'):

$$\big(f(x_1, x_2), K(x_1, x_2; u_1, u_2)\big) = \sum \alpha_{\mu\nu} \, \varphi_\mu(u_1) \, \psi_\nu(u_2) = f(u_1, u_2).$$

$K = K_1 \cdot K_2$ hat also die reproduzierende Eigenschaft.

Satz V 6

Das direkte Produkt $H = H_1 \otimes H_2$ zweier Hilbertscher Funktionenräume mit reproduzierenden Kern K_1 bzw. K_2 hat den Kern

$$K(x_1, x_2; u_1, u_2) = K_1(x_1, u_1) \cdot K_2(x_2, u_2).$$

§ 5. Konvergente Folgen von Kernfunktionen

Die Berechnung der Kernfunktion $K(x, y; G)$, die zu einem in einem Gebiet G erklärten Hilbert-Raum $H(G)$ gehört, wird zuweilen erleichtert, wenn man die entsprechenden Kernfunktionen kennt, die zu einer gegen G konvergierenden Folge von Gebieten G_n gehören. Wir wollen uns jetzt mit den Gesetzen solcher Folgen von Kernfunktionen beschäftigen und beginnen mit einem vorbereitenden Satz, der etwas über die „Beschränkung" der Kernfunktion von G auf einen Teilbereich G_1 aussagt.

Es sei zunächst G_1 ein innerer Teilbereich eines Gebietes G der komplexen Ebene. Die in G analytischen Funktionen sind dann auch in G_1 analytisch, und man kann einem Hilbert-Raum $H(G)$ von analytischen Funktionen in G (mit dem Kern $K(z, u)$ und der Norm $\| \; \|$) einen entsprechenden Raum $H(G_1)$ in G_1 zuordnen. Er besteht aus den Funktionen von $H(G)$ als Funktionen des Gebietes G_1 (den „Beschränkungen" der Funktionen $f(z) \in H(G)$ auf das Gebiet G_1) mit der *in* $H(G)$ *gültigen* Norm $\| \; \|$. Da zu jeder in G_1 analytischen Funktion höchstens eine noch in G analytische Funktion gehört, ist die Norm der Beschränkung durch die Norm der analytischen Fortsetzung eindeutig festgelegt.

Anders ist es bei allgemeineren Funktionenklassen. Bei Hilbert-Räumen mit nicht analytischen Funktionen kann es durchaus vorkommen, daß zu *einer* Beschränkung auf G_1 *mehrere* Funktionen aus dem Raum $H(G)$ gehören. Es entsteht die Frage, ob auch in einem solchen Fall die Beschränkung des reproduzierenden Kerns auf das Teilgebiet die reproduzierende Eigenschaft für einen gewissen Funktionenraum hat. Hier gilt

Satz V 7

$K(x, y)$ sei der reproduzierende Kern eines Hilbertschen Funktionenraumes H, dessen Funktionen in einer gewissen Menge E erklärt sind. Dann stellt die auf eine Teilmenge $E_1 \subset E$ beschränkte Kernfunktion den reproduzierenden Kern für den Raum $H_1(E_1)$ der Beschränkungen der Funktionen $h(x) \in H(E)$ auf die Teilmenge E_1 dar. Die Norm $\|h\|_1$ in diesem Raum ist gegeben durch das Minimum aller Normen $\|h\|$ für $h \in H$, deren Beschränkungen auf H_1 gleich h_1 sind.

Zum Beweis betrachten wir den linearen Teilraum $H_0 \subset H$, der aus allen den Funktionen besteht, die in jedem Punkt von E_1 verschwinden[1]. Sein Komplement sei H'. H und H' haben dann die reproduzierenden Kerne K_0 und K', und es gilt (nach der Anmerkung zu Satz III 6)

$$K(x, y) = K_0(x, y) + K'(x, y).$$

$K_0(x, y)$ gehört für jedes feste $y \in E$ zu H_0 und verschwindet deshalb für alle $x \in E_1$. Deshalb ist

$$K(x, y) = K'(x, y) \qquad \text{für } x \in E_1 \text{ bzw. für } y \in E_1.$$

H_1 sei nun die Menge der Beschränkungen der Funktionen von H auf die Menge E_1. Zwei Funktionen h und g aus H haben genau dann die gleiche Beschränkung in E_1, wenn ihre Differenz $h - g$ zu H_0 gehört. Alle Funktionen $h \in H$ mit der gleichen Beschränkung h_1 in E_1 haben dann eine gemeinsame Projektion h_1' auf H'. In der Tat: Zwei zunächst beliebige Funktionen h und g seien in bezug auf die komplementären Teilräume H' und H_0 so zerlegt:

$$h = h' + h_0, \qquad g = g' + g_0; \qquad (h', h_0) = (g', g_0) = 0.$$

Wenn jetzt die Differenz $h - g$ auf E_1 verschwinden soll, muß $h' = g'$ sein. Unter allen Funktionen $h = h' + h_0$ (mit festem h') hat aber h' die kleinste Norm (wegen $(h_0, h') = 0$). Wir erklären nun das innere Produkt für den Raum der Beschränkungen durch

$$(h_1, g_1)_1 = (h', g'), \tag{30}$$

---

[1] H_0 kann u. U. nur aus dem Nullelement bestehen. Das ist z. B. immer dann der Fall, wenn alle Funktionen $h \in H$ analytisch sind.

die Norm also durch

$$\|h_1\|_1 = \mathrm{Min}\,\|h_1\| = \|h'\|.$$

Auf diese Weise ist eine umkehrbar eindeutige Beziehung hergestellt zwischen dem Raum $\boldsymbol{H}_1$ mit der eben definierten Norm $\|\ \|_1$ und dem Raum $\boldsymbol{H}'$ mit der ursprünglichen Norm $\|\ \|$. Es ist nur noch zu zeigen, daß der Raum $\boldsymbol{H}_1$ die Beschränkung von $K(x, y)$ auf $\boldsymbol{E}_1$ zum reproduzierenden Kern hat. Das geschieht so: Nach der Definition (30) des inneren Produktes ist für $y \in \boldsymbol{E}_1$:

$$h_1(y) = h'(y) = \big(h'(x), K'(x, y)\big) = \big(h_1(x), K_1(x, y)\big)_1.$$

Damit ist Satz V 7 bewiesen.

Nach dieser Vorbereitung wollen wir uns der folgenden Fragestellung zuwenden: *Gegeben sei eine wachsende Folge $\boldsymbol{E}_n$ von Punktmengen mit der Summe $\boldsymbol{E}$:*

$$\boldsymbol{E} = \boldsymbol{E}_1 + \boldsymbol{E}_2 + \cdots; \qquad \boldsymbol{E}_1 \subset \boldsymbol{E}_2 \subset \boldsymbol{E}_3 \ldots . \tag{31}$$

In jeder Menge $\boldsymbol{E}_n$ sei ein Hilbert-Raum $\boldsymbol{H}_n$ mit reproduzierendem Kern K_n erklärt. Die Funktionen $h_n \in \boldsymbol{H}_n$ mögen die folgenden Eigenschaften haben: Die Beschränkung von h_n auf die Menge $\boldsymbol{E}_m$ (sie sei mit h_{nm} bezeichnet; $m < n$) ist eine Funktion von $\boldsymbol{H}_m$:

$$\textit{Aus } h_n \in \boldsymbol{H}_n \textit{ folgt für } m < n:\ h_{nm} \in \boldsymbol{H}_m. \tag{32}$$

Über die Normen sei dies vorausgesetzt:

$$\textit{Für } h_n \in \boldsymbol{H}_n \quad \textit{und} \quad m \leqq n \quad \textit{ist} \quad \|h_{nm}\|_m \leqq \|h_n\|_n. \tag{33}$$

Welche Konvergenzeigenschaft hat dann die Folge K_n der Kernfunktionen?

Nach Satz V 7 ist dann die Beschränkung der zu $\boldsymbol{H}_n$ gehörenden Kernfunktion K_n auf die Menge $\boldsymbol{E}_m$ $(m < n)$, also die Funktion K_{nm}, der reproduzierende Kern für den Raum $\boldsymbol{H}_{nm}$ aller Beschränkungen von $\boldsymbol{H}_n$ auf die Menge $\boldsymbol{E}_m$. Dabei ist die Norm in $\boldsymbol{H}_{nm}$ so bestimmt:

$$\|h_{nm}\|_{nm} = \mathrm{Min}\,\|h_n\|_n.$$

Das Minimum muß dabei genommen werden über alle Funktionen h_n, deren Beschränkung auf die Menge $\boldsymbol{E}_m$ gleich h_{nm} ist. Danach und wegen (33) gilt dann

$$\|h_{nm}\|_{nm} \geqq \|h_n\|_n \geqq \|h_{nm}\|_m.$$

Nach Satz V 4 folgt daraus

$$K_{nm} \ll K_m, \qquad m < n. \tag{34}$$

Daraus können wir schließen auf

Satz V 8

Es sei H_n eine Folge von Hilbert-Räumen mit den reproduzierenden Kernen K_n, die zu Mengen E_n mit der Eigenschaft (31) gehören. Für die Funktionen bzw. für die Normen dieser Räume seien die Bedingungen (32) und (33) erfüllt. Dann konvergieren die Kerne $K_n(x, y)$ für alle $x \in E$, $y \in E$ gegen eine Grenzfunktion $K_0(x, y)$. K_0 ist der reproduzierende Kern des in E erklärten Raumes H_0 mit folgenden Eigenschaften:

Zu H_0 gehören alle die in E erklärten Funktionen h_0, für die

a) die Beschränkung h_{0n} in E_n jeweils zu H_n gehört,

b) $\lim\limits_{n \to \infty} \|h_{0n}\|_n < \infty$ ist.

Die Norm von $h_0 \in H_0$ ist dann gegeben durch

$$\|h_0\|_0 = \lim \|h_{0n}\|_n \, .$$

Zur Konvergenz von K_n muß noch dies angemerkt werden: Irgendein Punkt $x \in E$ (bzw. $y \in E$) braucht nicht zu allen E_n zu gehören. Er gehört aber in jedem Fall zu allen Mengen E_n, deren Nummer n genügend groß ist ($n > N$). Die Konvergenz $K_n \to K_0$ gilt dann an der Stelle x, y jeweils für $n > N$.

Wir kommen nun zum Beweis von Satz V 8.

Nach unseren Voraussetzungen haben wir wegen (33) für festes $y \in E_k$ und $k \leq m \leq n$:

$$\left.\begin{aligned}
\|K_{mk}(x, y) - K_{nk}(x, y)\|_k^2 &\leq \|K_m(x, y) - K_{nm}(x, y)\|_m^2 \\
&= K_m(y, y) - \overline{K_{nm}(y, y)} - K_{nm}(y, y) + \|K_{nm}(x, y)\|_m^2 \\
&= K_m(y, y) - K_{nm}(y, y) = K_m(y, y) - K_n(y, y) \, .
\end{aligned}\right\} \tag{35}$$

Nun ist nach (34) $K_m - K_{nm}$ eine positive Matrix; deshalb ist $K_m(y, y) - K_{nm}(y, y) = K_m(y, y) - K_n(y, y) \geq 0$. Das heißt aber: Die Folge $K_m(y, y)$ ist eine abnehmende Folge nichtnegativer Zahlen. Eine solche Folge konvergiert, und nach (35) konvergiert die Funktionenfolge $K_{nk}(x, y)$ (in der Norm von H_k) stark gegen eine Grenzfunktion; daraus folgt wie üblich auch die punktweise Konvergenz:

$$\lim_{n \to \infty} K_{nk}(x, y) = \lim_{n \to \infty} K_n(x, y) = \Phi_k(x) \quad \text{für} \ \ x \in E_k \, .$$

Da wir für jedes x und y in E eine Nummer k wählen können, so daß x und y beide zu E_k gehören, können wir den Grenzwert $\Phi_k(x)$ als die Beschränkung einer überall in E erklärten Grenzfunktion $K_0(x, y)$ auf E_k ansehen: $\Phi_k(x) = K_{0k}(x, y)$.

Wir zeigen nun, daß diese Funktion $K_0(x, y)$ zu der in Satz V 8 genannten Funktionenklasse $\boldsymbol{H}_0$ gehört. Dazu ist zu zeigen, daß

$$\lim_{k \to \infty} \|K_{0k}\|_k < \infty$$

ist. Nun folgt doch aus (35) für $n \to \infty$:

$$\|K_{mk}(x, y) - K_{0k}(x, y)\|_k^2 \leqq K_m(y, y) - K_0(y, y),$$

also

$$\begin{aligned}
\|K_{0k}(x, y)\|_k &\leqq \|K_{0k}(x, y) - K_{mk}(x, y)\|_k + \|K_{mk}(x, y)\|_k \\
&\leqq (K_m(y, y) - K_0(y, y))^{\frac{1}{2}} + \|K_m(x, y)\|_m \\
&= (K_m(y, y) - K_0(y, y))^{\frac{1}{2}} + K_m(y, y)^{\frac{1}{2}}.
\end{aligned}$$

Für $m \to \infty$ haben wir danach

$$\|K_{0k}(x, y)\|_k^2 \leqq K_0(y, y).$$

Der Grenzwert $\lim \|K_{0k}\|_k$ existiert also.

Wir haben nun zu zeigen, daß $\boldsymbol{H}_0$ ein Hilbert-Raum ist und beschränken uns dabei auf den wichtigsten Nachweis, den der Vollständigkeit.

Es sei also $\{h_0^{(n)}\}$ eine Cauchy-Folge aus $\boldsymbol{H}_0$. Nach (33) ist dann für $l > k$:

$$\|h_{0k}^{(m)} - h_{0k}^{(n)}\|_k \leqq \|h_{0l}^{(m)} - h_{0l}^{(n)}\|_l.$$

Für $l \to \infty$ folgt daraus:

$$\|h_{0k}^{(m)} - h_{0k}^{(n)}\|_k \leqq \|h_0^{(m)} - h_0^{(n)}\|_0.$$

Danach ist $\{h_{0k}^{(n)}\}$ eine Cauchy-Folge in $\boldsymbol{H}_k$, und es sei etwa

$$\lim_{n \to \infty} h_{0k}^{(m)} = \varphi_k \in \boldsymbol{H}_k.$$

φ_k ist die Beschränkung einer überall in $\boldsymbol{E}$ definierten Funktion φ_0 auf $\boldsymbol{E}_k$, und es gilt

$$\|h_{0k}^{(m)} - \varphi_{0k}\|_k = \lim_{n \to \infty} \|h_{0k}^{(m)} - h_{0k}^{(n)}\|_k \leqq \lim_{n \to \infty} \|h_0^{(m)} - h_0^{(n)}\|_0. \tag{36}$$

Nach der Dreiecksungleichung und wegen (33) wird weiter:

$$\|\varphi_{0k}\|_k \leqq \|h_{0k}^{(m)}\|_k + \lim_{n \to \infty} \|h_0^{(m)} - h_0^{(n)}\|_0 \leqq \|h_0^{(m)}\|_0 + \lim_{n \to \infty} \|h_0^{(m)} - h_0^{(n)}\|_0.$$

Damit haben wir für $\|\varphi_{0k}\|_k$ eine von k unabhängige Schranke gefunden. Aus (36) folgt nun

$$\|h_0^{(m)} - \varphi_0\|_0 = \lim_{k \to \infty} \|h_{0k}^{(m)} - \varphi_{0k}\|_k \leqq \lim_{n \to \infty} \|h_0^{(m)} - h_0^{(n)}\|_0.$$

Das heißt aber: $\lim\limits_{m\to\infty} h_0^{(m)} = \varphi_0$; $\boldsymbol{H}_0$ ist tatsächlich vollständig. Wir zeigen jetzt, daß $\boldsymbol{H}_0$ die Funktion $K_0(x, y)$ zum reproduzierenden Kern hat. Es sei $h_0 \in \boldsymbol{H}_0$, $y \in \boldsymbol{E}$. Dann ist für genügend großes n:

$$\left.\begin{aligned}
h_0(y) = h_{0\,n}(y) &= \big(h_{0n}(x), K_n(x, y)\big)_n \\
&= \big(h_{0n}(x), K_{0n}(x, y)\big)_n + \big(h_{0n}(x), K_n(x, y) - K_{0n}(x, y)\big)_n.
\end{aligned}\right\} \quad (37)$$

Für n gegen ∞ konvergiert nun $\big(h_{0n}, K_{0n}(x, y)\big)_n$ gegen $\big(h_0, K_0(x, y)\big)_0$. Das letzte innere Produkt in (37) hat den Grenzwert 0, und deshalb folgt tatsächlich

$$h_0(y) = \big(h_0(x), K_0(x, y)\big)_0$$

Damit ist Satz V 8 vollständig bewiesen. Er kann z.B. dazu benutzt werden, um den Bergman-Kern eines Gebietes $\boldsymbol{E}$ zu berechnen, das in der Form (31) durch Gebiete $\boldsymbol{E}_n$ dargestellt werden kann, deren Kernfunktionen bekannt sind[1].

Zu dem Satz V 8 gibt es ein Gegenstück (ARONSZAJN [1], S. 367), das sich auf Folgen monoton abnehmender Mengen und ihren Durchschnitt bezieht:

$$\boldsymbol{E} = \boldsymbol{E}_1 \cdot \boldsymbol{E}_2 \cdot \boldsymbol{E}_3 \ldots, \qquad \boldsymbol{E}_1 > \boldsymbol{E}_2 > \boldsymbol{E}_3 > \boldsymbol{E}_4 > \ldots.$$

Wenn zu jeder Menge $\boldsymbol{E}_n$ dieser Folge ein Hilbert-Raum $\boldsymbol{H}_n$ mit Kernfunktion K_n gehört und für die Normen die Bedingung

$$\|h_{n\,m}\|_m \leqq \|h_n\|_m \qquad (\text{für } m \geqq n)$$

erfüllt ist, dann gilt $K_{nm} \ll K_m$, und die Folge $K_n(y, y)$ ist für jedes $y \in \boldsymbol{E}$ monoton wachsend. Wenn sie für jedes $y \in \boldsymbol{E}$ konvergent ist, kann man auf die Existenz einer Grenzfunktion $K(x, y)$ schließen, die den Charakter der Kernfunktion für eine Klasse von Funktionen hat, die in $\boldsymbol{E}$ erklärt ist. Ist $K_n(y, y)$ nur in einer Teilmenge $\boldsymbol{E}^*$ von $\boldsymbol{E}$ konvergent, so kann man für diese Teilmenge eine ähnliche Aussage beweisen.

ARONSZAJN [1].

---

[1] Bei ARONSZAJN ([1], S. 394) wird folgendes Beispiel durchgerechnet: $\boldsymbol{E}_n$ sind Ellipsen mit der Gleichung

$$\frac{x^2}{a_n^2} + \frac{y^2}{b^2} = 1 \qquad (b \text{ fest, } a_n \to \infty).$$

$\boldsymbol{E} = \lim \boldsymbol{E}_n$ ist dann der Streifen $|\operatorname{Im} z| < b$. Die Kernfunktion dieses Streifens (für den Raum $\boldsymbol{H}_h$) berechnet man dann als Grenzwert der (bekannten) Kernfunktionen der elliptischen Bereiche.

Sechstes Kapitel

Orthonormalsysteme mit speziellen Eigenschaften

Es gibt mancherlei Möglichkeiten, in einem Hilbertschen Raum mit reproduzierendem Kern Orthonormalsysteme zu bilden. In diesem Kapitel sollen einige vollständige Systeme näher untersucht werden, die zur Lösung spezieller Aufgaben besonders geeignet sind. Wir setzen damit die Untersuchungen des dritten Kapitels fort: Es wird sich zeigen, daß das dort eingeführte System $\{\tau_\nu(z)\}$ zur Lösung von Interpolationsaufgaben brauchbar ist, während das „Bergmansche System" $\{\sigma_\nu(z)\}$ eine besonders einfache Umrechnung der Potenzreihenentwicklung an der Stelle $z=u$ in die Orthogonalreihe zuläßt.

Es folgen dann Systeme, bei denen die Orthogonalität mit Hilfe einer Gewichtsfunktion erklärt ist[1].

§ 1. Interpolation bei endlich vielen Punkten

Zur Vorbereitung allgemeinerer Fragestellungen beginnen wir mit der folgenden einfachen Aufgabe:

In einem Hilbertschen Raum H mit reproduzierendem Kern soll eine Funktion $f \in H$ mit möglichst kleiner Norm bestimmt werden, für die

$$f(Q_n) = a_n \qquad (n = 1, 2, 3, \ldots, N) \tag{1}$$

ist. Dabei sind Q_n Punkte der Menge E, in der die Funktionen von H erklärt sind; die a_n sind beliebig vorgegebene komplexe Zahlen.

Wir versuchen die Lösung durch den Ansatz

$$f(P) = \sum_{k=1}^{N} x_k K(P, Q_k). \tag{2}$$

Die Bedingung (1) führt dann auf das Gleichungssystem

$$\sum_{k=1}^{N} x_k K(Q_n, Q_k) = a_n, \qquad n = 1, 2, 3, \ldots, N, \tag{3}$$

für die Zahlen x_k. Dieses System ist lösbar, wenn die Determinante

$$D = \|K(Q_n, Q_k)\|_{(N)} \tag{4}$$

von Null verschieden ist. Wegen

$$\big(K(P, Q_k), K(P, Q_n)\big) = K(Q_n, Q_k)$$

---

kann man für die Determinante (4) auch schreiben

$$D = \| K(P, Q_k), K(P, Q_n) \|_{(N)}. \tag{5}$$

D ist nach Satz II 4 genau dann von Null verschieden, wenn die Funktionen $K(P, Q_n)$ $(n = 1, 2, 3, \ldots, N)$ linear unabhängig sind. In vielen Fällen ist das stets der Fall, wenn nur die Punkte Q_n voneinander verschieden sind. Das gilt z. B. für den Raum $\boldsymbol{H}_{(B)}$, wie wir später (§ VII 1) zeigen werden.

Es zeigt sich nun, daß die so gefundene Lösung der Interpolationsaufgabe (1) schon *die Lösung kleinster Norm* ist:

Satz VI 1

Die Punkte $Q_n \in \boldsymbol{E}$ seien so gewählt, daß die Determinante (4) nicht verschwindet. x_k $(k = 1, 2, 3, \ldots, N)$ seien die Zahlen, die das System (3) lösen. Dann ist

$$f(P) = \sum_{k=1}^{N} x_k K(P, Q_k) \tag{6}$$

die Lösung der Interpolationsaufgabe (1) mit kleinster Norm.

Ist nämlich g eine Funktion aus $\boldsymbol{H}$, die ebenfalls die Gl. (1) für $k = 1, 2, 3, \ldots, N$ erfüllt, so verschwindet

$$g(P) - f(P) = u(P)$$

für $P = Q_n$ $(n = 1, 2, 3, \ldots, N)$. Es ist also wegen der reproduzierenden Eigenschaft des Kerns

$$\big(u(P), f(P)\big) = \Big(u(P), \sum_{k=1}^{N} x_k K(P, Q_k)\Big) = \sum_{k=1}^{N} \bar{x}_k u(Q_k) = 0.$$

Für das Normquadrat (g, g) gilt deshalb

$$(g, g) = (f + u, f + u) = (f, f) + (u, u) \geqq (f, f).$$

Man kann zur Lösung unseres Interpolationsproblems auch das in § III 5 eingeführte vollständige Orthonormalsystem $\{\tau_\nu(z)\}$ benutzen. Die zur Definition dieser Funktionen benutzte Folge u_n sei die Folge unserer Interpolationspunkte Q_n. Dann folgt für irgendeine Funktion $f(z) \in \boldsymbol{H}$ aus der Darstellung $f(z) = \sum_{\nu=1}^{\infty} a_\nu \tau_\nu(z)$ wegen (III 27):

$$f(u_n) = \sum_{\nu=1}^{n} a_\nu \tau_\nu(u_n), \qquad n = 1, 2, 3, \ldots, N.$$

Durch dieses Gleichungensystem sind die ersten N Koeffizienten von $f(z)$ festgelegt. Die übrigen sind beliebig. Setzt man $a_n = 0$ für $n > N$, so hat man in $f(z)$ die Funktion kleinster Norm, die die Interpolationsaufgabe löst.

§ 2. Abzählbar viele Interpolationspunkte

Es liegt nahe, die hier gestellte Interpolationsaufgabe zu verallgemeinern. Man kann in E eine Punktfolge u_n angeben und nach einer Funktion aus einem zu E gehörenden Hilbert-Raum (mit Kern) fragen, die an den Stellen u_n vorgegebene Werte w_n annimmt: $f(u_n) = w_n$.

Man sieht sofort, daß dieses Problem nicht immer lösbar ist. Es sei E ein Bereich G der komplexen Ebene, der den Nullpunkt im Innern enthält, H der zu G gehörende Raum H_B. Weiter sei

$$u_n = n^{-1}, \quad w_n = \begin{cases} 0 & \text{für gerades } n, \\ n^{-1} & \text{für ungerades } n. \end{cases}$$

Die Folgen u_n und w_n konvergieren beide gegen Null. Trotzdem gibt es keine in der Umgebung des Nullpunktes reguläre Funktion $f(z)$, für die $w_n = f(u_n)$ gilt. Denn wenn eine solche Funktion für das Argument $(2n)^{-1}$ verschwindet, so verschwindet sie nach einem bekannten Satz der Funktionentheorie identisch; $f(z) \equiv 0$ kann aber nicht für ungerades n die Werte n^{-1} annehmen.

Ein anderes Interpolationsproblem geht von der *gegebenen* Funktion $f(z)$ aus und fragt nach einer Darstellung dieser Funktion durch eine Reihe

$$f(z) = \sum_{n=0}^{\infty} a_n\, b_n(z),$$

deren Koeffizienten einfache Funktionen der Funktionswerte $f(u_1)$, $f(u_2), \ldots, f(u_n), \ldots$ sind. Eine solche Reihe (mit bekannten Funktionen $b_n(z)$) kann man als „Interpolationsreihe" bezeichnen. Sie gestattet ja, $f(z)$ aus den Werten der Funktion an den Stellen u_n zu berechnen. Wir wollen uns im folgenden ausschließlich mit diesem Interpolationsproblem befassen.

Es ist bekannt, daß man die gestellte Aufgabe unter gewissen Voraussetzungen[1] für eine in einem Bereich G der komplexen Ebene analytische Funktion durch die Newtonsche Interpolationsreihe

$$f(z) = a_1 + \sum_{\nu=2}^{\infty} a_\nu (z - u_1) \ldots (z - u_{\nu-1}) \tag{7}$$

lösen kann. Dabei können die Koeffizienten a_ν in einfacher Weise aus den Funktionswerten $w_\mu = f(u_\mu)$ in den Interpolationspunkten u_μ ($\mu \leqq \nu$) berechnet werden:

$$a_\nu = [u_1, u_2, \ldots, u_\nu] = \sum_{\mu=1}^{\nu} \frac{w_\mu}{\prod_{m=1}^{\nu}{}' (u_\mu - u_m)}. \tag{8}$$

Der Strich bei dem Produktzeichen in (8) deutet an, daß der Faktor mit $m = \mu$ auszulassen ist.

---

[1] Näheres darüber z.B. bei MESCHKOWSKI [11], Kap. XVIII.

Die Newtonsche Reihe (7) ist besonders brauchbar in den Fällen, in denen die Folge u_n keinen im Endlichen gelegenen Häufungspunkt hat. Man kann aber auch versuchen, sie zur Darstellung von Funktionen zu verwenden, die in einem beschränkten Bereich G der komplexen Ebene regulär sind und für die die Folge der Interpolationspunkte nur solche Häufungspunkte hat, die im Innern von G liegen. Wenn u_n nur einen solchen Häufungspunkt U_1 hat, so ist der Konvergenzbereich von (7) ein Kreis um U_1. Liegen aber mehrere Häufungspunkte vor $(U_1, U_2, \ldots, U_r)$, so ist der Konvergenzbereich der Reihe (7) eine (verallgemeinerte) Lemniskate L von der Form

$$\prod_{\varrho=1}^{r} |z - U_\varrho| = k. \qquad (9)$$

Sie besteht aus r einfach geschlossenen Teilkurven, die je einen Häufungspunkt U_ϱ einschließen. Abb. 6 zeigt die Lemniskate

$$|z - 1| \cdot |z + 1| \times$$
$$\times |z - i| \cdot |z + i| = 1.$$

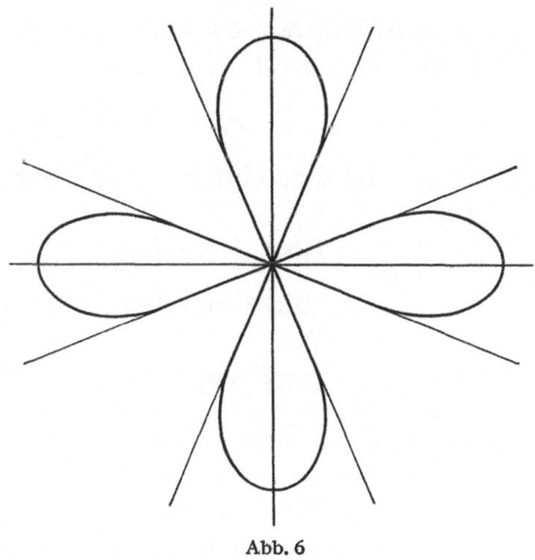

Abb. 6

Ist k in (9) so gewählt, daß auf der Lemniskate L mindestens eine, im Innern aber keine Singularität von $f(z)$ liegt, so konvergiert die Reihe (9) im Innern der Kurve L, und sie divergiert für alle außerhalb von L gelegenen Punkte[1].

Die Lemniskaten (9) spielen also für die Newtonschen Reihen (bei mehreren Häufungspunkten der Folge u_n) eine ähnliche Rolle wie der Konvergenzkreis für die Potenzreihendarstellung. Man kann die Newtonsche Reihe überhaupt nicht benutzen, wenn etwa die Folge der Interpolationspunkte überall in G dicht liegt. Aber auch im Fall von nur endlich vielen Häufungspunkten ist eine Darstellung der Funktion $f(z)$, die eine Lemniskate zum Konvergenzbereich hat, für praktische Zwecke oft unbrauchbar. Es wäre viel angenehmer, wenn man eine Interpolationsformel zur Verfügung hätte, die *überall im Innern des gegebenen Bereiches G konvergiert*.

Eine solche Interpolationsformel hat man aber in der Darstellung

$$f(z) = \sum_{\nu=1}^{\infty} a_\nu \, \tau_\nu(z) \qquad (10)$$

---

[1] Die Beweise für diese Aussagen findet man z. B. bei WALSH.

durch das in § III 5 eingeführte vollständige Orthonormalsystem $\{\tau_\nu(z)\}$. Sie konvergiert für alle $z \in G$, selbst wenn die Häufungspunkte von $u_\nu(z)$ in G überall dicht liegen. Diese Darstellung ist nach Satz III 16 möglich für alle Hilbertschen Funktionenräume mit Kern, deren Funktionen analytisch[1] sind. Wir haben nur zu zeigen, daß diese Reihe tatsächlich den Charakter einer Interpolationsformel hat. Das ergibt sich sofort aus

Satz VI 2

Die Koeffizienten der Reihe (10) *sind lineare Funktionen der Funktionswerte* $f(u_n)$, $n = 1, 2, 3, \ldots, \nu$:

$$a_\nu = l\left(f(u_1), f(u_2), \ldots, f(u_\nu)\right). \tag{11}$$

Dieser Satz ist eine einfache Folge der Relation (III 27). Danach folgt aus (10):

$$f(u_1) = a_1 \tau_1(u_1)$$
$$f(u_2) = a_1 \tau_1(u_2) + a_2 \tau_2(u_2)$$
$$\cdot \quad \cdot \quad \cdot \quad \cdot \quad \cdot \quad \cdot \quad \cdot \quad \cdot \quad \cdot \quad \cdot \quad \cdot$$
$$f(u_\nu) = a_1 \tau_1(u_\nu) + a_2 \tau_2(u_\nu) + \cdots + a_\nu \tau_\nu(u_\nu)$$

Daraus berechnet man die Koeffizienten a_ν:

$$\left.\begin{aligned}
a_1 &= \gamma_{11} f(u_1) \\
a_2 &= \gamma_{21} f(u_1) + \gamma_{22} f(u_2) \\
&\cdot \quad \cdot \quad \cdot \quad \cdot \quad \cdot \quad \cdot \quad \cdot \quad \cdot \quad \cdot \\
a_\nu &= \gamma_{\nu 1} f(u_1) + \gamma_{\nu 2} f(u_2) + \cdots + \gamma_{\nu\nu} f(u_\nu).
\end{aligned}\right\} \tag{12}$$

Die Koeffizienten γ_{nm} in (12) sind *von der speziellen Funktion* $f(z)$ *unabhängig*. Sie können (ebenso wie die Zahlen a_{nm} in (III 29) und b_{nm} in (III 30)) als für das Gebiet G und die gewählte Interpolationsfolge u_ν *charakteristische* Konstanten angesehen werden. Sind diese Zahlen erst einmal bestimmt, so ist die Entwicklung einer Funktion in eine Reihe (10) eine elementare Rechenaufgabe, wenn die Werte $f(u_\nu)$ ($\nu = 1, 2, 3, \ldots$) bekannt sind. Wenn man dagegen die Fourier-Koeffizienten in der üblichen Weise als innere Produkte $a_\nu = (f, \tau_\nu)$ berechnet, muß man im allgemeinen recht schwierige Quadraturen für jeden einzelnen Koeffizienten jeder einzelnen Funktion durchführen. Fassen wir zusammen:

Satz VI 3

Es sei $\boldsymbol{H}$ *ein Hilbertscher Funktionenraum mit reproduzierendem Kern, dessen sämtliche Funktionen* $f(z)$ *analytische Funktionen in einem Gebiet* $\boldsymbol{G}$ *der komplexen Ebene sind.* u_ν *sei eine Folge von Punkten aus* $\boldsymbol{G}$*, die in*

---

[1] Unsere Aussagen über die Interpolation gelten auch für Räume mit stetigen Funktionen. Dann muß aber die Interpolationsfolge u_ν überall in G dicht liegen.

G mindestens einen Häufungspunkt hat. Dann kann jede Funktion $f(z) \in \boldsymbol{H}$ in eine Orthogonalreihe (10) entwickelt werden mit Funktionen $\tau_\nu(z)$, die von der Folge u_ν abhängen. Die Reihe (10) konvergiert in jedem inneren Teilbereich von G gleichmäßig, und die Koeffizienten a_ν dieser Reihe können aus dem System (12) als lineare Funktionen der Funktionswerte $f(u_1), f(u_2), \ldots, f(u_\nu)$ berechnet werden. Die Reihe (10) hat deshalb den Charakter einer Interpolationsformel.

Die entsprechende Aussage gilt auch für stetige Funktionen, wenn die Folge u_ν in $\boldsymbol{G}$ überall dicht liegt.

§ 3. Eine Eigenschaft des Bergman-Systems

Auch die Koeffizienten des Bergmanschen Systems $\{\sigma_\nu(z)\}$ (vgl. § III 5) haben eine recht bemerkenswerte Eigenschaft: Wenn man die Reihenentwicklung einer Funktion $f(z) \in \boldsymbol{H}$ mehrmals differenziert, so erhält man

$$f^{(\mu)}(z) = \sum_{\nu=1}^{\infty} b_\nu \, \sigma_\nu^{(\mu)}(z), \qquad (13)$$

und nach (III 27′) folgt daraus für die Stelle $z = u$:

$$\left. \begin{aligned}
f(u) &= b_1 \cdot \sigma_1(u) \\
f'(u) &= b_1 \cdot \sigma_1'(u) + b_2 \cdot \sigma_2'(u) \\
&\cdot \quad \cdot \quad \cdot \quad \cdot \quad \cdot \quad \cdot \quad \cdot \quad \cdot \quad \cdot \quad \cdot \\
f^{(\mu)}(u) &= b_1 \cdot \sigma_1^{(\mu)}(u) + b_2 \cdot \sigma_2^{(\mu)}(u) + \cdots + b_{\mu+1} \cdot \sigma_{\mu+1}^{(\mu)}(u).
\end{aligned} \right\} \qquad (14)$$

Aus diesem Gleichungssystem (14) kann man die Koeffizienten b_ν sukzessiv berechnen, wenn die Werte von $f(u), f'(u), f''(u), \ldots$ bekannt sind. In Analogie zu (12) erhält man für die Fourier-Koeffizienten b_ν ein Gleichungssystem (14′):

$$\left. \begin{aligned}
b_1 &= \varepsilon_{11} \cdot f(u) \\
b_2 &= \varepsilon_{21} \cdot f(u) + \varepsilon_{22} \cdot f'(u) \\
&\cdot \quad \cdot \quad \cdot \quad \cdot \quad \cdot \quad \cdot \quad \cdot \quad \cdot \quad \cdot \\
b_{\nu+1} &= \varepsilon_{\nu+1,1} \cdot f(u) + \varepsilon_{\nu+1,2} \cdot f'(u) + \cdots + \varepsilon_{\nu+1,\nu+1} \cdot f^{(\nu)}(u).
\end{aligned} \right\} \qquad (14')$$

Auch diese Zahlen ε_{nm} sind für das Gebiet $\boldsymbol{G}$ und die gewählte Folge u_ν charakteristische Konstanten. Sind sie erst einmal bestimmt, so kann man aus (14′) für jede vorgelegte Funktion $f(z) \in \boldsymbol{H}$ die Fourier-Koeffizienten ohne Integration bestimmen, wenn nur die Werte von $f(u)$, $f'(u), \ldots$ bzw. die Koeffizienten $c_\nu = \frac{1}{\nu!} f^{(\nu)}(u)$ in der Potenzreihenentwicklung $f(z) = \sum_{\nu=0}^{\infty} c_\nu (z - u)^\nu$ bekannt sind.

Das Bergman-System $\{\sigma_\nu(z)\}$ ist also vor anderen dadurch ausgezeichnet, daß die Umrechnung der Koeffizienten von der Potenzreihe zur Orthogonaldarstellung besonders leicht gelingt:

Satz VI 4

Es sei H ein Hilbertscher Funktionenraum mit reproduzierendem Kern, dessen sämtliche Funktionen in G analytisch sind. Ist für eine Funktion $f(z)$ die Potenzreihenentwicklung $f(z) = \sum\limits_{\nu=0}^{\infty} c_\nu (z-u)^\nu$ in der Umgebung einer Stelle $u \in G$ bekannt, so kann man daraus die Koeffizienten b_ν der Reihenentwicklung $f(z) = \sum\limits_{\nu=1}^{\infty} b_\nu \sigma_\nu(z)$ nach (14') elementar berechnen.

Wir wollen noch anmerken, daß man das System $\{\sigma_\nu(z)\}$ zur Lösung von Extremalaufgaben des folgenden Typs benutzen kann: Es soll die Funktion kleinster Norm aus H bestimmt werden, für die

$$f^{(\nu-1)}(u) = a_\nu \qquad (\nu = 1, 2, 3, \ldots, N) \tag{1'}$$

gilt. Die Lösung ist[1]

$$f(z) = \sum_{\nu=1}^{N} b_\nu \, \sigma_\nu(z),$$

wobei die Konstanten b_ν aus dem System (1') berechnet werden.

Wir wollen die beiden wichtigen Systeme $\{\tau_\nu(z)\}$ und $\{\sigma_\nu(z)\}$ für den Einheitskreis berechnen. Die Kernfunktion ist nach (IV 21) für den Raum H_B:

$$K(z, \overline{u}) = \frac{1}{\pi} \cdot \frac{1}{(1 - z\,\overline{u})^2}.$$

Danach ist $\tau_\nu(z)$ von der Form

$$\tau_\nu(z) = \frac{\varkappa_1^{(\nu)}}{(1 - z\,\overline{u}_1)^2} + \frac{\varkappa_2^{(\nu)}}{(1 - z\,\overline{u}_2)^2} + \cdots + \frac{\varkappa_\nu^{(\nu)}}{(1 - z\,\overline{u}_\nu)^2}. \tag{15}$$

Entsprechend wird[2]

$$\sigma_\nu(z) = \frac{\lambda_1^{(\nu)}}{(1 - z\,\overline{u})^2} + \frac{\lambda_1^{(\nu)} \cdot z}{(1 - z\,\overline{u})^3} + \cdots + \frac{\lambda_\nu^{(\nu)} \cdot z^{\nu-1}}{(1 - z\,\overline{u})^{\nu+1}}. \tag{16}$$

Auch für den Raum H_S bekommt man bei beiden Systemen *rationale* Funktionen. Aber schon für den Kreisring wird die Darstellung wesentlich komplizierter: Hier geht ja die elliptische $\wp$-Funktion in die Formel (IV 25) für den Bergman-Kern ein. Der Vorteil, den die Systeme $\{\tau_\nu(z)\}$

---

[1] Vgl. die analoge Aufgabe in § 1.

[2] Dabei sind $\varkappa_n^{(\nu)}$ und $\lambda_n^{(\nu)}$ Zahlen, die bei dem Orthogonalisierungsprozeß der Folgen $\tau_\nu(z)$ bzw. $\sigma_\nu(z)$ berechnet werden.

und $\{\sigma_\nu(z)\}$ gegenüber dem durch Orthogonalisierung der Potenzen z_n entstehenden bieten, muß also durch ein komplizierteres Berechnungsverfahren bezahlt werden.

§ 4. Orthogonalisierung mit Gewichtsfunktionen

Man kennt in der reellen Analysis mancherlei Beispiele für Definitionen der Orthogonalität, bei denen eine *Gewichtsfunktion* benutzt wird. So gilt z. B. für die Laguerreschen Polynome

$$L_n(x) = \sum_{k=0}^{n} \frac{(-1)^k}{k!} \binom{n}{k} x^k$$

für $0 < x < \infty$ die Orthogonalitätsrelation

$$\int_0^\infty e^{-x} L_m(x) L_n(x)\, dx = \delta_{mn}.$$

Hier ist e^{-x} die Gewichtsfunktion.

Entsprechend kann man die in den Räumen $\boldsymbol{H}_B$, $\boldsymbol{H}_S$ usw. übliche Erklärung des inneren Produktes und der Orthogonalität verallgemeinern. Wir wollen die Verallgemeinerung der Begriffsbildungen von $\boldsymbol{H}_B$ ausführlicher besprechen.

Es sei $\varrho(z)$ eine in $\boldsymbol{G}+\boldsymbol{g}$ *stetige und positive Funktion*. Dann wird für die in $\boldsymbol{G}$ eindeutigen und regulären Funktionen $f(z)$ ein neues inneres Produkt erklärt durch die Vorschrift

$$(f, g)_\varrho = (f, \varrho g) = \iint_{\boldsymbol{G}} \varrho(z)\, f(z)\, \overline{g(z)}\, d\tau. \tag{17}$$

Die entsprechende Norm ist also

$$\|f\|_\varrho = \left(\iint_{\boldsymbol{G}} \varrho(z)\, |f(z)|^2\, d\tau \right)^{\frac{1}{2}}.$$

Man erkennt leicht, daß die Klasse der in $\boldsymbol{G}$ regulären Funktionen mit beschränkter ϱ-Norm einen Hilbertschen Raum $\boldsymbol{H}_{\varrho(z)}(\boldsymbol{G})$ bildet. Ist $\{v_n(z)\}$ ein vollständiges System von Funktionen, die den Orthogonalisierungsbedingungen

$$\iint_{\boldsymbol{G}} \varrho(z)\, v_n(z)\, \overline{v_m(z)}\, d\tau = \delta_{nm}$$

genügen, so hat man in

$$K_\varrho(z, \overline{u}) = \sum_{n=1}^{\infty} v_n(z)\, \overline{v_n(u)} \qquad (z \in \boldsymbol{G},\ u \in \boldsymbol{G}) \tag{18}$$

eine neue Kernfunktion mit der reproduzierenden Eigenschaft

$$(f, K_\varrho(z, \overline{u}))_\varrho = \iint_{\boldsymbol{G}} \varrho(z)\, \overline{K_\varrho(z, \overline{u})}\, f(z)\, d\tau = f(u) \tag{19}$$

und der Symmetrierelation

$$K_\varrho(z,\bar u) = \overline{K_\varrho(u,\bar z)}\,.\tag{20}$$

Wir wollen jetzt ein Verfahren entwickeln, um (unter gewissen Voraussetzungen) die Kernfunktion $K_\sigma(z,\bar u)$ zu berechnen, wenn eine andere Kernfunktion $K_\varrho(z,\bar u)$ bekannt ist. Insbesondere kann man (für gewisse Gewichtsfunktionen $\sigma(z)$) die Kernfunktionen $K_\sigma(z,\bar u)$ aus $K_1(z,\bar u) = K_B(z,\bar u)$ bestimmen.

Nach (19) und (20) haben wir für den Kern $K_\varrho(z,\bar u)$ die Darstellung

$$\iint\limits_G \sigma(t)\,K_\sigma(z,\bar t)\,K_\varrho(t,\bar u)\,d\tau_t = K_\varrho(z,\bar u)\tag{21}$$

und entsprechend für $K_\sigma(z,\bar u)$:

$$\iint\limits_G \varrho(t)\,K_\varrho(z,\bar t)\,K_\sigma(t,\bar u)\,d\tau_t = K_\sigma(z,\bar u)\,.\tag{21'}$$

Wir setzen jetzt

$$\sigma(t) = \varrho(t) + \varepsilon\,r(t)\tag{22}$$

und gewinnen dann aus (21) und (21'):

$$K_\varrho(z,\bar u) = K_\sigma(z,\bar u) + \varepsilon \iint\limits_G r(t)\,K_\sigma(z,\bar t)\,K_\varrho(t,\bar u)\,d\tau_t\,.\tag{23}$$

Das ist eine inhomogene lineare Integralgleichung für die unbekannte Kernfunktion $K_\sigma(z,\bar u)$. Wir verzichten auf einen Rückgriff auf die allgemeine Theorie der Integralgleichungen und geben (nach NEHARI [7]) eine Lösung, die sich auch bei der Berechnung von Kernfunktionen anderen Typs benutzen läßt.

Versuchen wir, (23) durch den Ansatz

$$K_\sigma(z,\bar u) = \sum_{\nu=0}^{\infty} \varepsilon^\nu\,a_\nu(z,\bar u)\,,\qquad a_0(z,\bar u) = K_\varrho(z,\bar u)\,,\tag{24}$$

zu lösen. Setzt man (24) in (23) ein, so wird

$$\sum_{\nu=1}^{\infty} \varepsilon^\nu \left[a_\nu(z,\bar u) + \iint\limits_G r(t)\,K_\varrho(t,\bar u)\,a_{\nu-1}(z,\bar t)\,d\tau_t \right] = 0\,.$$

Diese Gleichung wird gewiß erfüllt, wenn alle Koeffizienten von ε^ν einzeln verschwinden. Auf diese Weise bekommt man eine Rekursionsformel für die Funktionen $a_\nu(z,\bar u)$:

$$a_\nu(z,\bar u) = -\iint\limits_G r(t)\,K_\varrho(t,\bar u)\,a_{\nu-1}(z,\bar t)\,d\tau_t\,,\qquad a_0(z,\bar u) = K_\varrho(z,\bar u)\,.\tag{25}$$

Es ist nun zu zeigen, daß (unter gewissen Voraussetzungen) die nach (25) berechnete Reihe (24) konvergiert und tatsächlich die Kernfunktion darstellt. Bemerken wir zuerst, daß die durch (25) gewonnenen Funktionen $\overline{a_\nu(z,\overline{u})}$ (als Funktionen von u) zum Raum $\boldsymbol{H}_{\varrho(z)}$ gehören. Nach (19) gilt deshalb

$$a_\nu(z,\overline{u}) = \iint\limits_{\boldsymbol{G}} K_\varrho(t,\overline{u})\,\varrho(t)\,a_\nu(z,\overline{t})\,d\tau_t.$$

Mit Hilfe dieser Beziehung können wir jetzt die Formel (25) so schreiben:

$$\iint\limits_{\boldsymbol{G}} K_\varrho(t,\overline{u})\,\lambda_\nu(t)\,d\tau_t = 0. \tag{26}$$

Dabei ist

$$\lambda_\nu(t) = \varrho(t)\,a_\nu(z,\overline{t}) + r(t)\,a_{\nu-1}(z,\overline{t}) \tag{27}$$

unabhängig von u und in $\boldsymbol{G}$ quadratisch integrierbar. Wir wollen nun zeigen, daß daraus für *alle* Funktionen $f(t)$ des Raumes $\boldsymbol{H}_{\varrho(z)}$

$$\iint\limits_{\boldsymbol{G}} f(t)\,\lambda_\nu(t)\,d\tau_t = 0 \tag{28}$$

folgt. Um das zu begründen, stellen wir die Funktion $f(t)$ dar in der Form

$$f(t) = \sum_{\mu=1}^{\infty} \beta_\mu\,\tau_\mu^{(\varrho)}(t). \tag{29}$$

Dabei ist $\{\tau_\mu^{(\varrho)}(t)\}$ ein vollständiges Orthonormalsystem, das man nach Satz III 16 durch Orthogonalisierung der Funktionen $K_\varrho(t,\overline{u}_n)$ erhält. Die Orthogonalität ist hier natürlich auf das innere Produkt (17) bezogen. Dann ist nach (26)

$$\iint\limits_{\boldsymbol{G}} \tau_\mu^{(\varrho)}(t)\,\lambda_\nu(t)\,d\tau_t = 0,$$

da ja die Funktionen $\tau_\mu^{(\varrho)}(t)$ lineare Kombinationen von endlich vielen Funktionen $K_\varrho(t,\overline{u}_n)$ darstellen. Daraus folgt aber wegen (29) sofort (28).

Wir wenden jetzt die Identität (28) auf $f(t) = \overline{a_\nu(z,\overline{t})}$ an. Nach (27) führt das auf

$$\iint\limits_{\boldsymbol{G}} \varrho(t)\,|a_\nu(z,\overline{t})|^2\,d\tau_t = -\iint\limits_{\boldsymbol{G}} r(t)\,\overline{a_\nu(z,\overline{t})}\,a_{\nu-1}(z,\overline{t})\,d\tau_t. \tag{30}$$

Es sei nun

$$\frac{|r(t)|}{\varrho(t)} \leq M \qquad (t \in \boldsymbol{G}) \tag{31}$$

vorausgesetzt. Dann folgt nach der Schwarzschen Ungleichung

$$\left(\iint\limits_{\boldsymbol{G}} \varrho(t)\,|a_\nu(z,\overline{t})|^2\,d\tau_t\right)^2 \leq M^2 \iint\limits_{\boldsymbol{G}} \varrho(t)\,|a_{\nu-1}(z,\overline{t})|^2\,d\tau_t \cdot \iint\limits_{\boldsymbol{G}} \varrho(t)\,|a_\nu(z,\overline{t})|^2\,d\tau_t,$$

also

$$\iint\limits_{\boldsymbol{G}} \varrho(t)\,|a_\nu(z,\overline{t})|^2\,d\tau_t \leq M^2 \cdot \iint\limits_{\boldsymbol{G}} \varrho(t)\,|a_{\nu-1}(z,\overline{t})|^2\,d\tau_t. \tag{32}$$

Das rechts stehende Integral kann man nun für die Nummer $\nu = 1$ leicht ausrechnen. Nach (19) und wegen $a_0(z, \bar{t}) = \overline{a_0(t, \bar{z})} = K_\varrho(z, \bar{t})$ ist

$$\iint\limits_G \varrho(t) \, |a_0(z, \bar{t})|^2 \, d\tau_t = K_\varrho(z, \bar{z}).$$

Durch mehrfache Anwendung der Ungleichung (32) gewinnt man deshalb

$$\iint\limits_G \varrho(t) \, |a_\nu(z, \bar{t})|^2 \, d\tau_t \leq M^{2\nu} \cdot K_\varrho(z, \bar{z}). \tag{33}$$

Aus (25) folgt nun wegen der Schwarzschen Ungleichung und nach (31):

$$|a_\nu(z, \bar{u})|^2 \leq M^2 \iint\limits_G \varrho(t) \, |K_\varrho(t, \bar{u})|^2 \, d\tau_t \cdot \iint\limits_G \varrho(t) \, |a_{\nu-1}(z, \bar{t})|^2 \, d\tau_t. \tag{34}$$

Das erste Integral ist nach (19) der Kern $K_\varrho(u, \bar{u})$. Deshalb ergibt sich schließlich aus (34) und (33):

$$|a_\nu(z, \bar{u})| \leq M^\nu \cdot \sqrt{K_\varrho(z, \bar{z}) \cdot K_\varrho(u, \bar{u})}. \tag{35}$$

Danach ist die absolute und gleichmäßige Konvergenz der Reihe

$$S(z, \bar{u}) = \sum_{\nu=0}^{\infty} \varepsilon^\nu \, a_\nu(z, \bar{u})$$

gesichert, wenn $|\varepsilon|$ kleiner als M^{-1} gewählt wird. Wir können auch über die Güte der Konvergenz etwas aussagen. Setzt man nämlich

$$S(z, \bar{u}) = \sum_{\nu=0}^{n} \varepsilon^\nu \, a_\nu(z, \bar{u}) + R_n(z, \bar{u}),$$

so folgt nach (35) für das Restglied $R_n(z, \bar{u})$:

$$|R_n(z, \bar{u})| \leq \frac{(|\varepsilon| \cdot M)^{n+1}}{1 - |\varepsilon| \cdot M} \cdot \sqrt{K_\varrho(z, \bar{z}) \cdot K_\varrho(u, \bar{u})}.$$

Wir haben nun nur noch zu zeigen, daß die Summe $S(z, \bar{u})$ tatsächlich der Kern $K_\sigma(z, \bar{u})$ ist.

Für eine endliche Teilsumme von $S(z, \bar{u})$ haben wir für beliebiges $f(z) \in \boldsymbol{H}_\varrho$ nach (22) und (24):

$$\iint\limits_G \sigma(z) \cdot \sum_{\nu=0}^{n} \varepsilon^\nu \, \overline{a_\nu(z, \bar{u})} \, f(z) \, d\tau_z = \iint\limits_G \varrho(z) \, \overline{K_\varrho(z, \bar{u})} \, f(z) \, d\tau_z +$$

$$+ \sum_{\nu=1}^{n} \varepsilon^\nu \iint\limits_G \left(\varrho(z) \, \overline{a_\nu(z, \bar{u})} + r(z) \, \overline{a_{\nu-1}(z, \bar{u})} \right) f(z) \, d\tau_z +$$

$$+ \varepsilon^{n+1} \cdot \iint\limits_G r(z) \, \overline{a_n(z, \bar{u})} \, f(z) \, d\tau_z.$$

Nach (27) und (28) verschwinden die Koeffizienten von ε^ν für die Nummern von 1 bis n. Es bleibt nach (19):

$$\left. \begin{aligned} &\iint\limits_{G} \sigma(z) \cdot \sum_{\nu=0}^{n} \varepsilon^\nu \,\overline{a_\nu(z,\overline{u})}\, f(z)\, d\tau_z = f(u) + \\ &+ \varepsilon^{n+1} \iint\limits_{G} r(z)\, \overline{a_n(z,\overline{u})}\, f(z)\, d\tau_z = f(u) + \delta_n(u;f). \end{aligned} \right\} \tag{36}$$

Für $f(z) = K_\sigma(z,\overline{\eta})$ wird insbesondere

$$\iint\limits_{G} \sigma(z) \left(\sum_{\nu=0}^{n} \varepsilon^\nu \,\overline{a_\nu(z,\overline{u})} \right) K_\sigma(z,\overline{\eta})\, d\tau_z = K_\sigma(u,\overline{\eta}) + \delta_n(u;K_\sigma).$$

Wegen der reproduzierenden Eigenschaft des σ-Kernes heißt das:

$$\sum_{\nu=0}^{n} \varepsilon^\nu\, a_\nu(\eta,\overline{u}) = K_\sigma(\eta,\overline{u}) + \overline{\delta_n(u;K_\sigma)}. \tag{37}$$

Wir zeigen nun, daß $|\delta_n(u;K_\sigma)|$ gegen Null konvergiert. Es ist doch nach (36), (31) und (II 1):

$$|\delta_n(u;K_\sigma)|^2 = |\varepsilon|^{2n+2} \cdot \left| \iint\limits_{G} r(z)\, \overline{a_n(z,\overline{u})}\, K_\nu(z,\overline{\eta})\, d\tau_z \right|^2$$

$$\leqq M^2 \cdot |\varepsilon|^{2n+2} \operatorname{Max}\left(\frac{\varrho(z)}{\sigma(z)} \right) \cdot \iint\limits_{G} \varrho(z)\, |a_n(z,\overline{u})|^2\, d\tau_z \times$$

$$\times \iint\limits_{G} \sigma(z)\, |K_\sigma(z,\overline{\eta})|^2\, d\tau_z.$$

Nach (22) und (31) ist weiter

$$\sigma(z) \geqq \varrho(z)\, (1 - |\varepsilon| \cdot M),$$

und nach (19) und (33) erhalten wir schließlich

$$|\delta_n(u;K_\sigma)|^2 \leqq (M \cdot |\varepsilon|)^{2n+2} \cdot \frac{K_\varrho(u,\overline{u})\, K_\sigma(\eta,\overline{\eta})}{1 - |\varepsilon| \cdot M}.$$

Ist $M \cdot |\varepsilon| < 1$, so konvergiert $|\delta_n(u;K_\sigma)|$ gegen Null. Aus (37) folgt dann die gewünschte Darstellung für $K_\sigma(\eta,\overline{u})$. Fassen wir zusammen:

Satz VI 5

Es seien $K_\varrho(z,\overline{u})$ und $K_\sigma(z,\overline{u})$ die zu den stetigen und positiven Funktionen $\varrho(z)$ und $\sigma(z)$ gehörenden Kerne mit der reproduzierenden Eigenschaft (19). $\varrho(z)$ und $\sigma(z)$ mögen durch eine Beziehung $\sigma(z) = \varrho(z) + \varepsilon \cdot r(z)$ zusammenhängen. Dabei soll $|\varepsilon| \cdot M = |\varepsilon| \cdot \operatorname{Max} r(z)| \cdot \varrho(z)^{-1} < 1$ sein. Dann gilt für $K_\sigma(z,\overline{u})$ die Darstellung

$$K_\sigma(z,\overline{u}) = K_\varrho(z,\overline{u}) + \sum_{\nu=1}^{n} \varepsilon^\nu\, a_\nu(z,\overline{u}) + R_n(z,\overline{u}).$$

Dabei sind die Koeffizienten $a_\nu(z,\bar u)$ *gegeben durch die Rekursionsformel* (25). *Für das Restglied gilt die Abschätzung* (36).

Durch eine geringe Variation der Beweisführung kann man eine entsprechende Aussage ableiten für den Raum H_S. Man ersetzt in diesem Fall die übliche Definition der Orthogonalität durch

$$[f,g]_\varrho = \int\limits_g \varrho(z)\, f(z)\, \overline{g(z)}\, ds$$

mit einer positiven und stetigen Funktion $\varrho(z)$. Mit Hilfe eines vollständigen und im Sinne dieses inneren Produktes orthogonalen Systems gewinnt man dann eine Kernfunktion $K_S^{(\varrho)}(z,\bar u)$, die die reproduzierende Eigenschaft

$$\int\limits_g \varrho(z)\, \overline{K_S^{(\varrho)}(z,\bar u)}\, f(z)\, ds = f(u) \tag{38}$$

hat. Wie NEHARI [7] zeigte, läßt sich auch in diesem Fall unter entsprechenden Voraussetzungen die Berechnung von $K_S^{(g)}(z,\bar u)$ aus $K_S^{(\varrho)}(z,\bar u)$ durchführen.

MESCHKOWSKI [5], [7], [10], [12].
NEHARI [7].

Siebentes Kapitel

Normalabbildungen

Eines der wichtigsten Probleme in der Theorie der konformen Abbildung ist das der *Normalabbildung*. Man kann zeigen, daß man jeden schlichten Bereich von endlichem Zusammenhang[1] durch geeignete analytische Funktionen umkehrbar eindeutig und konform auf gewisse *Normalbereiche* abbilden kann. Das sind Gebiete, deren Berandung besonders einfach ist. Wir nennen als Beispiele:

a) Parallelschlitzbereiche. Hier sind die Randkurven parallele Strecken (Abb. 7a und 7b z.B.).

b) Vollkreisbereiche.

c) Radial- und Kreisschlitzbereiche. Der Rand besteht hier aus Strecken, deren Trägergeraden durch den Nullpunkt gehen bzw. aus Kreisbögen, die auf Kreisen um den Nullpunkt liegen (Abb. 8a und 8b).

Man weiß seit langem, daß die Abbildung auf solche Bereiche — bei geeigneter Normierung — auf *genau eine* Weise möglich ist. Aber die Beweise für diese Tatsache (von KOEBE, GRÖTZSCH u.a.) sind meist

---

[1] Unter gewissen Voraussetzungen kann man auch Gebiete von unendlich hohem Zusammenhang auf entsprechende Normalbereiche abbilden. Siehe darüber z.B. MESCHKOWSKI [1] und [2].

reine Existenzaussagen. Es wird nachgewiesen, daß es eine solche Abbildung *gibt*, aber der Beweis liefert (meist) kein Verfahren zur expliziten Bestimmung der Abbildungsfunktion.

Es ist deshalb ein wichtiger Fortschritt in der Theorie der konformen Abbildung, daß man heute die Normalabbildungsfunktionen durch Kernfunktionen (nach BERGMAN bzw. SZEGÖ) darstellen kann. Damit *reduziert sich die Bestimmung der Normalabbildung im wesentlichen auf die Berechnung der Kernfunktion* des vorgelegten Gebietes.

Man kann auch, wie zuerst LEHTO [1] gezeigt hat, die *Existenz* der Normalabbildung (auf den Parallelschlitzbereich) aus der Theorie der Kernfunktion begründen[1]. Es ist indessen einfacher, wenn man die Möglichkeit der Normalabbildung mit den klassischen Methoden beweist[2] und dann später nachweist, daß sich die Abbildungsfunktionen in einfacher Weise durch die Kernfunktion bzw. durch vollständige Orthonormalsysteme des Raumes $H_{(B)}$ bzw. H_S berechnen lassen. Wir wollen hier diesen Weg gehen. Die Existenz der Abbildungsfunktionen wird vorausgesetzt.

§ 1. Die Parallelschlitzabbildung

In der Theorie der konformen Abbildung beweist man den folgenden Satz: *Jeder schlichte n-fach zusammenhängende Bereich* G *(mit dem Rand* $g = \sum_{v=1}^{n} g_v$*) kann eineindeutig und konform auf einen schlichten Parallelschlitzbereich abgebildet werden.*

Die Abbildungsfunktion $f(z)$ kann so normiert werden, daß ein vorgegebener Punkt $u \in G$ in den unendlich fernen Punkt des Bildbereiches abgebildet wird und $f(z)$ in der Umgebung von u die Entwicklung

$$f(z) = \frac{1}{z - u} + a_1(z - u) + a_2(z - u)^2 + \cdots \tag{1}$$

hat. Durch eine geringe Variation des Verfahrens kann man auch die Existenz einer Abbildung auf solche Schlitzbereiche gewinnen (mit der Normierung (1)), deren Randkomponenten unter sich parallel, aber schräg zu den Koordinatenachsen liegen.

Es sei $A(z, u)$ die Funktion, die den gegebenen Bereich G[3] mit der Normierung (1) auf einen Parallelschlitzbereich mit Schlitzen parallel zur reellen Achse abbildet; der Bildbereich von $B(z, u)$ soll entsprechend von Schlitzen parallel zur imaginären Achse berandet sein (Abb. 7a, b).

---

[1] Siehe dazu auch BERGMAN [4], Kap. IX.

[2] Man findet diese Beweise bei BIEBERBACH und NEHARI [8].

[3] Es sei an die Verabredung über das Gebiet G in der Einleitung von Kap. IV erinnert.

Wir definieren nun die Funktionen $M(z, u)$ und $N(z, u)$ durch

$$M(z, u) = \tfrac{1}{2} \cdot \big(A(z, u) - B(z, u)\big), \left.\vphantom{\begin{matrix}a\\b\end{matrix}}\right\}$$
$$N(z, u) = \tfrac{1}{2} \cdot \big(A(z, u) + B(z, u)\big). \qquad (2)$$

Wegen der Normierung bei u ist $M(z, u)$ eine in G überall reguläre Funktion; $N(z, u)$ dagegen hat bei $z = u$ einen Pol mit der Entwicklung

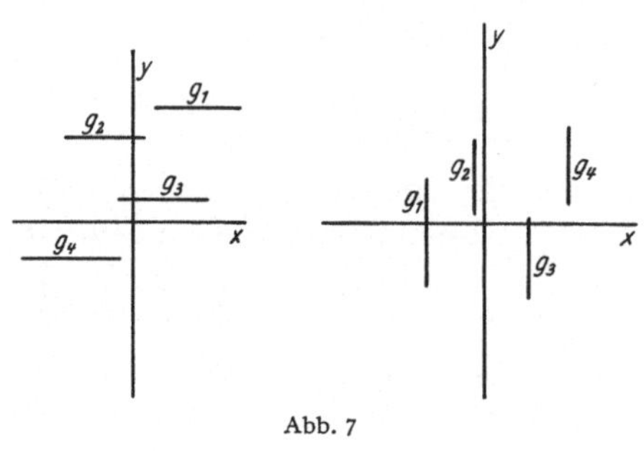

$$N(z, u) = \frac{1}{z - u} + \text{regulär}. \qquad (3)$$

Auf der Randkomponente $\boldsymbol{g}_\nu$ mögen die Funktionen so dargestellt sein:

$$A(z, u) = \alpha_\nu(z, u) + i\,\beta_\nu(u), \left.\vphantom{\begin{matrix}a\\b\\c\end{matrix}}\right\}$$
$$B(z, u) = a_\nu(u) + i\,b_\nu(z, u), \qquad (4)$$
$$\nu = 1, 2, 3, \ldots, n.$$

Abb. 7

Diese Darstellung bringt zum Ausdruck, daß für $z \in \boldsymbol{g}$ bei $A(z, u)$ der Imaginärteil, bei $B(z, u)$ der Realteil nicht von z abhängt. Danach haben wir für $z \in \boldsymbol{g}_\nu$:

$$M(z, u) = \overline{N(z, u)} - a_\nu(u) + i\,\beta_\nu(u) = \overline{N(z, u)} + \gamma_\nu(u). \qquad (5)$$

Durch Differentiation gewinnen wir daraus die wichtige Randbeziehung

$$M'(z, u)\, dz = \overline{N'(z, u)\, dz}, \qquad z \in \boldsymbol{g}. \qquad (6)$$

Es sei jetzt $f(z)$ eine Funktion des Raumes $\boldsymbol{H}_{(B)}$, die auf dem Rand $\boldsymbol{g}$ noch regulär ist. Dann kann man das innere Produkt $\big(f, M'(z, u)\big)$ nach (IV 12) so darstellen:

$$\big(f, M'(z, u)\big) = -\frac{1}{2i}\,\overline{M'(z, u)}\,F(z)\,\overline{dz}.$$

Dabei ist $F(z)$ die (eindeutige!) Integralfunktion von $f(z)$. Wegen (6) wird daraus

$$\big(f, M'(z, u)\big) = -\frac{1}{2i}\int\limits_{\boldsymbol{g}} N'(z, u)\,F(z)\,dz. \qquad (7)$$

$F(z)$ ist überall in G regulär; $N'(z, u)$ hat bei $z = u$ nach (3) die Entwicklung

$$N'(z, u) = -\frac{1}{(z - u)^2} + \text{regulär}.$$

Deshalb folgt aus (7) nach dem Residuensatz:

$$\big(f(z), M'(z, u)\big) = \pi\, f(u).$$

$\frac{1}{\pi} M'(z, u)$ hat also die reproduzierende Eigenschaft für alle die Funktionen aus $\boldsymbol{H}_{(B)}$, die auf dem Rand noch regulär sind. Wie in den §§ IV 4 und IV 5 schließt man daraus, daß $\frac{1}{\pi} M'(z, u)$ dann auch die reproduzierende Eigenschaft hat *für alle Funktionen des Raumes* $\boldsymbol{H}_{(B)}$. Diese Funktion ist deshalb mit dem reduzierten Bergmanschen Kern identisch[1]:

$$\frac{1}{\pi} M'(z, \bar{u}) = K_{(B)}(z, \bar{u}) = \sum_{v=1}^{\infty} \varphi_v(z)\, \overline{\varphi_v(u)}. \tag{8}$$

Dabei ist $\{\varphi_v(z)\}$ ein vollständiges Orthonormalsystem in $\boldsymbol{H}_{(B)}$. Auch für $N'(z, u)$ gewinnen wir leicht eine Reihenentwicklung. Dazu beachten wir zuerst, daß $N'(z, u)$ zu allen auf dem Rand g noch regulären Funktionen von $\boldsymbol{H}_{(B)}$ orthogonal ist. Dabei müssen wir allerdings den Begriff der Orthogonalität erst verallgemeinern: $N'(z, u)$ hat ja bei $z=u$ einen Pol zweiter Ordnung, und das Gebietsintegral über $f(z)\, \overline{N'(z, u)}$ existiert nicht. Nun kann man aber nach (IV 12) das innere Produkt (f, g) auch als Randintegral schreiben: Es ist

$$(f, g) = \frac{1}{2i} \int_g f\, \overline{G}\, dz = -\frac{1}{2i} \int_g F\, \overline{g\, dz}$$

mit $G(z) = \int^z g(t)\, dt$, wenn nur die beteiligten Funktionen auf dem Rand noch regulär sind. Dieses Randintegral hat auch dann Sinn, wenn die beteiligten Funktionen in G meromorph sind. Wir können also auch (N', f) $(f \in \boldsymbol{H}_{(B)})$ bilden und erhalten wegen (6):

$$(N', f) = \frac{1}{2i} \int_g N'(z, u)\, \overline{F}\, dz = -\overline{\frac{1}{2i} \int_g M'(z, \bar{u})\, F(z)\, dz} = 0, \tag{9}$$

denn $M'(z, \bar{u})$ und $F(z)$ sind ja überall im Innern des Gebietes G regulär. N' und f sind also tatsächlich orthogonal.

Für die zum Raum $\boldsymbol{H}_{(B)}$ gehörende Funktion

$$\lambda(z, u) = N'(z, u) + \frac{1}{(z - u)^2}$$

haben wir dann nach (9) die Darstellung:

$$\lambda(z, u) = \sum_{v=1}^{\infty} (\lambda, \varphi_v)\, \varphi_v(z) = \sum_{v=1}^{\infty} \left(\frac{1}{(z - u)^2},\, \varphi_v \right) \varphi_v(z).$$

Für $N'(z, u)$ gilt also:

$$N'(z, u) = -\frac{1}{(z - u)^2} + \sum_{v=1}^{\infty} c_v\, \varphi_v(z), \qquad c_v = \left(\frac{1}{(z - u)^2},\, \varphi_v \right). \tag{10}$$

---

[1] Wir schreiben jetzt $M'(z, \bar{u})$ statt $M'(z, u)$, weil wir jetzt über die Art der Abhängigkeit von u im klaren sind. Nach (8) ist M' analytisch in z, antianalytisch in u.

Man kann aber $N'(z, u)$ auch in geschlossener Form durch die Kernfunktion darstellen. Setzt man für $c_\nu(u)$ nach (IV 12) das Randintegral[1]

$$c_\nu(u) = \frac{1}{2i} \int_g \frac{\overline{\varphi_\nu(t)\, dt}}{t - u}$$

ein, so wird aus (10):

$$N'(z, u) = -\frac{1}{(z - u)^2} + \frac{1}{2i} \int_g \frac{K_{(B)}(z, \bar{t})\, \overline{dt}}{t - u}. \tag{11}$$

Diese Darstellung zeigt u.a., daß $N'(z, u)$ *auch in der Veränderlichen u analytisch* ist.

Mit Hilfe von (8) und (10) (oder (11)) kann man jetzt nach (2) die beiden Schlitzabbildungen leicht berechnen.

Satz VII 1

Die Ableitungen $A'(z, u)$ und $B'(z, u)$ der normierten Abbildungsfunktionen, die einen n-fach zusammenhängenden Bereich $\mathbf{G}$ auf einen Parallelschlitzbereich mit Schlitzen parallel zur reellen bzw. zur imaginären Achse eineindeutig und konform abbilden, können mit Hilfe eines vollständigen Orthonormalsystems in $\mathbf{H}_{(B)}$ bzw. durch die Kernfunktion $K_{(B)}(z, \bar{u})$ so dargestellt werden:

$$\left.\begin{aligned}
A'(z, u) &= -\frac{1}{(z - u)^2} + \sum_{\nu=1}^{\infty} \left(\pi\, \overline{\varphi_\nu(u)} + c_\nu(u)\right) \varphi_\nu(z), \\
B'(z, u) &= -\frac{1}{(z - u)^2} + \sum_{\nu=1}^{\infty} \left(c_\nu(u) - \pi\, \overline{\varphi_\nu(u)}\right) \varphi_\nu(z),
\end{aligned}\right\} \tag{12}$$

oder auch

$$\left.\begin{aligned}
A'(z, u) &= -\frac{1}{(z - u)^2} + \pi\, K_{(B)}(z, \bar{u}) + \frac{1}{2i} \int_g \frac{K_{(B)}(z, \bar{t})\, \overline{dt}}{t - u}, \\
B'(z, u) &= -\frac{1}{(z - u)^2} - \pi\, K_{(B)}(z, \bar{u}) + \frac{1}{2i} \int_g \frac{K_{(B)}(z, \bar{t})\, \overline{dt}}{t - u}.
\end{aligned}\right\} \tag{13}$$

Für weitere Anwendungen benutzen wir die durch partielle Ableitung nach $\bar{u}$ bzw. u entstehenden Funktionen

$$\left.\begin{aligned}
M'_m(z, \bar{u}) &= \frac{\partial^{m-1}}{\partial \bar{u}^{m-1}}\, M'(z, \bar{u}) = \pi \cdot \sum_{\nu=1}^{\infty} \varphi_\nu(z)\, \overline{\varphi_\nu^{(m-1)}(u)}, \\
N'_m(z, u) &= \frac{\partial^{m-1}}{\partial u^{m-1}}\, N'(z, u) = -\frac{m!}{(z - u)^{m+1}} + \sum_{\nu=1}^{\infty} c_\nu^{(m-1)}(u)\, \varphi_\nu(z).
\end{aligned}\right\} \tag{14}$$

---

[1] Diese Umformung setzt voraus, daß die Funktionen $\varphi_\nu(z)$ alle auf dem Rand noch regulär sind. Es gibt nach Kap. IV gewiß Systeme, die diese Eigenschaft haben.

Dabei ist

$$c_\nu^{(m)}(u) = \frac{m!}{2i} \int\limits_g \frac{\overline{\varphi_\nu(z)\,dz}}{(z-u)^{m+1}}\,.$$

Die Funktion $M_m'(z,\bar{u})$ unterscheidet sich von der in (III 23) definierten Funktion $K_m(z,\bar{u})$ nur durch den Faktor π:

$$M_m'(z,\bar{u}) = \pi \cdot K_m(z,\bar{u})\,.$$

Zwischen den Funktionen $M_m'(z,\bar{u})$ und $N_m'(z,u)$ besteht nach (6) der Zusammenhang

$$M_m'(z,\bar{u})\,dz = \overline{N_m'(z,u)\,dz}\,, \qquad z \in g \tag{15}$$

Die Funktionen

$$A_m(z,u) = M_m(z,\bar{u}) + N_m(z,u)$$
$$B_m(z,u) = -M_m(z,u) + N_m(z,u)$$

bilden dann G auf einen m-blättrigen Parallelschlitzbereich ab. Bei $A_m(z,u)$ laufen die Schlitze parallel zur reellen, bei $B_m(z,u)$ parallel zur imaginären Achse. Aus (15) folgt nämlich durch Integration für Punkte $z \in g_\nu$:

$$N_m(z,u) = \overline{M_m(z,\bar{u})} + \alpha_\nu(u)\,, \qquad \nu = 1, 2, 3, \ldots, n\,.$$

Dabei ist $\alpha_\nu(u)$ eine nur von u und der Nummer ν der Randkomponente abhängige Integrationskonstante. Daraus folgt nach der Definition von $A_m(z,u)$:

$$A_m(z,u) = \overline{A_m(z,u)} + i\,\beta_\nu(u)$$

mit reellem $\beta_\nu(u)$. Das heißt: Im $A_m(z,u)$ ist für festes u auf g_ν konstant, das Bild ist ein Schlitz parallel zur reellen Achse. Da bei u ein Pol m-ter Ordnung vorliegt, erfolgt die Abbildung auf eine m-blättrige Riemannsche Fläche.

§ 2. Die Radial- und Kreisschlitzabbildung

In der Theorie der konformen Abbildung beweist man die Existenz der Radial- und Kreisschlitzabbildungen. Ist G wieder ein n-fach zusammenhängender Bereich mit den üblichen Randeigenschaften[1] und sind u und v irgend zwei Punkte von G, so gibt es zwei in G erklärte Funktionen $R(z; u, v)$ und $K(z; u, v)$, die diesen Bereich so auf einen von n Radialschlitzen bzw. Kreisschlitzen begrenzten Bereich (Abb. 8a, b) abbilden, daß u in 0 und v in ∞ übergeht und in der Umgebung von

---

[1] Vgl. dazu die Einleitung von Kap. IV.

$z = v$ die Potenzreihenentwicklung der Funktionen so aussieht:

$$\left.\begin{aligned}
R(z; u, v) &= \frac{1}{z-v} + a_0 + a_1(z-v) + \cdots \\
K(z; u, v) &= \frac{1}{z-v} + b_0 + b_1(z-v) + \cdots .
\end{aligned}\right\} \tag{16}$$

Durch die Normierung (16) sind die beiden Abbildungsfunktionen eindeutig bestimmt.

Auch diese Funktionen können wir durch die Kernfunktion von $\boldsymbol{G}$ darstellen. Dazu definieren wir zunächst die Funktionen

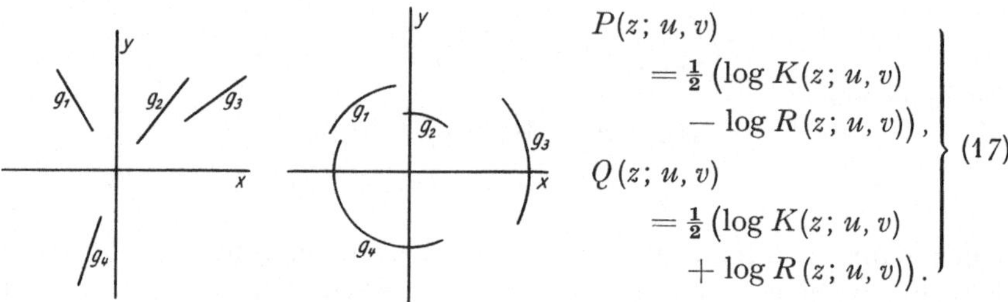

$$\left.\begin{aligned}
P(z; u, v) \\
= \tfrac{1}{2}\big(\log K(z; u, v) \\
- \log R(z; u, v)\big), \\
Q(z; u, v) \\
= \tfrac{1}{2}\big(\log K(z; u, v) \\
+ \log R(z; u, v)\big).
\end{aligned}\right\} \tag{17}$$

Abb. 8

Aus den Eigenschaften der beiden Abbildungsfunktionen folgt, daß für den Logarithmus dieser Funktionen Darstellungen möglich sind in der Form

$$\left.\begin{aligned}
\log R(z; u, v) &= \log \frac{z-u}{z-v} + F(z; u, v), \\
\log K(z; u, v) &= \log \frac{z-u}{z-v} + G(z; u, v)
\end{aligned}\right\} \tag{18}$$

mit regulären und eindeutigen Funktionen $F(z; u, v)$ und $G(z; u, v)$. Daraus ergibt sich dann für die durch (17) definierten Funktionen:

1. $P(z; u, v)$ ist in $\boldsymbol{G}$ regulär und eindeutig.

2. Für $Q(z; u, v)$ gibt es eine Darstellung in der Form

$$Q(z; u, v) = \log \frac{z-u}{z-v} + Q_1(z; u, v) \tag{19}$$

mit regulärem und eindeutigem $Q_1(z; u, v)$.

Auf den Randkomponenten $\boldsymbol{g}_\nu$ von $\boldsymbol{g}$ können wir wegen der Abbildungseigenschaften unsere Funktionen so schreiben:

$$\left.\begin{aligned}
\log K(z; u, v) &= \varkappa_\nu(u, v) + i\,\varrho_\nu(z; u, v), \\
\log R(z; u, v) &= \lambda_\nu(z; u, v) + i\,\sigma_\nu(u, v), \qquad u, v \in \boldsymbol{G},\ z \in \boldsymbol{g}.
\end{aligned}\right\} \tag{20}$$

Durch Differentiation gewinnt man daraus für $P(z; u, v)$ und $Q(z; u, v)$ die Randbedingung

$$P'(z; u, v)\, dz = -\,\overline{Q'(z; u, v)\, dz}, \qquad z \in \boldsymbol{g}. \tag{21}$$

Nach diesen Vorbereitungen wollen wir Beziehungen ableiten zwischen P', Q' und den Abbildungsfunktionen von §1. Diese für sich interessanten Relationen können dann dazu dienen, auch die Funktionen $K(z; u, v)$ und $R(z; u, v)$ mit Hilfe der Kernfunktion bzw. durch vollständige Orthonormalsysteme darzustellen. Gehen wir aus von dem Integral

$$J_1 = \int\limits_g M(z, \bar{a})\, P'(z; u, v)\, dz = 0, \qquad a, u, v \in \boldsymbol{G}. \tag{22}$$

Das Integral verschwindet, weil die Funktionen $M(z, a)$ und $P'(z; u, v)$ beide überall in $\boldsymbol{G}$ regulär sind. Nach (5) und (21) folgt aus (22)

$$\int\limits_g \overline{N(z, a)\, Q'(z; u, v)\, dz} + \sum_{\nu=1}^{n} \gamma_\nu(a) \int\limits_{g_\nu} \overline{Q'(z; u, v)\, dz} = 0. \tag{23}$$

Die Integrale über die einzelnen Randkomponenten in (23) verschwinden, wie man sofort aus der Darstellung (19) für $Q(z; u, v)$ erkennt. Die Auswertung des ersten Integrals von (23) nach der Residuenmethode ergibt dann eine wichtige Beziehung zwischen der Funktion $Q'(z; u, v)$ und der N-Funktion:

$$Q'(a; u, v) = N(v, a) - N(u, a). \tag{24}$$

Wir gewinnen eine entsprechende Relation für $P'(z; u, v)$, indem wir das Integral

$$J_2 = \frac{1}{2\pi i} \int\limits_g N(z, a)\, P'(z; u, v)\, dz$$

auswerten. $N(z, a)$ hat bei a einen einfachen Pol mit dem Residuum $+1$, $P'(z; u, v)$ ist überall in $\boldsymbol{G}$ regulär. Deshalb bekommen wir für J_2:

$$J_2 = \frac{1}{2\pi i} \int\limits_g N(z, a)\, P'(z; u, v)\, dz = P'(a; u, v). \tag{25}$$

Nach (5) und (21) können wir J_2 aber auch so umformen:

$$J_2 = \overline{\frac{1}{2\pi i} \int\limits_g M(z, \bar{a})\, Q'(z; u, v)\, dz} + \frac{1}{2\pi i} \cdot \sum_{\nu=1}^{n} \overline{\gamma_\nu(a)} \cdot \int\limits_{g_\nu} \overline{Q'(z; u, v)\, dz}. \tag{26}$$

Die Summe über die Integrale in (26) verschwindet wieder, und man erhält

$$J_2 = \overline{M(u, \bar{a}) - M(v, \bar{a})}. \tag{27}$$

Damit haben wir nach (25) und (27):

$$\overline{P'(a; u, v)} = M(u, \bar{a}) - M(v, \bar{a}). \tag{28}$$

Aus (28) und (25) kann man nun leicht eine Darstellung der Funktionen $K(z; u, v)$ und $R(z; u, v)$ durch vollständige Orthonormalsysteme in $\boldsymbol{H}_{(B)}$ herleiten.

Dazu schreiben wir zunächst die durch (10) definierten Koeffizienten $c_\nu(u)$ (unter Benutzung von (IV 12)) in der Form

$$c_\nu(u) = \frac{1}{2i} \int\limits_{g} \frac{\overline{\Phi_\nu(z)}\, dz}{(z-u)^2}\,. \tag{29}$$

Dabei ist $\Phi_\nu(z)$ das eindeutige Integral

$$\Phi_\nu(z) = \int\limits_{v_1}^{z} \varphi_\nu(t)\, dt. \tag{30}$$

v_1 ist ein zunächst beliebig gewählter innerer Punkt von G. Wir notieren noch

$$\Phi_\nu(v_1) = 0. \tag{31}$$

Aus

$$\frac{dN(u,z)}{du} = -\frac{1}{(u-z)^2} + \sum_{\nu=1}^{\infty} c_\nu(z)\, \varphi_\nu(u)$$

folgt nun durch Integration

$$N(u,z) - N(v,z) = \frac{1}{u-z} - \frac{1}{v-z} + \sum_{\nu=1}^{\infty} c_\nu(z)\, \big(\Phi_\nu(u) - \Phi_\nu(v)\big). \tag{32}$$

Integration über z liefert nach (24):

$$\left.\begin{aligned}
Q(z;u,v) &- Q(v_1;u,v) \\
&= \log\frac{z-u}{z-v} - \log\frac{v_1-u}{v_1-v} - \sum_{\nu=1}^{\infty} C_\nu(z)\, \big(\Phi_\nu(u) - \Phi_\nu(v)\big).
\end{aligned}\right\} \tag{33}$$

Dabei ist:

$$C_\nu(z) = \int\limits_{v_1}^{z} c_\nu(t)\, dt = \int\limits_{v_1}^{z} \left\{ \frac{1}{2i} \int\limits_{g} \frac{\overline{\Phi_\nu(w)}\, dw}{(w-t)^2} \right\} dt$$

$$= \frac{1}{2i} \left\{ \int\limits_{g} \frac{\overline{\Phi_\nu(w)}\, dw}{w-z} - \int\limits_{g} \frac{\overline{\Phi_\nu(w)}\, dw}{w-v_1} \right\},$$

also

$$C_\nu(z) = \left(\frac{1}{w-z}\,,\ \varphi_\nu(w) \right)_w - \left(\frac{1}{w-v_1}\,,\ \varphi_\nu(w) \right)_w. \tag{34}$$

Wir schreiben nun (8) in der Form

$$\frac{d}{du} M(u,\bar z) = \pi \sum_{\nu=1}^{\infty} \varphi_\nu(u)\, \overline{\varphi_\nu(z)}$$

und integrieren:

$$M(u,\bar z) - M(v,\bar z) = \pi \sum_{\nu=1}^{\infty} \big(\Phi_\nu(u)\, \overline{\varphi_\nu(z)} - \Phi_\nu(v)\, \overline{\varphi_\nu(z)}\big). \tag{35}$$

Nach (28) und (31) folgt daraus

$$P(z;u,v) - P(v_1;u,v) = \pi \sum_{\nu=1}^{\infty} \big(\Phi_\nu(z)\, \overline{\Phi_\nu(u)} - \Phi_\nu(z)\, \overline{\Phi_\nu(v)}\big). \tag{36}$$

Unter Benutzung von (17), (33) und (36) erhalten wir schließlich eine Darstellung für $K(z; u, v)$:

$$K(z; u, v) = K(v_1; u, v) \frac{\dfrac{z-u}{v_1-u} \operatorname{Exp}\left(\pi \sum_{\nu=1}^{\infty} \Phi_\nu(z) \overline{\Phi_\nu(u)} - \sum_{\nu=1}^{\infty} C_\nu(z) \Phi_\nu(u)\right)}{\dfrac{z-v}{v_1-v} \operatorname{Exp}\left(\pi \sum_{\nu=1}^{\infty} \Phi_\nu(z) \overline{\Phi_\nu(v)} - \sum_{\nu=1}^{\infty} C_\nu(z) \Phi_\nu(v)\right)} . \tag{37}$$

Um diese Formel zu vereinfachen, wählen wir jetzt speziell $v_1 = v$ und setzen

$$\int_v^z \varphi_\nu(t) \, dt = \psi_\nu(z), \qquad \int_v^z c_\nu(t) \, dt = D_\nu(z) . \tag{38}$$

Dann wird also

$$\psi_\nu(v) = D_\nu(v) = 0, \qquad \nu = 1, 2, 3, \ldots$$

und wegen der Residuenbedingung

$$\lim_{v_1 \to v} K(v_1; u, v) (v_1 - v) = 1$$

schließen wir von (37) auf

Satz VII 2

Es seien $K(z; u, v)$ und $R(z; u, v)$ die Abbildungsfunktionen, die einen n-fach zusammenhängenden schlichten und beschränkten Bereich G so auf einen Kreis- bzw. Radialschlitzbereich abbilden, daß dabei $z = u$ in Null und $z = v$ in ∞ (Residuum $+1$) übergeht. $\{\varphi_\nu(z)\}$ sei ein vollständiges Orthonormalsystem des Hilbert-Raumes $\mathbf{H}_{(B)}(G)$, $\psi_\nu(z)$ und $D_\nu(z)$ seien die durch (38) erklärten Funktionen. Dann ist

$$K(z; u, v) = \frac{z-u}{(z-v)(v-u)} \operatorname{Exp}\left(\pi \sum_{\nu=1}^{\infty} \psi_\nu(z) \overline{\psi_\nu(u)} - \sum_{\nu=1}^{\infty} D_\nu(z) \psi_\nu(u)\right), \tag{39}$$

$$R(z; u, v) = \frac{z-u}{(z-v)(v-u)} \operatorname{Exp}\left(-\pi \sum_{\nu=1}^{\infty} \psi_\nu(z) \overline{\psi_\nu(u)} - \sum_{\nu=1}^{\infty} D_\nu(z) \psi_\nu(u)\right). \tag{40}$$

Natürlich kann man aus (24) und (28), (8) und (11) auch eine Darstellung gewinnen, in der die beiden Abbildungsfunktionen in ihrer Abhängigkeit von dem reproduzierenden Kern $K_{(B)}(G)$ erscheinen. Wir beschränken uns darauf, die entsprechenden Formeln für K'/K und R'/R zu notieren:

$$\left. \begin{aligned} \frac{K'(z; u, v)}{K(z; u, v)} &= \frac{1}{z-u} - \frac{1}{z-v} + \frac{1}{i} \int_g \log\left|\frac{t-u}{t-v}\right| K_{(B)}(z, \bar{t}) \, \overline{dt}, \\ \frac{R'(z; u, v)}{R(z; u, v)} &= \frac{1}{z-u} - \frac{1}{z-v} + \int_g \arg\left(\frac{t-u}{t-v}\right) K_{(B)}(z, \bar{t}) \, \overline{dt}. \end{aligned} \right\} \tag{41}$$

§ 3. Die Abbildung auf einen beschränkten Kreisschlitzbereich

Man kann das n-fach zusammenhängende Gebiet G auch auf einen schlichten Bereich abbilden, der von einem Vollkreis und $n-1$ Kreisbögen begrenzt wird, die auf Kreisen um den Mittelpunkt des Vollkreises liegen. Wir wählen der Einfachheit wegen den Nullpunkt als Mittelpunkt und normieren die Abbildungsfunktion $E(z, u)$ durch die Vorschrift

$$E(z, u) = (z - u) + a_2 (z - u)^2 + \cdots. \tag{42}$$

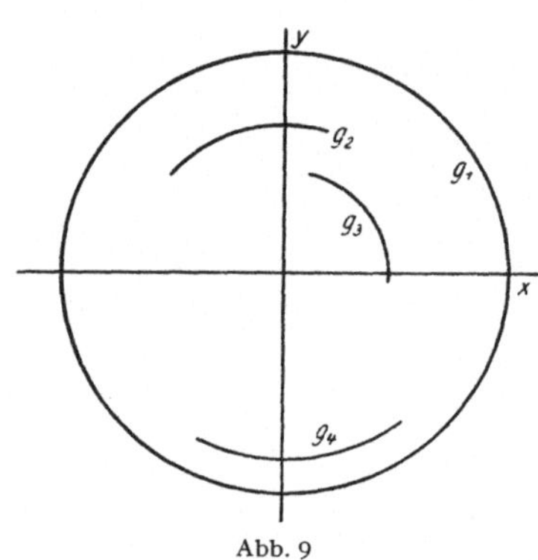

Abb. 9

u ist dabei der Punkt des Bereiches G, der in den Nullpunkt des *beschränkten Kreisschlitzbereiches* (Abb. 9) abgebildet wird.

Auf dem Rand g von G ist dann

$$E(z, u) \cdot \overline{E(z, u)} = \text{const},$$

und durch Differentiation folgt daraus

$$\left. \frac{E'(z, u)}{E(z, u)} \, dz = - \frac{\overline{E'(z, u)}}{\overline{E(z, u)}} \, \overline{dz}, \atop z \in \boldsymbol{g}. \right\} \tag{43}$$

Diese Randbeziehung gibt uns eine einfache Möglichkeit, $E(z, u)$ explizit durch die Funktionen eines Orthonormalsystems von $H_{(B)}$ darzustellen. Es sei $\{\varphi_\nu(z)\}$ ein solches System von Orthogonalfunktionen, die alle auf g noch regulär sind,

$$\Phi_\nu(z) = \int_u^z \varphi_\nu(t) \, dt \tag{44}$$

seien die entsprechenden (eindeutigen!) Integrale. Wegen der Wahl der unteren Grenze in (44) haben wir $\Phi_\nu(u) = 0$ für $\nu = 1, 2, 3, \ldots$. Dann verschwinden die durch die Randintegrale definierten inneren Produkte

$$\left(\frac{E'}{E}, \varphi_\nu \right) = \frac{1}{2i} \int_{\boldsymbol{g}} \overline{\Phi_\nu} \, \frac{E'}{E} \, dz$$

für alle ν. Nach (43) ist nämlich

$$\left(\frac{E'}{E}, \varphi_\nu \right) = \overline{\frac{1}{2i} \int_{\boldsymbol{g}} \Phi_\nu \, \frac{E'}{E} \, dz} = 0, \tag{45}$$

da in dem Integral der einfache Pol von E'/E bei $z = u$ durch die Nullstelle von $\Phi_\nu(z)$ an dieser Stelle kompensiert wird.

Um eine Reihenentwicklung für E'/E zu gewinnen, beachten wir jetzt, daß

$$g(z, u) = \frac{E'(z, u)}{E(z, u)} - \frac{1}{z - u}$$

überall in $G + g$ regulär ist und deshalb zum Raum $H_{(B)}$ gehört. Deshalb gibt es für diese Funktion eine Darstellung von der Form

$$g(z, u) = \sum_{v=1}^{\infty} (g, \varphi_v)\, \varphi_v(z).$$

Wegen (45) wird daraus

$$\frac{E'(z, u)}{E(z, u)} = \frac{1}{z - u} - \sum_{v=1}^{\infty} \left(\frac{1}{z - u}, \varphi_v \right) \varphi_v(z). \tag{46}$$

Satz VII 3

Die Abbildungsfunktion $E(z, u)$, die G auf einen beschränkten Kreisschlitzbereich abbildet und nach (42) normiert ist, kann dargestellt werden in der Form

$$E(z, u) = (z - u)\, \mathrm{Exp} \left\{ - \sum_{v=1}^{\infty} \left(\frac{1}{z - u}, \varphi_v(z) \right) \Phi_v(z) \right\}. \tag{47}$$

In §1 haben wir durch (14) die Funktionen $N'_m(z, u)$ für die Nummern $m = 1, 2, 3, \ldots$ erklärt. Wir können jetzt nach (46) die Funktion $\dfrac{E'(z, u)}{E(z, u)}$ in diese Definition einordnen für die Nummer $m = 0$:

$$\frac{E'(z, u)}{E(z, u)} = - N'_0(z, u) = \frac{1}{z - u} - \sum_{v=1}^{\infty} \left(\frac{1}{z - u}, \varphi_v \right) \varphi_v(z). \tag{48}$$

Außerdem gilt offenbar

$$N'(z, u) = - \frac{\partial \left(\dfrac{E'(z, u)}{E(z, u)} \right)}{\partial u} = \frac{\partial N_0(z, u)}{\partial u}. \tag{48'}$$

Damit ist die Möglichkeit gegeben, unter Benutzung von (11) die Funktion $E(z, u)$ explizit mit Hilfe der Kernfunktion $K_{(B)}(z, \bar{u})$ auszudrücken.

Wir notieren noch eine Formel, die den Zusammenhang zwischen der Funktion $E(z, u)$ und der Kreisschlitzabbildung $K(z; u, v)$ herstellt:

$$K(z; u, v) = \frac{E(z, u)}{E(z, v)} \cdot \frac{1}{E(v, u)}. \tag{49}$$

Die Begründung dieser Formel ist nicht schwer: Der Quotient $E(z, u) \cdot E(z, v)^{-1}$ verschwindet für $z = u$ und wird unendlich für $z = v$; sein absoluter Betrag ist auf jeder Randkomponente konstant. Da nur ein Pol und nur eine Nullstelle vorliegt, leistet er eine schlichte Abbildung auf ein Kreisschlitzgebiet[1]. Wegen der Normierung von $E(z, v)$ an der Stelle v muß schließlich die rechte Seite von (49) mit $K(z; u, v)$ identisch sein.

---

[1] Zum Nachweis der Schlichtheit der Abbildung zieht man das *Argumentprinzip* heran.

Es gibt noch einige andere Typen von Schlitzabbildungen, die man ebenfalls mit Hilfe der Kernfunktion oder durch ein vollständiges Orthonormalsystem von $H_{(B)}$ darstellen kann (s. z.B. BERGMAN [4], NEHARI [2], KUBO). In der klassischen Theorie der konformen Abbildung spielt aber ein anderer Normalbereich eine wichtige Rolle, der von n Vollkreisen begrenzte schlichte Bereich. Es gibt aus der Schule KOEBEs mehrere Beweise für die Existenz der Vollkreisabbildung[1]. Sie sind durchaus nicht komplizierter als die für die verschiedenen Schlitzabbildungen. Und doch bietet es große Schwierigkeiten, die Abbildungsfunktion, die die eineindeutige Abbildung eines n-fach zusammenhängenden Gebietes G auf diesen Normalbereich leistet, mit Hilfe der Kernfunktion $K_{(B)}(z, \bar{u})$ darzustellen. Es gibt eine von NEHARI [2] stammende Darstellung, in die die Schwarzsche Derivierte $\{w, z\}$ der Abbildungsfunktion eingeht. Die explizite Darstellung der Vollkreisabbildung auf diesem Wege ist also recht schwierig. *Es ist zu fragen, ob man auf anderem Wege, etwa mit Hilfe der Kernfunktion eines anderen Raumes, eine einfache Darstellung dieser wichtigen Abbildungsfunktion finden kann.*

Wir müssen uns nun noch mit einer andern für die Darstellung von Funktionenklassen wichtigen Abbildung beschäftigen: Mit der Abbildung des n-fach zusammenhängenden schlichten Bereiches auf die n-fach bedeckte Kreisscheibe. Es gibt Beweise von BIEBERBACH, GRUNSKY und MASATSUGO[2] für die Existenz dieser Abbildung. Wir wollen indessen einen Weg für den Existenzbeweis[3] wählen, der uns zugleich auf einige andere wichtige Gebietsfunktionen führt. Wir folgen dabei einer Überlegung von NEHARI [3], der die Ergebnisse aus der Dissertation von GARABEDIAN erheblich vereinfacht dargestellt hat.

§ 4. Beschränkte Funktionen

Es seien $F_\nu(z)$ die in (IV 58) definierten Funktionen

$$F_\nu(z) = \omega_\nu(z) + i\,\omega_\nu^*(z), \qquad \nu = 1, 2, \ldots, n$$

und

$$g(z, \zeta) = G(z, \zeta) + i\,G^*(z, \zeta) \qquad (z = x + i\,y, \ \zeta = \xi + i\,\eta)$$

die analytische Funktion, deren Realteil die Greensche Funktion von G ist[4]. Weiter sei

$$u(z) = u(z, \zeta) = \frac{\partial g}{\partial \xi}, \qquad v(z) = v(z, \zeta) = \frac{1}{i} \cdot \frac{\partial g}{\partial \eta}.$$

---

[1] Siehe z.B. BIEBERBACH.

[2] Literaturangaben findet man in der Arbeit von MASATSUGO.

[3] Wir bringen den Beweis für die Existenz *einer speziellen* — besonders wichtigen — Abbildungsfunktion dieses Typs. Die Fragestellung bei GRUNSKY ist allgemeiner.

[4] Vgl. dazu § IV 6.

Da die Greensche Funktion auf g verschwindet, haben wir

$$\operatorname{Re} u(z,\zeta) = \operatorname{Im} v(z,\zeta) \equiv 0 \qquad \text{für} \quad z \in g.$$

Daraus folgt, daß die Differentiale

$$\frac{1}{i} \cdot \frac{d F_\nu}{d z}\, dz, \qquad \frac{1}{i} \cdot \frac{d g}{d z}\, dz, \qquad \frac{1}{i}\, u'(z)\, dz, \qquad v'(z)\, dz$$

auf g alle reell sind. Dasselbe gilt für

$$\frac{1}{i} R(z)\, dz = \frac{1}{i}\left[\cos 2\lambda \cdot u'(z) + i \sin 2\lambda \cdot v'(z) - \alpha \cdot g'(z,\zeta) + \sum_{\nu=1}^{n-1} \lambda_\nu F_\nu'(z)\right] dz. \quad (50)$$

Hier sind λ, α und λ_ν ($\nu = 1, 2, \ldots, n-1$) zunächst beliebige reelle Konstanten. Wir beachten jetzt, daß das Differential (50) auf g nicht nur reell, sondern sogar *positiv* ist:

$$\frac{1}{i} \cdot g'(z,\zeta)\, dz = \frac{\partial G^*}{\partial s}\, ds = \frac{\partial G}{\partial n}\, ds < 0.$$

Wählt man also (bei festen Zahlen λ und λ_ν) α groß genug, so wird das ganze Differential (50) nicht negativ für alle $z \in g$. Ist umgekehrt das Differential (50) nicht negativ für alle $z \in g$, so ist auch α positiv. Der meromorphe Teil von $R(z)$ ist nämlich von der Form

$$\frac{e^{2i\lambda}}{(z - \zeta)^2} + \frac{\alpha}{z - \zeta},$$

und daraus ergibt sich dann

$$\alpha = \frac{1}{2\pi i} \int_g R\, dz > 0.$$

Jetzt stellen wir uns das folgende *Extremalproblem: Bei gegebenem λ soll unter allen nichtnegativen Differentialen (50) das mit dem kleinsten Wert α herausgefunden werden.*

Wie bei allen Extremalproblemen muß man sich erst überzeugen, daß es überhaupt lösbar ist. Wir haben eine Extremalaufgabe für die $n-1$ reellen Variablen $\lambda_1, \lambda_2, \ldots, \lambda_{n-1}$, und es wird gewiß aus Stetigkeitsgründen eine Lösung existieren, wenn nicht etwa bei einer Minimalfolge für die Zahlen λ_ν ($\nu = 1, 2, 3, \ldots, (n-1)$) eine der Zahlen dem absoluten Betrage nach über alle Grenzen wächst. Wir wollen zeigen, daß das unmöglich ist.

Es sei also $\{\lambda_\nu^{(m)}\}$ ($\nu = 1, 2, \ldots, (n-1)$, $m = 1, 2, 3, \ldots$) unsere Minimalfolge, für die α gegen die untere Grenze konvergiert. Einer oder mehrere der Parameter $\lambda_\nu^{(m)}$ mögen nicht beschränkt sein. Nehmen wir an, daß das für $\lambda_1^{(m)}$ gelte und daß

$$|\lambda_\nu^{(m)}| \leq |\lambda_1^{(m)}| \tag{51}$$

sei für $v = 2, 3, \ldots, (n-1)$ und genügend großes m. Wenn für unsere Folge eine solche Bedingung (51) nicht erfüllt sein sollte, so könnte man doch eine Teilfolge mit dieser Eigenschaft auswählen. Nehmen wir also an, sie sei schon für $\{\lambda_v^{(m)}\}$ erfüllt. Für eine gewisse Teilfolge $\{\lambda_v^{(m_\varkappa)}\}$ werden dann die Grenzwerte

$$\lim_{\varkappa \to \infty} \frac{\lambda_v^{(m_\varkappa)}}{\lambda_1^{(m_\varkappa)}} = \lambda_v'$$

existieren, und wir haben dann wegen $\dfrac{\partial \omega_v^*}{\partial s} = \dfrac{\partial \omega_v}{\partial n}$:

$$0 = \lim_{\varkappa \to \infty} \frac{1}{\lambda_1^{(m_\varkappa)}} \int\limits_{\boldsymbol{g}} |R(z)|\, ds = \lim_{\varkappa \to \infty} \int\limits_{\boldsymbol{g}} \left| \frac{\partial \omega_1}{\partial n} + \sum_{v=2}^{n-1} \frac{\lambda_v^{(m_\varkappa)}}{\lambda_1^{(m_\varkappa)}} \cdot \frac{\partial \omega_v}{\partial n} \right| ds.$$

Daraus folgt

$$\int\limits_{\boldsymbol{g}} \left| \frac{\partial \omega_1}{\partial n} + \sum_{v=2}^{n-1} \lambda_v' \frac{\partial \omega_v}{\partial n} \right| ds = 0,$$

also

$$\frac{\partial \omega_1}{\partial n} + \sum_{v=2}^{n-1} \lambda_v' \frac{\partial \omega_v}{\partial n} \equiv 0$$

für $z \in \boldsymbol{g}$ und[1]

$$\omega(z) = \omega_1 + \sum_{v=2}^{n-1} \lambda_v' \omega_v = \text{const}.$$

Das ist aber gewiß falsch: $\omega(z)$ verschwindet auf $\boldsymbol{g}_n$ und ist gleich 1 auf $\boldsymbol{g}_1$, kann also nicht konstant sein. Die Annahme, daß in einer Minimalfolge $\{\lambda_v^{(m)}\}$ eine oder mehrere der $\lambda_v^{(m)}$ gegen ∞ konvergieren, ist damit ad absurdum geführt, die Lösbarkeit des gestellten Extremalproblems also gesichert.

Es sei jetzt

$$R(z) = \cos 2\lambda \cdot u'(z) + i \sin 2\lambda \cdot v'(z) - \alpha \cdot g'(z, \zeta) + \sum_{v=1}^{n-1} \lambda_v F_v'(z) \quad (52)$$

unsere Extremalfunktion. Wir behaupten, daß sie *mindestens eine Nullstelle auf jeder Randkomponente $\boldsymbol{g}_v$ hat*.

Nehmen wir an, daß im Gegenteil

$$\frac{1}{i} R(z) \frac{dz}{ds} \geqq c > 0$$

etwa auf $\boldsymbol{g}_1$ richtig sei. Dann kann man eine positive Zahl ε so wählen, daß

$$\frac{1}{i} R^*(z)\, dz = \frac{1}{i} \left(R(z) - \varepsilon \cdot F_1'(z) \right) dz \qquad (53)$$

---

[1] Vgl. NEHARI [8], S. 11.

überall auf g positiv ist. Auf g_1 ist nämlich

$$\frac{1}{i}\,F_1'(z)\,\frac{dz}{ds} = \frac{\partial \omega_1^*}{\partial s} = \frac{\partial \omega_1}{\partial n} > 0,$$

da $\omega_1 = 1$ auf g_1 und $\omega_1 < 1$ im Innern von G. Für genügend kleines ε ist also (53) noch positiv auf g_1. Da $\frac{1}{i}\,F_1'(z)\,\frac{dz}{ds} = \frac{\partial \omega_1}{\partial n}$ auf den übrigen Randkomponenten *negativ* ist, ist das Differential (53) überall auf g positiv. Man kann also α auch durch eine kleinere Zahl α' ersetzen, ohne daß der positive Charakter des Differentials zerstört wird. Das widerspricht der Voraussetzung über die Extremaleigenschaft von α. $R(z)$ hat also tatsächlich auf jeder Randkomponente mindestens eine Nullstelle. Wir wollen zeigen, daß es stets *doppelte* Nullstellen sind.

Aus

$$\frac{1}{i}\,R(z)\,dz \geqq 0 \qquad (z \in g) \tag{54}$$

folgt nun für das Argument von $R(z)$

$$\arg R(z) = \frac{\pi}{2} - \arg dz$$

oder

$$d \arg R(z) = - d \arg dz, \qquad z \in g. \tag{55}$$

Beim Durchgang durch eine Nullstelle ändert sich also das Argument von $R(z)$ nicht. Das bedeutet, daß alle auf g gelegenen Nullstellen von $R(z)$ mindestens doppelt ($2N$-fach) zählen. Jetzt beweisen wir, daß $R(z)$ *auf jeder Randkomponente genau eine, im Innern von G aber keine Nullstelle* hat.

Dazu integrieren wir (55) über g:

$$\frac{1}{2\pi} \int\limits_{g} d \arg R(z) = - \frac{1}{2\pi} \int\limits_{g} d \arg dz = n - 2. \tag{56}$$

Nach dem Argumentprinzip ist diese Zahl gleich der Differenz zwischen der Anzahl der Nullstellen und der der Pole von $R(z)$; dabei sind die auf dem Rand gelegenen Nullstellen oder Pole halb zu zählen. Nun hat $R(z)$ nur einen Pol zweiter Ordnung, der im Innern bei $z = \zeta$ liegt. Ist m die Anzahl der im Innern gelegenen Nullstellen, p die Anzahl der Nullstellen auf g, so haben wir also

$$n - 2 = m + \tfrac{1}{2}\,p - 2, \qquad 2m = 2n - p.$$

Nun wissen wir bereits, daß auf jeder Randkomponente mindestens eine doppelt zählende Nullstelle liegt: $p \geqq 2n$. Da m nicht negativ sein kann, ist $p = 2n$: es kann keine weiteren Nullstellen im Innern oder auf dem Rande geben.

Unsere Extremalfunktion hat einen doppelten Pol und lauter doppelte Nullstellen. Es liegt deshalb nahe, die Funktion $R(z)^{\frac{1}{2}}$ zu betrachten. Wir wollen zeigen, daß sie *eindeutig in* $G+g$ *ist*. Das ergibt sich sofort aus der Tatsache, daß jedem Umlauf um eine Randkomponente g_ν gerade *ein* Umlauf in dem durch $R(z)^{\frac{1}{2}}$ erzeugten Bild entspricht.

In der Tat: Beim Durchgang durch die eine einfache Nullstelle von $R(z)$ auf g_ν erfährt das Argument von $R(z)^{\frac{1}{2}}$ einen Sprung um π, beim Umlauf um die Kurve selbst eine stetige Änderung um den gleichen Betrag.

Wir achten im folgenden auf die Abhängigkeit von dem Parameter λ und bezeichnen deshalb die eben als eindeutig erkannte Quadratwurzel aus $R(z)$ mit $\sigma_\lambda(z)$. In der Umgebung von $z=\zeta$ hat diese Funktion die Entwicklung

$$\sigma_\lambda(z) = R_\lambda(z)^{\frac{1}{2}} = \frac{i\,e^{i\lambda}}{z-\zeta} + \text{regulär}. \tag{57}$$

Sie ist sonst überall regulär und hat auf jeder Randkomponente genau eine, im Innern keine Nullstelle. Danach haben die durch

$$\left.\begin{aligned}
K_\lambda(z,\zeta) &= \frac{i\,e^{i\lambda}}{4\pi}\left(\sigma_\lambda(z) + i\,\sigma_{\lambda+\frac{\pi}{2}}(z)\right)\\[2mm]
L_\lambda(z,\zeta) &= \frac{e^{-i\lambda}}{4\pi i}\left(\sigma_\lambda(z) - i\,\sigma_{\lambda+\frac{\pi}{2}}(z)\right)
\end{aligned}\right\} \tag{58}$$

erklärten Funktionen $K_\lambda(z,\zeta)$ und $L_\lambda(z,\zeta)$ die folgenden Eigenschaften: $K_\lambda(z,\zeta)$ ist in $G+g$ regulär und $L_\lambda(z,\zeta)$ hat bei $z=\zeta$ einen Pol mit dem Residuum $(2\pi)^{-1}$. Auf dem Rand g haben wir nach (58) und (54):

$$\left.\begin{aligned}
\frac{16\pi^2}{i}\,K_\lambda(z,\zeta)\cdot L_\lambda(z,\zeta)\,dz &= \frac{1}{i}\left(\sigma_\lambda(z)^2 + \sigma_{\lambda+\frac{\pi}{2}}(z)^2\right)dz\\[2mm]
&= \frac{1}{i}\left(R_\lambda(z) + R_{\lambda+\frac{\pi}{2}}(z)\right)dz \geqq 0,
\end{aligned}\right\} \tag{59}$$

also

$$\arg \overline{K_\lambda(z,\zeta)} = \arg\left(\frac{1}{i}\,L_\lambda(z,\zeta)\,dz\right). \tag{60}$$

Andererseits ist nach (54):

$$\left(\frac{\sigma_\lambda(z)}{\sigma_{\lambda+\frac{\pi}{2}}(z)}\right)^2 = \frac{R_\lambda(z)}{R_{\lambda+\frac{\pi}{2}}(z)} = \frac{\frac{1}{i}\,R_\lambda(z)\,dz}{\frac{1}{i}\,R_{\lambda+\frac{\pi}{2}}(z)\,dz} \geqq 0 \tag{61}$$

für $z\in g$. $\sigma_\lambda \cdot \sigma_{\lambda+\frac{\pi}{2}}^{-1}$ ist also reell für $z\in g$, und für den Quotienten $K_\lambda(z,\zeta)\cdot L_\lambda(z,\zeta)^{-1}$ haben wir danach

$$\left|\frac{K_\lambda(z,\zeta)}{L_\lambda(z,\zeta)}\right| = \left|\frac{\dfrac{\sigma_\lambda(z)}{\sigma_{\lambda+\frac{\pi}{2}}(z)} + i}{\dfrac{\sigma_\lambda(z)}{\sigma_{\lambda+\frac{\pi}{2}}(z)} - i}\right| = 1. \tag{62}$$

Die komplexen Zahlen $\overline{K_\lambda(z,\zeta)}$ und $-i\,L_\lambda(z,\zeta)\,\dfrac{dz}{ds}$ stimmen also nach (60) und (62) im Argument und im absoluten Betrag überein. Sie sind deshalb gleich, und damit haben wir für die neu definierten Funktionen $K_\lambda(z,\zeta)$ und $L_\lambda(z,\zeta)$ die wichtige Randbeziehung

$$\overline{K_\lambda(z,\zeta)}\,ds = \frac{1}{i}\,L_\lambda(z,\zeta)\,dz\,, \qquad z\in\boldsymbol{g}\,. \tag{63}$$

Daraus können wir nun schließen, daß die durch (58) definierte Funktion $K_\lambda(z,\zeta)$ *mit dem Szegö-Kern des Gebietes* $\boldsymbol{G}$ *identisch* ist. In der Tat: Es sei $f(z)$ irgendeine in $\boldsymbol{G}$ eindeutige, reguläre und auf dem Rand $\boldsymbol{g}$ noch stetige Funktion. Dann haben wir für das innere Produkt nach Szegö (vgl. § IV 7) wegen (63):

$$[f,K_\lambda(z,\zeta)] = \int\limits_{\boldsymbol{g}} f(z)\,\overline{K_\lambda(z,\zeta)}\,ds = \frac{1}{i}\int\limits_{\boldsymbol{g}} f(z)\,L_\lambda(z,\zeta)\,dz\,.$$

$L_\lambda(z,\zeta)$ ist aber in $\boldsymbol{G}+\boldsymbol{g}$ regulär bis auf einen einfachen Pol bei $z=\zeta$ (Residuum $(2\pi)^{-1}$). Nach dem Residuensatz haben wir deshalb

$$[f(z),K_\lambda(z,\zeta)] = f(\zeta)\,. \tag{64}$$

$K_\lambda(z,\zeta)$ hat also die reproduzierende Eigenschaft für alle auf dem Rand noch stetigen Funktionen des Raumes $\boldsymbol{H}_S$. Mit den nun schon oft benutzten Methoden schließen wir daraus, daß K_λ die reproduzierende Eigenschaft hat für *alle* Funktionen des Raumes $\boldsymbol{H}_S$. Deshalb ist nach Satz III 1

$$K_\lambda(z,\zeta) = K_S(z,\bar\zeta)\,. \tag{65}$$

Das bedeutet u. a., daß $K_\lambda(z,\zeta)$ *unabhängig vom Parameter* λ ist. Das Entsprechende gilt für $L_\lambda(z,\zeta)$. In der Tat: Nach (65) und (63) gilt das zunächst für die Randpunkte $z\in\boldsymbol{g}$, wegen des Permanenzprinzips der Funktionen dann aber auch für alle $z\in\boldsymbol{G}$. Wir können also bei den Funktionen $K_\lambda(z,\bar\zeta)$ und $L_\lambda(z,\zeta)$ den Index λ fortlassen[1].

Es sei nun

$$\sigma(z) = \sigma_0(z)\,, \qquad \tau(z) = \sigma_{\pi/2}(z)\,.$$

Dann ist nach (58), wenn wir die Unabhängigkeit der Funktionen K_λ und L_λ vom Parameter beachten:

$$e^{i\lambda}\Big(\sigma_\lambda + i\,\sigma_{\lambda+\frac{\pi}{2}}\Big) = \sigma + i\,\tau\,,$$

$$e^{-i\lambda}\Big(\sigma_\lambda - i\,\sigma_{\lambda+\frac{\pi}{2}}\Big) = \sigma - i\,\tau\,,$$

---

[1] Nach (65) ist K_λ antianalytisch in ζ. Wir drücken das durch die Schreibweise $K_\lambda = K_\lambda(z,\bar\zeta)$ aus.

also

$$\sigma_\lambda(z) = \cos \lambda \cdot \sigma(z) + \sin \lambda \cdot \tau(z). \tag{66}$$

Wir betrachten jetzt die Funktion

$$T(z) = \frac{\sigma(z)}{\tau(z)}.$$

Sie ist nach (61) reell auf $\boldsymbol{g}$. In inneren Punkten kann aber diese Funktion nicht reell sein. Wäre nämlich

$$T(z) = c = -\tan \lambda_0$$

mit einer reellen Zahl λ_0 zwischen $-\dfrac{\pi}{2}$ und $+\dfrac{\pi}{2}$, so hätten wir

$$\cos \lambda_0 \cdot \sigma(z) + \sin \lambda_0 \cdot \tau(z) = 0.$$

Nach (66) bedeutet das, daß $\sigma_{\lambda_0}(z)$ eine Nullstelle in $\boldsymbol{G}$ hat. Wir wissen aber, daß $\sigma_{\lambda_0}(z) = \left(R_{\lambda_0}(z)\right)^{\frac{1}{2}}$ *in $\boldsymbol{G}$ nicht verschwindet.* Das bedeutet, daß $T(z)$ in $\boldsymbol{G}$ niemals reell wird und

$$F(z) = -\frac{T(z) + i}{T(z) - i} = -\frac{\sigma(z) + i\,\tau(z)}{\sigma(z) - i\,\tau(z)} = \frac{K(z, \bar{\zeta})}{L(z, \zeta)} \tag{67}$$

in $\boldsymbol{G}$ keinen Wert vom absoluten Betrag 1 annimmt. Da $F(z)$ auf dem Rand $\boldsymbol{g}$ von $\boldsymbol{G}$ nach (62) den absoluten Betrag 1 hat und für $z = \zeta$ (wegen des Poles von $L(z, \zeta)$) verschwindet, *bildet $F(z)$ den Bereich $\boldsymbol{G}$ auf den n-fach bedeckten Einheitskreis ab.* In der Tat: Die Randkomponenten des von $F(z)$ erzeugten Bildes müssen jeweils den ganzen Einheitskreis bedecken, weil es sonst auch innere Punkte von $\boldsymbol{G}$ gäbe, für die $|F(z)| = 1$ ist. Andererseits kann keine Randkomponente mehrfach durchlaufen werden, weil $T(z)$ auch die reelle Achse nur einfach bedeckt: Wir haben ja nur genau eine Nullstelle von $\sigma(z)$ und $\tau(z)$ auf $\boldsymbol{g}$.

Der Pol von $L(z, \zeta)$ liefert eine Nullstelle von $F(z)$. Da es aber deren genau n gibt in $\boldsymbol{G}$, muß — eine bemerkenswerte Feststellung! — der Szegö-Kern $K_S(z, \bar{\zeta})$ in $\boldsymbol{G}$ mindestens $n-1$ Nullstellen haben. Wir können hinzufügen, daß die Zahl der Nullstellen dieser Funktion in $\boldsymbol{G}$ *genau gleich $n-1$ ist.* Die bisherigen Feststellungen lassen allerdings noch die Möglichkeit offen, daß es gemeinsame Nullstellen von $K_S(z, \bar{\zeta})$ und $L(z, \zeta)$ gibt, die im Quotienten $F(z) = F(z, \zeta)$ kompensiert werden. Aber das ist nicht der Fall: Aus (59) schließt man nämlich nach dem Argumentprinzip für die Anzahl der Nullstellen $A_0(K)$ und $A_0(L)$ der beiden Funktionen:

$$A_0\big(K(z, \bar{\zeta})\big) + A_0\big(L(z, \zeta)\big) = n - 2 + A_\infty\big(L(z, \zeta)\big) = n - 1.$$

Da $K(z, \bar{\zeta}) = K_\lambda(z, \bar{\zeta})$, wie wir wissen, mindestens $(n-1)$ Nullstellen hat, bleiben für L keine mehr übrig.

Satz VII 4

*In jedem schlichten n-fach zusammenhängenden und beschränkten Ge-
biet G (mit glatten Rändern) gibt es eine Funktion $L(z,\zeta)$, die durch
ein vollständiges Orthonormalsystem $\{\varphi_\mu(z)\}$ des Raumes $H_S(G)$ so dargestellt werden kann:*

$$L(z,\zeta) = \frac{1}{2\pi(z-\zeta)} - \frac{1}{2\pi} \sum_{\mu=1}^{\infty} \left[\frac{1}{z-\zeta}, \varphi_\mu \right] \varphi_\mu(z). \tag{68}$$

*Diese Funktion verschwindet nirgends in $G+g$ und hängt mit dem Szegö-
Kern des Bereiches G durch die Randbeziehung*

$$\overline{K_S(z,\zeta)}\, ds = \frac{1}{i}\, L(z,\zeta)\, dz \tag{69}$$

*zusammen; sie ist orthogonal zu allen Funktionen des Raumes H_S. $K_S(z,\overline{\zeta})$
hat in G genau $n-1$ Nullstellen, und die Funktion*

$$F(z,\zeta) = \frac{K_S(z,\overline{\zeta})}{L(z,\zeta)} \tag{70}$$

bildet das Gebiet G auf den n-fach bedeckten Einheitskreis ab.

Von den Aussagen dieses Satzes haben wir nur noch die Orthogonalitätseigenschaft von $L(z,\zeta)$ und die Darstellung (68) nachzuweisen. Dazu
formen wir die Randbeziehung (69) so um:

$$\overline{K_S(z,\zeta)\, dz} = \frac{1}{i}\, L(z,\zeta)\, ds. \tag{71}$$

Danach ist für jede Funktion $f(z) \in H_S$ in der Tat

$$[f, L] = \int_g f(z)\, \overline{L(z,\zeta)}\, ds = -i \int_g f(z)\, K_S(z,\overline{\zeta})\, dz = 0, \tag{72}$$

denn $f(z)$ und $K_S(z,\overline{\zeta})$ sind ja in G regulär. Da

$$f_1(z) = L(z,\zeta) - \frac{1}{2\pi(z-\zeta)}$$

ebenfalls zu H_S gehört, können wir diese Funktion durch ein vollständiges Orthonormalsystem $\{\varphi_\nu(z)\}$ von H_S so darstellen:

$$f_1(z) = \sum_{\mu=1}^{\infty} [f_1, \varphi_\mu]\, \varphi_\mu(z).$$

Wegen (72) ist aber

$$[f_1, \varphi_\mu] = -\frac{1}{2\pi} \left[\frac{1}{z-\zeta}, \varphi_\mu \right],$$

und deshalb haben wir

$$L(z,\zeta) = \frac{1}{2\pi(z-\zeta)} - \frac{1}{2\pi} \sum_{\mu=1}^{\infty} \left[\frac{1}{z-\zeta}, \varphi_\mu \right] \varphi_\mu(z) \tag{73}$$

oder auch

$$
\left.
\begin{aligned}
L(z,\zeta) &= \frac{1}{2\pi(z-\zeta)} - \frac{1}{2\pi} \int\limits_{g} \frac{\sum\limits_{\mu=1}^{\infty} \overline{\varphi_\mu(t)}\,\varphi_\mu(z)}{t-\zeta}\,d s_t \\[2ex]
&= \frac{1}{2\pi(z-\zeta)} - \frac{1}{2\pi} \int\limits_{g} \frac{K_S(z,\bar t)\,d s_t}{t-\zeta}.
\end{aligned}
\right\}
\tag{74}
$$

§ 5. Der Bildbereich von $N(z, u)$

Es ist in der Theorie der konformen Abbildung üblich, solche Gebiete der komplexen Ebene durch die Bezeichnung „Normalbereiche" auszuzeichnen, die geometrisch besonders einfach gebaut sind: Vollkreisbereiche, Parallel-, Kreis- und Radialschlitzbereiche usw. Die Darstellung der Abbildungsfunktionen durch die Kernfunktion legt indessen nahe, auch solche Bereiche auszuzeichnen, *in denen sich die Darstellung von Funktionenklassen durch die Kernfunktion besonders einfach vollziehen läßt*, weil die Kernfunktion selbst eine sehr einfache Gestalt hat.

Zu diesen Bereichen gehört der Bildbereich der Funktion $N(z, u)$ bzw. von $\left(N(z, u) - a\right)^{-1}$ mit irgendeiner komplexen Zahl a $(a \in G)$. Die Funktion $N(z, u)$ ist nach (2) definiert durch die beiden Parallelschlitzabbildungen $A(z, u)$ und $B(z, u)$. Aus der Darstellung (2) erkennt man leicht, daß $N(z, u)$ den Bereich G auf einen *schlichten*, von n einfach geschlossenen Randkurven begrenzten Bereich abbildet, der ∞ als inneren Punkt enthält.

In der Tat: Es sei $N(z, u) = \xi + i\eta$ und $\xi = $ const eine Gerade, die das Bild c_ν der Randkomponente g_ν von G in mindestens einem Punkte P_1 trifft. Das durch die Funktion $A(z, u)$ erzeugte Bild von g_ν ist ein Schlitz s_ν parallel zur reellen Achse, und dem Punkt P_1 wird ein Punkt Q auf s_ν entsprechen. Ist Q ein innerer Punkt von s_ν, so wird diesem Punkt auf der Randkomponente c_ν noch ein zweiter Randpunkt P_2 zuzuordnen sein: Dem oberen und unteren „Ufer" von s_ν entsprechen ja *verschiedene* Bildpunkte auf c_ν. P_1 und P_2 haben aber *gleichen Realteil*, da ja der Realteil von $B(z, u)$ auf der Randkomponente g_ν konstant ist. Die Gerade $\xi = $ const wird also die Randkomponente c_ν in diesem Fall in genau zwei Punkten treffen; denn den von Q verschiedenen Punkten von s_ν entsprechen auf c_ν Punkte, die *nicht* auf der Geraden $P_1 P_2$ liegen. Entsprechend zeigt man, daß eine Parallele zur reellen Achse im Bildbereich von $N(z, u)$ die Randkomponenten höchstens in zwei Punkten treffen kann. Die c_ν sind also einfach geschlossene Kurven. Das Innere dieser Kurven gehört *nicht* zum Bildbereich N, auf den G durch $N(z, u)$ abgebildet wird. Einer Durchlaufung des Randes von G, bei der das Innere links bleibt, entspricht nämlich in den Parallelschlitzbereichen eine entsprechende Durchlaufung der Schlitze. Der Sinn dieses Umlaufes ist mathematisch negativ, und deshalb erfolgt die entsprechende Durchlaufung aller Randkomponenten c_ν von N im gleichen Sinne. Da $N(z, u)$ bei $z=u$ einen einfachen Pol hat, ist N danach aus topologischen Gründen ein *schlichter, von n einfachen Randkurven begrenzter Bereich, der ∞ als inneren Punkt enthält.*

Ist a ein Punkt aus dem Äußeren von G, so ist

$$N^*(z, u; a) = \frac{1}{N(z, u) - a} \tag{75}$$

eine Funktion, die G auf einen schlichten und beschränkten n-fach zusammenhängenden Bereich $N(a)$ abbildet.

Für den Einheitskreis ist

$$N(z, u) = \frac{1}{z - u}. \tag{76}$$

Das erkennt man z. B. aus der Darstellung (10) für $N'(z, u)$. Für die Koeffizienten $c_\nu(u)$ gilt nämlich nach (29) für $\varphi_\nu(z) = \sqrt{\dfrac{\nu}{\pi}}\, z^{\nu-1}$, $\Phi_\nu(z) = \dfrac{1}{\sqrt{\pi \nu}}\, z^\nu$:

$$c_\nu(u) = \frac{1}{2i \sqrt{\pi \nu}} \int\limits_{|z|=1} \frac{dz}{z^\nu (z - u)^2}. \tag{77}$$

Durch die Substitution $t=z^{-1}$ und wegen $z \cdot \bar{z}=1$ für den Einheitskreis wird daraus

$$c_\nu(u) = \frac{1}{2i \sqrt{\pi \nu}} \int\limits_{|t|=1} \frac{t^\nu_s\, dt}{(1 - u t)^2} = 0,$$

da ja der Integrand überall im Einheitskreis regulär ist. Die Bereiche N und $N(a)$ sind also Kreisbereiche, wenn nur G einfach zusammenhängend ist: Man kann ja einen solchen Bereich immer erst auf den Einheitskreis abbilden und von da aus die Funktion $N(z, u)$ bestimmen.

Bei mehrfach zusammenhängenden Bereichen G ist N *kein Kreisbereich.* Das erkennt man z. B. im Falle des Kreisringes unter Benutzung der Darstellung (IV 25) für die Kernfunktion[1]. *Die Bedeutung der nicht durch besondere geometrische Einfachheit ausgezeichneten Bereiche liegt darin, daß in ihnen sich die Kernfunktion $K_{(B)}(z, \bar{u})$ besonders einfach berechnen läßt.*

Nach (8) und (6) ist nämlich

$$K_{(B)}(z, \bar{u}) = \frac{1}{\pi} M'(z, \bar{u}) = \frac{1}{2\pi^2 i} \int\limits_g \frac{M'(w, \bar{u})\, dw}{w - z} = \frac{1}{2\pi^2 i} \int\limits_g \frac{\overline{N'(w, u)\, dw}}{w - z}.$$

Wegen (10) wird daraus

$$K_{(B)}(z, \bar{u}) = \frac{1}{\pi^2} \Gamma(z, \bar{u}) + \frac{1}{\pi^2} \sum_{\nu=1}^{\infty} \overline{c_\nu(u)}\, c_\nu(z), \tag{78}$$

---

[1] Vgl. dazu auch MESCHKOWSKI [2].

wobei

$$\Gamma(z,\bar{u}) = -\frac{1}{2i}\int\limits_{g}\frac{\overline{dw}}{(w-u)^2\,(w-z)}\,.\tag{79}$$

Die Reihe (78) *reduziert sich auf das erste Glied* $\dfrac{1}{\pi^2}\,\Gamma(z,\bar{u})$, *wenn alle Koeffizienten* $c_\nu(u)$ *verschwinden.* In diesem Fall haben wir für $N(z,u)$ die Darstellung

$$N(z,u) = \frac{1}{z-u} + c\,.$$

Es sind also gerade die Gebiete $\boldsymbol{N}(a)$ (mit einer passenden Zahl a), die eine solche einfache Berechnung der Kernfunktion zulassen.

Wir wollen noch anmerken, daß die Darstellung (78) für den reduzierten Bergman-Kern für *jeden* Bereich $\boldsymbol{G}$ interessant ist: Sie gibt uns die Möglichkeit zur Berechnung von $K_{(B)}(z,\bar{u})$ aus der geometrischen Figuration von $\boldsymbol{G}$, *ohne daß ein Orthonormalsystem benutzt werden muß.* Diese Feststellung ist von Bedeutung z.B. für den Aufbau der Orthonormalsysteme $\{\tau_\nu(z)\}$ und $\{\sigma_\nu(z)\}$, bei dem man ja die Kernfunktion benutzt.

Bergman [1], [2], [3], [4].
Bergman — Schiffer [1].
Garabedian — Schiffer.
Meschkowski [5], [7].
Nehari [2], [3], [4], [8].

Achtes Kapitel

Die Darstellung von Funktionen

Für Funktionen, die in einem mehrfach zusammenhängenden Gebiet $\boldsymbol{G}$ der komplexen Ebene eindeutig und regulär sind, ist die Darstellung durch Potenzreihen nicht immer zweckmäßig: Solche Reihen konvergieren ja in einem Kreis, also nicht immer im ganzen Gebiet $\boldsymbol{G}$. Hier ist die Darstellung durch vollständige Orthonormalsysteme der Räume $\boldsymbol{H}_B$, $\boldsymbol{H}_{(B)}$ oder $\boldsymbol{H}_S$ angemessen. Gehört eine Funktion $f(z)$ zu einem dieser Räume, so ist sie durch die entsprechenden vollständigen Orthonormalsysteme darstellbar, und die darstellende Reihe konvergiert absolut und gleichmäßig in jedem inneren Teilbereich von $\boldsymbol{G}$.

Wir wollen in diesem Kapitel diese Darstellungsmöglichkeit ausweiten auch für solche Funktionen, die in $\boldsymbol{G}$ (endlich viele) Pole haben.

Für Funktionen, die im Einheitskreis regulär sind, gibt es noch eine ganz andersartige Möglichkeit der Darstellung: Die Werte der Funktion im Innern des Einheitskreises sind bekanntlich festgelegt durch die

Randwerte; man kann nach der Poissonschen Integralformel die Werte im Innern sogar durch den *Realteil* der Randwerte ausdrücken. Mit Hilfe der (Bergmanschen) Kernfunktion gelingt es nun, auch diese Darstellung zu verallgemeinern für Funktionenklassen, die zu einem mehrfach zusammenhängenden Gebiet gehören. Wir wollen in diesem Kapitel mehrere Formeln ableiten, die als Verallgemeinerungen der bekannten Integralformel von Poisson gelten können.

§ 1. Szegö-Systeme für Funktionen mit Polen

Es sei $f(z)$ eine Funktion, die auf dem Rand g des mehrfach zusammenhängenden Gebietes G quadratisch integrabel und im Innern von G eindeutig und regulär ist bis auf einen Pol erster Ordnung bei $z = u$ ($u \in G$) mit dem Residuum r.

Natürlich kann man dann die Funktion

$$f_1(z) = f(z) - \frac{r}{z - u}$$

nach den Funktionen eines Szegö-Systems entwickeln:

$$f_1(z) = \sum_{\nu=1}^{\infty} c_\nu \, \varphi_\nu(z), \qquad c_\nu = [f_1, \varphi_\nu].$$

In diesem Fall sind aber die Koeffizienten der Entwicklung nicht einfach die inneren Produkte $[f, \varphi_\nu]$, sondern wir haben

$$c_\nu = \left[f - \frac{r}{z - u}, \, \varphi_\nu \right].$$

Man kann nun dieses Übel vermeiden, indem man nicht $f_1(z)$, sondern

$$f^*(z) = f(z) - 2\pi \, r \, L(z, u)$$

entwickelt. Dabei ist $L(z, u)$ die in § VII 4 eingeführte Gebietsfunktion mit der Reihenentwicklung (VII 68). Offensichtlich ist $f^*(z)$ eine Funktion des Hilbert-Raumes $H_S(G)$. Sie ist darstellbar in der Form

$$f^*(z) = f(z) - 2\pi \, r \, L(z, u) = \sum_{\nu=1}^{\infty} c_\nu \, \varphi_\nu(z),$$

und wegen (VII 72) gilt

$$c_\nu = [f^*, \varphi_\nu] = [f, \varphi_\nu].$$

Wir haben damit eine Darstellung für die Funktionen mit einem einfachen Pol bei $z = u$ gefunden, bei der die Koeffizienten der Reihenentwicklung sich durch dasselbe innere Produkt darstellen lassen wie die Funktionen des Raumes H_S. Man kann das Ergebnis auch noch anders deuten: Die Klasse der auf dem Rand g von G quadratisch integrablen Funktionen, die im Innern eindeutig und regulär sind bis auf höchstens einen einfachen Pol bei $z=u$, bildet einen Hilbertschen Raum $H_S(u)$ mit reproduzierendem Kern. Das innere Produkt zweier Funktionen ist dabei wie im Raum H_S durch

$$[f, g] = \int\limits_g f\,\overline{g}\,ds$$

definiert. Fügt man nämlich den Funktionen $\{\varphi_\nu(z)\}$ eines vollständigen Orthonormalsystems von H_S die Funktion

$$\varphi_0(z) = \frac{L(z, u)}{(K_S(u, \overline{u}))^{\frac{1}{2}}} \tag{1}$$

hinzu, so hat man für die Funktionen von $H_S(u)$ die Darstellung

$$f(z) = \sum_{\nu=0}^{\infty} c_\nu\,\varphi_\nu(z), \qquad c_\nu = [f, \varphi_\nu], \qquad \nu = 0, 1, 2, \ldots. \tag{2}$$

Dabei ist nach (VII 72)

$$[\varphi_0, \varphi_\nu] = \big(K_S(u, \overline{u})\big)^{-\frac{1}{2}}\,[L(z, u), \varphi_\nu] = 0$$

für alle $\nu=1, 2, 3, \ldots$ Weiter ist die Funktion $\varphi_0(z)$ normiert. Es ist doch nach (VII 71) und (VII 69):

$$[L(z, u), L(z, u)] = \int\limits_g L(z, u)\,\overline{L(z, u)}\,ds = \overline{\frac{1}{i}\int\limits_g K_S(z, \overline{u})\,L(z, u)\,dz}$$

$$= \int\limits_g K_S(z, \overline{u})\,\overline{K_S(z, \overline{u})}\,ds = [K_S(z, \overline{u}), K_S(z, \overline{u})] = K_S(u, \overline{u}).$$

Die Kernfunktion $K_{S;u}(z, \overline{v})$ des Raumes $H_S(u)$ hängt mit der von H_S so zusammen:

$$K_{S;u}(z, \overline{v}) = K_S(z, \overline{v}) + \frac{L(z, u) \cdot \overline{L(v, u)}}{K_S(u, \overline{u})}.$$

Es liegt nahe, nach entsprechenden Darstellungen für Funktionen mit Polen von höherer Ordnung zu suchen. Dazu definieren wir die Funktionen[1]

$$K_S^{(\nu)}(z, \overline{\overline{u}}) = \frac{\partial^{\nu-1}}{\partial \overline{u}^{\nu-1}}\,K_S(z, u), \quad L^{(\nu)}(z, u) = \frac{\partial^{\nu-1}}{\partial u^{\nu-1}}\,L(z, u), \quad \nu = 1, 2, 3, \ldots. \tag{3}$$

Für sie gilt nach (VII 71) die Randbeziehung

$$L^{(\nu)}(z, u)\,ds = i\,\overline{K_S^{(\nu)}(z, \overline{u})\,dz}. \tag{4}$$

---

[1] Dabei ist $K_S^{(1)}(z, \overline{u}) = K_S(z, \overline{u})$, $L^{(1)}(z, u) = L(z, u)$.

Für das Innere unseres Bereiches G haben wir für die neu definierten Funktionen nach § VII 4 die Darstellungen

$$\left.\begin{aligned}
K_S^{(\nu)}(z,\bar{u}) &= \sum_{\mu=1}^{\infty} \varphi_\mu(z)\,\overline{\varphi_\mu^{(\nu-1)}(u)}\,, \\[2mm]
L^{(\nu)}(z,u) &= \frac{(\nu-1)!}{2\pi(z-u)^\nu} - \frac{1}{2\pi}\sum_{\mu=1}^{\infty}\left[\frac{(\nu-1)!}{(z-u)^\nu},\,\varphi_\mu\right]\varphi_\mu(z)\,.
\end{aligned}\right\} \tag{5}$$

Aus (4) ergibt sich, daß die Funktionen $L^{(\nu)}(z,u)$ *zu allen Funktionen* $f(z)\in\boldsymbol{H}_S$ *orthogonal sind*:

$$[L^{(\nu)}(z,u),f] = \int_{\boldsymbol{g}} L^{(\nu)}(z,u)\,\overline{f(z)}\,ds = i\int_{\boldsymbol{g}} \overline{K_S^{(\nu)}(z,\bar{u})}\,f(z)\,dz = 0. \tag{6}$$

Wir beachten weiter, daß die Funktionen

$$L^{(1)}(z,u),\,L^{(2)}(z,u),\,\ldots,\,L^{(n)}(z,u) \tag{7}$$

linear unabhängig sind: Sie haben ja Pole verschiedener Ordnung an der Stelle $z=u$. Man kann die Funktionen (7) deshalb orthogonalisieren und gewinnt so nach dem Schmidtschen Verfahren (vgl. Kap. II!) die Funktionen

$$\psi_1(z,u),\,\psi_2(z,u),\,\ldots,\,\psi_n(z,u)\,. \tag{8}$$

Da alle Funktionen (8) lineare Kombinationen der Funktionen (7) sind, gilt wegen (6):

$$[\psi_m(z,u),f(z)] = 0 \tag{9}$$

für $m=1,2,3,\ldots,n$ und $f(z)\in\boldsymbol{H}_S$.

Durch Verallgemeinerung der für den Fall eines einfachen Pols bei $z=u$ angestellten Überlegungen kommt man zu dem Ergebnis:

Satz VIII 1

Es sei $\boldsymbol{H}_S(u;n)$ *die Klasse der in* $\boldsymbol{G}$ *eindeutigen und analytischen Funktionen, die auf dem Rand* $\boldsymbol{g}$ *von* $\boldsymbol{G}$ *quadratisch integrabel und höchstens bei* $z=u$ $(u\in\boldsymbol{G})$ *einen Pol von höchstens n-ter Ordnung haben. Diese Klasse von Funktionen bildet einen Hilbertschen Raum mit reproduzierendem Kern, in dem das innere Produkt nach* SZEGÖ *durch*

$$[f,g] = \int_{\boldsymbol{g}} f\,\bar{g}\,ds$$

erklärt ist. Man erhält ein vollständiges Orthonormalsystem für $\boldsymbol{H}_S(u;n)$, *indem man den Funktionen* $\{\varphi_\nu(z)\}$ *irgendeines vollständigen Orthonormalsystems von* $\boldsymbol{H}_S$ *die durch Orthogonalisierung der Funktionen (7) entstehenden Funktionen (8) hinzufügt. Der reproduzierende Kern von* $\boldsymbol{H}_S(u;n)$ *ist dann*

$$K_{S;u}^{(n)}(z,\bar{v}) = \sum_{\mu=1}^{n}\psi_\mu(z,u)\,\overline{\psi_\mu(v,u)} + \sum_{\nu=1}^{\infty}\varphi_\nu(z)\,\overline{\varphi_\nu(v)}\,. \tag{10}$$

Natürlich kann man diese Überlegungen unschwer auf den Fall erweitern, daß Pole verschiedener Ordnung an verschiedenen Stellen $z=u_m$ $(m=1, 2, 3, \ldots, M)$ vorliegen[1].

Aus der Orthogonalitätsrelation (6) gewinnt man weiter:

Satz VIII 2

Unter allen auf dem Rand g von G noch quadratisch integrablen und im Innern eindeutigen und bis auf einen Pol mit dem meromorphen Teil

$$\frac{a_n(n-1)!}{2\pi(z-u)^n} + \cdots + \frac{a_1}{2\pi(z-u)}$$

regulären Funktionen $f(z)$ hat

$$f^*(z) = a_n L^{(n)}(z,u) + a_{n-1} L^{(n-1)}(z,u) + \cdots + a_1 L^{(1)}(z,u)$$

die kleinste Szegö-Norm.

In der Tat: Die Funktion $g(z)=f(z)-f^*(z)$ ist überall in G regulär; nach (6) ist also $[g, f^*]=0$, und daraus folgt

$$[f,f] = [g+f^*, g+f^*] = [g,g] + [f^*,f^*] \geqq [f^*,f^*].$$

§ 2. Darstellung durch Bergman-Systeme

Wenn man die Darstellung von Funktionen mit Polen durch Bergman-Systeme erreichen will, stößt man auf die Schwierigkeit, daß schon bei einem einfachen Pol im Innern von G das Gebietsintegral

$$\|f\|^2 = (f,f) = \iint\limits_{G} |f(z)|^2 \, dx \, dy$$

nicht existiert. Nun kann man — bei Funktionen, die auf dem Rand noch stetig sind und die ein eindeutiges Integral haben — das Gebietsintegral nach (IV 12) durch ein Randintegral ersetzen. Man definiert dann das innere Produkt (f, g) so:

$$(f,g) = \frac{1}{2i} \int\limits_{g} f\overline{G}\,dz, \qquad G(z) = \int^{z} g(t)\,dt. \tag{11}$$

Für die Funktion $N'(z, u)$ bekommt man z. B. nach dieser Definition (11)

$$\|N'\|^2 = (N', N') = \frac{1}{2i}\int\limits_{g} \overline{N}\,N'\,dz = -\overline{\frac{1}{2i}\int\limits_{g} N\,M'\,dz} = -\pi M'(u,\bar{u}), \tag{12}$$

also eine *negative* Norm. Wenn wir für eine Funktionenklasse eine solche Definition der Norm einführen, werden wir sie nicht als Hilbertschen

---

[1] Siehe z. B. MESCHKOWSKI [5], Satz VIII.

Raum bezeichnen können. Es schadet nichts, wenn wir unsere Begriffsbildungen erweitern. Wir wollen es so tun, daß wir damit Darstellungsmöglichkeiten schaffen für eine möglichst umfassende Klasse von Funktionen. Dazu gehen wir so vor: Es sei $f(z)$ eine in G bis auf einen Pol bei $z = u$ mit dem meromorphen Teil

$$- \frac{1}{(z-u)^2}$$

reguläre und eindeutige Funktion mit einem eindeutigen Integral.

$$f_1(z) = f(z) + \frac{1}{(z-u)^2}$$

sei eine Funktion von $\boldsymbol{H}_{(B)}$. Das heißt also: Das Gebietsintegral

$$\iint\limits_{G} \left| f(z) + \frac{1}{(z-u)^2} \right|^2 dx\, dy$$

soll existieren. Dann gehört außer $f_1(z)$ auch

$$f_2(z) = f(z) - N'(z, u)$$

zu $\boldsymbol{H}_{(B)}$ und kann so dargestellt werden: $f_2(z) = \sum\limits_{\nu=1}^{\infty} c_\nu \varphi_\nu(z)$, wobei

$$c_\nu = \iint\limits_{G} \big(f(z) - N'(z, u) \big) \, \overline{\varphi_\nu(z)} \, dx\, dy.$$

Es sei jetzt $\boldsymbol{k}$ ein Kreis um den Punkt $z = u$, der ganz im Innern von $\boldsymbol{G}$ liegt, $\boldsymbol{K}$ das Innere dieses Kreises. Wir zerlegen nun das Gebietsintegral für c_ν in zwei Teilintegrale

$$c_\nu = \iint\limits_{G_1} + \iint\limits_{K} \qquad (\boldsymbol{G_1} = \boldsymbol{G} - \boldsymbol{K})$$

und verwandeln, soweit möglich, die Gebietsintegrale nach (IV 12) in Randintegrale. So wird

$$\left.\begin{aligned}
c_\nu = {} & \frac{1}{2i} \int\limits_{k} f(z)\, \overline{\Phi_\nu(z)}\, dz - \frac{1}{2i} \int\limits_{k} N'(z, u)\, \overline{\Phi_\nu(z)}\, dz + \\
& + \iint\limits_{G_1} f(z)\, \overline{\varphi_\nu(z)}\, dx\, dy - \frac{1}{2i} \int\limits_{g} N'(z, u)\, \overline{\Phi_\nu(z)}\, dz + \\
& + \frac{1}{2i} \int\limits_{k} N'(z, u)\, \overline{\Phi_\nu(z)}\, dz,
\end{aligned}\right\} \tag{13}$$

wobei

$$\Phi_\nu(z) = \int\limits^{z} \varphi_\nu(t)\, dt.$$

Nach (VII 6) kann man das vierte Integral in (13) so umformen:

$$- \frac{1}{2i} \int\limits_{g} N'(z, u)\,\overline{\Phi_\nu(z)}\,dz = \overline{\frac{1}{2i} \int\limits_{g} M'(z, \bar{u})\,\Phi_\nu(z)\,dz} = 0. \qquad (14)$$

Es wird also

$$c_\nu = \frac{1}{2i} \int\limits_{k} f\,\overline{\Phi_\nu(z)}\,dz + \iint\limits_{G_1} f\,\overline{\varphi_\nu(z)}\,dx\,dy. \qquad (15)$$

Wir können (15) als die Definition des inneren Produktes $c_\nu = (f,\,\varphi_\nu)$ ansehen und haben damit für $f(z)$ die Darstellung

$$f(z) = N'(z, u) + \sum_{\nu=1}^{\infty} (f,\,\varphi_\nu)\,\varphi_\nu(z). \qquad (16)$$

Hat eine Funktion $f(z)$ die meromorphen Teile

$$m_\varrho(z) = \frac{a_{n+1}^{(\varrho)}}{(z - u_\varrho)^{n+1}} + \cdots + \frac{a_1^{(\varrho)}}{z - u_\varrho}, \qquad \varrho = 1, 2, \ldots, r, \qquad (17)$$

und existieren die Gebietsintegrale

$$\iint\limits_{G} |f(z) - m_\varrho(z)|^2\,dx\,dy, \qquad \varrho = 1, 2, \ldots, r, \qquad (18)$$

so kann man zu einer (16) entsprechenden Darstellung kommen, in die die Funktionen $N_\nu(z, u_\varrho)$ $(\nu = 0, 1, 2, \ldots, n)$ eingehen. Bei dem Beweis der (14) entsprechenden Relation

$$\int\limits_{g} N_m'(z, u)\,\overline{\Phi_\nu(z)}\,dz = 0 \qquad (14')$$

ist für $m > 1$ (VII 15), für $m = 0$ (VII 48) und (VII 43) heranzuziehen. Auf diese Weise gewinnt man

Satz VIII 3

Es sei $M\big(m_1(z), \ldots, m_r(z)\big)$ die Klasse der Funktionen $f(z)$ mit den folgenden Eigenschaften:

1. $f(z)$ ist in G bis auf r Pole mit den meromorphen Teilen (17) regulär;

2. Das Integral über $f(z) - m_\varrho(z)$ ist in G eindeutig und das Gebietsintegral (18) existiert für alle $\varrho = 1, 2, 3, \ldots, r$.

Dann ist $f(z)$ darstellbar durch die Funktionen $N_\nu'(z, u)$ $(\nu = 0, 1, 2, 3, \ldots, n)$ und ein vollständiges Orthonormalsystem $\{\varphi_\mu(z)\}$ des Raumes $H_{(B)}$ in der Form

$$f(z) = \sum_{\varrho=1}^{r} \sum_{\nu=0}^{n} \frac{a_{\nu+1}^{(\varrho)}}{\nu!}\,N_\nu'(z, u_\varrho) + \sum_{\mu=1}^{\infty} (f,\,\varphi_\mu)\,\varphi_\mu(z). \qquad (19)$$

Dabei ist das innere Produkt (f, φ_μ) durch (15) definiert. Falls $f(z)$ auf dem Rand g noch stetig ist, kann man die Definition (15) ersetzen durch

$$(f, \varphi_\mu) = \frac{1}{2i} \int\limits_g f\, \bar\Phi_\mu \, dz. \tag{15'}$$

§ 3. Das Poisson-Integral für mehrfach zusammenhängende Bereiche

Eine im Einheitskreis einschließlich des Randes reguläre Funktion $w = f(z)$ kann man bekanntlich[1] mit Hilfe der Poisson-Formel durch den Realteil der Funktion auf dem Rande ausdrücken:

$$f(z) = i\,\beta_0 + \frac{1}{2\pi} \int\limits_0^{2\pi} \frac{e^{i\varphi} + z}{e^{i\varphi} - z} \operatorname{Re} f(\zeta)\, d\varphi, \quad \zeta = e^{i\varphi}. \tag{20}$$

Für den Realteil von $f(z)$ erhält man daraus:

$$\operatorname{Re} f(z) = \frac{1}{2\pi} \int\limits_0^{2\pi} \frac{1 - |z|^2}{|\zeta - z|^2} \operatorname{Re} f(\zeta)\, d\varphi. \tag{21}$$

Mit Hilfe der Konjugierten $G^*(\zeta, z)$ der Greenschen Funktion kann man für (21) auch schreiben:

$$\operatorname{Re} f(z) = -\frac{1}{2\pi} \int\limits_g \operatorname{Re} f(\zeta)\, dG^*(\zeta, z). \tag{22}$$

Gibt man für $u(\zeta) = \operatorname{Re} f(\zeta)$ eine beliebige beschränkte und integrable Funktion vor, so ist durch

$$u(z) = \frac{1}{2\pi} \int\limits_0^{2\pi} \frac{1 - |z|^2}{|\zeta - z|^2}\, u(\zeta)\, d\varphi = -\frac{1}{2\pi} \int\limits_g u(\zeta)\, dG^*(\zeta, z)$$

eine Potentialfunktion gegeben, die die vorgegebenen Randwerte in allen Stetigkeitspunkten annimmt. Die zugehörige analytische Funktion ist durch (20) bis auf die additive Konstante β_0 eindeutig bestimmt.

Wir wollen jetzt Verallgemeinerungen von (20) und (21) für mehrfach zusammenhängende Gebiete G ableiten. Gehen wir aus von der für jede in $G + g$ reguläre und eindeutige Funktion $f(z)$ gültigen Formel

$$f'(u) = -\frac{1}{2\pi i} \int\limits_g N'(z, u)\, f(z)\, dz. \tag{23}$$

---

[1] Siehe z.B. BEHNKE-SOMMER, S. 158 und R. NEVANLINNA, S. 28 ff.

Sie folgt aus der Darstellung (VII 10) für $N'(z, u)$ nach dem Residuensatz. Andererseits ist nach (VII 6):

$$\frac{1}{2\pi i} \int_g \overline{N'(z, u)}\, f(z)\, \overline{dz} = \frac{1}{2\pi i} \int_g M'(z, \bar{u})\, f(z)\, dz = 0, \qquad (24)$$

da ja $M'(z, \bar{u})$ und $f(z)$ in G regulär sind. Aus (24) folgt

$$-\frac{1}{2\pi i} \int_g \overline{f(z)}\, N'(z, u)\, dz = 0. \qquad (25)$$

Addition von (23) und (25) ergibt

$$f'(u) = -\frac{1}{\pi i} \int_g \operatorname{Re} f(z)\, N'(z, u)\, dz. \qquad (26)$$

Wir integrieren nun über u und erhalten nach (VII 48'):

$$f(u) - f(u_0) = -\frac{1}{\pi i} \int_g \operatorname{Re} f(z)\, \big(N_0'(z, u) - N_0'(z, u_0)\big)\, dz. \qquad (27)$$

Für die hier auftretende Funktion $N_0'(z, u)$ haben wir früher die Reihenentwicklung (VII 48) gefunden.

(27) *ist die Verallgemeinerung von* (20) *für mehrfach zusammenhängende Bereiche.* Ist G speziell der Einheitskreis, so erhält man aus (27) nach einfacher Rechnung (20). Im Einheitskreis ist nämlich[1]

$$N'(z, u) = -\frac{1}{(z - u)^2}\,.$$

Setzt man $u_0 = 0$, $f(0) = \alpha_0 + i\beta_0$, so erhält man zunächst

$$f(u) - f(0) = \frac{1}{\pi i} \int_g \operatorname{Re} f(z) \left(\frac{1}{z - u} - \frac{1}{z}\right) dz. \qquad (28)$$

Nun ist (für $z = e^{i\varphi}$)

$$f(0) = \alpha_0 + i\beta_0 = \frac{1}{2\pi i} \int_k \frac{f(z)}{z}\, dz = \frac{1}{2\pi} \int_0^{2\pi} f(e^{i\varphi})\, d\varphi,$$

also

$$\alpha_0 = \frac{1}{2\pi} \int_0^{2\pi} \operatorname{Re} f(e^{i\varphi})\, d\varphi.$$

Deshalb folgt aus (28) in der Tat die Poissonsche Integralformel (20) für den Einheitskreis. Die Darstellung (28) gilt aber nicht nur für den Einheitskreis, sondern auch für gewisse mehrfach zusammenhängende

---

[1] Vgl. § VII 5.

Bereiche. Bekanntlich[1] bildet $w = N(z, u)$ den Bereich G schlicht ab. Der Bildbereich enthält ∞ als inneren Punkt.

$$w_1(z) = \frac{1}{N(z, u)} + u$$

bildet dann G auf einen Bereich N^* ab, der ganz im Endlichen liegt und für den $N(z, u)$ die Form

$$N(w_1, u) = \frac{1}{w_1 - u}$$

hat. Für die in diesem Bereich N^* regulären und eindeutigen Funktionen gilt dann (wenn 0 innerer Punkt ist) eine Darstellung durch den Realteil der Randwerte, wie sie (28) angibt.

Man kann (27) auch so schreiben:

$$f(u) - f(v) = \frac{1}{\pi i} \int_{g} \operatorname{Re} f(z) \cdot Q'(z; u, v)\, dz. \tag{27'}$$

Dabei ist $Q'(z; u, v)$ die durch (VII 17) definierte Funktion. Man beweist (27') unter Benutzung von (VII 21) ähnlich wie (27).

Um zu einer Verallgemeinerung von (21) zu kommen, gehen wir von der in § VII 3 definierten Funktion $E(z, u)$ aus. Nach dem Residuensatz gilt

$$f(u) = \frac{1}{2\pi i} \int_{g} f(z)\, \frac{E'(z, u)}{E(z, u)}\, dz. \tag{29}$$

Wegen (VII 43) folgt daraus weiter

$$\overline{f(u)} = -\frac{1}{2\pi i} \int_{g} \overline{f}\, \frac{\overline{E'}}{\overline{E}}\, dz = \frac{1}{2\pi i} \int \overline{f}\, \frac{E'}{E}\, dz. \tag{30}$$

Addition von (29) und (30) ergibt

$$\operatorname{Re} f(u) = \frac{1}{2\pi i} \int_{g} \operatorname{Re} f(z)\, \frac{E'}{E}\, dz = \frac{1}{2\pi} \int_{g} \operatorname{Re} f(z)\, d \arg E(z, u). \tag{31}$$

Für den Einheitskreis hat (31) die Form (21). Das erkennt man sofort, wenn man

$$E(z, u) = c \cdot \frac{z - u}{1 - z\,\overline{u}}$$

einsetzt. Natürlich kann man (31) auch direkt aus (28) ableiten, indem man auf beiden Seiten die Realteile nimmt.

Wir wollen jetzt zeigen, daß (31) nur eine andere Schreibweise ist für die *auch für mehrfach zusammenhängende Bereiche gültige* Formel (22). Dazu betrachten wir die Abbildungseigenschaft von $E(z, u)$: Diese Funktion bildet den Bereich G so ab, daß die äußere Randkomponente g_1

---

[1] Vgl. § VII 5.

einen Kreis (etwa vom Radius r) zum Bilde hat, während die Bilder der übrigen Randkomponenten g_ν ($\nu = 2, 3, \ldots, n$) auf Kreisschlitzen liegen: $|w| = |E(z, u)| = r_\nu$ ($\nu = 2, 3, \ldots, n$), $r_\nu < r$. Dann ist

$$U(z) = \operatorname{Re} \log\left(\frac{1}{r}\, E(z, u)\right) + G(z, u) - \sum_{\nu=2}^{n}\left(\log \frac{r_\nu}{r}\right) \omega_\nu(z)$$

eine Potentialfunktion, die überall in G regulär ist und auf dem Rand verschwindet: Die Singularität von $\log\left(\frac{1}{r}\, E(z, u)\right)$ wird ja durch die der Greenschen Funktion aufgehoben. Deshalb verschwindet $U(z)$ identisch, und wir haben[1]

$$\log \frac{1}{r}\, |E(z, u)| = -\, G(z, u) + \sum_{\nu=2}^{n}\left(\log \frac{r_\nu}{r}\right) \omega_\nu(z) = h(z) \qquad (32)$$

und

$$\log \frac{1}{r}\, E(z, u) = H(z) = h(z) + i\, h^*(z). \qquad (32')$$

Dabei ist $h^*(z)$ die zu h konjugierte Potentialfunktion. Differentiation von $(32')$ ergibt nun für $z \in g$:

$$\frac{1}{i} \cdot \frac{E'(z)}{E(z)}\, dz = \frac{1}{i}\, dH(z) = dh^*(z), \qquad (32'')$$

da G und ω_ν auf g konstant sind. Jetzt können wir (31) so umformen:

$$\operatorname{Re} f(u) = \frac{1}{2\pi} \int\limits_{g} \operatorname{Re} f(z)\, dh^*(z, u). \qquad (33)$$

Bezeichnen wir wieder $\omega_\nu(z) + i\, \omega_\nu^*(z)$ mit $F_\nu(z)$. Dann ist $F_\nu'(z)$ eindeutig und regulär in G, also

$$\int\limits_{g} f(z)\, F_\nu'(z)\, dz = \int\limits_{g} f(z)\, dF_\nu = 0.$$

Wegen $d\omega_\nu = 0$ für $z \in g$ ist dann auch

$$\int\limits_{g} f(z)\, d\omega_\nu^*(z) = 0$$

und daher

$$\int\limits_{g} \operatorname{Re} f(z)\, d\omega_\nu^*(z) = 0, \qquad \nu = 1, 2, 3, \ldots, n. \qquad (34)$$

Aus (33) folgt jetzt wegen (34) und $(32'')$:

$$\operatorname{Re} f(u) = -\, \frac{1}{2\pi} \int\limits_{g} \operatorname{Re} f(z)\, dG^*(z, u). \qquad (35)$$

---

[1] Wir haben die Existenz der Abbildungsfunktion $E(z, u)$ vorausgesetzt; man kann umgekehrt von einer solchen Entwicklung (32) ausgehen und daraus die Existenz der Normalabbildung beweisen, vgl. BERGMAN [4].

Gibt man umgekehrt für Re f eine beliebige beschränkte und integrable Randfunktion $v(z)$ vor, so liefert bekanntlich[1]

$$v(u) = -\frac{1}{2\pi} \int_g v(z)\, dG^*(z, u) \tag{36}$$

eine Potentialfunktion, die in allen Stetigkeitspunkten die vorgeschriebenen Randwerte annimmt. Man kann nun rückwärts auch auf die Gültigkeit von (31) schließen, *wenn die vorgegebenen Randwerte die Bedingungen*

$$\int_g v(z)\, d\omega_\nu^*(z) = 0 \qquad (\nu = 1, 2, 3, \ldots, n) \tag{37}$$

erfüllen. Dann folgt aus (36) sofort

$$v(u) = \frac{1}{2\pi} \int_g v(z)\, dh^*(z) = \frac{1}{2\pi i} \int_g v(z)\, \frac{E'(z)}{E(z)}\, dz.$$

Ist (37) nicht erfüllt, gilt etwa

$$\frac{1}{2\pi} \int_g v(z)\, d\omega_\nu^*(z) = \beta_\nu, \qquad \nu = 1, 2, 3, \ldots, (n-1), \tag{38}$$

so bilde man

$$V(z) = v(z) - \sum_{\nu=1}^{n-1} \alpha_\nu\, \omega_\nu(z).$$

Dabei sind die Zahlen α_ν so zu bestimmen, daß

$$2\pi\, \beta_\mu = \sum_{\nu=1}^{n-1} \alpha_\nu\, p_{\mu\nu} = \sum_{\nu=1}^{n-1} \alpha_\nu \int_{g_\nu} d\omega_\nu^*(z)$$

gilt. Das ist möglich, da bekanntlich[2] $\|p_{\mu\nu}\| \neq 0$ ist. Dann ist

$$\int_g V(z)\, d\omega_\mu^*(z) = 0, \qquad \mu = 1, 2, 3, \ldots, (n-1).$$

Für die Funktion $v(u)$, die die Randwerte $v(z)$ in allen Stetigkeitspunkten annimmt, gilt dann

$$v(u) = \sum_{\nu=1}^{n-1} \alpha_\nu\, \omega_\nu(u) - \alpha_1 + \frac{1}{2\pi i} \int_g v(z)\, \frac{E'}{E}\, dz.$$

Falls (37) erfüllt ist, kann man auch leicht eine analytische Funktion angeben, die die vorgegebenen Randwerte fast überall annimmt. Dazu benutzen wir die aus (VII 49) durch logarithmische Differentiation zu

---

[1] Siehe z.B. NEVANLINNA, S. 29.
[2] Siehe z.B. NEHARI [8], S. 40.

gewinnende Formel[1]

$$\frac{K'(z; u, v)}{K(z; u, v)} = \frac{E'(z, u)}{E(z, u)} - \frac{E'(z, v)}{E(z, v)} \,. \tag{39}$$

Danach folgt aus

$$v(u) = \frac{1}{2\pi i} \int_{g} v(z)\, \frac{E'(z, u)}{E(z, u)}\, dz$$

die Beziehung

$$v(u) - v(u_1) = \frac{1}{2\pi i} \int_{g} v(z)\, \frac{K'(z; u, u_1)}{K(z; u, u_1)}\, dz\,.$$

Die Funktion

$$\varphi(u) = \frac{1}{2\pi i} \int_{g} v(z) \left(\frac{K'(z; u, u_1)}{K(z; u, u_1)} + \frac{R'(z; u, u_1)}{R(z; u, u_1)} \right) dz$$

$$= \frac{1}{\pi i} \int_{g} v(z)\, Q'(z; u, u_1)\, dz$$

hat dann den Realteil $v(u) - v(u_1)$. $i^{-1} K' \cdot K^{-1}\, dz$ ist nämlich nach (39) und (VII 43) rein reell auf dem Rand; $i^{-1} R' R^{-1} dz$ ist dagegen imaginär für $z \in g$, wie man sofort aus der Abbildungseigenschaft dieser Funktion erkennt.

Fassen wir unsere wichtigsten Ergebnisse zusammen:

Satz VIII 4

Jede in $G + g$ *reguläre und eindeutige Funktion* $f(z)$ *kann durch die Randwerte ihres Realteils dargestellt werden in der Form*

$$f'(u) = - \frac{1}{\pi i} \int_{g} \operatorname{Re} f(z)\, N'(z, u)\, dz\,. \tag{26}$$

Für den Realteil von $f(z)$ *gilt*

$$\operatorname{Re} f(u) = \frac{1}{2\pi i} \int_{g} \operatorname{Re} f(z)\, \frac{E'(z, u)}{E(z, u)}\, dz = \frac{1}{2\pi} \int_{g} \operatorname{Re} f(z)\, d\arg E(z, u)\,. \tag{31}$$

Dabei sind $N'(z, u)$ *und* $E(z, u)$ *die durch* (VII 10) *und* (VII 46) *dargestellten Funktionen.*

Ist umgekehrt auf dem Rand g *von* G *eine beliebige beschränkte und integrable Randfunktion* $v(z)$ *vorgegeben, die der Bedingung* (37) *genügt, so ist*

$$\frac{1}{2\pi i} \int_{g} v(z)\, \frac{E'(z, u)}{E(z, u)}\, dz$$

der Realteil einer in G *eindeutigen analytischen Funktion, der auf dem Rand fast überall die Randwerte* $v(z)$ *annimmt.*

---

[1] Die hier benutzten Abbildungsfunktionen wurden in § VII 2 und § VII 3 definiert.

§ 4. Weitere Verallgemeinerungen

Es sei jetzt $f(z)$ eine in G reguläre und eindeutige Funktion, die auf dem Rand g von G r $(r \leq n)$ einfache Pole z_ϱ hat, auf jeder Randkomponente höchstens einen. r_ϱ seien die entsprechenden Residuen. Dann gilt nach dem Residuensatz an Stelle von (23):

$$\frac{1}{2\pi i} \int\limits_g N'(z, u)\, f(z)\, dz = - f'(u) + \frac{1}{2} \sum_{\varrho=1}^{r} r_\varrho\, N'(z_\varrho, u)\,. \tag{40}$$

Nach (VII 6) wird weiter

$$\frac{1}{2\pi i} \int\limits_g \overline{N'(z, u)}\, f(z)\, \overline{dz} = \frac{1}{2\pi i} \int\limits_g M'(z, \overline{u})\, f(z)\, dz = \frac{1}{2} \sum_{\varrho=1}^{r} r_\varrho\, M'(z_\varrho, \overline{u})\,. \tag{41}$$

Wir ziehen jetzt die Symmetrieeigenschaften der Funktionen $N'(z, u)$ und $M'(z, \overline{u})$ heran:

$$M'(z, \overline{u}) = \overline{M'(u, \overline{z})}\,, \qquad N'(z, u) = N'(u, z)\,. \tag{42}$$

Die erste dieser beiden Gleichungen liest man sofort an der Darstellung (VII 8) ab. Die zweite folgt aus

$$\frac{1}{2\pi i} \int\limits_g M(t, \overline{z})\, M'(t, \overline{u})\, dt = 0\,.$$

Nach (VII 5) und VII 6) folgt daraus

$$- \frac{1}{2\pi i} \int\limits_g \overline{N(t, z)\, N'(t, u)}\, dt = 0\,,$$

und nach dem Residuensatz gewinnt man daraus die zweite Gleichung von (42). Danach kann man (41) so umformen:

$$\frac{1}{2\pi i} \int\limits_g N'(z, u)\, \overline{f(z)}\, dz = - \frac{1}{2} \sum_{\varrho=1}^{r} \overline{r}_\varrho\, M'(u, \overline{z}_\varrho)\,. \tag{43}$$

Addition von (40) und (43) ergibt dann:

$$f'(u) = \frac{1}{\pi i} \int\limits_g \operatorname{Re} f(z)\, N'(z, u)\, dz + \frac{1}{2} \sum_{\varrho=1}^{r} \left(r_\varrho\, N'(u, z_\varrho) - \overline{r}_\varrho\, M'(u, \overline{z}_\varrho) \right)\,. \tag{44}$$

Damit haben wir eine Verallgemeinerung der Darstellung (23) für den Fall, daß auf einzelnen Randkomponenten von g einfache Pole vorliegen. Von besonderem Interesse ist der Spezialfall, daß $\operatorname{Re} f(z)$ verschwindet. Betrachten wir eine Funktion $w = h(z)$, *die G auf die n-fach bedeckte Halbebene* $\operatorname{Re} w > 0$ *abbildet.* z_ν sei der Punkt von g_ν, der auf

Unendlich abgebildet wird (Residuum r_ν). Dann folgt aus (44):

$$h(z) = c + \frac{1}{2} \sum_{\nu=1}^{n} \left(r_\nu\, N(z, z_\nu) - \bar{r}_\nu\, M(z, \bar{z}_\nu) \right). \tag{45}$$

Nach GRUNSKY [1] ist diese Funktion bis auf eine reelle multiplikative und eine imaginäre additive Konstante eindeutig bestimmt, wenn man die Polstellen auf den Randkomponenten vorgeschrieben hat. (45) gibt die analytische Darstellung dieser Funktion. Eine ähnliche Darstellung für die Abbildung auf den n-fach bedeckten Einheitskreis geben wir in §8.

In der allgemeinen Theorie der meromorphen Funktionen spielt die Poisson-Jensensche Formel eine wichtige Rolle:

$$\left.\begin{aligned}
\log|w(r\,e^{i\varphi})| &= \frac{1}{2\pi} \int_0^{2\pi} \log|w(\varrho\,e^{i\vartheta})|\, \frac{(\varrho^2 - r^2)\,d\vartheta}{\varrho^2 + r^2 - 2\varrho\,r\cos(\vartheta - \varphi)} + \\
&\quad + \sum_{|b_\nu|<\varrho} \left|\frac{\varrho^2 - \bar{b}_\nu z}{\varrho(z - b_\nu)}\right| - \sum_{|a_\mu|<\varrho} \log\left|\frac{\varrho^2 - \bar{a}_\mu z}{\varrho(z - a_\mu)}\right|.
\end{aligned}\right\} \tag{46}$$

Dabei ist $w = w(z)$ eine Funktion, die in einem Kreis vom Radius r bis auf Pole regulär ist; a_μ sind die Nullstellen, b_ν die Pole dieser Funktion. Die Formel (46) gestattet, $\log|w(z)|$ aus den Randwerten der Funktion und der Verteilung der Nullstellen und der Pole zu berechnen. Diese wichtige Formel (46) ist die Grundlage der modernen Wertverteilungstheorie (vgl. NEVANLINNA). Es ist deshalb interessant, daß man auch diese Formel auf mehrfach zusammenhängende Bereiche verallgemeinern kann.

Es sei $f(z)$ eine in $G+g$ bis auf Pole reguläre und eindeutige Funktion mit den Nullstellen n_μ und den Polen p_λ. Es sei ferner

$$\varepsilon(z, u) = \alpha \cdot E(z, u).$$

Die Konstante α soll so gewählt sein, daß $|\varepsilon(z, u)| = 1$ auf g_1 gilt. $\bigl(E(z, u)$ war durch die Vorschrift $E'(u, u) = 1$ normiert.$\bigr)$

$$g(z) = f(z)\, \frac{\displaystyle\prod_{\lambda=1}^{l} \varepsilon(z, p_\lambda)}{\displaystyle\prod_{\mu=1}^{m} \varepsilon(z, n_\mu)}$$

hat dann in $G+g$ weder Nullstellen noch Pole. Wir wollen weiter voraussetzen, daß $\log g(z)$ in $G+g$ eindeutig sei. Da $g(z)$ keine Nullstellen und keine Pole hat, kann man durch Hinzufügen einer passenden Konstanten zu $g(z)$ stets zu einer solchen Funktion kommen. Wir wollen annehmen, daß $g(z)$ schon diese Eigenschaft hat. Dann gilt nach (31):

$$\log|g(u)| = \frac{1}{2\pi}\int\limits_{g}\log|f(z)|\,d\arg E(z,u) +$$

$$+\frac{1}{2\pi}\sum_{\lambda=1}^{l}\int\limits_{g}\log|\varepsilon(z,p_\lambda)|\,d\arg E(z,u) - \frac{1}{2\pi}\sum_{\mu=1}^{m}\int\limits_{g}\log|\varepsilon(z,n_\mu)|\,d\arg E(z,u).$$

Nun ist $\log|\varepsilon|$ auf jeder Randkomponente konstant, auf $\boldsymbol{g}_1$ sogar gleich 0. Auf $\boldsymbol{g}_\nu$ $(\nu>1)$ ist weiter

$$\int\limits_{\boldsymbol{g}_\nu} d\arg E(z,u) = 0.$$

Das bedeutet, daß die Summen auf der rechten Seite verschwinden. Man erhält

$$\left.\begin{aligned}\log|f(u)| &= \frac{1}{2\pi}\int\limits_{g}\log|f(z)|\,d\arg E(z,u) + \\ &\quad + \frac{1}{2\pi}\sum_{\mu=1}^{m}\log|\varepsilon(u,n_\mu)| - \frac{1}{2\pi}\sum_{\lambda=1}^{l}\log|\varepsilon(u,p_\lambda)|\end{aligned}\right\} \tag{47}$$

als *Verallgemeinerung der Poisson-Jensenschen Formel.*

§ 5. Darstellung durch den Randwinkel

Es sei $\boldsymbol{G}$ ein *einfach* zusammenhängender schlichter Bereich mit stückweise stetiger Tangente in der ζ-Ebene. Ist $\zeta=\zeta(z)$ eine Funktion, die den Einheitskreis der z-Ebene schlicht auf $\boldsymbol{G}$ abbildet, so ist nach PAATERO die Ableitung $\zeta'(z)$ so darstellbar:

$$\zeta'(z) = C\cdot e^{\displaystyle -\frac{1}{\pi}\int\limits_{0}^{2\pi}\log(1-ze^{-i\vartheta})\,d\psi(\vartheta)} \tag{48}$$

Dabei ist $\vartheta+\dfrac{\pi}{2}$ der Randwinkel des Einheitskreises und $\psi=\psi(\vartheta)$ der Randwinkel von $\boldsymbol{G}$. (48) wird unter Benutzung der Beziehung[1]

$$\frac{d\psi}{d\vartheta} = u(e^{i\vartheta}) = \operatorname{Re}\left(1 + z\frac{\zeta''}{\zeta'}\right) \qquad (|z|=1) \tag{49}$$

aus dem Poissonschen Integral (20) abgeleitet. Eine solche Darstellung (48) ist auch dann möglich, wenn nur vorausgesetzt wird, daß die Funktion $\zeta(z)$ auf ein Gebiet von „beschränkter Randdrehung" abbildet.

---

[1] $\psi = \vartheta + \dfrac{\pi}{2} + \arg\zeta'(e^{i\vartheta});$

$$\operatorname{Re}\left(z\frac{\zeta''}{\zeta'}\right) = \operatorname{Re}\left(\frac{d\log\zeta'}{d\log z}\right) = \operatorname{Re}\left(\frac{1}{i}\frac{d}{d\vartheta}\left[\log|\zeta'| + i\arg\zeta'\right]\right) = \frac{d}{d\vartheta}\arg\zeta'.$$

Das heißt: Der Grenzwert

$$\alpha = \lim_{r \to 1} \int_0^{2\pi} \left| u\left(r\, e^{i\vartheta}\right)\right| d\vartheta$$

soll endlich sein. Das Integral in (48) ist dann im Stieltjesschen Sinne zu verstehen.

Diese Darstellung (48) soll nun verallgemeinert werden für mehrfach zusammenhängende Bereiche. Für zweifach zusammenhängende Bereiche kann man eine zu (48) analoge Darstellung geben; ist der Zusammenhang höher, so ist es zweckmäßig, die *Richtung der Bildtangente* (und nicht die Richtungsänderung) in die Formel aufzunehmen.

Beginnen wir mit dem zweifach zusammenhängenden Bereich! Hier wählt man als Normalbereich, der auf G abgebildet wird, den *Kreisring*. Es sei K_r der Kreisring mit den Kreisen von Radius 1 und $r < 1$ um den Nullpunkt der z-Ebene. $\zeta = \zeta(z)$ möge K_r so abbilden, daß der Rand des Bildbereiches G noch analytisch ist. Es sollen keine Verzweigungspunkte in K_r auftreten, aber die Abbildung braucht *nicht schlicht* zu sein. Setzen wir

$$f(z) = 1 + z\,\frac{\zeta''(z)}{\zeta'(z)}, \qquad \operatorname{Re} f(z) = u(z),$$

dann gilt auf beiden Randkreisen $d\psi/d\vartheta = u(z)$. Dabei ist ψ wieder die Richtung der Tangente im Bildgebiet, $\vartheta = \arg z$. Da $\zeta'(z) \neq 0$ vorausgesetzt wurde, ist $f(z)$ in K_r analytisch, und es gilt nach der verallgemeinerten Poissonschen Integralformel (26)

$$f'(z) = -\frac{1}{\pi i} \int_g u(\xi)\, N'(\xi, z)\, d\xi.$$

Wegen (VII 6) und (42) folgt daraus:

$$f'(z) = -\frac{1}{\pi i} \int_g u(\xi)\, M'(z, \bar\xi)\, \overline{d\xi}. \tag{50}$$

Integration ergibt:

$$\frac{z\,\zeta''}{\zeta'} = f(z) - 1 = f(z_0) - 1 - \frac{1}{\pi i} \int_g u(\xi)\, \big(M(z, \bar\xi) - M(z_0, \bar\xi)\big)\, \overline{d\xi}. \tag{51}$$

Setzt man nun

$$\lambda(z, \bar\xi) = \int_{z_0}^{z} \frac{M(t, \bar\xi) - M(z_0, \bar\xi)}{t}\, dt, \tag{52}$$

so wird aus (51):

$$\zeta'(z) = \left(\frac{z}{z_0}\right)^{f(z_0)-1} \cdot e^{-\frac{1}{\pi i} \int_g u(\xi)\,\lambda(z,\bar\xi)\,\overline{d\xi}}. \tag{53}$$

Dabei ist $\zeta(z)$ durch die Vorschrift $\zeta'(z_0) = 1$ in dem (in K_r frei wählbaren) Punkt z_0 normiert. Wenn es in K_r einen Punkt z_0 gibt, in dem $\zeta''(z_0) = 0$

gilt, dann vereinfacht sich (53), wenn man diesen Punkt als untere Grenze für die Integration wählt. Dann ist nämlich $f(z_0) - 1 = 0$.

Die durch (52) definierte Funktion $\lambda(z, \bar{\xi})$ kann als eine bekannte Gebietsfunktion angesehen werden. $M(z, \bar{\xi})$ ist ja durch die Reihenentwicklung (VII 8) gegeben.

Die Darstellung (53) gilt auch dann noch, wenn $\zeta(z)$ auf dem Rand nicht mehr regulär, $u(z) = \mathrm{Re}\,(1 + z\,\zeta'' \cdot \zeta'^{-1})$ aber auf dem Rand noch abteilungsweise stetig ist. Unter dieser Voraussetzung ist nämlich die Verallgemeinerung der Poissonschen Integralformel auch noch gültig. Dagegen ist es nicht möglich, die Randwerte *beliebig* (abteilungsweise stetig) für $u(z)$ vorzuschreiben. (51) liefert dann und nur dann eine eindeutige analytische Funktion, wenn die vorgeschriebenen Randwerte den Bedingungsgleichungen (34), hier also

$$\int\limits_{g} u(z)\, d\omega_\nu^*(z) = 0, \qquad \nu = 1, 2, \tag{54}$$

genügen. Das folgt aus den Ergebnissen von §3. Fassen wir zusammen:

Satz VIII 5

Es sei $\zeta = \zeta(z)$ eine im Kreisring $r < |z| < 1$ reguläre und eindeutige Funktion, $u(\xi) = \dfrac{d\psi(\xi)}{d\vartheta}$ sei auf dem Rand des Ringes noch abteilungsweise stetig. Dabei ist

$$\psi = \arg d\zeta(\xi), \qquad \vartheta = \arg \xi \quad \text{für } |\xi| = r \text{ und } |\xi| = 1.$$

Dann gilt

$$\zeta(z) - \zeta(z_0) = \int\limits_{z_0}^{z} \left(\frac{w}{z_0}\right)^{f(z_0)-1} \cdot e^{-\dfrac{1}{\pi i} \int\limits_{g} u(\xi)\,\lambda(w, \bar{\xi})\,\overline{d\xi}} \, dw, \tag{55}$$

wobei $\lambda(w, \bar{\xi})$ die durch (52) definierte Funktion ist. Ist umgekehrt in (55) für $u(\xi)$ eine abteilungsweise stetige Funktion vorgegeben, die den Randbedingungen (54) genügt, so ist die durch (55) definierte Funktion $\zeta(z)$ im Kreisring eindeutig und analytisch. In allen Stetigkeitspunkten von $u(\xi)$ hat dann

$$\frac{d\psi}{d\vartheta} = \mathrm{Re}\left(1 + \frac{z\,\zeta''}{\zeta'}\right)$$

die vorgegebenen Randwerte $u(\xi)$.

Die Ergebnisse für den Kreisring können nicht ohne weiteres auf Bereiche von höherem Zusammenhang übertragen werden. Wählt man etwa für $n > 2$ einen Vollkreisbereich als Normalbereich, so gilt (49) nicht mehr auf allen Randkreisen. Diese Schwierigkeit tritt freilich nicht auf, wenn man von einem beschränkten Kreisschlitzbereich ausgeht. In diesem Fall haben aber die beteiligten Funktionen an den Endpunkten des Schlitzes Singularitäten.

Es ist jedoch durch eine geringe Variation der Problemstellung möglich, unsere Betrachtungen sogar *auf beliebige (nicht normierte) von n
analytischen Kurven begrenzte Bereiche zu übertragen.*

Es sei g_1 die äußere Randkurve eines solchen Bereiches G und $\zeta(z)$
eine in G reguläre Funktion; weiter soll $\log \zeta'(z)$ in G regulär, eindeutig und auf dem Rand noch abteilungsweise stetig sein. Schließlich
sei für einen festen Punkt $u_0 \in G$: $\zeta'(u_0) = 1$. Setzt man

$$\mathrm{Re}\left(\frac{1}{i}\log \zeta'\right) = \arg \zeta'(z) = v(z), \tag{56}$$

so wird nach (27'):

$$\zeta(u) - \zeta(u_0) = \int_{u_0}^{u} e^{\frac{1}{\pi}\int_g v(z)\,Q'(z;t,u_0)\,dz}\,dt. \tag{57}$$

Damit ist eine Darstellung gewonnen, bei der nicht $\dfrac{d\psi}{d\vartheta}$, sondern
$\psi - \arg dz = \arg \dfrac{d\zeta}{dz} = v(z)$ benützt wird.

Satz VIII 6

*Es sei $\zeta(z)$ eine in G eindeutige und analytische Funktion, für die
auch $\log \zeta'(z)$ in G eindeutig und analytisch, auf dem Rand g von G noch
abteilungsweise stetig ist. $\zeta'(u_0)$ sei gleich 1 für einen festen Punkt $u_0 \in G$.
Dann ist $\zeta(u)$ durch (57) darstellbar, wobei $v(z)$ durch (56) definiert ist.*

*Ist umgekehrt für $v(z)$ eine abteilungsweise stetige Randfunktion vor-
gegeben, die den Bedingungen*

$$\int_{g_\nu} v(z)\,d\omega_\nu^*(z) = 0 \qquad (\nu = 1, 2, \dots, n)$$

*genügt, so ist die durch (57) dargestellte Funktion $\zeta(u)$ in G regulär und
eindeutig, und $\psi - \arg dz = \arg \dfrac{d\zeta}{dz} = \mathrm{Im}\,\log \zeta'(z)$ hat dann in allen
Stetigkeitspunkten von $v(z)$ die vorgegebenen Randwerte.*

§ 6. Darstellung durch Kerne mit Gewichtsfunktion

Man kann auch die in § VI 4 eingeführten Kerne mit Gewichtsfunktionen benutzen, um analytische Funktionen bzw. Potentialfunktionen
durch ihre Randwerte darzustellen.

Es sei $g(z)$ eine in $G + g$ reguläre, eindeutige und nirgends verschwin-
dende Funktion, $K_S(z, \bar{u})$ die Kernfunktion des zu $G + g$ gehörenden
Hilbert-Raumes $\boldsymbol{H}_S$ (mit der Szegö-Norm) und schließlich $K_S^{(\varrho)}(z, \bar{u})$ der
Kern mit dem Gewicht

$$\varrho(z) = |g(z)|^2, \qquad z \in \boldsymbol{g}. \tag{58}$$

Er hat die reproduzierende Eigenschaft (VI 38). Durch Multiplikation mit $g(u)$ wird aus dieser Gleichung

$$\int\limits_{g} \overline{\left(g(z)\,\overline{g(u)}\,K_S^{(\varrho)}(z,\bar{u})\right)}\, f(z)\, g(z)\, ds_z = f(u)\, g(u)\,. \tag{59}$$

Da $g(z)\neq0$ ist in $G+g$, kann jede Funktion $h(z)$ des Raumes H_S in der Form $h(z)=f(z)\,g(z)$ geschrieben werden mit einer in G regulären und auf g quadratintegrablen Funktion $f(z)$. Das heißt aber, daß

$$g(z)\,\overline{g(u)}\,K_S^{(\varrho)}(z,\bar{u})$$

mit dem Szegö-Kern von $G+g$ (ohne Gewicht!) identisch sein muß, da es ja nur *eine* Funktion mit der reproduzierenden Eigenschaft

$$\int\limits_{g} \overline{K_S(z,\bar{u})}\, h(z)\, ds = h(u)$$

gibt. Wir haben also

$$K_S(z,\bar{u}) = g(z)\,\overline{g(u)}\,K_S^{(\varrho)}(z,\bar{u})\,.$$

Insbesondere gilt

$$|g(u)|^2 = \left(K_S^{(\varrho)}(u,\bar{u})\right)^{-1}\cdot K_S(u,\bar{u})\,. \tag{60}$$

Auch diese Formel kann gedeutet werden als eine Möglichkeit, die Werte der Funktion $f(u)$ im Innern aus den gegebenen Randwerten zu berechnen: In die Berechnung von $K_S^{(\varrho)}(z,\bar{u})$ gehen ja nur die durch (58) gegebenen Werte von $\varrho(z)$, also die *Randwerte* von $g(z)$, ein.

Ist eine analytische Funktion $\gamma(z)$ vorgegeben, die in G an gewissen Stellen u_λ $(\lambda=1, 2, 3, \ldots, l)$ verschwindet, so ist

$$g(z) \doteq \frac{\gamma(z)}{(z-u_1)\ldots(z-u_l)}$$

eine Funktion, auf die wir die Gl. (60) anwenden können. Damit haben wir

Satz VIII 7

Es sei $\gamma(z)$ eine in $G+g$ reguläre und eindeutige Funktion, die nur an den Stellen $z=u_\lambda$ $(\lambda=1, 2, 3, \ldots, l)$ verschwindet. Dann kann $\gamma(z)$ so dargestellt werden:

$$|\gamma(z)|^2 = \frac{|(z-u_1)\ldots(z-u_l)|^2\, K_S(z,\bar{z})}{K_S^{(\varrho)}(z,\bar{z})}\,. \tag{61}$$

Dabei ist die Gewichtsfunktion $\varrho(z)$ gegeben durch

$$\varrho(z) = |g(z)|^2 = \frac{|\gamma(z)|^2}{|(z-u_1)\ldots(z-u_l)|^2}\,.$$

Dieser Satz kann als ein Gegenstück zur verallgemeinerten Poisson-Jensen-Formel (47) gedeutet werden: In beiden Fällen können die *absoluten Beträge der Funktion im Innern aus den absoluten Beträgen auf dem Rande* ermittelt werden.

Diese Formeln (60) und (61) gestatten nicht ohne weiteres, die Randwerte beliebig vorzugeben. Es ist ja nicht gesagt, daß es eine in G *eindeutige* Funktion gibt, die die vorgeschriebenen Randwerte hat. In *einfach* zusammenhängenden Bereichen kann man aber aus der Formel (60) leicht eine Darstellung gewinnen, die die Lösung des Randwertproblems der Potentialtheorie gestattet. Die *Existenz* einer solchen Lösung setzen wir hier als gesichert voraus[1]; es geht darum, ein neues Verfahren zur expliziten Lösung der Randwertaufgabe anzugeben.

Es sei $v(z)$ eine auf g beliebig vorgegebene stetige reelle Funktion, $V(z)$ die in G existierende Potentialfunktion mit den Randwerten $v(z)$. $g(z)$ sei die durch die Vorschrift

$$V(z) = 2\log|g(z)|$$

bestimmte analytische Funktion. Sie ist in dem (einfach zusammenhängenden) Bereich G eindeutig und von Null verschieden. Nach (60) haben wir deshalb:

$$V(u) = \log|g(u)|^2 = \log K_S(u,\bar{u}) - \log K_S^{(\varrho)}(u,\bar{u}). \tag{62}$$

Damit sind die Werte der Potentialfunktion $V(u)$ im Innern von G durch die Randwerte ausgedrückt, die ja in die Berechnung von $K_S^{(\varrho)}(u,\bar{u})$ $\left(\varrho(z)=|g(z)|^2=e^{V(z)}\right)$ eingehen.

§ 7. Abbildung auf den Einheitskreis

Die Formel (45) gab eine analytische Darstellung der Funktionen, die den Bereich G auf die (mehrfach bedeckte) Halbebene $\operatorname{Re} f(z) > 0$ abbilden. Wir wollen jetzt ein Gegenstück gewinnen für die Klassen E und F der Funktionen, die G auf das Innere bzw. das Äußere des Einheitskreises abbilden. Dabei wird von den Abbildungsfunktionen $E(z)\in E$ und $F(z)\in F$ nicht verlangt, daß die Randkomponenten g_ν umkehrbar eindeutig auf die Peripherie des Einheitskreises abgebildet werden; mehrfache Durchlaufungen sind durchaus zulässig.

Zur Klasse E gehört z.B. die in §VII 4 eingeführte Funktion

$$E_1(z) = \frac{K_S(z,\bar{u})}{L(z,u)},$$

aber auch der Quotient

$$E_2(z) = \frac{M'(z,\bar{u})}{N'(z,u)}.$$

Das erkennt man leicht aus der Randbeziehung (VII 6). Man kann zeigen, daß E_2 jede Randkomponente g_ν ($\nu=1,2,\ldots,n$) auf den *doppelt*

---

[1] Siehe dazu z.B. BEHNKE-SOMMER oder NEHARI [8].

durchlaufenen Einheitskreis abbildet. Die Funktionen

$$E_1^{-1} = \frac{L(z, u)}{K_S(z, \bar{u})}, \qquad E_2^{-1} = \frac{N'(z, u)}{M'(z, \bar{u})} \tag{63}$$

gehören zur Klasse $\boldsymbol{F}$.

Zur Ableitung der gesuchten Darstellung gehen wir aus von dem Integral

$$J = \frac{1}{2\pi i} \int_{\boldsymbol{g}} E(z)\, N'(z, v)\, dz. \tag{64}$$

Da $N'(z, v)$ bei $z = v$ einen Pol zweiter Ordnung hat mit dem meromorphen Teil $-(z-v)^{-2}$, haben wir nach dem Residuensatz

$$J = - E'(v). \tag{65}$$

Für alle Funktionen $E(z)$ und $F(z)$ der beiden Klassen $\boldsymbol{E}$ und $\boldsymbol{F}$ gilt nun für $z \in \boldsymbol{g}$:

$$E(z) \cdot \overline{E(z)} = F(z) \cdot \overline{F(z)} = 1. \tag{66}$$

Nach (VII 6) und (66) folgt deshalb aus (64):

$$\bar{J} = - \frac{1}{2\pi i} \int_{\boldsymbol{g}} \frac{M'(z, \bar{v})}{E(z)}\, dz.$$

Setzen wir nun voraus, daß $E(z)^{-1}$ nur einfache Pole (mit den Residuen r_ϱ, $\varrho = 1, 2, \ldots, R$) habe. Dann wird, wieder nach dem Residuensatz:

$$- \bar{J} = \sum_{\varrho=1}^{R} r_\varrho\, M'(z_\varrho, \bar{v}),$$

und nach (65) und (42) haben wir damit für $E'(v)$ die gewünschte Darstellung

$$E'(v) = \sum_{\varrho=1}^{R} \bar{r}_\varrho\, M'(v, \bar{z}_\varrho). \tag{67}$$

Zur Ableitung einer entsprechenden Formel für $F(z)$ gehen wir aus von dem Integral

$$J = \frac{1}{2\pi i} \int_{\boldsymbol{g}} F(z)\, N'(z, v)\, dz = - F'(v) + \sum_{\varrho=1}^{R^*} r_\varrho^*\, N'(z_\varrho^*, v). \tag{68}$$

Wegen (VII 6) und (66) wird daraus

$$\bar{J} = - \frac{1}{2\pi i} \int_{\boldsymbol{g}} F(z)^{-1} \cdot M'(z, \bar{v})\, dz = 0,$$

da $F(z)^{-1}$ und $M'(z, \bar{v})$ überall in $\boldsymbol{G}$ regulär sind. Aus (68) folgt also

$$F'(v) = \sum_{\varrho=1}^{R^*} r_\varrho^*\, N'(v, z_\varrho^*). \tag{69}$$

Satz VIII 8

Es sei $E(z)$ eine Funktion, die G auf das Innere und $F(z)$ eine Funktion, die G auf das Äußere des Einheitskreises abbildet. Einem Umlauf der Randkomponente g_ν von G kann dabei eine einfache oder eine mehrfache Durchlaufung des Einheitskreises entsprechen. Die Pole z_ϱ von $E(z)^{-1}$ und z_ϱ^* von $F(z)$ seien sämtlich einfach, die entsprechenden Residuen r_ϱ ($\varrho = 1, 2, 3, \ldots, R$) bzw. r_ϱ^* ($\varrho = 1, 2, 3, \ldots, R$). Dann gilt für $E'(v)$ die Darstellung (67), für $F'(v)$ (68).

Dieser Satz besagt *nicht*, daß umgekehrt *jede* Funktion des Typs (67) bzw. (69) eine Abbildung auf das Innere bzw. das Äußere des Einheitskreises leistet.

GARABEDIAN-SCHIFFER [1].
MESCHKOWSKI [3], [5], [6].
NEHARI [2], [3], [8].

Neuntes Kapitel

Extremalprobleme

Viele Sätze über die reproduzierenden Kerne und die mit ihnen zusammenhängenden Gebietsfunktionen haben den Charakter von Extremalaussagen. Hier sind z. B. solche Sätze zu nennen, die eine Funktion als ein Element kleinster Norm einer bestimmten Funktionenklasse auszeichnen. Wenn man die Theorie der Kernfunktionen abstrakt und ohne allzu frühe Bindung an spezielle Beispiele aufbaut, erweisen sich viele Extremalaussagen als Sätze, die für *alle* Hilbertschen Räume mit reproduzierendem Kern gelten oder doch für alle Räume dieser Art, die nur stetige oder analytische Funktionen enthalten. Sätze dieser Art haben wir in den Kapiteln III und VI bewiesen.

Es gibt aber auch Extremalprobleme für Funktionenklassen, die *nicht* den Charakter eines Hilbertschen Raumes haben und die doch durch Kernfunktionen gelöst werden oder durch solche Funktionen, die leicht durch die Kernfunktion gewisser Hilbert-Räume dargestellt werden können. Beispiele für solche Funktionenklassen sind die in Satz VIII 3 erwähnten Klassen $M(m_1(z), m_2(z), \ldots, m_r(z); n)$: Sie unterscheiden sich von den Hilbertschen Räumen dadurch, daß die für sie definierte Norm auch negativ sein kann. Man kann aber auch für die Familie der *schlichten* und der *beschränkten* Funktionen Extremalaussagen machen, in die die bekannten Kernfunktionen eingehen. Mit Extremalproblemen für Funktionen dieser und anderer Klassen wollen wir uns in diesem Kapitel befassen.

Auf eine andere Gruppe von Problemen wird man bei der *numerischen Berechnung* der Kernfunktionen geführt. Es ist erwünscht, für die bekannten Reihenentwicklungen der Kernfunktionen Aussagen zu gewinnen über die Güte der Konvergenz. Auch hier stoßen wir auf Extremalaussagen, die sich in diesem Fall auf die Restglieder der Reihenentwicklungen beziehen.

§ 1. Eine Extremaleigenschaft der Funktionen $N_n'(z, u)$

Nach Satz VIII 3 kann man Funktionen der Klasse $M\big(m_1(z), \ldots, m_r(z); n\big)$ durch Reihen von der Form (VIII 19) darstellen. Ist $f(z)$ insbesondere eine Funktion, für die

$$f(z) + \frac{n!}{(z - u)^{n+1}}$$

zum Raum $H_{(B)}$ gehört, so kann man sie durch ein vollständiges Orthonormalsystem von $H_{(B)}$ und durch die Funktion $N_m'(z, u)$ so entwickeln:

$$f(z) = N_n'(z, u) + \sum_{\nu=1}^{\infty} (f, \varphi_\nu)\, \varphi_\nu(z). \tag{1}$$

Dabei ist das innere Produkt (f, φ_ν) durch (VIII 15) definiert. Aus (1) liest man sofort die Orthogonalitätsrelation

$$(N_n', \varphi_\nu) = 0 \tag{2}$$

ab. Daraus folgt aber (für den allgemeinen Fall):

Satz IX 1

Unter allen Funktionen $f(z)$ der Klasse $M\big(m_1(z), \ldots, m_r(z); n\big)$ hat

$$m^*(z) = \sum_{\varrho=1}^{r} \sum_{\nu=0}^{n} \frac{a_{\nu+1}^{(\varrho)}}{\nu!}\, N_\nu'(z, u_\varrho) \tag{3}$$

die kleinste Norm.

Wegen (2) ist nämlich

$$(N_\nu', g) = 0 \quad \text{für} \quad g \in H_{(B)}, \qquad \nu = 1, 2, 3, \ldots, n. \tag{4}$$

Schreibt man jetzt $f(z)$ nach (VIII 19) in der Form

$$f(z) = m^*(z) + g(z), \qquad g(z) \in H_{(B)},$$

so ist nach (3) und (4):

$$(f, f) = (m^* + g, m^* + g) = (m^*, m^*) + (g, g) \geqq (m^*, m^*).$$

Nach Satz IX 1 hat insbesondere $N'(z, u)$ die kleinste Norm unter allen Funktionen $f(z)$, für die $f(z) + (z - u)^{-2}$ zu $H_{(B)}$ gehört. Diese Tatsache läßt eine bemerkenswerte geometrische Deutung zu.

Nach (VIII 11) können wir das innere Produkt (f, f) auch so schreiben[1]:

$$(f, f) = \frac{1}{2i} \int_{g^*} \overline{F(z)}\, dF, \qquad F = \int^z f(t)\, dt.$$

Setzt man $f(z) = \xi + i\eta$, so wird daraus

$$(f, f) = (F', F') = \frac{1}{2i} \int_{g^*} (\xi - i\eta)(d\xi + i\, d\eta)$$

$$= \frac{1}{2i} \int_{g^*} (\xi\, d\xi + \eta\, d\eta) - \frac{1}{2} \int_{g^*} (\eta\, d\xi - \xi\, d\eta).$$

Das erste Integral verschwindet, und danach wird

$$(F', F') = -\frac{1}{2} \int_{g^*} (\eta\, d\xi - \xi\, d\eta). \tag{5}$$

Nehmen wir jetzt an, daß die Funktion

$$F(z) = \frac{1}{z - u} + \text{regulär}$$

den Bereich G auf einen schlichten Bereich G^* abbilde, der von n analytischen Kurven g_ν^* ($\nu = 1, 2, 3, \ldots, n$) begrenzt ist. Wegen des Poles bei $z = u$ ist natürlich ∞ innerer Punkt des Bildbereiches G^*. Nach bekannten Sätzen der Analysis ist dann $-(F', F')$ wegen (5) *der Flächeninhalt des Komplementärbereiches von G^**. Nach Satz IX 1 und (VIII 12) ist dann

$$-(F', F') \leqq -(N', N') = \pi M'(u, u).$$

Damit haben wir

Satz IX 2

Es sei $S(u)$ die Klasse der Funktionen, die den Bereich G in der Weise schlicht abbilden, daß $z = u$ in ∞ übergeht mit dem Residuum $+1$. Dann liefert $N(z, u)$ unter allen Funktionen von $S(u)$ den größten Flächeninhalt für das Komplement des Bildbereiches.

Für einfach zusammenhängende Bereiche G hat danach die Abbildung auf das Äußere eines Kreises den extremalen Flächeninhalt für das Komplement[2]. Es ist aber höchst bemerkenswert, daß für mehrfach

---

[1] g^* ist das Bild von g in der w-Ebene ($w = f(z)$).
[2] Vgl. dazu § VII 5.

zusammenhängende Bereiche *nicht* die Vollkreisabbildung, sondern die Abbildung auf den Normalbereich N diese Extremaleigenschaft hat[1].

Auch der Bildbereich der Funktion $M(z, u)$ ist — obwohl er im allgemeinen nicht schlicht ist — durch eine wichtige Extremaleigenschaft ausgezeichnet.

Satz IX 3

Unter allen Funktionen $f(z)$ mit $f(u) = 1$ $(u \in G)$, deren Ableitungen zum Raum $H_{(B)}(G)$ gehören, leistet $\pi^{-1} M(z, u) K_{(B)}(u, \bar{u})^{-1}$ eine Abbildung auf einen Bereich von minimalem Flächeninhalt.

Der Flächeninhalt des (nicht notwendig schlichten) Bildbereiches ist ja durch

$$\iint\limits_{G^*} d\omega^* = \iint\limits_{G} |f'(z)|^2\, d\omega \qquad (d\omega = dx\, dy)$$

gegeben. Deshalb ist Satz IX 3 eine einfache Folge von Satz III 2 und (VII 8).

§ 2. Verzerrungssätze für schlichte Funktionen

Die klassische Theorie der konformen Abbildung kennt eine Reihe von „Verzerrungssätzen", d. h. von Extremalaussagen für den absoluten Betrag oder auch für das Argument einer schlicht abbildenden Funktion. Einer der wichtigsten ist der von GROETZSCH und RENGEL[2]:

Es sei $f(z)$ eine in einem n-fach zusammenhängenden Gebiet G reguläre Funktion, die dieses Gebiet in der Weise schlicht abbildet, daß $z = v$ in den unendlich fernen Punkt des Bildbereiches übergeht. Das Residuum der Abbildungsfunktion bei $z = v$ sei gleich 1. Dann gilt für den absoluten Betrag der Ableitung an der Stelle $z = u$:

$$|K'(u; u, v)| \geqq \left| \frac{df}{dz} \right|_{z=u} \geqq |R'(u; u, v)|. \tag{6}$$

Dabei sind $K(z; u, v)$ und $R(z; u, v)$ die in § VII 2 eingeführten Abbildungsfunktionen: K die Kreis-, R die Radialschlitzabbildung.

Der Satz ist in dieser Form eine reine Existenzaussage, solange man nicht in der Lage ist, die in (6) auftretenden Schranken wirklich zu bestimmen. Durch die Darstellungen (VII 39) und (VII 40) sind wir aber in der Lage, die Größen $|K'(u; u, v)|$ und $|R'(u; u, v)|$ mit Hilfe der Kernfunktion oder — wohl praktisch einfacher — durch die Funktionen eines vollständigen Orthonormalsystems explizit zu berechnen.

---

[1] Die meisten „Normalbereiche" in der Theorie der konformen Abbildung sind durch eine oder sogar mehrere einfache Extremaleigenschaften ausgezeichnet (s. dazu z. B. BIEBERBACH oder NEHARI [8]). Für den Vollkreisbereich kennt man bisher nur eine recht schwierig zu formulierende Extremaleigenschaft, vgl. MESCHKOWSKI [5].

[2] Siehe z. B. NEHARI [8].

Durch Differentiation gewinnen wir aus (VII 39) und (VII 40) für den Verzerrungssatz (6) die Form

$$\left.\begin{aligned}
|R'(u;u,v)| &= \frac{\mathrm{Exp}\left[-\mathrm{Re}\sum D_\nu(u)\,\psi_\nu(u) - \pi \sum |\psi_\nu(u)|^2\right]}{|u-v|^2} \le \left|\frac{df}{dz}\right|_{z-u} \\
&\le |K'(u;u,v)| = \frac{\mathrm{Exp}\left[-\mathrm{Re}\sum D_\nu(u)\,\psi_\nu(u) + \pi \sum |\psi_\nu(u)|^2\right]}{|u-v|^2}.
\end{aligned}\right\} \quad (7)$$

Dabei sind $\psi_\nu(z)$ die Integrale eines vollständigen Orthonormalsystems von $H_{(B)}(G)$ und $D_\nu(z)$ die Integrale der Koeffizienten $c_\nu(z)$ der Funktion $N'(z,u)$:

$$D_\nu(z) = \int_v^z c_\nu(t)\,dt, \qquad c_\nu(z) = \frac{1}{2i}\int_g \frac{\overline{\varphi_\nu(t)\,dt}}{t-z}.$$

Wir wollen, um ein Beispiel zu behandeln, den Satz (7) auf den Einheitskreis anwenden. Hier ist

$$\varphi_\nu(z) = \left(\frac{\nu}{\pi}\right)^{\frac{1}{2}} z^{\nu-1}$$

ein vollständiges Orthonormalsystem. Setzen wir $v=0$, so wird $\psi_\nu(u) = (\pi\nu)^{-1}\cdot u^\nu$ und

$$|\psi_\nu(u)|^2 = \frac{|u|^{2\nu}}{\pi\nu}. \tag{8}$$

$D_\nu(u)$ ist gleich Null für den Einheitskreis; denn durch die Substitution $\xi = \eta^{-1}$ wird aus $\left((\xi-u)^{-1}, \xi^{\nu-1}\right)$:

$$-\frac{1}{2i\nu}\int_g \frac{d\xi}{\xi^\nu(u-\xi)} = \frac{1}{2i\nu}\int_g \frac{d\eta\cdot\eta^{\nu-1}}{\eta u - 1}.$$

Dieses Integral verschwindet, da die Nullstelle des Nenners außerhalb des Einheitskreises liegt. Also wird nach (7):

$$|R'(u;u,v)| = |u|^{-2}\cdot\mathrm{Exp}\left[-\pi\sum|\psi_\nu(u)|^2\right],$$
$$|K'(u;u,v)| = |u|^{-2}\cdot\mathrm{Exp}\left[+\pi\sum|\psi_\nu(u)|^2\right].$$

Nun ist nach (8):

$$-\pi\sum|\psi_\nu(u)|^2 = -\left(|u|^2 + \frac{|u^2|^2}{2} + \frac{|u^2|^3}{3} + \cdots\right) = \ln\left(1-|u|^2\right).$$

Also wird

$$|R'(u;u,v)| = \frac{1-|u|^2}{|u|^2}, \qquad |K'(u;u,v)| = \frac{1}{|u|^2\,(1-|u|^2)}.$$

Der Verzerrungssatz (7) hat hier die einfache Form

$$\frac{1-|u|^2}{|u|^2} \le |f'(u)| \le \frac{1}{|u|^2\,(1-|u|^2)}. \tag{9}$$

Setzt man

$$u = \frac{1}{z}, \qquad f\left(\frac{1}{z}\right) = g(z).$$

so folgt $g'(z) = -f'(u) \cdot z^{-2}$, und man erhält *für eine das Äußere des Einheitskreises schlicht abbildende Funktion, $g(z)$, die im Unendlichen die Entwicklung*

$$g(z) = \varepsilon z + a_0 + \frac{a_1}{z} + \cdots \qquad (|\varepsilon| = 1)$$

hat, die Abschätzung

$$1 - \frac{1}{|z|^2} \leq |g'(z)| \leq \frac{1}{1 - \frac{1}{|z|^2}}.$$

Das ist der bereits bekannte Verzerrungssatz für das *Äußere* des Einheitskreises, den BIEBERBACH (S. 119) auf ganz andere Weise gewinnt.

Der Verzerrungssatz (7) ist die moderne Fassung einer bereits bekannten Aussage aus der Theorie der konformen Abbildung. Wichtiger noch sind solche Sätze, die klassische Einsichten über das Verhalten von Funktionen im Einheitskreis verallgemeinern für beliebige mehrfach zusammenhängende Bereiche. Das gelingt z.B. bei dem bekannten Bieberbachschen Flächensatz.

§ 3. Verallgemeinerung des Bieberbachschen Flächensatzes

Satz IX 4

Die Funktion $w = f(z)$ möge den Bereich G so schlicht abbilden, daß $z = u$ in $w = \infty$ übergeht mit dem Residuum $+1$. $\{\varphi_\nu(z)\}$ sei ein vollständiges Orthonormalsystem für den zum Bereich G gehörenden Hilbert-Raum $H_{(B)}$. Dann gilt

$$\sum_{\nu=1}^{\infty} |(f'(z), \varphi_\nu(z))|^2 \leq \pi \cdot M'(u, \bar{u}) = \pi^2 K_{(B)}(u, \bar{u}). \qquad (10)$$

Zum Beweis schreiben wir die Ableitung der Abbildungsfunktion in der Form

$$f'(z) = N'(z, u) + \sum c_\nu \varphi_\nu(z), \qquad c_\nu = (f', \varphi_\nu).$$

Dann ist wegen (2) und (VIII 12):

$$(f', f') = (N', N') + \sum |c_\nu|^2 = -\pi M'(u, \bar{u}) + \sum_{1}^{\infty} |c_\nu|^2,$$

also

$$-(f', f') = -\sum |c_\nu|^2 + \pi^2 K_{(B)}(u, \bar{u}). \qquad (11)$$

Nun ist nach (5) $-(f', f')$ der Flächeninhalt vom Komplement des Bildbereichs, auf den G durch $f(z)$ abgebildet wird. Bei einer schlichten Abbildung ist dieser Inhalt nicht negativ, und damit folgt aus (11) die behauptete Ungleichung (10).

Diese Ungleichung (10) kann nicht verbessert werden, denn für alle Schlitzabbildungen ist ja der Flächeninhalt der Komplementärmenge gleich Null, und wir haben in (10) das Gleichheitszeichen.

Unser Satz IX 4 ist die Verallgemeinerung des bekannten Bieberbachschen Flächensatzes[1] auf mehrfach zusammenhängende Gebiete. In der Tat: Ist G speziell der Einheitskreis, so kann man $\varphi_\nu(z) = (\nu\,\pi^{-1})^{\frac{1}{2}}\,z^{\nu-1}$ als vollständiges Orthonormalsystem wählen. Setzt man $u=0$, so wird $M(z, 0)=z$, $N'(z, 0)=-z^{-2}$, und aus (10) ergibt sich

$$\sum |c_\nu|^2 \leqq \pi. \tag{12}$$

Setzt man nun ein:

$$f'(z) = -\frac{1}{z^2} + a_1 + 2a_2\,z + \cdots + n\,a_n\,z^{n-1} + \cdots,$$

so wird

$$c_\nu = \left(-\frac{1}{z^2} + a_1 + \cdots, z^{\nu-1}\right) \cdot \left(\frac{\nu}{\pi}\right)^{\frac{1}{2}} = \left(\frac{\nu}{\pi}\right)^{\frac{1}{2}} \cdot \nu \cdot a_\nu\,(z^{\nu-1}, z^{\nu-1}) = a_\nu\,\pi^{\frac{1}{2}} \cdot \nu^{\frac{1}{2}}.$$

Also nimmt (12) die Form

$$\sum_{\nu=1}^{\infty} \nu\,|a_2|^2 \leqq 1$$

an. Geht man durch $z=\zeta^{-1}$ über zu

$$\varphi(\zeta) = f\left(\frac{1}{\zeta}\right) = \zeta + \frac{a_1}{\zeta} + \frac{a_2}{\zeta^2} + \cdots,$$

so hat man den Flächensatz in der üblichen Form.

Wir haben bisher solche Extremalsätze abgeleitet, die sich auf den Bergman-Kern bzw. auf die Orthonormalsysteme des Raumes $\boldsymbol{H}_{(B)}$ beziehen. Es folgen jetzt einige Aussagen für den Szegö-Kern.

§ 4. Extremalsätze für den Szegö-Kern

Satz IX 5

Für alle in $\boldsymbol{G}+\boldsymbol{g}$ eindeutigen und regulären Funktionen, die der Ungleichung $|f(z)| \leqq 1$ genügen, gilt

$$|f'(u)| \leqq 2\pi \cdot K_S(u, \bar{u}), \tag{13}$$

und das Gleichheitszeichen steht in (13) nur für $f(z) = e^{i\vartheta} \cdot F(z, u)$. Dabei ist (vgl. (VII 70))

$$F(z, u) = \frac{K_S(z, \bar{u})}{L(z, u)}.$$

Dem Beweis dieses Satzes schicken wir eine Bemerkung für die durch (VII 68) dargestellte Funktion $L(z, u)$ voraus. Nach der Randbeziehung

---

[1] Siehe z.B. BEHNKE-SOMMER, S. 378.

(VII 69) ist

$$L(z, u) \cdot L(z, v) = - \overline{K_S(z, \overline{u}) \cdot K_S(z, \overline{v})}\, dz$$

für $u \in \boldsymbol{G}$, $v \in \boldsymbol{G}$ und $z \in \boldsymbol{g}$. Daraus folgt wegen der Regularität der Kernfunktion nach dem Residuensatz

$$\left. \begin{aligned} 0 &= \overline{\frac{1}{i} \int_{\boldsymbol{g}} K_S(z, \overline{u})\, K_S(z, \overline{v})\, dz} \\ &= \frac{1}{i} \int_{\boldsymbol{g}} L(z, u) \cdot L(z, v)\, dz = L(v, u) + L(u, v) . \end{aligned} \right\} \tag{14}$$

Schreiben wir nun $\big(\text{vgl. (VII 68)}\big)$ $L(z, u)$ in der Form

$$L(z, u) = \frac{1}{2 \pi (z - u)} - l(z, u) ,$$

so folgt aus (14)

$$l(z, u) = - l(u, z) ,$$

also insbesondere

$$l(u, u) = 0 . \tag{14'}$$

Die Potenzreihenentwicklung von $L(z, u)$ in der Umgebung von $z = u$ hat danach kein konstantes Glied:

$$L(z, u) = \frac{1}{2 \pi (z - u)} + 0 + \alpha_1 (z - u) + \alpha_2 (z - u)^2 + \cdots .$$

Zum Beweis des Satzes IX 5 betrachten wir jetzt das Integral

$$J(u) = \frac{2 \pi}{i} \int_{\boldsymbol{g}} f(z)\, L^2(z, u)\, dz .$$

Nach (14') und dem Residuensatz haben wir $J(u) = f'(u)$, und aus $|f(z)| \leq 1$ und (VII 69) folgt weiter

$$|f'(u)| \leq 2 \pi \int_{\boldsymbol{g}} |L^2(z, u)|\, dz = 2 \pi \int_{\boldsymbol{g}} \left| \frac{1}{i} K_S(z, \overline{u})\, L(z, u)\, dz \right| .$$

Wegen der Randbeziehung (VII 69) kann man in dem letzten Integral die Absolutstriche weglassen; es ist nämlich

$$\frac{1}{i} K_S(z, \overline{u}) \cdot L(z, u) > 0 , \qquad z \in \boldsymbol{g} . \tag{VII 69'}$$

Deshalb gilt

$$|f'(u)| \leq \frac{2 \pi}{i} \int_{\boldsymbol{g}} K_S(z, \overline{u}) \cdot L(z, u)\, dz = \frac{2 \pi}{i} \int_{\boldsymbol{g}} F(z, u)\, L^2(z, u)\, dz = F'(u, u) .$$

Aus der Entwicklung (VII 68) von $L(z, u)$ ergibt sich schließlich $F'(u, u) = 2 \pi \cdot K_S(u, \overline{u})$, und damit ist Satz IX 5 bewiesen.

Aus diesem Satz folgt u. a., daß auch für mehrfach zusammenhängende Bereiche die Funktion $K_S(u, \bar{u}; G)$ *ein monoton abnehmendes Gebietsfunktional* ist (vgl. § IV 9). Es sei nämlich $G^* \subset G$ und $M(G)$ die Klasse der in $G + g$ regulären und eindeutigen Funktionen, die der Bedingung $|f(z)| < 1$ genügen. Dann ist $M(G) \subset M(G^*)$. Daraus folgt

$$\operatorname*{Max}_{f \in M(G)} |f'(u)| \leqq \operatorname*{Max}_{f \in M(G^*)} |f'(u)|.$$

Das bedeutet aber nach Satz IX 5: $K_S(u, \bar{u}; G^*) \geqq K_S(u, \bar{u}; G)$.

Der folgende Satz gestattet, $K_S(u, \bar{u})$ aus der Gestalt des Bereiches G abzuschätzen:

Satz IX 6

Ist $L(g)$ die Bogenlänge des Randes g von G, so gilt für die Funktion $K_S(u, \bar{u})$:

$$\frac{1}{L(g)} \leqq K_S(u, \bar{u}) \leqq \frac{1}{4\pi^2} \int\limits_g \frac{dz}{|z - u|^2}. \tag{15}$$

Zum Beweis von (15) benutzen wir wieder die Funktion $L(z, u)$, die mit $K_S(z, \bar{u})$ durch die Randbeziehung (VII 69) zusammenhängt. Nach (VII 68) und der Schwarzschen Ungleichung ist

$$1 = \left| \int\limits_g L(z, u)\, dz \right|^2 \leqq \int\limits_g |L(z, u)|^2\, ds_z \cdot \int\limits_g ds_z. \tag{16}$$

Nach dem Residuensatz und (VII 69) gilt weiter

$$\left| \int\limits_g L(z, u) \cdot \overline{L(z, u)}\, dz \right| = \left| \int\limits_g L(z, u)\, K_S(z, \bar{u})\, ds \right| = K_S(u, \bar{u}).$$

Deshalb folgt aus (16)

$$1 \leqq K(u, \bar{u}) \cdot L(g).$$

Beweisen wir nun die zweite Ungleichung von (15)! Nach (VII 72) ist

$$[f, L(z, u)] = \int\limits_g f(z)\, L(z, u)\, ds = 0 \tag{17}$$

für alle Funktionen $f(z) \in H_S$. Schreiben wir nun $L(z, u)$ nach (VII 68) in der Form

$$L(z, u) = \frac{1}{2\pi(z - u)} - l(z, u) = \frac{1}{2\pi(z - u)} - \frac{1}{2\pi} \sum_{\nu=1}^{\infty} \left[\frac{1}{z - u}, \varphi_\nu \right] \varphi_\nu(z). \tag{18}$$

Dann ist $l(z, u)$ auch eine Funktion aus H_S, und nach (17) haben wir

$$[f, l(z, u)] = \frac{1}{2\pi} \left[f, \frac{1}{z - u} \right].$$

Daraus folgt speziell für $f(z) = l(z, w)$ unter Beachtung von (VII 63):

$$[l(z, w), l(z, u)] = \frac{1}{2\pi} \left[l(z, w), \frac{1}{(z - u)} \right] = \frac{1}{4\pi^2} \int\limits_g \frac{ds_z}{(z - w)\,\overline{(z - u)}} - K_S(w, \bar{u}).$$

Setzen wir schließlich $w = u$, so wird

$$\int\limits_{g} |l(z, u)|^2 \, ds + K_S(u, \bar{u}) = \frac{1}{4\pi^2} \int\limits_{g} \frac{ds}{|z - u|^2}, \tag{19}$$

und daraus folgt die zweite Ungleichung von (15).

Wie M. OZAWA gezeigt hat, gelten die Gleichheitszeichen in (15) nur dann, wenn G ein einfach zusammenhängender Kreisbereich ist.

Wir wollen noch anmerken, daß man aus (VII 72) eine Abschätzung für $K_{(B)}(u, \bar{u})$ ableiten kann, die der zweiten Ungleichung von (15) entspricht.

Man kann die Gl. (19) benutzen, um das Restglied in der Reihenentwicklung der Kernfunktion abzuschätzen, vgl. § 6.

§ 5. Schlichtheitsschranken

Eine normale und kompakte Familie[1] analytischer Funktionen in einem Gebiet G, für die $|f'(u)| \geqq C > 0$ ist in einem Punkt $u \in G$, hat einen „Schlichtheitsradius", der zu diesem Punkt u gehört. Das heißt: *Es gibt eine positive Zahl r mit der Eigenschaft, daß alle Funktionen der Familie schlicht sind im Kreis $|z - u| < r$.* Die Existenz eines solchen Kreises ist aus der Theorie der normalen Familien leicht zu führen, aber die genaue Bestimmung des Schlichtheitsradius mach oft Schwierigkeiten. Wir wollen — nach einem Verfahren von NEHARI [1] — für einige Familien den Schlichtheitsradius bestimmen. Wir werden dabei die bekannten Eigenschaften des Szegö-Kerns $K_S(z, \bar{u})$ zu benutzen haben.

Satz IX 7

Es sei S die Familie der in G regulären und eindeutigen Funktionen, für die[2] $f(0) = 0$ und auch $\ln\left(z^{-1} f(z)\right)$ regulär und eindeutig in G ist. Dann ist jede in $G + g$ reguläre Funktion $f(z)$ aus S schlicht in dem größten Kreis um den Nullpunkt, dessen Punkte die Bedingung

$$|z| \cdot K_S(z, \bar{z}) \leqq \frac{2\pi}{M} \tag{20}$$

erfüllen. Dabei ist

$$M = \varlimsup_{z \in G} \left| \ln \frac{f(z)}{z} \right|. \tag{21}$$

---

[1] Eine in G erklärte Menge F analytischer Funktionen heißt eine normale Familie, wenn man aus jeder Folge $f_n \in F$ eine Teilfolge auswählen kann, die in jedem abgeschlossenen Teilbereich von G gleichmäßig konvergiert. Sie heißt kompakt, wenn in jedem Fall auch die Grenzfunktion zu F gehört.

[2] Ohne Einschränkung der Allgemeinheit kann angenommen werden, daß $z = 0$ zu G gehört.

Zum Beweis gehen wir aus von dem Integral

$$J = \frac{1}{2\pi i} \int_{g} \ln \frac{f(z)}{z} \, 4\pi^2 \, L^2(z, u) \, dz.$$

Dabei ist $L(z, u)$ die in § VII 4 definierte Funktion. Nach dem Residuensatz haben wir wegen (VII 68):

$$J = \frac{f'(u)}{f(u)} - \frac{1}{u}. \tag{22}$$

Daraus folgt wegen (20):

$$\left| \frac{f'(u)}{f(u)} - \frac{1}{u} \right| \leqq 2\pi \, M \int_{g} \left| L^2(z, u) \, dz \right|. \tag{23}$$

Jetzt führen wir wieder die Funktion $F(z, u) = K_S(z, \bar{u}) \cdot L(z, u)^{-1}$ ein. Da sie auf g den absoluten Betrag 1 hat, können wir für (23) auch schreiben:

$$\left| \frac{f'(u)}{f(u)} - \frac{1}{u} \right| \leqq 2\pi \, M \int_{g} \left| K_S(z, \bar{u}) \, L(z, u) \, dz \right|. \tag{24}$$

Nun folgt aus (VII 69) die Randbeziehung

$$\frac{1}{i} \, K_S(z, \bar{u}) \cdot L(z, u) > 0, \qquad z \in \boldsymbol{g}. \tag{25}$$

Daher kann man das Integral in (24) auch ohne Absolutstriche so schreiben:

$$\int_{g} \left| K_S(z, \bar{u}) \, L(z, u) \, dz \right| = \frac{1}{i} \int_{g} K_S(z, \bar{u}) \, L(z, u) \, dz$$

$$= \frac{1}{i} \int_{g} F(z, u) \, L^2(z, u) \, dz.$$

Durch Anwendung des Residuensatzes gewinnen wir daraus wegen (24):

$$\left| \frac{f'(u)}{f(u)} - \frac{1}{u} \right| \leqq M \cdot F'(u, u).$$

Unter Beachtung der Entwicklung (VII 68) für $L(z, u)$ kann man die Ableitung $F'(u, u)$ berechnen: $F'(u, u) = (2\pi)^{-1} K_S(u, \bar{u})$. Danach wird also

$$\left| u \, \frac{f'(u)}{f(u)} - 1 \right| \leqq 2\pi \, |u| \cdot M \cdot K_S(u, \bar{u}). \tag{26}$$

Nun bildet bekanntlich die Funktion $f(u)$ jeden Kreis um den Nullpunkt *schlicht* ab, in dem die Ungleichung

$$\mathrm{Re} \, \frac{u \, f'(u)}{f(u)} \geqq 0 \tag{27}$$

erfüllt ist. (27) ist sogar hinreichend für die Abbildung auf einen „Stern-bereich"[1]. Diese Bedingung ist gewiß erfüllt, wenn

$$\left| u \, \frac{f'(u)}{f(u)} - 1 \right| \leq 1$$

gilt. Nach (26) ist deshalb die Funktion $f(u)$ schlicht in dem Kreis $\boldsymbol{K}(r)$ um $u=0$, in dem die Ungleichung

$$2\pi \cdot |u| \cdot M \cdot K_S(u,\bar{u}) \leq 1$$

erfüllt ist. Das war aber zu beweisen.

Wir wollen hinzufügen, *daß die angegebene Schranke nicht verbessert werden kann.* Dazu betrachten wir die Funktion

$$f_0(u) = u \exp\left(- M \, e^{-i\gamma} \cdot F(u, r\, e^{i\gamma})\right).$$

Dabei ist $z=r\,e^{i\gamma}$ ein auf dem Kreis $\boldsymbol{K}(r)$ gelegener Punkt, für den in (19) das Gleichheitszeichen steht:

$$r \cdot K_S(r\, e^{i\gamma}, r\, e^{-i\gamma}) \cdot M = 2\pi. \tag{28}$$

Für $f_0(u)$ gilt offenbar wegen $|F| \leq 1$:

$$\overline{\lim} \left| \ln \frac{f_0(u)}{u} \right| = M.$$

Die Bedingung (21) ist also für f_0 erfüllt. Durch Differentiation gewinnt man nun unter Beachtung von (28):

$$\frac{f_0'(r\, e^{i\gamma})}{f_0(r\, e^{i\gamma})} - \frac{1}{r \cdot e^{i\gamma}} = - M \cdot e^{-i\gamma} \cdot F'(r\, e^{i\gamma}, r\, e^{-i\gamma})$$

$$= - \frac{M \cdot K_S(r\, e^{i\gamma}, r\, e^{-i\gamma})}{2\pi\, e^{i\gamma}} = - \frac{1}{r\, e^{i\gamma}}.$$

Das heißt aber: Es ist $f_0'(r\, e^{i\gamma})=0$. Damit ist gezeigt, daß die Funktion $f_0(u)$ in keinem Kreis mit einem Radius $r'>r$ schlicht ist: Sie hat ja auf $\boldsymbol{K}(r)$ einen Verzweigungspunkt.

Wählen wir den Einheitskreis als Beispiel! Hier ist nach (IV 70) $K_S(u,\bar{u}) = \left(2\pi(1 - |u|^2)\right)^{-1}$. Wir erhalten den Schlichtheitsradius für Funktionen, die in $|z| < 1$ der Bedingung $\left| \ln \frac{f(z)}{z} \right| \leq M$ genügen, indem wir in (20) das Gleichheitszeichen setzen:

$$r M = (1 - r^2),$$

also

$$r = \tfrac{1}{2}\left(- M + \sqrt{M^2 + 4}\right).$$

Es sei jetzt die Voraussetzung (21) ersetzt durch eine Bedingung des Typs

$$e^{-N} < \left| \frac{f(z)}{z} \right| < e^{+N}. \tag{29}$$

---

[1] Siehe dazu z. B. NEHARI [8], S. 221.

Aus (21) folgt (29) für $N=M$, *aber nicht umgekehrt.* Für Funktionen, die die schwächere Voraussetzung (29) erfüllen, gilt nun

Satz IX 8

Es sei $f(z)$ eine Funktion der Familie **S**, *die der Bedingung* (29) *genügt. Dann ist $f(z)$ schlicht in dem größten Kreis um den Nullpunkt, für dessen Punkte die Ungleichung*

$$|z| \cdot K_S(z, \bar z) \leqq \frac{1}{8N} \tag{30}$$

erfüllt ist.

Zum Beweis dieses Satzes gehen wir aus von dem Integral

$$J = \frac{1}{2\pi i \vartheta} \int\limits_{g} \ln \frac{f(z)}{z} \left(1 + \vartheta^2 F^2(z, u)\right) 4\pi^2 L^2(z, u)\, dz, \qquad |\vartheta| = 1.$$

Da $\ln\left(f(z) \cdot z^{-1}\right)$ nach Voraussetzung in $G+g$ regulär ist und $F(z, u)$ bei $z=u$ eine Nullstelle, $L(z, u)$ aber einen einfachen Pol mit dem Residuum $(2\pi)^{-1}$ hat, bekommen wir nach dem Residuensatz

$$J = \vartheta^{-1} \left(\frac{f'(u)}{f(u)} - \frac{1}{u}\right). \tag{31}$$

Zur Umformung unseres Integrals J ziehen wir jetzt die Funktion

$$\Phi(z, u; \vartheta) = \frac{\vartheta \cdot F(z, u)}{1 + \vartheta^2 F^2(z, u)}$$

heran. Da für $z \in g$ auch $F(z, u)$ vom absoluten Betrage 1 ist, ist $\Phi(z, u; \vartheta)$ reell für $z \in g$. Nach (24') ist dann auch das Differential

$$\left. \begin{aligned} \frac{1}{i}\, Q(z)\, dz &= \frac{1}{i\vartheta}\, 4\pi^2 L(z, u)\, K_S(z, \bar u)\, \frac{(1 + \vartheta^2 F^2(z, u))}{F(z, u)}\, dz \\ &= \frac{4\pi^2}{i\vartheta}\, L^2(z, u)\, \left(1 + \vartheta^2 F^2(z, u)\right) dz \end{aligned} \right\} \tag{32}$$

für Randwerte von z reell. Deshalb folgt aus (31):

$$\operatorname{Re}\left\{\frac{1}{\vartheta}\left[\frac{f'(u)}{f(u)} - \frac{1}{u}\right]\right\} = \frac{1}{2\pi i \vartheta} \int\limits_{g} \ln\left|\frac{f(z)}{z}\right| \left(1 + \vartheta^2 F^2(z, u)\right) 4\pi^2 L^2(z, u)\, dz.$$

Nach (29) ist also

$$\left|\operatorname{Re}\left\{\frac{1}{\vartheta}\left(\frac{f'(u)}{f(u)} - \frac{1}{u}\right)\right\}\right| \leq \frac{N}{2\pi} \int\limits_{g} \left|\left(1 + \vartheta^2 F^2(z, u)\right) 4\pi^2 L^2(z, u)\, dz\right|. \tag{33}$$

Nun ist nach (24') das Vorzeichen des reellen Differentials (32) durch das Vorzeichen des Bruchs bestimmt:

$$\operatorname{sign}\left(\frac{1}{i}\, Q(z)\, dz\right) = \operatorname{sign} \frac{1 + \vartheta^2 F^2(z, u)}{\vartheta F(z, u)}. \tag{34}$$

$\vartheta \cdot F(z, u)$ ist vom absoluten Betrage 1; schreiben wir $e^{i\varphi}$ für diese Zahl, dann ist nach (34):

$$\operatorname{sign}\left(-i\,Q(z)\,dz\right) = \operatorname{sign} 2\cos\varphi.$$

Es ist also

$$\operatorname{sign}\left(-i\,Q(z)\,dz\right) \begin{cases} = +1 & \text{für} \quad -\dfrac{\pi}{2} < \arg\left[\vartheta\,F(z, u)\right] < +\dfrac{\pi}{2}, \\[2ex] = -1 & \text{für} \quad \dfrac{\pi}{2} < \arg\left[\vartheta\,F(z, u)\right] < \dfrac{3\pi}{2}. \end{cases}$$

Die gleiche Eigenschaft hat aber auch $\dfrac{2}{\pi}\arg G_\vartheta(z, u)$, wobei

$$G_\vartheta(z, u) = \frac{1 + i\,\vartheta\,F(z, u)}{1 - i\,\vartheta\,F(z, u)}.\tag{35}$$

Deshalb ist

$$\begin{aligned}
\left|\frac{1}{i}\,Q(z)\,dz\right| &= \frac{1}{i\,\vartheta}\left(1 + \vartheta^2 F^2(z, u)\right) 4\pi^2 L^2(z, u)\cdot\frac{2}{\pi}\arg G_\vartheta(z, u)\,dz \\[1ex]
&= \frac{8\pi}{i\,\vartheta}\left(1 + \vartheta^2 F^2(z, u)\right) L^2(z, u)\cdot\operatorname{Im}\left\{\ln G_\vartheta(z, u)\right\}dz \\[1ex]
&= \operatorname{Im}\left[\frac{8\pi}{i\,\vartheta}\left(1 + \vartheta^2 F^2(z, u)\right) L^2(z, u)\ln G_\vartheta(z, u)\,dz\right].
\end{aligned}$$

Aus (33) folgt daher

$$\left.\begin{aligned}
&\left|\operatorname{Re}\left\{\frac{1}{\vartheta}\left(\frac{f'(u)}{f(u)} - \frac{1}{u}\right)\right\}\right| \\[1ex]
&\qquad \leqq 4N\cdot\operatorname{Im}\left\{\frac{1}{i\,\vartheta}\int\limits_{g}\left(1 + \vartheta^2 F^2(z, u)\right) L^2(z, u)\cdot\ln G_\vartheta(z, u)\,dz\right\}.
\end{aligned}\right\}\tag{36}$$

Nun ist nach (35) $G_\vartheta'(u, u) = 2i\,\vartheta\cdot F'(u, u)$, und deshalb folgt aus (36) nach dem Residuensatz

$$\left|\operatorname{Re}\left\{\frac{1}{\vartheta}\left(\frac{f'(u)}{f(u)} - \frac{1}{u}\right)\right\}\right| \leqq \frac{4N}{\pi}F'(u, u).$$

Da das Argument von ϑ beliebig gewählt werden kann, ist also auch

$$\left|\frac{u\,f'(u)}{f(u)} - 1\right| \leqq \frac{4N\,|u|}{\pi}F'(u, u) = 8N\cdot|u|\cdot K_S(u, \bar{u}).\tag{37}$$

Wenn in einem Kreis $\boldsymbol{K}_\varrho$ um den Nullpunkt

$$|u|\cdot K_S(u, \bar{u}) \leqq \frac{1}{8N}$$

erfüllt ist, haben wir nach (37) für $u \in \boldsymbol{K}_\varrho$:

$$\left|\frac{u\,f'(u)}{f(u)} - 1\right| \leqq 1.$$

$\boldsymbol{K}_\varrho$ wird danach auf einen Stern, gewiß also *schlicht* abgebildet.

Durch eine geringe Variation des Beweisverfahrens kann man auch scharfe Abschätzungen gewinnen für *Konvexitätsschranken*. Es sei jetzt **T** die Familie der Funktionen, für die $\ln f'(z)$ regulär und eindeutig in **G** ist. Der Konvexitätsradius einer Funktion $f(z) \in$ **T** ist dann der Radius des größten Kreises um den Nullpunkt[1], der durch $f(z)$ auf ein konvexes Gebiet abgebildet wird.

Satz IX 9

Eine Funktion $f(z)$ der Menge **T**, *für die in* **G** *die Ungleichung*

$$|\ln f'(z)| \leqq M \tag{38}$$

erfüllt ist, ist konvex in dem größten Kreis um den Nullpunkt, in dem die Ungleichung

$$|z| \cdot K_S(z, \bar{z}) \leqq \frac{1}{2\pi M}$$

erfüllt ist.

Ist statt (38) die Ungleichung

$$e^{-N} \leqq |f'(z)| \leqq e^N$$

gültig, so ist der Konvergenzradius durch

$$|z| \cdot K_S(z, \bar{z}) \leqq \frac{1}{8N}$$

bestimmt.

Der Beweis dieses Satzes verläuft ganz ähnlich wie der von Satz IX 7 und IX 8. Wir verzichten darauf, ihn wiederzugeben.

§ 6. Abschätzung von Restgliedern

Wir wollen jetzt den Fehler abschätzen, den man bei der numerischen Berechnung der Kernfunktion begeht, wenn man

$$K_S(z, \bar{u}) = \sum_1^\infty \varphi_\nu(z) \, \overline{\varphi_\nu(u)}$$

ersetzt durch die endliche Summe

$$K_S^{(n)}(z, \bar{u}) = \sum_1^n \varphi_\nu(z) \, \overline{\varphi_\nu(u)} \,.$$

Dazu setzen wir

$$R_n(z, \bar{u}) = K_S(z, \bar{u}) - K^{(n)}(z, \bar{u})$$

und haben dann nach der Schwarzschen Ungleichung

$$\left. \begin{aligned} |K_S(z, \bar{u}) - K_S^{(n)}(z, \bar{u})|^2 &\leqq R_n(z, \bar{z}) \cdot R_n(u, \bar{u}) \\ &= \left(K_S(z, \bar{z}) - K_S^{(n)}(z, \bar{z})\right) \left(K_S(u, \bar{u}) - K_S^{(n)}(u, \bar{u})\right). \end{aligned} \right\} \tag{39}$$

---

[1] Es sei wieder vorausgesetzt, daß der Nullpunkt zu **G** gehört.

Wir ziehen jetzt die Relation (19) heran und ersetzen dabei das Integral über $|l(z, u)|^2$ durch die Quadratsumme der entsprechenden Fourier-Koeffizienten. Es sei

$$l(z, u) = \sum_{\nu=1}^{\infty} a_\nu(u)\, \varphi_\nu(z)$$

die Darstellung von $l(z, u)$ in einem vollständigen Orthonormalsystem des Raumes $\boldsymbol{H}_S$. Dann gilt nach (VII 68) für die Koeffizienten $a_\nu(u)$:

$$a_\nu(u) = \frac{1}{2\pi}\left[\frac{1}{z-u}, \varphi_\nu\right] = \frac{1}{2\pi}\int_{\boldsymbol{g}} \frac{\overline{\varphi_\nu(z)}\, d s_z}{z-u}\,.$$

Wegen

$$\|l(z, u)\|^2 = \int_{\boldsymbol{g}} |l(z, u)|^2\, d s = \sum_1^{\infty} |a_\nu|^2$$

gewinnen wir aus (19) dann die Abschätzung

$$K_S^{(n)}(u, \bar{u}) \leqq K_S(u, \bar{u}) \leqq \frac{1}{4\pi^2}\int_{\boldsymbol{g}} \frac{d s_z}{|z-u|^2} - \sum_1^{n} |a_\nu(u)|^2.$$

Setzt man das in (39) ein, so hat man

Satz IX 10

Für das Restglied

$$R_n(z, \bar{u}) = \sum_{n+1}^{\infty} \varphi_\nu(z)\, \overline{\varphi_\nu(u)}$$

in der Reihenentwicklung der Kernfunktion $K_S(z, \bar{u})$ gilt die Ungleichung

$$|R_n(z, \bar{u})|^2 \leqq S_n(z) \cdot S_n(u)\,. \tag{40}$$

Dabei ist

$$S_n(t) = \frac{1}{4\pi^2}\int_{\boldsymbol{g}} \frac{d s}{|z-t|^2} - \sum_{\nu=1}^{n} \left(|a_\nu(t)|^2 + |\varphi_\nu(t)|^2\right),$$

$$a_\nu(t) = \frac{1}{2\pi}\int_{\boldsymbol{g}} \frac{\overline{\varphi_\nu(z)}\, d s_z}{z-t}\,.$$

Für die Kernfunktionen $K_B(z, \bar{u})$ und $K_{(B)}(z, \bar{u})$ kann man ähnliche Abschätzungen gewinnen. Dabei benutzt man (VII 78) an Stelle von (19).
GARABEDIAN-SCHIFFER [1].
MESCHKOWSKI [3], [4].
NEHARI [1], [5], [6].
OZAWA.

Zehntes Kapitel

Doppelte Orthogonalität

In manchen Hilbertschen Funktionenräumen kann man Funktionensysteme definieren, die *zweifach orthogonal* sind: Es gilt etwa $(\varphi_\nu, \varphi_\mu)_G = \delta_{\nu\mu}$ und außerdem $(\varphi_\nu, \varphi_\mu)_{G_1} = \varkappa_\nu\, \delta_{\nu\mu}$. Dabei ist G_1 ein Teilgebiet von G und $(f, g)_G$ bzw. $(f, g)_{G_1}$ ein in G bzw. G_1 erklärtes inneres Produkt.

Wir wollen uns in diesem Kapitel mit solchen für viele Anwendungen wichtigen doppelt orthogonalen Systemen beschäftigen[1]. Dazu beginnen wir mit einigen Beispielen von vollstetigen Operatoren.

§ 1. Beispiele für vollstetige Operatoren in den Räumen H_S und $H_{(B)}$

Nach Satz II 19 kann man aus den Eigenvektoren von vollstetigen und symmetrischen Operatoren $\mathfrak{T}$ Orthonormalsysteme gewinnen. Sie sind vollständig (Satz II 20), wenn $\mathfrak{T} f = 0$ nur die Lösung $f = 0$ zuläßt.

Es gibt in den bisher betrachteten Hilbert-Räumen mit Kernfunktion solche vollstetigen und symmetrischen Operatoren, die auf besonders bemerkenswerte vollständige Orthonormalsysteme führen. Als Beispiele nennen wir für den Raum $H_{(B)}$ den Operator

$$g(u) = \mathfrak{T}_{(B)} f(u) = \iint\limits_{G_1} \overline{K_{(B)}(z, \bar{u})}\, f(z)\, d\tau_z \qquad d\tau = dx\, dy, \tag{1}$$

für den Raum H_S

$$g(u) = \mathfrak{T}_S f(u) = \int\limits_{g^{(1)}} \overline{K_S(z, \bar{u})}\, f(z)\, ds_z. \tag{2}$$

Dabei ist G_1 ein von glatten Kurven begrenzter Teilbereich von G, dessen abgeschlossene Hülle ganz aus inneren Punkten von G besteht. $g^{(1)}$ ist eine Punktmenge aus dem Innern von G, die sich aus endlich vielen einfach geschlossenen Kurvenbögen zusammensetzt[2].

Wir zeigen nun, daß der durch (1) definierte Operator *symmetrisch und vollstetig* ist. Der Nachweis für das andere Beispiel verläuft entsprechend. Die Symmetrie des Operators ergibt sich unter Beachtung von (III 3) sofort aus

$$(\mathfrak{T} f, f) = \iint\limits_{G} \iint\limits_{G_1} \overline{K_{(B)}(z, \bar{u})}\, f(z)\, \overline{f(u)}\, d\tau_z\, d\tau_u,$$

$$(f, \mathfrak{T} f) = \iint\limits_{G} f(z) \iint\limits_{G_1} K_{(B)}(u, \bar{z})\, \overline{f(u)}\, d\tau_u\, d\tau_z.$$

---

[1] Systeme mit doppelter Orthogonalität sind wohl zu unterscheiden von den *Biorthonormalsystemen*. Diese Systeme bestehen aus zwei Folgen φ_ν und ψ_ν von Funktionen, für die $(\varphi_\nu, \psi_\mu) = \delta_{\nu\mu}$ gilt. Über ihre Eigenschaften siehe z. B. SCHMEIDLER [2]. Wir machen in dieser Arbeit keinen Gebrauch von Biorthonormalsystemen.

[2] Unsere Sätze bleiben auch bei etwas schwächeren Voraussetzungen noch gültig.

Zum Nachweis der Vollstetigkeit benutzen wir das Kriterium von Satz II 21. In unserem Fall ist die Matrix M gegeben durch

$$a_{ik} = (\mathfrak{T}\, y_k,\, y_i) = \iint\limits_{G} \iint\limits_{G_1} \overline{K_{(B)}(z,\bar{u})}\, y_k(z)\, \overline{y_i(u)}\, d\tau_z\, d\tau_u.$$

Dabei ist $\{y_i\}$ ein vollständiges Orthonormalsystem in $H_{(B)}$. Nach (II 43) ist nun

$$\sum_{i=1}^{m} \sum_{k=1}^{\infty} |a_{ki}|^2 = \sum_{i=1}^{m} \|\mathfrak{T}\, y_i\|^2 \leq \sum_{1}^{\infty} \|\mathfrak{T}\, y_i\|^2. \tag{3}$$

Aus

$$K_{(B)}(z,\bar{u}) = \sum_{1}^{\infty} y_i(z)\, \overline{y_i(u)}, \qquad \overline{\mathfrak{T}\, K_{(B)}(z,\bar{u})} = \sum_{i=1}^{\infty} \overline{\mathfrak{T}\, y_i(z)}\, y_i(u)$$

erkennt man aber sofort, daß $\overline{\mathfrak{T}\, y_i}$ die Fourier-Koeffizienten der zu $H_{(B)}$ gehörenden Funktion $\overline{\mathfrak{T}\, K_{(B)}(z,\bar{u})}$ (mit der Veränderlichen u) sind. Es gilt deshalb

$$\sum_{i=1}^{\infty} |\mathfrak{T}\, y_i(z)|^2 = \iint\limits_{G} |\mathfrak{T}\, K_{(B)}(z,\bar{u})|^2\, d\tau_u.$$

Danach ist

$$\sum_{1}^{m} \|\mathfrak{T}\, y_i(z)^2\| = \sum_{1}^{m} \iint\limits_{G} |\mathfrak{T}\, y_i(z)|^2\, d\tau_z \leq \iint\limits_{G} \iint\limits_{G} |\mathfrak{T}\, K_{(B)}(z,\bar{u})|^2\, d\tau_u\, d\tau_z. \tag{4}$$

Nach (1) und der Schwarzschen Ungleichung ist aber

$$|\mathfrak{T}\, K_{(B)}(z,\bar{u})|^2 \leq \iint\limits_{G_1} |K_{(B)}(w,\bar{z})|^2\, d\tau_w \cdot \iint\limits_{G_1} |K_{(B)}(w,\bar{u})|^2\, d\tau_w.$$

Deshalb folgt aus (4):

$$\sum_{1}^{m} \|\mathfrak{T}\, y_i(z)\|^2 \leq \left(\iint\limits_{G_1} \left[\iint\limits_{G} |K_{(B)}(w,\bar{z})|^2\, d\tau_z \right] d\tau_w \right)^2 = \left(\iint\limits_{G_1} K_{(B)}(w,\bar{w})\, d\tau_w \right)^2.$$

Da nach Voraussetzung die abgeschlossene Hülle von G_1 zu G gehört, existiert dieses Integral. Die Konvergenz von $\sum \|\mathfrak{T}\, y_i(z)\|^2$ und nach (3) auch die von $\sum_{i} \sum_{k} |a_{ki}|^2$ ist damit gesichert. Nach Satz II 21 ist deshalb der Operator (1) vollstetig.

Wir berechnen jetzt die inneren Produkte $[\mathfrak{T}_S\, f,\, f]$ und $(\mathfrak{T}_{(B)}\, f,\, f)$ für die Operatoren (2) und (1). Für den Raum H_S erhalten wir:

$$[\mathfrak{T}_S\, f,\, f] = \int\limits_{g} \int\limits_{g^{(1)}} \overline{K_S(z,\bar{u})}\, f(z)\, \overline{f(u)}\, ds_z\, ds_u = \int\limits_{g^{(1)}} \left(\int\limits_{g} K_S(u,\bar{z})\, \overline{f(u)}\, ds_u \right) f(z)\, ds_z.$$

Wegen der reproduzierenden Eigenschaft des Kerns folgt daraus

$$[\mathfrak{T}_S\, f,\, f] = \int\limits_{g^{(1)}} |f(z)|^2\, ds_z. \tag{5}$$

Entsprechend erhält man für den Operator (1):

$$(\mathfrak{T}_{(B)}\, f,\, f) = \iint\limits_{G_1} |f(z)|^2\, d\tau_z. \tag{6}$$

Aus (5) und (6) folgt insbesondere: *Ist $\mathfrak{T}_S\,f=0$ oder $\mathfrak{T}_{(B)}\,f=0$, so verschwindet f identisch in $\boldsymbol{G}$.*

Wir beschäftigen uns nun mit den durch unsere Operatoren gestellten Eigenwertproblemen. Die Integralgleichungen

$$\mu\,f(u) = \mathfrak{T}_{(B)}\,f(u) = \iint_{G_1} \overline{K_{(B)}(z,\bar{u})}\,f(z)\,d\tau_z \tag{7}$$

und

$$\nu\,f(u) = \mathfrak{T}_S\,f(u) = \int_{g^{(1)}} \overline{K_S(z,\bar{u})}\,f(z)\,ds_z \tag{8}$$

sind nach Satz II 19 lösbar für eine Folge μ_n (bzw. ν_n) von Eigenwerten, die gegen Null konvergiert.

Da $\mathfrak{T}_S\,f$ und $\mathfrak{T}_{(B)}\,f$ nur für das Nullelement identisch verschwinden, ist nach Satz II 20 das Orthonormalsystem der Lösungen von (7) und (8) *vollständig* in $\boldsymbol{H}_S$ bzw. $\boldsymbol{H}_{(B)}$. Es seien im folgenden $\{\varphi_\nu(z)\}$ und $\{\psi_\nu(z)\}$ die zu den Gln. (7) und (8) gehörenden vollständigen orthonormalen Lösungssysteme. Nach dem Beweisverfahren von Satz II 19 haben nun die Funktionen $\{\psi_\nu(z)\}$ die folgende Extremaleigenschaft: Es ist

$$[\mathfrak{T}_S\,f,\,f] \leqq [\mathfrak{T}_S\,\psi_n,\,\psi_n] = \nu_n \tag{9}$$

für alle Funktionen $f \in \boldsymbol{H}_S$, die den Bedingungen

$$\|f\| = 1, \qquad [f,\psi_1] = [f,\psi_2] = \cdots = [f,\psi_{n-1}] = 0$$

genügen. Nach (5) und (6) können wir diese Extremaleigenschaft des Systems $\{\psi_n(z)\}$ (und die entsprechende für $\{\varphi_n(z)\}$) auch so ausdrücken:

Satz X 1

Es sei $\{\psi_\nu(z)\}$ das vollständige Orthonormalsystem der Eigenfunktionen der Integralgleichung (8) und $f(z)$ eine beliebige Funktion aus dem Raum $\boldsymbol{H}_S$, die die Bedingung

$$[f,\psi_1] = [f,\psi_2] = \cdots = [f,\psi_{n-1}] = 0 \tag{10}$$

erfüllt. Dann ist

$$\int_{g^{(1)}} |f|^2\,ds \leqq \nu_n \int_g |f|^2\,ds. \tag{11}$$

Dabei ist ν_n der n-te Eigenwert der Gl. (8). Entsprechend gilt

$$\iint_{G_1} |g|^2\,d\tau \leqq \mu_n \iint_G |g|^2\,d\tau \tag{12}$$

für alle Funktionen $g(z) \in \boldsymbol{H}_{(B)}$, die die Bedingung

$$(g,\varphi_1) = (g,\varphi_2) = \cdots = (g,\varphi_{n-1}) = 0 \tag{13}$$

erfüllen.

Wir fügen diesem Satz noch einige bemerkenswerte Feststellungen über die Eigenwerte hinzu. Für die Zahlen μ_n und ν_n gilt ja nach ihrer

Definition

$$\mathfrak{T}_{(B)}\,\varphi_n = \mu_n\,\varphi_n\,, \qquad \mathfrak{T}_S\,\psi_n = \nu_n\,\psi_n\,. \tag{14}$$

Daraus folgt sofort nach (6) und (5):

$$\mu_n = (\mathfrak{T}_{(B)}\,\varphi_n,\,\varphi_n) = \iint\limits_{G_1} |\varphi_n|^2\,d\tau\,, \qquad \nu_n = [\mathfrak{T}_S\,\psi_n,\,\psi_n] = \int\limits_{g^{(1)}} |\psi_n|^2\,ds\,. \tag{15}$$

Weiter gilt:

Alle Eigenwerte μ_n sind dem absoluten Betrage nach kleiner als 1: $|\mu_n| < 1$.

Das ersieht man sofort aus[1]

$$1 = \iint\limits_{G} |\varphi_n|^2\,d\tau > \iint\limits_{G_1} |\varphi_n|^2\,d\tau\,.$$

Die Summe der Eigenwerte ist konvergent:

$$\sum_{n=1}^{\infty} \mu_n < \infty\,, \qquad \sum_{1}^{\infty} \nu_n < \infty\,. \tag{16}$$

$\sum |\varphi_n(z)|^2$ ist nämlich in G_1 gleichmäßig konvergent, deshalb existiert

$$\iint\limits_{G_1} \sum_{n=1}^{\infty} |\varphi_n(z)|^2\,d\tau_z = \sum_{1}^{\infty} \mu_n\,.$$

Analog beweist man $\sum \nu_n < \infty$.

§ 2. Die zweite Orthogonalitätsrelation

Die zum n-ten Eigenwert von (8) gehörende Eigenfunktion[2] erfüllt die Gleichung

$$\nu_n \cdot \psi_n(u) = \int\limits_{g^{(1)}} \overline{K_S(z,\overline{u})}\,\psi_n(z)\,ds_z\,.$$

Wir multiplizieren beide Seiten dieser Gleichung mit $\overline{f(u)}$ und integrieren über g. Dabei ist $f(u)$ eine beliebige Funktion aus H_S. Dann erhalten wir durch Vertauschung der Integrationen:

$$\nu_n \int\limits_{g} \overline{f(u)}\,\psi_n(u)\,ds_u = \int\limits_{g^{(1)}} \Big(\int\limits_{g} \overline{K_S(z,\overline{u})}\,\overline{f(u)}\,ds_u\Big)\,\psi_n(z)\,ds_z$$

oder

$$\nu_n \int\limits_{g} \overline{f(u)}\,\psi_n(u)\,ds_u = \int\limits_{g^{(1)}} \overline{f(z)}\,\psi_n(z)\,ds_z\,. \tag{17}$$

Für $f = \psi_m$ wird insbesondere

$$\nu_n \int\limits_{g} \overline{\psi_m(z)}\,\psi_n(z)\,ds_z = \int\limits_{g^{(1)}} \overline{\psi_m(z)}\,\psi_n(z)\,ds_z\,. \tag{18}$$

---

[1] Für die Folge ν_n ist eine entsprechende Aussage nicht möglich.

[2] Mehrfache Eigenwerte werden mehrfach gezählt. Dann gehört zu jedem Eigenwert genau *eine* Eigenfunktion.

Diese Beziehung (18) besagt, daß die Funktionen $\psi_n(z)$ eine *doppelte Orthogonalitätseigenschaft* besitzen: Sie sind auch orthogonal in bezug auf die Integration über $g^{(1)}$. Definiert man ein inneres Produkt $[f, g]_1$ durch

$$[f, g]_1 = \int\limits_{g^{(1)}} f\,\bar{g}\,ds,$$

so kann man für (18) auch schreiben:

$$\nu_n[\psi_n, \psi_m] = \nu_n\,\delta_{nm} = [\psi_n, \psi_m]_1. \tag{19}$$

Die Funktionen

$$\psi_n^*(z) = (\nu_n)^{-\frac{1}{2}} \cdot \psi_n(z)$$

bilden dann ein Orthonormalsystem für den von $g^{(1)}$ begrenzten Bereich G_1 (vorausgesetzt, daß die Kurven $g^{(1)}$ überhaupt einen Bereich begrenzen), und für die Kernfunktion $K_S(z, \bar{u})$ des ursprünglich gegebenen Bereiches G gilt

$$K_S(z, \bar{u}) = \sum_{n=1}^{\infty} \nu_n\,\psi_n^*(z)\,\overline{\psi_n^*(u)}. \tag{20}$$

Analog haben wir für das zum Raum $H_{(B)}$ gehörende System

$$\mu_n \iint\limits_{G} \overline{f(z)}\,\varphi_n(z)\,d\tau = \iint\limits_{G_1} \overline{f(z)}\,\varphi_n(z)\,d\tau \tag{17'}$$

und

$$\mu_n(\varphi_n, \varphi_m) = \mu_n\,\delta_{nm} = (\varphi_n, \varphi_m)_1. \tag{19'}$$

Ist umgekehrt ein Funktionensystem $\{\chi_n(z)\}$ aus dem Raum H_S gegeben mit der doppelten Orthogonalitätseigenschaft

$$[\chi_n(z), \chi_m(z)]_1 = \alpha_n\,[\chi_n(z), \chi_m(z)] = \alpha_n\,\delta_{nm},$$

so ist

$$\int\limits_{g^{(1)}} \overline{K_S(z, \bar{u})}\,\chi_n(z)\,ds = \sum_{\nu=1}^{\infty} \chi_\nu(u) \int\limits_{g^{(1)}} \overline{\chi_\nu(z)}\,\chi_n(z)\,ds = \chi_n(u) \int\limits_{g^{(1)}} |\chi_n(z)|^2\,ds = \alpha_n\,\chi_n(u).$$

$\chi_n(z)$ ist also Eigenfunktion von (8). Die entsprechende Aussage gilt auch für das System $\{\varphi_n(z)\}$.

Satz X 2

Die Systeme $\{\varphi_n(z)\}$ und $\{\psi_n(z)\}$ der Lösungen von (7) und (8) sind die einzigen doppelten Orthogonalsysteme mit den Eigenschaften (19') bzw. (19).

Unsere Systeme $\{\varphi_n(z)\}$ und $\{\psi_n(z)\}$ sind zwar in doppeltem Sinne orthogonal, aber man darf im allgemeinen nicht erwarten, daß sie auch in doppeltem Sinne *vollständig* sind. Ist G z. B. der Einheitskreis und G_1 ein Kreisring $0 < r_1 < |z| < r_2 < 1$, so besteht das vollständige Orthonormalsystem $\{\varphi_n(z)\}$ aus den Funktionen $(\nu\,\pi^{-1})^{\frac{1}{2}}\,z^{\nu-1}$. Für den Kreisring sind diese Funktionen zwar auch orthogonal, aber nicht vollständig:

Es fehlen die Potenzen mit negativem Exponenten. Das entsprechende gilt für das System $\{\psi_\nu(z)\}$.

Für das zum Bergman-Raum $H_{(B)}$ gehörende System $\{\varphi_\nu(z)\}$ gilt aber

Satz X 3

Es sei G_1 ein Teilbereich von G, dessen etwa vorhandene innere Berandungen mindestens je eine Randkurve von G einschließen. Dann ist das zu den Bereichen G und G_1 gehörende doppelte Orthogonalsystem $\{\varphi_\nu(z)\}$ vollständig auch in bezug auf den Raum $H_{(B)}(G_1)$.

Abb. 10 zeigt zwei Bereiche B und B_1, auf die die Voraussetzungen unseres Satzes (für G und G_1) zutreffen. Zum Beweis erinnern wir daran, daß man für jeden Bereich G ein vollständiges Orthonormalsystem aus *rationalen* Funktionen aufbauen

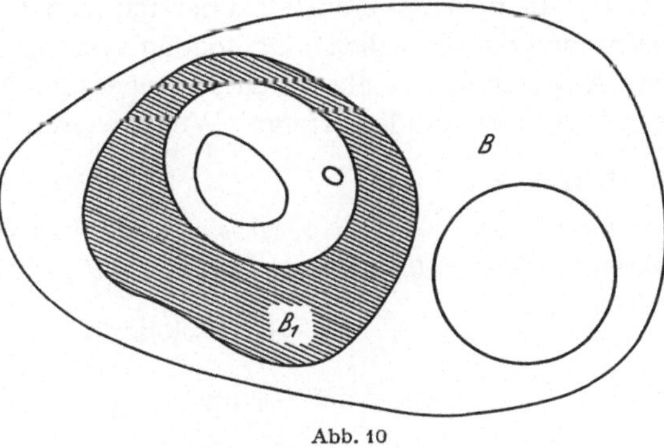

Abb. 10

kann (§ IV 5). Dazu wählt man in jedem der von den inneren Randkurven von G begrenzten Bereichen je einen Punkt α_N $(N = 1, 2, 3, \ldots, (n-1))$. Die Funktionen der Folgen

$$z^{\nu-1}, \quad \frac{1}{(z-\alpha_1)^{\nu-1}}, \quad \ldots, \quad \frac{1}{(z-\alpha_{n-1})^{\nu-1}} \qquad (\nu = 1, 2, 3, \ldots)$$

können dann zu *einer in G vollständigen Folge* rationaler Funktionen $\{r_n(z)\}$ zusammengefaßt werden.

Wegen der Voraussetzungen über den Bereich G_1 ist dann $\{r_n(z)\}$ auch für G_1 vollständig, und es gibt für jede in G_1 quadratisch integrable Funktion $f(z)$ und zu jedem $\varepsilon > 0$ eine Nummer $N(\varepsilon)$, so daß für alle $n > N(\varepsilon)$

$$\|f(z) - R_n(z)\|_1^2 = \iint\limits_{G_1} |f(z) - R_n(z)|^2 \, dx \, dy < \varepsilon^2 \tag{21}$$

gilt. Dabei ist $R_n(z)$ eine geeignete lineare Kombination der Funktionen $r_1(z), r_2(z), \ldots, r_n(z)$. Diese Funktionen $R_n(z)$ gehören nun aber auch zu den in G quadratisch integrablen Funktionen. Sie können also durch die Funktionen des in G vollständigen Systems $\{\varphi_n(z)\}$ beliebig genau approximiert werden. Für eine gewisse Summe $\sum\limits_{1}^{m} a_\mu \varphi_\mu(z)$ gilt daher

$$\left\| R_n(z) - \sum_{\mu=1}^{m} a_\mu \varphi_\mu(z) \right\|_1 < \left\| R_n(z) - \sum_{\mu=1}^{m} a_\mu \varphi_\mu(z) \right\| < \varepsilon. \tag{22}$$

Aus (21) und (22) folgt nun

$$\left\| f - \sum_{1}^{m} a_{\mu}\,\varphi_{\mu} \right\|_{1} \leq \| f - R_{n} \|_{1} + \left\| R_{n} - \sum_{\mu=1}^{m} a_{\mu}\,\varphi_{\mu} \right\|_{1} < 2\,\varepsilon.$$

Damit ist die Vollständigkeit von $\{\varphi_{\mu}\}$ für den Bereich G_{1} bewiesen.

Man kann nun mit Hilfe des Systems $\{\varphi_{\mu}\}$ für den Raum $H_{(B)}$ ein (einfaches) vollständiges Orthonormalsystem aufbauen, bei dem das Dirichlet-Integral über G_{1} für *jede* der Funktionen $\varphi_{\nu}(z)$ *beliebig klein* ist. Da G_{1} ein beliebig großer Teilbereich von G sein kann, ist damit die Existenz von (einfachen!) Orthogonalsystemen in G gesichert, bei denen das Anwachsen des absoluten Betrages der Funktionen vorwiegend in der Nähe des Randes erfolgt. Wir beweisen

Satz X 4

Es gibt bei beliebig vorgegebenem $\varepsilon > 0$ in $H_{(B)}$ ein vollständiges Orthonormalsystem $\Phi_{n}(z)$ $\left(\text{und in } H_{S} \text{ ein entsprechendes System } \Psi_{n}(z)\right)$ mit der Eigenschaft

$$\iint\limits_{G_{1}} |\,\Phi_{n}(z)\,|^{2}\,d\tau < \varepsilon \tag{23}$$

bzw.

$$\int\limits_{g^{(1)}} |\,\Psi_{n}(z)\,|^{2}\,ds < \varepsilon \tag{23'}$$

für alle Nummern n.

Wir beschränken uns darauf, den Beweis für den Raum $H_{(B)}$ zu führen und beginnen mit einem einfachen Hilfssatz, dessen Beweis wir dem Leser überlassen können:

Ist μ_{n} eine positive monoton abnehmende Nullfolge, so ist auch

$$\lim_{n \to \infty} \frac{1}{n} \sum_{\nu=1}^{n} \mu_{\nu} = 0.$$

Es sei jetzt μ_{n} die Nullfolge der Eigenwerte von (7). Dann kann man nach dem eben zitierten Hilfssatz zu jeder vorgegebenen Zahl $\varepsilon > 0$ eine Nummer N so wählen, daß für alle $n > 2^{N}$

$$\frac{1}{2^{N}} \sum_{\nu=1}^{2^{N}} \mu_{\nu} < \varepsilon^{2}, \qquad \mu_{n} < \varepsilon^{2} \tag{24}$$

gilt.

Zur Definition des Orthonormalsystems $\Phi_{n}(z)$ konstruieren wir zuerst eine Folge von quadratischen Matrizen E_{N} mit 2^{N} Zeilen, deren Elemente $\varepsilon_{ij} = \pm 1$ sind. Die Vorzeichen sollen dabei so verteilt sein, daß irgend zwei Zeilen oder Spalten orthogonal sind. Man kann sich die Matrix E_{N} aus kleineren Elementen nach dem folgenden Schema aufgebaut denken:

$$E_{1} = \begin{pmatrix} 1 & 1 \\ 1 & -1 \end{pmatrix}, \qquad E_{n+1} = \begin{pmatrix} E_{n} & E_{n} \\ E_{n} & -E_{n} \end{pmatrix}.$$

Es ist also z. B.

$$E_2 = \begin{pmatrix} 1 & 1 & 1 & 1 \\ 1 & -1 & 1 & -1 \\ 1 & 1 & -1 & -1 \\ 1 & -1 & -1 & 1 \end{pmatrix}.$$

Offenbar haben die so erklärten Matrizen orthogonale Zeilen und Spalten. Mit Hilfe der Elemente ε_{ij} von $E_n = ((\varepsilon_{ij}))_{2^n}$ erklären wir nun:

$$\left. \begin{aligned} \Phi_i(z) &= 2^{-\frac{N}{2}} \sum_{j=1}^{2^N} \varepsilon_{ij}\, \varphi_j(z) \quad &&\text{für } i \leq 2^N, \\ \Phi_i(z) &= \varphi_i(z) \quad &&\text{für } i > 2^N. \end{aligned} \right\} \tag{25}$$

Dabei ist $\{\varphi_i(z)\}$ das zu G und G_1 gehörende doppelt orthonormale und in G vollständige System.

Aus der Orthogonalitätseigenschaft der Matrix E_n gewinnt man sofort

$$(\Phi_i, \Phi_k) = \delta_{ik}$$

für alle Nummern i und k. Da $\Phi_i(z)$ durch lineare Kombination der Funktionen $\varphi_n(z)$ aufgebaut ist, ist das neue System auch vollständig. Aus (19') und der zweiten Ungleichung von (24) folgt nun

$$(\Phi_n, \Phi_n)_1 = \iint_{G_1} |\Phi_n|^2 \, d\tau < \varepsilon^2$$

für alle Nummern $n > 2^N$. Für den Fall $n \leq 2^N$ ergibt sich aber aus der Definition (25) und der ersten Ungleichung von (24)

$$(\Phi_n, \Phi_n)_1 = \frac{1}{2^N} \sum_{j=1}^{2^N} \mu_j < \varepsilon^2.$$

Aus Satz X3 kann man nun leicht folgern, daß man das System $\Phi_\nu(z)$ auch so einrichten kann, daß für jedes $\eta > 0$

$$|\Phi_n(u)| < \eta \tag{26}$$

ist für alle Nummern n und alle Punkte $u \in G_1$.

In der Tat: Nach (III6) ist doch allgemein für $f \in H_{(B)}$:

$$|f(u)| \leq \|f\| \cdot K_{(B)}(u, \bar{u})^{\frac{1}{2}}. \tag{27}$$

Setzt man M_{G_1} für das Maximum von $K_{(B)}(u, \bar{u})^{\frac{1}{2}}$ in der abgeschlossenen Hülle von G_1, so hat man für die Funktionen $\Phi_n(z)$ nach Satz X3 und (27):

$$|\Phi_n(u)| < \varepsilon^2 \cdot M_{G_1}.$$

Wählt man jetzt $\varepsilon^2 < \eta \cdot M_{G_1}^{-1}$, so ist (26) erfüllt.

Wir haben unsere Sätze über die doppelt orthogonalen Systeme für die Räume H_S und $H_{(B)}$ bewiesen. Man kann diese Aussagen unschwer auch auf andere Räume übertragen. Beim Beweis der grundlegenden Relationen (19) und (19′) haben wir von der Vertauschbarkeit der Integrationen über g und $g^{(1)}$ (bzw. G und G_1) Gebrauch gemacht. Wenn für irgend zwei Hilbertsche Funktionenräume $H(E)$ und $H(E')$ ($E' \subset E$) für die inneren Produkte die entsprechenden Vertauschungsrelationen gelten, kann man auch für $H(E)$ doppelt orthogonale Systeme finden.

§ 3. Die Vielfachheit des ersten Eigenwertes

Nach den allgemeinen Sätzen über vollstetige symmetrische Operatoren sind alle Eigenwerte höchstens von endlicher Vielfachheit. Für den Raum H_S kann man nun darüber hinaus eine bemerkenswerte Feststellung treffen über die Vielfachheit des ersten Eigenwertes der Gl. (8).

Satz X 5

Ist der Bereich G von n fachem Zusammenhang, so hat der erste Eigenwert der Gl. (8) höchstens die Vielfachheit n.

Zum Beweis dieses Satzes erinnern wir daran, daß die Funktion $F(z) = K_S(z, \bar{u}) \cdot L(z, u)^{-1}$ den Bereich G auf den n fach bedeckten Einheitskreis abbildet (§ VII 4). Diese Funktion $F(z)$ ist also vom absoluten Betrag 1 auf dem Rand g von G und hat im Innern genau n Nullstellen $z_1, z_2, \ldots, z_n$.

Nehmen wir jetzt an, es gäbe $n+1$ linear unabhängige Funktionen, $\psi_\nu(z)$ $(\nu = 1, 2, 3, \ldots, (n+1))$, die die Integralgleichung

$$v_1 \cdot \psi(u) = \int\limits_{g^{(1)}} K_S(z, \bar{u})\, \psi(z)\, d s_z \tag{28}$$

lösen. Wir bestimmen dann eine Funktion

$$f_0(z) = A_1 \psi_1(z) + A_2 \psi_2(z) + \cdots + A_{n+1} \psi_{n+1}(z), \tag{29}$$

die in allen Punkten z_ν verschwindet:

$$f_0(z_\nu) = 0, \quad \nu = 1, 2, \ldots, n. \tag{30}$$

Das Gleichungensystem (30) ist lösbar, und die so gewonnene Funktion $f_0(z)$ kann nicht identisch verschwinden, weil die Funktionen $\psi_\nu(z)$ linear unabhängig sind. Die Funktion

$$g(z) = \frac{f_0(z)}{F(z)} = \frac{\sum\limits_{\nu=1}^{n+1} A_\nu \psi_\nu(z)}{F(z)}$$

ist dann regulär und eindeutig in G. Wegen $|F(z)| = 1$ auf g und $|F(z)| < 1$ im Innern von G haben wir

$$\int_g |g(z)|^2\, ds = \int_g |f_0(z)|^2\, ds; \qquad \int_{g^{(1)}} |g(z)|^2\, ds > \int_{g^{(1)}} |f_0(z)|^2\, ds,$$

also

$$\frac{\int_{g^{(1)}} |g(z)|^2\, ds}{\int_g |g(z)|^2\, ds} > \frac{\int_{g^{(1)}} |f_0(z)|^2\, ds}{\int_g |f_0(z)|^2\, ds}. \tag{31}$$

Nach (11) (für den Index 1) und (5) folgt nun aus dieser Ungleichung (31)

$$\nu_1 > \frac{[\mathfrak{T}_S f_0,\, f_0]}{\|f_0\|^2}. \tag{32}$$

Die rechte Seite von (32) berechnen wir leicht aus (29); es wird

$$\frac{[\mathfrak{T}_S f_1,\, f_0]}{\|f_0\|^2} = \frac{\nu_1 \sum |A_\nu|^2}{\sum |A_\nu|^2} = \nu_1.$$

Nach (32) ist also $\nu_1 > \nu_1$. Aus diesem Widerspruch folgt, daß die Annahme von $n + 1$ linear unabhängigen Eigenfunktionen falsch war.

Bei *einfach* zusammenhängenden Bereichen G ist ν_1 also stets ein *einfacher* Eigenwert. Wir können hinzufügen, daß in diesem Fall die Eigenfunktion $\psi_1(z)$ in G *keine Nullstelle* haben kann. Wäre nämlich z_1 eine solche Nullstelle, so könnte man G durch eine Funktion $F(z)$ auf den Einheitskreis abbilden, die für $z = z_1$ verschwindet. Die durch $g(z) \cdot F(z) = \psi_1(z)$ definierte Funktion $g(z)$ wäre dann wieder überall in G regulär und eindeutig. Wir könnten für diese Funktion $g(z)$ denselben Schluß wiederholen, der eben auf einen Widerspruch führte. Daraus folgt, daß tatsächlich $\psi_1(z)$ im Falle des einfachen Zusammenhanges keine Nullstelle in G haben kann.

Die Beweisführung dieses Paragraphen war ausschließlich auf die Integralgleichung (8) und den Raum H_S eingestellt. Sie kann nicht auf die Gl. (7) und den Raum $H_{(B)}$ übertragen werden.

§ 4. Eigenschaften quadratischer Formen

Nach (III 5) ist für alle reproduzierenden Kerne die quadratische Form

$$Q(\lambda,\, \lambda) = \sum_{i,k=1}^{n} \lambda_i \bar{\lambda}_k K(x_k,\, x_i)$$

positiv definit.

Wir wollen jetzt die Abhängigkeit dieser quadratischen Form für die Räume H_S und $H_{(B)}$ vom Gebiet untersuchen. Es sei im folgenden G_1 ein Teilbereich eines Gebietes G der komplexen Ebene, dessen abgeschlossene Hülle ganz im Innern von G liegt. $g^{(1)}$ sei der Rand von G_1.

13*

Dann können wir die Integralgleichung

$$v \cdot f(u) = \mathfrak{T}_S f(u) = \int\limits_{g^{(1)}} \overline{K_S(z, \bar{u})} \, f(z) \, ds_z \tag{33}$$

auch als ein Eigenwertproblem im Raum $\boldsymbol{H}_S(\boldsymbol{G_1})$ deuten. In diesem Raum ist das innere Produkt durch

$$[f, g]_1 = \int\limits_{g^{(1)}} f \cdot \bar{g} \, ds$$

gegeben. Die Kernfunktion $K_S(z, \bar{u})$ des Raumes $\boldsymbol{H}_S(\boldsymbol{G})$ ist in $\boldsymbol{G_1} + \boldsymbol{g^{(1)}}$ überall analytisch, und daher[1] definiert das Integral in (33) einen vollstetigen Operator. Der größte Eigenwert $v_1^{(1)}$ der Integralgleichung (33) ist dann das Maximum von $[\mathfrak{T}_S f, f]_1$. Dabei sind alle die Funktionen $f \in \boldsymbol{H}_S(\boldsymbol{G_1})$ zugelassen, für die die Norm $\|f\|_1 = 1$ ist. Läßt man diese Einschränkung fort, so kann man die Extremaleigenschaft auch so ausdrücken:

$$v_1^{(1)} = \operatorname{Max} \frac{[\mathfrak{T}_S f, f]_1}{\|f\|_1^2} = \operatorname{Max} \frac{\int\limits_{g^{(1)}} \int\limits_{g^{(1)}} \overline{K_S(z, \bar{u})} \, \overline{f(u)} \, f(z) \, ds_z \, ds_u}{\int\limits_{g^{(1)}} |f(z)|^2 \, ds_z}, \left.\begin{matrix} \\ \\ \end{matrix}\right\} \tag{34}$$
$$f(z) \in \boldsymbol{H}_S(\boldsymbol{G_1}).$$

Wir setzen jetzt

$$f(z) = \sum_{v=1}^{n} a_v \, K_S^{(1)}(z, \bar{u}_v) = \sum_{v=1}^{n} a_v \, K_S(z, \bar{u}_v; \boldsymbol{G_1}).$$

Dabei sind die a_v beliebige komplexe Zahlen, u_v Punkte aus $\boldsymbol{G_1}$. Durch wiederholte Anwendung der reproduzierenden Eigenschaft der Kernfunktion erhält man dann

$$\int\limits_{g^{(1)}} \int\limits_{g^{(1)}} \overline{K_S(z, \bar{u})} \, K_S^{(1)}(z, \bar{u}_v) \, \overline{K_S^{(1)}(u, \bar{u}_\mu)} \, ds_z \, ds_u$$
$$= \int\limits_{g^{(1)}} \overline{K_S^{(1)}(u, \bar{u}_\mu)} \, K_S(u, \bar{u}_\mu) \, ds_u = K_S(u_\mu, \bar{u}_v)$$

und

$$\int\limits_{g^{(1)}} |f|^2 \, ds = \sum_{v,\,\mu=1}^{n} a_v \, \bar{a}_\mu \, K_S^{(1)}(u_\mu, \bar{u}_v).$$

Aus (34) folgt deshalb

$$\sum_{v,\,\mu=1}^{n} a_v \, \bar{a}_\mu \, K_S(u_\mu, \bar{u}_v) \leqq v_1^{(1)} \sum_{v,\,\mu=1}^{n} a_v \, \bar{a}_\mu \, K_S^{(1)}(u_\mu, \bar{u}_v). \tag{35}$$

Die Eigenfunktionen $\{\psi_v(z)\}$ des Raumes $\boldsymbol{H}_S(\boldsymbol{G})$ gehören natürlich auch zu $\boldsymbol{H}_S(\boldsymbol{G_1})$. Deshalb ist nach (34)

$$v_1^{(1)} \geqq \frac{[\mathfrak{T}_S \psi_1, \psi_1]_1}{\|\psi_1\|_1^2} = v_1.$$

---

[1] Das beweist man ähnlich wie die Vollstetigkeit des Operators im Raum $\boldsymbol{H}_S(\boldsymbol{G})$.

Wenn das für G und G_1 doppelt orthonormale System $\{\psi_\nu(z)\}$ auch in G_1 vollständig ist (vgl. Satz X 3), kann es für das Eigenwertproblem (33) des Raumes $H_S(G_1)$ keine anderen Eigenwerte geben als die Zahlen $\nu_1, \nu_2, \nu_3, \dots$. In diesem Fall muß also $\nu_1^{(1)} = \nu_1$ sein.

Für den Bergman-Kern sind die entsprechenden Aussagen möglich. Wir haben damit

Satz X 6

Es sei G_1 ein Teilbereich von G, dessen abgeschlossene Hülle ganz im Innern von G liegt und dessen (etwa vorhandene) innere Randkomponenten mindestens eine Randkomponente von G einschließen. u_ν seien Punkte aus G_1, a_ν beliebige komplexe Zahlen, $\nu = 1, 2, 3, \dots, n$. $K_S^{(1)}(z, \bar{u})$ und $K_{(B)}(z, \bar{u})$ seien die zu G_1 gehörenden Szegö- bzw. Bergman-Kerne. Dann ist

$$\sum_{\nu, \mu = 1}^n a_\nu \bar{a}_\mu K_S(u_\mu, \bar{u}_\nu) \leqq \nu_1 \cdot \sum_{\nu, \mu = 1}^n a_\nu \bar{a}_\mu K_S^{(1)}(u_\mu, \bar{u}_\nu) \tag{36}$$

und

$$\sum_{\nu, \mu = 1}^n a_\nu \bar{a}_\mu K_{(B)}(u_\mu, \bar{u}_\nu) \leqq \mu_1 \sum_{\nu, \mu = 1}^n a_\nu \bar{a}_\mu K_{(B)}^{(1)}(u_\mu, \bar{u}_\nu) . \tag{36'}$$

Dabei sind ν_1 und μ_1 die Eigenwerte der Nummer 1 zu den Integralgleichungen (8) bzw. (7). Die Zahlen ν_1 und μ_1 in (36) bzw. (36') können nicht durch kleinere ersetzt werden.

Die letzte Bemerkung dieses Satzes X 6 kann man so begründen: Aus (36) folgt insbesondere

$$K_S(u, \bar{u}) \leqq \nu_1 \cdot K_S^{(1)}(u, \bar{u}), \quad u \in G_1. \tag{36''}$$

Aus den im § 5 gegebenen Beispielen erkennt man leicht, daß in der Tat in der Ungleichung (36'') das Gleichheitszeichen stehen kann.

§ 5. Beispiele und Verallgemeinerungen

Die einfachsten Beispiele für die Transformationen (2) und (1) erhält man, wenn man als Gebiet G den Einheitskreis und als G_1 den konzentrischen Kreis K_ϱ mit $\varrho < 1$ wählt. In diesem Fall nimmt (8) nach (IV 70) die Form

$$\nu f(u) = \frac{1}{2\pi} \int\limits_{g^{(1)}} \frac{f(z)\, ds}{1 - \bar{z} u} \tag{37}$$

an. Wegen $i\, z\, ds = \varrho \cdot dz$ und $z \cdot \bar{z} = \varrho^2$ kann man das auch so schreiben

$$\nu \cdot f(u) = \frac{\varrho}{2\pi i} \int\limits_{g^{(1)}} \frac{f(z)\, dz}{z - \varrho^2 u} = \varrho \cdot f(\varrho^2 u) .$$

Aus der Potenzreihenentwicklung $f(u) = \sum\limits_{0}^{\infty} a_n u^n$ gewinnt man danach $a_n(v - \varrho^{2n+1}) = 0$. Deshalb sind $v_n = \varrho^{2n+1}$ $(n = 0, 1, 2, 3, \ldots)$ die Eigenwerte unseres Problems. Die Eigenfunktionen sind Vielfache von z^n; wegen der Normierung sind sie identisch mit dem bekannten System (IV 68).

Der größte Eigenwert ist ϱ; deshalb nimmt (11) für die Nummer $n = 1$ die Form an:

$$\int\limits_{0}^{2\pi} |f(\varrho\, e^{i\vartheta})|^2\, d\vartheta \leqq \int\limits_{0}^{2\pi} |f(e^{i\vartheta})|\, d\vartheta.$$

Die Integralgleichung (7) mit dem Bergman-Kern sieht im Einheitskreis so aus:

$$\mu \cdot f(u) = \frac{1}{\pi} \iint\limits_{G_1} \frac{f(z)\, d\tau}{(1 - u\,\overline{z})^2}\,.$$

Nach (IV 12) und unter Benutzung der Randbeziehung $z \cdot \overline{z} = \varrho^2$ für $z \in g^{(1)}$ sowie der Cauchyschen Integralformel kann man dafür auch schreiben:

$$\mu\, f(u) = \varrho^2 f(\varrho^2\, u)\,.$$

Setzt man in diese Funktionalgleichung die Potenzreihenentwicklung ein, so findet man die Eigenwerte: $\mu_n = \varrho^{2n+2}$, $n = 0, 1, 2, 3, \ldots$ bzw. $\mu_\nu = \varrho^{2\nu}$ für $\nu = 1, 2, 3, \ldots$.

Es sei jetzt G der Kreisring $\varrho < |z| < 1$ und $g^{(1)}$ sei ein Kreis $|z| = r$ mit $\varrho < r < 1$. In diesem Fall ist es nicht bequem, mit der Kernfunktion selbst zu arbeiten. Man bekommt (ähnlich wie beim Bergman-Kern, vgl. § IV 2) dafür eine elliptische Funktion. Wir kommen einfacher zum Ziel, wenn wir Satz X 2 beachten. Danach kann es nur *ein* System von doppelt orthogonalen Funktionen geben. Hat man dieses System gefunden, so hat man damit auch die Eigenfunktionen und die Eigenwerte der Integralgleichung (8).

Man überzeugt sich leicht, daß das im Kreisring vollständige System der Funktionen

$$\psi_n(z) = \left(2\pi[1 - \varrho^{2n+1}]\right)^{-\frac{1}{2}} \cdot z^n \qquad (n = 0, \pm 1, \pm 2, \ldots)$$

doppelt orthogonal ist. Die Konstanten sind so gewählt, daß bei Integration über den Rand g des Ringes

$$\int\limits_{g} \psi_n \overline{\psi}_m\, ds = \delta_{nm}$$

gilt. Es ist nun weiter, wie man leicht nachrechnet,

$$\int\limits_{g^{(1)}} \psi_n \overline{\psi}_m\, ds = \int\limits_{|z|=r} \psi_n \overline{\psi}_m\, ds = \frac{r^{2n+1}}{1 - \varrho^{2n+1}} \cdot \delta_{nm} = v_n \cdot \delta_{nm}\,.$$

Die Funktionen $\psi_n(z)$ sind deshalb die Eigenfunktionen der Integralgleichung

$$v \cdot f(u) = \int\limits_{|z|=r} \overline{K_S(z,\bar{u})}\, f(z)\, ds_z,$$

und die Eigenwerte sind $v_n = r^{2n+1}(1-\varrho^{2n+1})^{-1}$.

Im Falle $r = \varrho^{\frac{1}{2}}$ erkennt man leicht, daß der größtmögliche Wert v_n für die Nummern $n=0$ und $n=-1$ angenommen wird. Wir haben also hier (was ja Satz X 4 zuläßt) für den zweifach zusammenhängenden Bereich $\varrho < |z| < 1$ einen *doppelten* Eigenwert.

Die Integraltransformationen (1) und (2) sind symmetrische vollstetige Operatoren in den Hilbertschen Räumen $H_{(B)}$ bzw. H_S. Es liegt nahe, das Eigenwertproblem auch für andere vollstetige Operatoren dieser Räume zu untersuchen. Man gewinnt auf diese Weise (wenn 0 kein Eigenwert ist) vollständige Orthonormalsysteme der betreffenden Räume. Man kann nun leicht Folgendes zeigen: *Ist* $\tau(z, \bar{u})$ *eine in* $G+g$ *reguläre und eindeutige Funktion, die als Funktion von z zu dem betrachteten Hilbert-Raum gehört und die Symmetriebedingung* $\tau(z, \bar{u}) = \tau(u, \bar{z})$ *erfüllt, so ist*

$$g(u) = \big(f(z), \tau(z, \bar{u})\big) = \mathfrak{T} f(u)$$

ein vollstetiger symmetrischer Operator in H. Das kann man mit Methoden beweisen, wie wir sie in § 1 benutzt haben[1].

Die effektive Bestimmung der Eigenfunktionen und Eigenwerte ist freilich nur dann leicht, wenn der Bereich G besonders einfach gebaut ist. Man darf auch nicht erwarten, daß die Eigenfunktionen solcher Operatoren Orthonormalsysteme besonderen Typs sind. Es gilt vielmehr

Satz X 7

Zu jedem vollständigen Orthonormalsystem $\{\varphi_n(z)\}$ *eines Hilbertschen Funktionenraumes und zu jeder monoton fallenden Nullfolge* μ_n *mit* $\sum \mu_n^2 < \infty$ *gehört ein vollstetiger und symmetrischer Operator* $\mathfrak{T}$, *für den die Funktionen* $\varphi_n(z)$ *die Eigenfunktionen und die Zahlen* μ_n *die Eigenwerte sind.*

In der Tat: Man braucht nur den Operator $\mathfrak{T} f$ für $f(z) = \sum\limits_{1}^{\infty} a_\nu \varphi_\nu(z)$ durch die Vorschrift

$$\mathfrak{T} f(z) = \sum_{\nu=1}^{\infty} \mu_\nu\, a_\nu\, \varphi_\nu(z) = \sum_{\nu=1}^{\infty} \mu_\nu\, (f, \varphi_\nu)\, \varphi_\nu(z)$$

zu erklären. Dann ist

$$\mathfrak{T}\, \varphi_\nu(z) = \mu_\nu\, \varphi_\nu(z).$$

Die Matrix dieses Operators enthält nach (II 39) die Zahlen

$$a_{ik} = (\mathfrak{T}\, \varphi_k, \varphi_i) = \mu_k\, \delta_{ik}.$$

---

[1] Eine Untersuchung solcher Operatoren findet sich z. B. bei BERGMAN-SCHIFFER [1].

Da $\sum \mu_k^2$ konvergiert, ist $\mathfrak{T}\,f$ vollstetig nach Satz II 21. Die Extremaleigenschaft des ersten Eigenwertes liest man direkt an der Reihenentwicklung von $(\mathfrak{T}\,f,\,f)$ ab:

$$(\mathfrak{T}\,f,\,f) = \sum_1^\infty \mu_\nu\,|\,a_\nu\,|^2 \leqq \mu_1 \sum |\,a_\nu\,|^2.$$

Hat der Raum eine Kernfunktion, so ist

$$\varLambda(z,\overline{u}) = \mathfrak{T}\,K(z,\overline{u}) = \sum_1^\infty \mu_\nu\,\varphi_\nu(z)\,\overline{\varphi_\nu(u)},$$

und man kann nach Satz III 10 den Operator als inneres Produkt darstellen:

$$\mathfrak{T}\,f(u) = \big(f,\,\varLambda(z,\overline{u})\big).$$

Ist das innere Produkt durch ein Integral gegeben wie bei allen bisher behandelten Beispielen, so ist $\mathfrak{T}\,f(u)$ eine Integraltransformation. Im Raum $\boldsymbol{H}_{(B)}$ z.B. sieht sie so aus:

$$\mathfrak{T}\,f(u) = \iint\limits_{G} f(z)\,\overline{\varLambda(z,\overline{u})}\,d\tau.$$

§ 6. Typen von Orthonormalsystemen

Wir haben bisher eine ganze Reihe von Orthonormalsystemen kennengelernt, die durch besondere Eigenschaften ausgezeichnet sind. Es wird für die praktische Arbeit mit solchen Systemen nützlich sein, eine Zusammenstellung dieser verschiedenen Systeme zu geben. Wir beschränken uns (bei den Nummern 1. bis 6.) auf die Räume $\boldsymbol{H}_S$ und $\boldsymbol{H}_{(B)}$. Die Übertragung der Klassifizierung auf andere Räume ($\boldsymbol{H}_B$, $\boldsymbol{H}_h$, $\boldsymbol{H}_{B(2)}$ usw.) ist unschwer zu vollziehen.

1. Das einfachste vollständige System erhält man durch Orthogonalisierung der Potenzen von

$$z,\ (z-\alpha_2)^{-1},\ \ldots,\ (z-\alpha_n)^{-1}.$$

Dabei ist α_ν ein Punkt, der im Innern des von $\boldsymbol{g}_\nu$ begrenzten Bereiches liegt ($\nu = 2, 3, \ldots, n$) (Satz IV 7).

2. Für *einfach zusammenhängende Bereiche* $\boldsymbol{G}$ ist

$$\left(\frac{\nu}{\pi}\right)^{\frac{1}{2}} h(\zeta)^{\nu-1}\,\frac{dh}{d\zeta}\ \text{ für } \boldsymbol{H}_{(B)}\qquad \text{und}\qquad \big((2\pi)^{-1}h'(\zeta)\big)^{\frac{1}{2}} h(\zeta)^{\nu-1}\ \text{ für } \boldsymbol{H}_S$$

ein relativ einfaches Orthonormalsystem. Dabei ist $h(\zeta)$ eine Funktion, die $\boldsymbol{G}$ auf den Einheitskreis abbildet (§ IV 2).

3. Das System $\tau_\nu(z)$ ist besonders zur *Lösung von Interpolationsaufgaben* geeignet (§ VI 2).

4. Das System $\sigma_\nu(z)$ läßt eine besonders bequeme *Umrechnung der Koeffizienten aus den Koeffizienten einer Potenzreihe* zu (§ VI 3).

5. Die Eigenfunktionen der Integralgleichungen (7) und (8) liefern vollständige Orthonormalsysteme mit *doppelter Orthogonalität* (§ 2).

6. Mit Hilfe von doppelt orthogonalen Systemen kann man solche Orthonormalsysteme konstruieren, bei denen die Funktionen in beliebig gewählten abgeschlossenen Teilbereichen von G beliebig kleinen absoluten Betrag haben (Satz X 3 und Zusatz).

7. Es gibt vollständige Orthonormalsysteme, bei denen das innere Produkt mit Hilfe einer Gewichtsfunktion definiert ist (§ VI 4).

Manchmal ist es erwünscht, eine spezielle Funktion $f(z) \in H$ in einem vollständigen Orthonormalsystem unterzubringen. Das ist immer möglich. Allgemein gilt:

8. *Ist h ein beliebiges vom Nullelement verschiedenes Element eines Hilbert-Raumes H, so gibt es ein vollständiges Orthonormalsystem $\{z_\nu\}$ in H, bei dem $z_1 = h \cdot \|h\|^{-1}$ ist.*

Das ist eine einfache Folge des Satzes II 10. In der Tat: Es sei (II 19) die Darstellung von h durch das vollständige System $\{y_\nu\}$. Dann verschwinden nicht alle Koeffizienten $a_\nu = (h, y_\nu)$. Sei etwa $a_1 \neq 0$. Dann ist das System

$$h, y_2, y_3, \ldots$$

in H vollständig, und durch Orthogonalisierung gewinnt man daraus ein vollständiges Orthonormalsystem $\{z_\nu\}$ mit $z_1 = h \cdot \|h\|^{-1}$.

§ 7. Ein Approximationsproblem

Man kann die Existenz von doppelt orthogonalen und doppelt vollständigen Funktionensystemen benutzen, um eine bemerkenswerte *Approximationsaufgabe* zu lösen:

Aufgabe A:

Es sei G_1 ein Teilbereich von G mit folgenden Eigenschaften:
a) *Die abgeschlossene Hülle $\overline{G_1}$ von G_1 ist in G enthalten.*
b) *Die Ränder von G_1 sind glatte Kurven, und etwa vorhandene innere Randkomponenten von G_1 schließen mindestens eine innere Randkomponente von G ein.*

$f(z)$ sei eine Funktion, die zu $H_{(B)}(G_1)$, aber nicht zu $H_{(B)}(G)$ gehört. Gesucht wird eine Funktion $g(z) \in H_{(B)}(G)$, für die

$$\|f(z) - g(z)\|_1^2 = \|f(z) - g(z)\|_{G_1}^2 = \iint\limits_{G_1} |f(z) - g(z)|^2 \, d\tau$$

zum Minimum wird unter der Nebenbedingung

$$\|g(z)\|^2 = \|g(z)\|_G^2 = \iint\limits_{G} |g(z)|^2 \, d\tau \leq M^2. \tag{38}$$

Es sei $\{\varphi_n(z)\}$ das Orthogonalsystem von $\boldsymbol{G}$, das auch in $\boldsymbol{G}_1$ orthogonal und (Satz X 3!) vollständig ist. Dann ist nach (19′)

$$(\varphi_n, \varphi_m)_1 = \iint\limits_{\boldsymbol{G}_1} \varphi_n \, \overline{\varphi}_m \, d\tau = \mu_n \, \delta_{nm}.$$

Das System

$$\chi_n(z) = \frac{1}{\sqrt{\mu_n}} \, \varphi_n(z) \tag{39}$$

ist also ein vollständiges orthogonales *und normiertes* System in $\boldsymbol{G}_1$, und wir können die Funktionen $f(z)$ und $g(z)$ so darstellen:

$$f(z) = \sum_{\nu=1}^{\infty} a_\nu \chi_\nu(z) = \sum_{\nu=1}^{\infty} \frac{a_\nu}{\sqrt{\mu_\nu}} \, \varphi_\nu(z), \qquad g(z) = \sum_{1}^{\infty} b_\nu^* \varphi_\nu(z).$$

Für die Norm $\|f - g\|_1$ gilt dann

$$\|f - g\|_1^2 = \sum_{\nu=1}^{\infty} |\, a_\nu - b_\nu^* \sqrt{\mu_\nu}\,|^2.$$

Wir setzen noch $b_\nu = b_\nu^* \cdot \sqrt{\mu_\nu}$ und $\varkappa_\nu = \mu_\nu^{-1}$. Dann kann unsere Aufgabe auch so formuliert werden:

Aufgabe B:

Gegeben ist ein Vektor $a = (a_1, a_2, a_3, \ldots)$ des Raumes[1] $\boldsymbol{l}^{(2)}$ und eine Folge positiver Zahlen $\varkappa_\nu$, für die $\sum \varkappa_\nu^{-1}$ konvergiert, nicht aber[2] $\sum\limits_{\nu=1}^{\infty} \varkappa_\nu \,|\, a_\nu |^2$. Gesucht ist ein Vektor $b = (b_1, b_2, b_3, \ldots)$, für den $\|a - b\|$ zum Minimum wird unter der Nebenbedingung

$$\sum_{1}^{\infty} \varkappa_\nu |\, b_\nu |^2 \leqq M^2. \tag{38′}$$

Dieses Problem B bekommt eine einfache anschauliche Bedeutung, wenn wir es im Raum von zwei Dimensionen betrachten. Dann lautet die Aufgabe so:

Unter den der abgeschlossenen Ellipse $\boldsymbol{E}_2$

$$\varkappa_1 \, x^2 + \varkappa_2 \, y^2 \leqq M^2$$

angehörenden Punkten b (Koordinaten b_1 und b_2) ist ein Punkt zu bestimmen, für den der Abstand $\|b - a\|$ von einem gegebenen Punkt a (Koordinaten a_1 und a_2) zum Minimum wird.

Es ist nützlich, das Problem B zunächst für einen Raum von endlich vielen Dimensionen zu lösen. Dann haben wir Vektoren a und b mit je

---

[1] Vgl. § II 1.

[2] Diese Einschränkung ergibt sich aus der Voraussetzung, daß $f(z)$ nicht zu $\boldsymbol{H}_{(B)}(\boldsymbol{G})$ gehören soll.

n Komponenten, und an die Stelle der Ellipse E_2 tritt die ,,Hyperellipse'' E_n

$$\sum_1^n \varkappa_\nu \, |\, b_\nu\,|^2 \leqq M^2.$$

Um unsere Aufgabe mit den Hilfsmitteln der *reellen* Analysis angreifen zu können, setzen wir:

$$a_\nu = \alpha_\nu + i\,\alpha_{\nu+n}, \qquad \varkappa_\nu' = \begin{cases} \varkappa_\nu & \text{für } \nu = 1, 2, \ldots, n, \\ \varkappa_{\nu-n} & \text{für } \nu = n+1, n+2, \ldots, 2n. \end{cases}$$
$$b_\nu = \beta_\nu + i\,\beta_{\nu+n}, \quad \nu = 1, 2, \ldots, n.$$

Dann lautet unsere Aufgabe so:

Aufgabe C:

Es soll

$$F(\beta_1, \beta_2, \ldots, \beta_n) = \sum_{\nu=1}^{2n} (\alpha_\nu - \beta_\nu)^2 \tag{40}$$

zum Minimum gemacht werden unter der Nebenbedingung

$$G(\beta_1, \beta_2, \ldots, \beta_{2n}) = \sum_1^{2n} \varkappa_\nu' \beta_\nu^2 - M^2 \leqq 0. \tag{41}$$

Dabei ist vorausgesetzt, daß der Punkt $a = (a_1, a_2, \ldots, a_{2n})$ der durch (41) gegebenen Hyperellipse E_n nicht angehört.

Es ist klar, daß der Punkt mit dem minimalen Abstand *auf dem Rand* der Hyperellipse liegen muß. Deshalb können wir die Nebenbedingung (41) ersetzen durch

$$\sum_1^{2n} \varkappa_\nu' \beta_\nu^2 - M^2 = 0. \tag{41'}$$

Man erhält nach dem Lagrangeschen Verfahren eine notwendige Bedingung für das Auftreten eines Extremums, indem man

$$F(\beta_1, \beta_2, \ldots, \beta_{2n}) + \lambda\, G(\beta_1, \beta_2, \ldots, \beta_{2n})$$

partiell nach β_ν $(\nu = 1, 2, 3, \ldots, 2n)$ differenziert. Das führt auf

$$-2(\alpha_\nu - \beta_\nu) + 2\lambda \varkappa_\nu' \beta_\nu = 0,$$

also

$$\beta_\nu = \frac{\alpha_\nu}{1 + \varkappa_\nu' \lambda}, \qquad \nu = 1, 2, \ldots, 2n, \tag{42}$$

oder

$$b_\nu = \frac{a_\nu}{1 + \varkappa_\nu \lambda}, \qquad \nu = 1, 2, \ldots, n. \tag{42'}$$

Für λ haben wir nach (41′) und (42) die Beziehung

$$Q_n(\lambda) = \sum_{\nu=1}^{n} \frac{|a_\nu|^2 \varkappa_\nu}{(1 + \varkappa_\nu \lambda)^2} = M^2. \tag{43}$$

Um aus dieser Beziehung λ zu bestimmen, beachten wir zuerst, daß λ *für einen Punkt mit minimaler Entfernung nicht negativ sein kann.* Das kann man so begründen: Wäre für irgendeine Nummer ν sign $\alpha_\nu \neq$ sign β_ν, so könnte man den durch (40) gegebenen Abstand verkleinern, indem man β_ν durch $-\beta_\nu$ ersetzt. Aus sign $\alpha_\nu =$ sign β_ν folgt aber, daß der Nenner in (42) und (42′) positiv sein muß:

$$\lambda > \mathrm{Max}\,(- \varkappa_\nu^{-1}) = - m.$$

Nun ist aber $Q_n(0) = \sum_{1}^{n} \varkappa_\nu |a_\nu|^2 > M^2$, da ja nach Voraussetzung der Punkt a *nicht* zur Hyperellipse $\boldsymbol{E}_n$ gehört. Weiter ist

$$Q_n'(\lambda) = - \sum_{\nu=1}^{n} \frac{2|a_\nu|^2 \varkappa_\nu^2}{(1 + \lambda \varkappa_\nu)^3} < 0 \tag{44}$$

für $\lambda > - m$.

Deshalb kann $Q_n(\lambda)$ nicht den Wert M^2 annehmen für solche Zahlen λ, die zwischen $-m$ und 0 liegen. Es kommen also tatsächlich für das Extremum nur *positive* Werte von λ in Frage.

Nach (44) fällt aber $Q_n(\lambda)$ monoton von $Q_n(0) > M^2$ bis $\lim\limits_{\lambda \to \infty} Q_n(\lambda) = 0$; deshalb gibt es aus Stetigkeitsgründen *genau eine* positive Zahl λ, für die die Bedingung (43) erfüllt ist.

Da unser Extremalproblem wegen der Kompaktheit der Hyperellipse *mindestens* eine Lösung haben muß, haben wir damit die eine vorhandene Lösung bestimmt: Der Punkt b mit dem minimalen Abstand von a hat die Koordinaten (42′). Dabei ist λ die *eine* positive Lösung der Gl. (43).

Wir können dieses Ergebnis benutzen, um die entsprechende Aussage für die Aufgabe B zu beweisen:

Satz X 8

Die Aufgabe B (S. 202) *hat genau eine Lösung. Die Komponenten des Vektors b sind gegeben durch*

$$b_\nu = \frac{a_\nu}{1 + \lambda \varkappa_\nu}, \qquad \nu = 1, 2, 3, \ldots. \tag{45}$$

Dabei ist $\lambda = \lambda_\infty$ *die positive Wurzel der Gleichung*

$$Q(\lambda) - M^2 = \sum_{\nu=1}^{\infty} \frac{|a_\nu|^2 \varkappa_\nu}{(1 + \varkappa_\nu \lambda)^2} - M^2 = 0. \tag{46}$$

Bemerken wir zuerst, daß die durch (45) definierten Zahlen in der Tat die Komponenten eines Vektors sind: Es ist ja $\sum |a_\nu|^2 < \infty$, also erst recht $\sum |b_\nu|^2 < \infty$. Für $\lambda = 0$ ist die Reihe $Q(\lambda)$ nach Voraussetzung divergent, aber offenbar[1] ist $Q(\lambda)$ regulär für alle λ mit Re $\lambda > 0$. Für reelles positives λ fällt $Q(\lambda)$ monoton von ∞ bis 0 $\left(\lim_{\lambda \to \infty} Q(\lambda) = 0\right)$; es gibt also genau eine positive reelle Zahl λ, für die $Q(\lambda) = M^2$ ist.

Wir zeigen nun, daß unser Problem B *nicht mehr als eine Lösung* haben kann. Gäbe es nämlich zwei verschiedene Punkte b und b^* der Hyperellipse[2] E_n, für die $\|a - b\| = \|a - b^*\| = m$ zum Minimum wird, so wäre $\|a - b'\| < m$ für $b' = \frac{1}{2}(b + b^*)$. In der Tat: Zunächst überzeugt man sich leicht, daß auch b' zur Hyperellipse gehört. Weiter ist[3]

$$\|a - b'\|^2 = \tfrac{1}{4}\|(a - b) + (a - b^*)\|^2 = \tfrac{1}{2}\|a - b\|^2 + \tfrac{1}{2}\|a - b^*\|^2 -$$
$$- \tfrac{1}{4}\|(a - b) - (a - b^*)\|^2 = m^2 - \tfrac{1}{4}\|b^* - b\|^2 < m^2.$$

Aus diesem Widerspruch folgt, daß das Problem B *höchstens eine* Lösung haben kann. Wir wollen nun zeigen, daß der in Satz X 8 bezeichnete Vektor b tatsächlich die Minimaleigenschaft hat. Dazu führen wir die Vektoren

$$a^{(n)} = (a_1, a_2, \ldots, a_n, 0, 0, 0, \ldots)$$

und

$$b_*^{(n)} = \left(\frac{a_1}{1 + \lambda_n \varkappa_1}, \frac{a_2}{1 + \lambda_n \varkappa_2}, \ldots, \frac{a_n}{1 + \lambda_n \varkappa_n}, 0, 0, \ldots\right)$$

ein. λ_n ist dabei die bei der Lösung des $-n$-dimensionalen Problems auftretende Zahl, also die positive Lösung der Gl. (43). Für diese Zahlen λ_n gilt nun

$$\lambda_n < \lambda_{n+1} \leqq \lambda_\infty, \qquad \lim_{n \to \infty} \lambda_n = \lambda_\infty. \tag{47}$$

Hätte nämlich die offenbar monoton wachsende und beschränkte Folge λ_n einen Grenzwert $\bar\lambda < \lambda_\infty$, so wäre

$$Q(\bar\lambda) - M^2 > 0, \qquad Q_n(\bar\lambda) - M^2 \leqq 0$$

für alle n. Aus diesem Widerspruch folgt die zweite Relation von (47).

Wir beweisen nun weiter die Grenzwertbeziehung

$$\lim_{n \to \infty} \|a^{(n)} - b_*^{(n)}\| = \|a - b\|. \tag{48}$$

Dazu schreiben wir

$$\|a - b\|^2 = \sum_1^n |a_\nu|^2 \frac{\lambda_\infty^2 \varkappa_\nu^2}{(1 + \lambda_\infty \varkappa_\nu)^2} + \varrho_n.$$

---

[1] Das kann man leicht aus der Voraussetzung begründen, daß $\sum \varkappa_\nu^{-1}$ konvergiert.

[2] Wir wollen auch die durch (38′) gegebene Punktmenge als Hyperellipse bezeichnen.

[3] Allgemein gilt: $\|x + y\|^2 + \|x - y\|^2 = 2\|x\|^2 + 2\|y\|^2$.

Dabei ist ϱ_n eine Nullfolge. Dann wird

$$\left.\begin{aligned}
\|a-b\|^2 - \|a^{(n)} - b_*^{(n)}\|^2 &= \varrho_n + \sum_{\nu=1}^{n} s_\nu , \\
s_\nu &= |a_\nu|^2 \left\{ \frac{\lambda_\infty^2 \varkappa_\nu^2}{(1+\lambda_\infty \varkappa_\nu)^2} - \frac{\lambda_n^2 \varkappa_\nu^2}{(1+\lambda_n \varkappa_\nu)^2} \right\} .
\end{aligned}\right\} \tag{49}$$

Das allgemeine Glied in dieser Summe kann man jetzt so umformen:

$$\begin{aligned}
s_\nu &= |a_\nu|^2 \varkappa_\nu^2 \frac{(\lambda_\infty - \lambda_n)\,[\lambda_\infty + \lambda_n + 2\varkappa_\nu \lambda_n \lambda_\infty]}{(1+\lambda_\infty \varkappa_\nu)^2\,(1+\lambda_n \varkappa_\nu)^2} \\
&= (\lambda_\infty - \lambda_n)\cdot|a_\nu|^2 \cdot C(\lambda_\infty, \lambda_n, \varkappa_\nu) .
\end{aligned}$$

Dabei ist $C(\lambda_\infty, \lambda_n, \varkappa_\nu)$ eine dem absoluten Betrage nach beschränkte Größe: $|C(\lambda_\infty, \lambda_n, \varkappa_\nu)| < c$. Wir haben also nach (49):

$$\|a-b\|^2 - \|a^{(n)} - b_*^{(n)}\|^2 \leqq \varrho_n + (\lambda_\infty - \lambda_n)\cdot c \cdot \sum_{\nu=1}^{n} |a_\nu|^2 .$$

Wegen (47) folgt daraus die Behauptung (48).

Nehmen wir jetzt an, daß es einen Vektor $c=(c_1, c_2, c_3, \ldots)$ gäbe, für den

$$\|a-c\| = \delta < \|a-b\| = \varDelta \tag{50}$$

gilt. Wir führen dann den Vektor $c^{(n)}=(c_1, c_2, \ldots, c_n, 0, 0, \ldots)$ ein und haben dann bei beliebig klein gewähltem $\varepsilon > 0$ für genügend großes n:

$$\|c - c^{(n)}\| < \varepsilon, \qquad \|a - a^{(n)}\| < \varepsilon, \tag{51}$$

also nach (50):

$$\|a^{(n)} - c^{(n)}\| \leqq \|a^n - a\| + \|a - c\| + \|c - c^{(n)}\| \leqq \delta + 2\varepsilon . \tag{52}$$

Wir beachten jetzt, daß für Vektoren des n-dimensionalen Raumes das Extremalproblem (Aufgabe C) jedenfalls durch den Vektor $b_*^{(n)}$ gelöst wird. Wir haben also

$$\|a^{(n)} - c^{(n)}\| \geqq \|a^{(n)} - b_*^{(n)}\| .$$

Für genügend großes n gilt also nach (48):

$$\|a^{(n)} - c^{(n)}\| \geqq \|a - b\| - \varepsilon = \varDelta - \varepsilon . \tag{53}$$

Aus (52) und (53) folgt schließlich

$$\varDelta - \varepsilon \leqq \delta + 2\varepsilon .$$

Da diese Ungleichung für beliebig kleine ε richtig ist, ist die Annahme (50) widerlegt. Damit ist Satz X 8 vollständig bewiesen.

Mit der Aufgabe B ist aber auch das ursprünglich gestellte Approximationsproblem A gelöst. Wir können das Ergebnis unter Benutzung des doppelten Orthonormalsystems $\{\varphi_n(z)\}$ und des durch (39) definierten Systems $\{\chi_n(z)\}$ so formulieren:

Satz X 9

Die Aufgabe A *für die Funktion* $f(z)=\sum\limits_1^\infty a_\nu\,\chi_\nu(z)$ *wird gelöst durch*

$$g(z)=\sum_1^\infty \frac{a_\nu\sqrt{\varkappa_\nu}}{1+\varkappa_\nu\,\lambda}\,\varphi_\nu(z)=\sum_1^\infty \frac{a_\nu}{1+\varkappa_\nu\,\lambda}\,\chi_\nu(z)\,. \tag{54}$$

Dabei ist λ *die positive Wurzel der Gl.* (46), $\varkappa_\nu=\mu_\nu^{-1}$. *Für den Minimalabstand* $\varDelta=\|f-g\|_1$ *erhält man*

$$\varDelta^2=\lambda^2\sum_1^\infty \frac{|a_\nu|^2\varkappa_\nu^2}{(1+\lambda\varkappa_\nu)^2}\,.$$

Die Bedeutung der Nebenbedingung $\|g\|^2\leqq M^2$ wird deutlich durch die folgende Überlegung: Für $M\to\infty$ gilt $\lambda\to0$, also auch $\varDelta\to0$ und $\lim\limits_{\lambda\to\infty}g(z)=f(z)$.

Betrachten wir ein Beispiel! Es sei G der Einheitskreis und G_1 der Kreis $|z|<\tfrac12$. Die Systeme $\varphi_\nu(z)$ und $\chi_\nu(z)$ sind hier

$$\varphi_\nu(z)=\left(\frac{\nu}{\pi}\right)^{\frac12}z^{\nu-1},\qquad \chi_\nu(z)=\frac{1}{\sqrt{\mu_\nu}}\,\varphi_\nu(z)=2^\nu\,\varphi_\nu(z)\,.$$

Wählen wir für $f(z)$ die Funktion

$$f(z)=\sum_{\nu=1}^\infty \frac{1}{\nu}\,\chi_\nu(z)=\sum_{\nu=1}^\infty \frac{2^\nu}{\nu}\left(\frac{\nu}{\pi}\right)^{\frac12}z^{\nu-1}.$$

Sie gehört offenbar zu $\boldsymbol{H}_{(B)}(\boldsymbol{G_1})$, aber nicht zu $\boldsymbol{H}_{(B)}(\boldsymbol{G})$. Die Funktion $g(z)$ mit dem minimalen Abstand $\|f-g\|_1$ ist nach Satz X 9:

$$g(z)=\frac{1}{\sqrt{\pi}}\sum_{\nu=1}^\infty \frac{2^\nu}{\nu^{\frac12}(1+4^\nu\lambda)}\cdot z^{\nu-1},$$

und für $\varDelta=\|f-g\|_1$ haben wir

$$\varDelta^2=\|f-g\|_1^2=\lambda^2\sum_{\nu=1}^\infty \frac{16^\nu}{\nu^2(1+4^\nu\lambda)^2}\,.$$

Wir wollen jetzt zeigen, daß man die Extremalfunktion der Aufgabe A auch als Lösung einer Integralgleichung gewinnen kann. Es gilt nämlich

Satz X 10

Ist g *die Lösung der Extremalaufgabe* A, *so genügt die Funktion* $h=f-g$ *der inhomogenen Integralgleichung*

$$f(z)=h(z)+\frac{1}{\lambda}\iint\limits_{G_1}K_{(B)}(z,\bar u)\,h(u)\,d\tau_u=h(z)+\frac{1}{\lambda}\,\mathfrak{T}_{(B)}\,h(z)\,. \tag{55}$$

Diese Integralgleichung ist von Typ (II 64). Man muß nur λ durch $-\lambda^{-1}$ ersetzen. Nach Satz II 22 lautet die Lösung[1]

$$h(z) = f(z) - \sum_{i=1}^{\infty} \frac{\mu_i}{\lambda + \mu_i} (f, \chi_i) \, \chi_i(z).$$

Andererseits ist nach (54):

$$g(z) = \sum_{i=1}^{\infty} \frac{a_i}{1 + \varkappa_i \lambda} \chi_i(z) = \sum_{1}^{\infty} \frac{\mu_i (f, \chi_i)}{\lambda + \mu_i} \chi_i(z).$$

Es ist also tatsächlich $h = f - g$.

Man kommt zu einer anderen bemerkenswerten Darstellung der Funktion $g(z)$, wenn man den „lösenden Kern"

$$k^*(z, \bar{u}; \lambda) = \sum_{\nu=1}^{\infty} \frac{\chi_\nu(z) \, \overline{\chi_\nu(u)}}{1 + \lambda \varkappa_\nu} \tag{56}$$

der Integralgleichung (55) einführt. Es gilt dann wegen der Orthogonalitätseigenschaften der Funktionen $\chi_\nu(z)$:

$$\iint\limits_{G_1} k^*(z, \bar{u}; \lambda) \, f(u) \, d\tau_u = \iint\limits_{G_1} \sum_{\nu=1}^{\infty} \frac{\chi_\nu(z) \, \overline{\chi_\nu(u)}}{1 + \lambda \varkappa_\nu} \cdot \sum_{\mu=1}^{\infty} \chi_\mu(u) \, d\tau_u$$

$$= \sum_{\nu=1}^{\infty} \frac{a_\nu}{1 + \lambda \varkappa_\nu} \chi_\nu(z) = g(z).$$

Wir haben also

$$g(z) = \iint\limits_{G_1} k^*(z, \bar{u}; \lambda) \, f(u) \, d\tau_u,$$

$$h(z) = f(z) - \iint\limits_{G_1} k^*(z, \bar{u}; \lambda) \, f(u) \, d\tau_u.$$

§ 8. Eigenschaften der Transformation $\mathfrak{T}_{(B)} f$

Wir wollen die Lösung der Extremalaufgabe A benutzen, um eine bemerkenswerte Eigenschaft der Integraltransformation

$$\mathfrak{T}_{(B)} f(z) = \iint\limits_{G_1} K_{(B)}(z, \bar{u}) \, f(u) \, d\tau_u$$

abzuleiten. Wir beginnen mit einer Bemerkung, die ohne die Ergebnisse von § 7 begründet werden kann.

Satz X 11

Ist $f(z)$ eine Funktion des Raumes $\boldsymbol{H}_{(B)}(\boldsymbol{G}_1)$, so gehört

$$\mathfrak{T}_{(B)} f(z) = \iint\limits_{G_1} K_{(B)}(z, \bar{u}) \, f(u) \, d\tau_u \tag{57}$$

---

[1] (55) ist eine Integralgleichung des Raumes $\boldsymbol{H}_{(B)}(\boldsymbol{G}_1)$. Die (sämtlichen) Eigenfunktionen sind $\chi_\nu(z)$, die Eigenwerte μ_ν.

zu $H_{(B)}(G)$. Dabei ist G_1 ein Teilbereich von G, dessen abgeschlossene Hülle $\overline{G_1}$ zu G gehört.

Es wird in Satz X 11 also *nicht* vorausgesetzt, daß G_1 die Bedingungen erfüllt, die in Aufgabe A gestellt waren.

Da $f(z)$ als Funktion von $H_{(B)}(G_1)$ in G_1 quadratisch integrabel und die Kernfunktion $K_{(B)}(z,\bar{u})$ des Raumes $H_{(B)}(G)$ sogar auf dem Rand von G_1 noch regulär ist, existiert das Integral in (57). Wir stellen nun die Kernfunktion durch irgendein vollständiges Orthonormalsystem $\{\tau_\nu(z)\}$ des Raumes $H_{(B)}(G)$ dar und erhalten dann für $\mathfrak{T}_{(B)}\,f(z)$:

$$\mathfrak{T}_{(B)}\,f(z) = \iint\limits_{G_1} \sum_1^\infty \tau_\nu(z)\,\overline{\tau_\nu(u)}\,f(u)\,d\tau_u = \sum_1^\infty c_\nu\,\tau_\nu(z)$$

mit

$$c_\nu = \iint\limits_{G_1} f(u)\,\overline{\tau_\nu(u)}\,d\tau_u .$$

Nach der Schwarzschen Ungleichung ist nun

$$\sum_1^\infty |c_\nu|^2 \le \|f\|_1^2 \cdot \sum_1^\infty \|\tau_\nu(u)\|_1^2 = \|f\|_1^2 \cdot \iint\limits_{G_1} K_{(B)}(u,\bar{u})\,d\tau_u .$$

$\sum |c_\nu|^2$ konvergiert also, und danach gehört $\mathfrak{T}\,f(z)$ zu $H_{(B)}(G)$. Offenbar gibt es zu diesem Satz ein Analogon für die Transformation $\mathfrak{T}_S\,f$:

Satz X 11a

Ist $f(z)$ eine Funktion des Raumes $H_S(G_1)$, so gehört

$$\mathfrak{T}_S\,f(z) = \int\limits_{g^{(1)}} K_S(z,\bar{u})\,f(u)\,ds_u$$

zum Raum $H_S(G)$.

Für die folgenden Aussagen sei vorausgesetzt, daß *der Teilbereich G_1 von G die in der Aufgabe A (§ 7) genannten Eigenschaften habe.* Dann existiert in G das doppelt orthogonale und *doppelt vollständige* System $\{\varphi_\nu(z)\}$, das mit dem System $\{\chi_\nu(z)\}$ durch die Relation (39) zusammenhängt. Schreiben wir eine beliebige Funktion $f(z)\in H_{(B)}(G_1)$ in der Form

$$f(z) = \sum_{\nu=1}^\infty a_\nu\,\chi_\nu(z), \qquad \sum_{\nu=1}^\infty |a_\nu|^2 < \infty .$$

Für $\mathfrak{T}\,f(z)$ haben wir dann nach (14) und (39):

$$\mathfrak{T}\,f(z) = \sum_{\nu=1}^\infty \frac{a_\nu}{\varkappa_\nu}\,\chi_\nu(z) .$$

Diese Schreibweise läßt eine bequeme Darstellung der Iterationen von $\mathfrak{T}$ zu:

$$\mathfrak{T}^j\,f(z) = \sum_{\nu=1}^\infty \frac{a_\nu}{\varkappa_\nu^j}\,\chi_\nu(z) . \tag{58}$$

Man kann (58) benutzen, um den Operator $\mathfrak{T}^j$ für beliebige reelle Zahlen j zu definieren. Da $\varkappa_\nu$ über alle Grenzen wächst, konvergiert $\sum\limits_{\nu=1}^{\infty} |a_\nu|^2\, \varkappa_\nu^{-2j}$ für alle positiven Zahlen j.

Wir haben bisher keinen Gebrauch gemacht von den speziellen Eigenschaften unseres Operators $\mathfrak{T}$. Tatsächlich besteht die Möglichkeit der Iteration nach (58) für alle vollstetigen Operatoren eines Hilbertschen Raumes.

Ist $\mathfrak{T}$ ein vollstetiger Operator eines Hilbertschen Raumes $\boldsymbol{H}$ mit den Eigenvektoren y_ν und den Eigenwerten μ_ν, so ist auch der durch

$$\mathfrak{T}^j h = \mathfrak{T}^j \sum_1^{\infty} a_\nu\, y_\nu = \sum_{\nu=1}^{\infty} a_\nu\, \mu_\nu^j\, y_\nu \qquad (j>0,\ h \in \boldsymbol{H})$$

definierte Operator vollstetig. Für beliebige positive Zahlen j und k gilt

$$\mathfrak{T}^{j+k} h = \mathfrak{T}^j (\mathfrak{T}^k h)\,.$$

Der Beweis dieses Satzes ergibt sich sofort aus Satz II 21 unter Beachtung der Tatsache, daß μ_ν eine Nullfolge ist.

Für unseren durch (57) definierten Operator $\mathfrak{T}_{(B)} f(z)$ gilt nun insbesondere:

Satz X 12

Für alle Zahlen $\lambda \geq \frac{1}{2}$ gehört $\mathfrak{T}_{(B)}^{\lambda} f(z)$ nicht nur zum Raum $\boldsymbol{H}_{(B)}(\boldsymbol{G}_1)$, sondern auch zum Raum $\boldsymbol{H}_{(B)}(\boldsymbol{G})$.

Es ist nämlich wegen (39):

$$\mathfrak{T}_{(B)}^{\lambda} f(z) = \sum_{n=1}^{\infty} \frac{a_n}{\varkappa_n^{\lambda}}\, \chi_n(z) = \sum_{n=1}^{\infty} \frac{a_n}{\varkappa_n^{\lambda-\frac{1}{2}}}\, \varphi_n(z)\,. \tag{59}$$

$\sum\limits_{n=1}^{\infty} |a_n|^2$ konvergiert, und wegen $\varkappa_n \to \infty$ ist dann auch $\sum\limits_{n=1}^{\infty} |a_n\, \varkappa_n^{\frac{1}{2}-\lambda}| < \infty$ für $\lambda \geq \frac{1}{2}$. Insbesondere gehört also auch das durch den Wurzeloperator $\mathfrak{T}^{\frac{1}{2}}$ gewonnene Bild von $f(z)$ zu $\boldsymbol{H}_{(B)}(\boldsymbol{G})$. Die in Satz X 12 angegebene Schranke für λ kann offenbar nicht verbessert werden. Ist $\lambda < \frac{1}{2}$, so gibt es gewiß Folgen a_n, für die $\sum\limits_{n=1}^{\infty} |a_n|^2$ konvergiert, $\sum\limits_{n=1}^{\infty} |a_n\, \varkappa_n^{\frac{1}{2}-\lambda}|^2$ aber nicht.

Wir wollen jetzt noch einen Satz beweisen, der sich auf die „Funktionen von bester Approximation" (im Sinne der Aufgabe A von § 7) bezieht. Wir wollen eine Funktion $g(z) \in \boldsymbol{H}_{(B)}(\boldsymbol{G})$ als eine *Funktion von bester Approximation (in bezug auf $\boldsymbol{G}_1 \subset \boldsymbol{G}$)* bezeichnen, wenn für eine gewisse Funktion $f(z) \in \boldsymbol{H}_{(B)}(\boldsymbol{G}_1)$, die nicht auch zum Raum $\boldsymbol{H}_{(B)}(\boldsymbol{G})$ gehört, die Norm $\|f-g\|_1$ zum Minimum wird unter allen Funktionen von $\boldsymbol{H}_{(B)}(\boldsymbol{G})$, für die $\|g\| \leq M^2$ ist.

Für diese Funktionen gilt nun der von DAVIES bewiesene

Satz X 13

Eine Funktion $g(z) \in \boldsymbol{H}_{(B)}(\boldsymbol{G})$ ist dann und nur dann eine Funktion von bester Approximation für den Bereich $\boldsymbol{G_1} < \boldsymbol{G}$, wenn für ein gewisses $h \in \boldsymbol{H}_{(B)}(\boldsymbol{G_1})$

$$g(z) = \mathfrak{T}_{(B)} h(z) = \iint\limits_{G_1} K_{(B)}(z, \bar{u}) h(u) \, d\tau_u$$

gilt.

Nehmen wir zuerst an, daß $g(z)$ eine Funktion bester Approximation sei für die Funktion $f(z) \in \boldsymbol{H}_{(B)}(\boldsymbol{G_1})$. Dann haben wir nach § 7:

$$g(z) = \sum_{\nu=1}^{\infty} \frac{a_\nu}{1 + \varkappa_\nu \lambda} \chi_\nu(z) = \sum_{\nu=1}^{\infty} \frac{d_\nu}{\varkappa_\nu} \chi_\nu(z). \tag{60}$$

Dabei ist

$$|d_\nu|^2 = \left| \frac{a_\nu \varkappa_\nu}{1 + \varkappa_\nu \lambda} \right|^2 < \frac{1}{\lambda^2} |a_\nu|^2.$$

Wir haben also $\sum\limits_{\nu=1}^{\infty} |d_\nu|^2 < \infty$. $h(z) = \sum\limits_{\nu=1}^{\infty} d_\nu \chi_\nu(z)$ gehört danach zu $\boldsymbol{H}_{(B)}(\boldsymbol{G_1})$, und nach (60) und (58) haben wir $g(z) = \mathfrak{T}_{(B)} h(z)$.

Ist umgekehrt

$$g(z) = \mathfrak{T}_{(B)} h(z) = \sum_{\nu=1}^{\infty} \frac{a_\nu}{\varkappa_\nu} \chi_\nu(z) \qquad \left(\sum_{\nu=1}^{\infty} |a_\nu|^2 < \infty \right)$$

vorausgesetzt, so setzen wir

$$a_\nu^* = \frac{a_\nu}{\varkappa_\nu} (1 + \lambda \varkappa_\nu).$$

Dann ist

$$g(z) = \sum_{\nu=1}^{\infty} \frac{a_\nu^*}{1 + \lambda \varkappa_\nu} \chi_\nu(z) = \sum_{\nu=1}^{\infty} \frac{a_\nu^* \sqrt{\varkappa_\nu}}{1 + \lambda \varkappa_\nu} \varphi_\nu(z)$$

nach Satz X 9 Funktion bester Approximation für

$$f(z) = \sum_{\nu=1}^{\infty} a_\nu^* \chi_\nu(z).$$

Dabei ist freilich vorausgesetzt, daß $\sum\limits_{\nu=1}^{\infty} |a_\nu^*|^2 < \infty$. Das folgt aber leicht aus der entsprechenden Voraussetzung für a_ν. Es ist doch wegen $\varkappa_\nu \to \infty$ für genügend großes ν:

$$|a_\nu^*|^2 = |a_\nu|^2 \left(\frac{1 + \lambda \varkappa_\nu}{\varkappa_\nu} \right)^2 < (1 + \lambda)^2 |a_\nu|^2.$$

BERGMAN [4].
DAVIES.
HUMMEL.
NEHARI [9].

Elftes Kapitel

Hilbertsche Räume
aus Lösungen elliptischer Differentialgleichungen

Im vierten Kapitel wurde die Existenz eines reproduzierenden Kerns für den Hilbertschen Raum der Lösungsfunktionen der Potentialgleichung $\Delta u = 0$ und der Differentialgleichung (IV 28) in einem Bereich[1] G nachgewiesen. Wir wollen uns jetzt eingehender mit dem Raum H_c der Lösungen von (IV 28′) beschäftigen; insbesondere soll der Zusammenhang der klassischen Gebietsfunktionen aus der Theorie der partiellen Differentialgleichungen mit der Kernfunktion hergestellt werden. Wir setzen dabei nur die Existenz der Greenschen und der Neumannschen Funktion für die Lösungen von $\Delta u = 0$ als bekannt voraus. Die Existenz der entsprechenden Funktionen für die Gl. (IV 28′) werden wir beweisen.

§ 1. Definition eines inneren Produktes

Wir schreiben die uns interessierende Gl. (IV 28′) in der Form

$$\frac{\partial^2 u}{\partial x^2} + \frac{\partial^2 u}{\partial y^2} = \Delta u = c(x,y) \cdot u(x,y), \qquad c(x,y) > 0, \tag{1}$$

und erklären das innere Produkt zwischen zwei Lösungen dieser Gleichung in G durch (vgl. (IV 29′)):

$$(u,v) = \iint\limits_{G} (u_x v_x + u_y v_y + c \cdot u \cdot v)\, dx\, dy. \tag{2}$$

Nach der ersten Greenschen Formel (IV 2) kann man — wenn die Funktionen auf dem Rand noch regulär sind — dafür auch schreiben

$$(u,v) = -\int\limits_{g} u\, \frac{\partial v}{\partial n}\, ds. \tag{2′}$$

Dabei bedeutet *hier* n die *nach innen* zeigende Normale.

Wir brauchen im folgenden eine Definition des inneren Produktes für solche Funktionen[2] $S(x,y;\xi,\eta) = S(P;Q)$, die für $P = Q$ logarithmische Singularitäten aufweisen. Es sei[3] $k(r)$ ein ganz im Innern von G gelegener Kreis um den Punkt Q mit dem Radius r. Dann erklären wir das innere Produkt einer regulären Lösung u mit einer singulären Lösung S durch

$$(u,S) = (S,u) = \lim_{r \to 0} \iint\limits_{G-K(r)} (u_x S_x + u_y S_y + c \cdot u \cdot S)\, dx\, dy. \tag{3}$$

---

[1] Es gilt auch hier die in der Einleitung von Kap. IV getroffene Verabredung über den Bereich G.

[2] P ist dabei der Punkt mit den Koordinaten x, y und Q der mit den Koordinaten ξ, η.

[3] $K(r)$ ist die durch den Kreis $k(r)$ gegebene Kreisscheibe.

Nach der Greenschen Formel (IV 2) wird daraus (immer unter der Voraussetzung, daß die Randintegrale existieren)

$$(u, S) = \lim_{r \to 0} \left[- \int_{g} u \frac{\partial S}{\partial n} \, ds + \int_{k(r)} u \frac{\partial S}{\partial n} \, ds \right].$$

Nehmen wir jetzt an, daß $S(P, Q) + (2\pi)^{-1} \ln r$ in der Umgebung von Q differenzierbar sei. Dann ist doch

$$\lim_{r \to 0} \int_{k(r)} u \frac{\partial S}{\partial n} \, ds = u(Q) \int_{0}^{2\pi} \frac{r \, d\varphi}{2\pi r} = u(Q).$$

Daraus folgt

$$(u, S(P, Q)) = - \int_{g} u \frac{\partial S}{\partial n} \, ds + u(Q). \tag{4}$$

Entsprechend ist

$$(S(P, Q), u) = - \int_{g} S \frac{\partial u}{\partial n} \, ds + \lim_{r \to 0} \int_{0}^{2\pi} r \ln r \frac{\partial u}{\partial n} \, d\varphi,$$

also

$$(S(P, Q), u(P)) = - \int_{g} S \frac{\partial u}{\partial n} \, ds. \tag{4'}$$

Durch Subtraktion von (4) und (4') erhält man schließlich wegen (3)[1]:

$$u(Q) = \int_{g} \left(u(P) \frac{\partial S(P, Q)}{\partial n_P} \, ds_P - S(P, Q) \frac{\partial u(P)}{\partial n_P} \, ds_P \right). \tag{5}$$

§ 2. Hilfssätze

Zur Ableitung wichtiger Existenzaussagen brauchen wir einige Hilfssätze.

Hilfssatz 1:

Wenn eine Lösung $u(P)$ der Gl. (1) auf g nicht negativ ist, so ist die Funktion auch in G nicht negativ.

Nehmen wir an, $u(P)$ habe im Innern von G ein Minimum für $P = P_0$. Dann ist dort

$$u_x = u_y = 0, \quad u_{xx} \geqq 0, \quad u_{yy} \geqq 0.$$

Danach ist

$$\Delta u = c \cdot u \geqq 0.$$

---

[1] Der Index P bei n_P bedeutet, daß P für diese Differentiation als Veränderliche gilt.

Wegen $c \geqq 0$ ist also auch $u \geqq 0$: Das Minimum ist daher nicht negativ. Natürlich kann man auch ebenso umgekehrt beweisen:

Ist $u(P)$ auf g nicht positiv, so ist $u(P)$ auch nicht positiv im Innern.

Aus beiden Sätzen zusammen folgt:

Hilfssatz 2:

Ist eine Lösung $u(P)$ auf dem Rand g identisch Null, so ist sie auch im Innern identisch Null.

Hilfssatz 3:

Es sei $v(P) = v(x, y)$ eine in $G + g$ zweimal stetig differenzierbare Funktion und

$$\Phi(Q) = -\iint_G G(P, Q)\, v(P)\, d\tau_P, \tag{6}$$

$$\Psi(Q) = -\iint_G H(P, Q)\, v(P)\, d\tau_P. \tag{7}$$

Dann gilt

$$\Delta \Phi(Q) = \Delta \Psi(Q) = v(Q). \tag{8}$$

Dabei sind $G(P, Q) = G(x, y; \xi, \eta)$ und $H(P, Q) = H(x, y; \xi, \eta)$ die schon in §IV 6 eingeführten, nach GREEN bzw. NEUMANN benannten Funktionen. Wir übergehen den Beweis von Hilfssatz 3: Die Ableitung von (8) erfolgt unter Benutzung der Greenschen Formel ähnlich wie die von (4).

Wir müssen aber noch zwei Feststellungen über das Randverhalten der Funktionen $\Phi(Q)$ und $\Psi(Q)$ notieren. Nach (6) und (7) gilt

$$\Phi(Q) = 0, \qquad \frac{\partial \Psi(Q)}{\partial n} = -\frac{1}{L} \iint_G v(P)\, d\tau_P \tag{9}$$

für $Q \in g$. Dabei ist L die Länge des Randes g von G.

§ 3. Randwertprobleme

Es ist bekannt, daß es für jede auf dem Rand g von G vorgegebene stetige reelle Funktion $u(P)$ eine Potentialfunktion gibt, die diese Randwerte annimmt[1]. Wir wollen jetzt prüfen, ob das Entsprechende auch für die Lösungen der Differentialgleichung (1) gilt.

Nehmen wir an, es gäbe eine solche Funktion $u(P)$. Dann würde

$$\Phi(Q) = -\iint_G c(P)\, G(P, Q)\, u(P)\, d\tau_P \tag{10}$$

auf dem Rand verschwinden, und im Innern hätten wir nach (8):

$$\Delta \Phi(Q) = c(Q) \cdot u(Q). \tag{11}$$

---

[1] Siehe z.B. NEHARI [8], außerdem § VIII 3.

Die Funktion $v(Q) = u(Q) - \Phi(Q)$ ist dann eine Potentialfunktion: Nach (1) und (11) gilt doch $\Delta v = 0$. Für $u(Q)$ haben wir damit die Darstellung

$$u(Q) = v(Q) - \iint\limits_{G} c(P)\, G(P,\,Q)\, u(P)\, d\tau_P. \tag{12}$$

Dabei ist $v(Q)$ (wegen $G(P,\,Q) = G(Q,\,P) = 0$ für $Q \in \mathbf{g}$) eine Potentialfunktion, die auf $\mathbf{g}$ dieselben Randwerte hat wie $u(Q)$.

Da man die Randwertaufgabe für Potentialfunktionen lösen kann, darf man (12) als eine Integralgleichung zur Bestimmung von $u(P)$ ansehen. Bekanntlich[1] ist (12) genau dann lösbar, wenn die entsprechende homogene Gleichung

$$u(Q) = - \iint\limits_{G} c(P)\, G(P,\,Q)\, u(P)\, d\tau_P \tag{13}$$

nur die triviale Lösung $u \equiv 0$ zuläßt. Fragen wir also, ob es eine nicht identisch verschwindende Lösung von (13) gibt. Eine solche Funktion würde nach (8) der Differentialgleichung $\Delta u(Q) = c(Q) \cdot u(Q)$ genügen und (nach (9)) auf dem Rand $\mathbf{g}$ identisch verschwinden. Nach Hilfssatz 2 verschwinden solche Funktionen aber identisch. Damit ist gezeigt, daß (12) tatsächlich eine Lösung hat.

Das heißt aber: Es gibt genau eine Lösung $u(P)$ der Differentialgleichung (1), die auf dem Rand $\mathbf{g}$ des Bereiches G stetig vorgegebene Randwerte annimmt.

Man kann auch eine Lösung von (1) finden, für die die Ableitung $\partial u/\partial n$ auf dem Rand vorgegebene Werte annimmt. Diese Tatsache kann man ebenfalls leicht aus der Lösbarkeit der entsprechenden Randwertaufgabe für Potentialfunktionen ableiten. Nehmen wir zunächst an, daß es eine solche Funktion $u(P)$ gebe. Dann genügt nach (8)

$$\Psi(Q) = - \iint\limits_{G} H(P,\,Q)\, c(P)\, u(P)\, d\tau_P$$

der Differentialgleichung $\Delta \Psi = c \cdot u$, und auf dem Rand $\mathbf{g}$ von G haben wir $\partial \Psi/\partial n = \mathrm{const}$. Danach ist $v = u - \Psi$ eine harmonische Funktion mit einer Normalableitung, die sich von den vorgeschriebenen Werten für $\partial u/\partial n$ nur um eine additive Konstante unterscheidet. Diese Funktion kann als bekannt angesehen werden, und wir haben damit für $u(P)$ die Integralgleichung

$$u(Q) = v(Q) - \iint\limits_{G} H(P,\,Q)\, c(P)\, u(P)\, d\tau_P. \tag{14}$$

Auch hier kann man zeigen, daß diese Gleichung genau eine Lösung hat. Die „zweite Randwertaufgabe" ist also für unsere Differentialgleichung (1) stets lösbar.

---

[1] Siehe dazu z. B. SCHMEIDLER [1]. Man kann diesen Satz aus Satz II 22 für vollstetige Operatoren herleiten.

Betrachten wir jetzt die inhomogene Gleichung

$$\Delta w(P) = c(P)\,w(P) + f(P)\,. \tag{15}$$

$f(P)$ soll zweimal stetig differenzierbar sein in G mit Ausnahme von endlich vielen Stellen, in denen logarithmische Singularitäten zugelassen sind. Die Randwerte von $w(P)$ seien stetig vorgegeben, und $v(P)$ sei die Potentialfunktion mit den gleichen Randwerten.

Aus (8) erkennt man sofort, daß die Lösungen der Integralgleichung

$$w(Q) = v(Q) - \iint\limits_{G} G(P,\,Q)\,f(P)\,d\tau_P - \iint\limits_{G} G(P,\,Q)\,c(P)\,w(P)\,d\tau_P \tag{16}$$

der Differentialgleichung (15) genügen. (16) hat wieder genau eine Lösung, weil die entsprechende homogene Gleichung nur die triviale Lösung zuläßt. Daraus folgt, daß auch für die Differentialgleichung (15) die Randwertaufgabe lösbar ist.

§ 4. Fundamentale Singularitäten

Wir wollen jetzt nach solchen Lösungen der Differentialgleichung (1) fragen, die an einer gewissen Stelle Q logarithmisch unendlich werden. Dazu gehen wir aus von der Gleichung

$$\Delta u = c \cdot u + \frac{1}{2\pi}\,c \cdot \ln\frac{1}{r}\,. \tag{17}$$

Dabei ist $r = \overline{PQ}$, und Q ein in G fest gewählter Punkt. Diese Gl. (17) ist offenbar ein Spezialfall von (15). Wir wissen deshalb, daß sie lösbar ist. Es sei $u(P) = s(P,\,Q)$ eine solche (in Q zweimal stetig differenzierbare) Lösung. Dann definieren wir

$$S(P,\,Q) = \frac{1}{2\pi}\,\ln r + s(P,\,Q)\,. \tag{18}$$

Für diese Funktion $S(P,\,Q)$ gilt dann nach (17)

$$\Delta S(P,\,Q) = \Delta\left(\frac{1}{2\pi}\,\ln\frac{1}{r}\right) + c \cdot s + \left(\frac{c}{2\pi}\,\ln r\right) = 0 + c \cdot S\,.$$

$S(P,\,Q)$ ist danach eine Lösung von (1), die bei Q eine logarithmische Singularität aufweist. Solche Funktionen wollen wir als *fundamentale Singularitäten* bezeichnen. Es sei nun $\gamma(P,\,Q)$ eine in G überall reguläre Lösung von (1), die auf dem Rand dieselben Werte annimmt wie $-S(P,\,Q)$. Nach den Überlegungen von §3 gibt es eine solche Lösung von (1). Sie kann als Lösung einer inhomogenen Integralgleichung ermittelt werden. Die Funktion

$$G_c(P,\,Q) = S(P,\,Q) + \gamma(P,\,Q) \tag{19}$$

hat dann die folgenden Eigenschaften:

a) Sie ist eine Lösung der Gl. (1).

b) Sie hat bei $P = Q$ eine logarithmische Singularität:

$$G_c(P,\, Q) + \frac{1}{2\pi} \ln r \qquad (r = \overline{PQ})$$

ist überall in G differenzierbar.

c) Sie verschwindet, wenn P auf g liegt.

Wir wollen diese Funktion als die *zur Gl.* (1) *gehörende Greensche Funktion des Bereiches* G bezeichnen[1]. Sie ist — cbcnso wie die zur Gleichung $\Delta u = 0$ gehörige Greensche Funktion $G(P,\, Q)$ — symmetrisch:

$$G_c(P,\, Q) = G_c(Q,\, P). \tag{20}$$

Zum Beweis dieser Beziehung gehen wir von einer Gleichung für zwei verschiedene Singularitäten $S(P,\, Q)$ und $T(P,\, Q)$ aus, die ebenso wie (5) mit Hilfe der Greenschen Formel abgeleitet werden kann:

$$S(R,\, Q) - T(Q,\, R) = \int\limits_{g} \left[S(P,\, Q)\, \frac{\partial T(P,\, R)}{\partial n_P} - T(P,\, R)\, \frac{\partial S(P,\, Q)}{\partial n_P} \right] ds_P. \tag{21}$$

Ist speziell

$$S(P,\, Q) = G_c(P,\, Q), \qquad T(P,\, R) = G_c(P,\, R),$$

so folgt aus (21)

$$G_c(R,\, Q) - G_c(Q,\, R) = 0,$$

da G_c auf dem Rand verschwindet.

Aus (3), (4) und (4') folgt nun (für $S = G_c$) eine Darstellung für alle auf dem Rand noch stetigen Lösungen von (1):

$$u(Q) = \int\limits_{g} u(P)\, \frac{\partial G_c(P,\, Q)}{\partial n_P}\, ds_P. \tag{22}$$

Diese wichtige Formel gestattet, mit Hilfe der Greenschen Funktion, die Werte von $u(Q)$ im Innern durch die Werte auf dem Rande auszudrücken. Das Entsprechende leistet ja auch die Greensche Funktion der Potentialgleichung $\Delta v = 0$.

Aber auch für die aus der Potentialtheorie bekannte Neumannsche Funktion $H(P,\, Q)$ existiert ein Analogon $H_c(P,\, Q)$ unter den Lösungen der Gl. (1). Um das einzusehen, gehen wir wieder von einer fundamentalen Singularität $S(P,\, Q)$ aus. Es sei $\delta(P,\, Q)$ die zweimal stetig differenzierbare Lösung von (1), die auf dem Rand g von G die Normalableitung $-\dfrac{\partial S(P,\, Q)}{\partial n}$ hat. Dann ist

$$H_c(P,\, Q) = S(P,\, Q) + \delta(P,\, Q) \tag{23}$$

---

[1] $G(P,\, Q)$ ist ein Spezialfall der in § IV 3 eingeführten Funktion $g(P,\, Q)$.

eine Lösung von (1) mit den folgenden Eigenschaften:

a) Sie ist überall zweimal stetig differenzierbar in G außer im Punkte Q. Dort verhält sie sich wie $S(P, Q)$.

b) Die Normalableitung von $H_c(P, Q)$ verschwindet auf g. Wir nennen diese Funktion die *Neumannsche Funktion des Bereiches G für die Differentialgleichung* (1).

Wie bei der Greenschen Funktion kann man auch für $H_c(P, Q)$ die Symmetrie nachweisen:

$$H_c(P, Q) = H_c(Q, P).\tag{24}$$

Nach (5) gilt für jede auf dem Rand von G stetige Lösung der Gl. (1) die Darstellung

$$v(Q) = -\int_g H_c(P, Q)\,\frac{\partial v}{\partial n_P}\,ds_P.\tag{25}$$

§ 5. Die Kernfunktion

Wir definieren nun — ähnlich wie im Raum H_h (vgl. § IV 6) — eine Kernfunktion als Differenz von Neumannscher und Greenscher Funktion:

$$K_c(P, Q) = H_c(P, Q) - G_c(P, Q).\tag{26}$$

$K_c(P, Q)$ ist (als Funktion von P) eine Lösung der Differentialgleichung (1), die keinerlei Singularitäten aufweist. Da ja $G_c(P, Q)$ auf dem Rand g verschwindet, haben wir nach (25):

$$v(Q) = -\int_g K_c(P, Q)\,\frac{\partial v}{\partial n_P}\,ds_P.\tag{27}$$

Nach (2') können wir diese Beziehung auch als inneres Produkt schreiben:

$$v(Q) = \big(K_c(P, Q),\, v(P)\big).\tag{28}$$

Wegen $\big(K_c(P, Q),\, v(P)\big) = \big(v(P),\, K_c(P, Q)\big)$ haben wir aber auch

$$v(Q) = -\int_g v(P)\,\frac{\partial K_c(P, Q)}{\partial n_P}\,ds_P.\tag{29}$$

Die durch (26) erklärte Funktion $K_c(P, Q)$ hat also die reproduzierende Eigenschaft für die Klasse K aller Funktionen des Bereiches G, die die Gl. (1) lösen und außerdem auf dem Rand g von G noch stetig sind. Diese Klasse K kann man zu einem Hilbertschen Raum ergänzen.

Um das zu zeigen, betrachten wir eine Cauchy-Folge von Funktionen der Klasse K. Wegen der reproduzierenden Eigenschaft (28) der Funktion $K_c(P, Q)$ haben wir für eine solche Folge $\{u_n\}$:

$$|u_n(Q) - u_m(Q)| = |(u_n(P) - u_m(P),\, K_c(P, Q))| \leqq \|u_n - u_m\| \cdot \|K_c\|.$$

Wählt man die Nummern n und m so groß, daß $\|u_n - u_m\| < \varepsilon \cdot \|K_c\|^{-1}$ ist, so gilt $|u_n(Q) - u_m(Q)| < \varepsilon$. Für jedes $Q \in G$ ist also $\{u_n(Q)\}$ konvergent gegen einen Grenzwert $u(Q)$. Wir wollen zeigen, daß auch diese Grenzfunktion die Gl. (1) löst. Dazu formen wir die Gl. (5) so um, daß das Integral über den Rand durch ein Integral über einen im Innern gelegenen Kreis ersetzt wird. Es sei $k(r)$ wieder ein ganz in G gelegener Kreis vom Radius r um den Punkt Q und $S(P, Q)$ irgendeine fundamentale Singularität der Gl. (1). Wendet man die Greensche Formel auf das Integral[1]

$$J_{G-K(r)} = \iint_{G-K(r)} (u_x\, S_x + u_y\, S_y + c \cdot u \cdot S)\, dx\, dy$$

an, so bekommt man für die auf dem Rand stetige Lösungsfunktion $u(P)$:

$$J_{G-K(r)} = -\int_g u\, \frac{\partial S}{\partial n}\, ds + \int_{k(r)} u\, \frac{\partial S}{\partial n}\, ds$$

und

$$J_{G-K(r)} = -\int_g S\, \frac{\partial u}{\partial n}\, ds + \int_{k(r)} S\, \frac{\partial u}{\partial n}\, ds.$$

Wir bilden die Differenz dieser beiden Darstellungen und erhalten daraus wegen (5):

$$u(Q) = \int_{k(r)} \left(u(P)\, \frac{\partial S(P, Q)}{\partial n_P}\, ds_P - S(P, Q)\, \frac{\partial u(P)}{\partial n_P}\, ds_P \right). \tag{30}$$

Diese Darstellung (30) gilt für alle Funktionen $u_n(P)$ unserer Cauchy-Folge. Nun erkennt man aber leicht, daß u_n auf dem Kreis $k(r)$ *gleichmäßig* gegen die Grenzfunktion $u(P)$ konvergiert. Daraus folgt, daß die Formel (30) auch für die Grenzfunktion $u(P)$ gilt. Wir haben nur noch zu zeigen, daß *jede* durch (30) dargestellte Funktion $u(z)$ (für $S(P, Q) = G_c(P, Q)$) auch Lösung der Gl. (1) ist.

Dazu wenden wir den Operator Δ auf $u(Q)$ an; wir erhalten so

$$\Delta_Q u(Q) = \int_{k(r)} \left[u(P)\, \Delta_Q \left(\frac{\partial G_c(P, Q)}{\partial n_P} \right) ds_P - \Delta_Q G_c(P, Q)\, \frac{\partial u}{\partial n_P}\, ds_P \right]. \tag{31}$$

Nach (20) und (1) ist aber

$$\Delta_Q G_c(P, Q) = \Delta_Q G_c(Q, P) = q(Q)\, G_c(Q, P) = q(Q) \cdot G_c(P, Q).$$

Deshalb wird aus (31) nach (30)

$$\Delta_Q u(Q) = \int_{k(r)} \left[u(P)\, q(Q)\, \frac{\partial G_c(P, Q)}{\partial n_P}\, ds_P - q(Q)\, G_c(P, Q)\, \frac{\partial u}{\partial n_P}\, ds_P \right]$$

$$= q(Q) \cdot u(Q).$$

$u(Q)$ genügt also der Gl. (1).

---

[1] $K(r)$ ist die durch $k(r)$ gegebene Kreisscheibe.

Damit ist gezeigt:

Satz XI 1

Die Menge der Lösungsfunktionen der Differentialgleichung (1), *für die das Integral*

$$(u, u) = \|u\|^2 = \iint\limits_{G} (u_x^2 + u_y^2 + c\, u^2)\, dx\, dy$$

existiert, bildet einen Hilbertschen Raum H_c mit dem inneren Produkt (2).

Bereits im Kapitel II wurde gezeigt, daß $u(x, y)$ ein beschränktes Funktional ist; der Raum H_c hat also nach Satz III einen reproduzierenden Kern.

Wir haben herausgefunden, daß die durch (26) definierte Funktion $K_c(P, Q)$ die reproduzierende Eigenschaft hat für alle die Lösungsfunktionen von (1), die auf dem Rand noch stetig sind. Daraus kann man aber wie beim Beweis von Satz IV 6 schließen, daß $K_c(P, Q)$ die reproduzierende Eigenschaft hat für *alle* Funktionen des Raumes H_c. Zum Nachweis dieser Tatsache braucht man nur die Existenz eines vollständigen Orthonormalsystems in H_c, dessen sämtliche Funktionen auf dem Rand noch stetig sind. Es gibt mancherlei Wege, ein solches Orthonormalsystem zu konstruieren. Einen findet man bei BERGMAN und SCHIFFER [3], S. 282.

Danach haben wir

Satz XI 2

Die durch (26) *definierte Funktion $K_c(P, Q)$ ist der reproduzierende Kern des Hilbert-Raumes H_c.*

BERGMAN [4].
BERGMAN und SCHIFFER [3].

Zwölftes Kapitel

Der reproduzierende Kern in der Theorie der Funktionen von mehreren komplexen Veränderlichen

Die Theorie der analytischen Funktionen von mehreren komplexen Veränderlichen kennt Probleme, für die es in der klassischen Funktionentheorie kein Analogon gibt. Dazu gehört z.B. die Frage nach den *Regularitätsbereichen.* Ein Gebiet G des vierdimensionalen[1] Raumes

---

[1] Wir beschränken uns der Einfachheit wegen in diesem Kapitel auf Funktionen von zwei komplexen Veränderlichen. Die Übertragung der Sätze und Beweise auf Funktionen von mehr als zwei Veränderlichen macht keine Schwierigkeiten.

mit den Koordinaten x_1, x_2, y_1, y_2 $(z_\nu = x_\nu + i\,y_\nu, \nu = 1, 2)$ heißt ein Regularitätsbereich, wenn es eine analytische[1] Funktion in z_1 und z_2 gibt, für die G Existenzbereich ist. In der komplexen Ebene ist ja jeder Bereich Existenzbereich für gewisse analytische Funktionen. Für Funktionen mit zwei komplexen Veränderlichen gilt die entsprechende Aussage nicht: Es gibt Bereiche, aus denen jede in diesem Bereich reguläre Funktion analytisch fortgesetzt werden kann.

In der klassischen Funktionentheorie gilt weiter der Riemannsche Abbildungssatz. Danach kann jeder einfach zusammenhängende Bereich mit mindestens zwei Randpunkten umkehrbar eindeutig und konform auf das Innere des Einheitskreises abgebildet werden. Auch dieser Satz kann nicht auf Funktionen von zwei komplexen Veränderlichen verallgemeinert werden. Es gibt einfach zusammenhängende Bereiche des vierdimensionalen Raumes, die man nicht durch ein Paar analytischer Funktionen

$$w_1 = f_1(z_1, z_2)$$

$$w_2 = f_2(z_1, z_2)$$

umkehrbar eindeutig auf das Innere der Kugel $|w_1|^2 + |w_2|^2 = 1$ abbilden kann.

Es ist deshalb erfreulich, daß man wenigstens die Theorie der Orthonormalsysteme und der Kernfunktionen ohne Schwierigkeiten auf Funktionen mit mehreren komplexen Veränderlichen übertragen kann. Wir zeigten schon in §IV 8, daß der Hilbert-Raum $H_{B\,(2)}$ existiert und einen reproduzierenden Kern hat. Es zeigt sich, daß diese Kernfunktion benutzt werden kann, um wichtige Aussagen über die Abbildung von Bereichen und über die Fortsetzbarkeit von Funktionen zu gewinnen.

§ 1. Definitionen und grundlegende Sätze

Im §IV 8 haben wir die durch die Ungleichungen

$$|z_1 - t_1| < R_1, \qquad |z_2 - t_2| < R_2 \tag{1}$$

charakterisierte Punktmenge als *Dizylinder* bezeichnet. Allgemein versteht man unter einem *Zylinderbereich* des (z_1, z_2)-Raumes die Gesamtheit aller Punkte (z_1, z_2), die entsteht, wenn z_ν einen Bereich G_ν der z_ν-Ebene durchläuft $(\nu = 1, 2)$.

Eine andere Verallgemeinerung des Dizylinders bilden die *Reinhardtschen Kreisbereiche*. Ein Reinhardtscher Kreisbereich (oder auch: ein Reinhardtscher Körper) mit dem Mittelpunkt (t_1, t_2) ist eine Punktmenge

---

[1] Die Definitionen werden im § 1 dieses Kapitels gegeben.

des (z_1, z_2)-Raumes, der durch sämtliche Transformationen von der Form

$$Z_\nu = (z_\nu - t_\nu)\, e^{i\vartheta_\nu} + t_\nu, \qquad \nu = 1, 2, \tag{2}$$

auf sich abgebildet wird. Dabei sind ϑ_ν $(\nu = 1, 2)$ *beliebige* reelle Parameter. Jede Ebene $z_\nu = \text{const}$ schneidet also aus einem Reinhardtschen Kreiskörper Kreisscheiben oder Kreisringe heraus. Wegen ihrer Rotationssymmetrie kann man die Reinhardtschen Kreiskörper $\boldsymbol{R}$ (mit dem Mittelpunkt $(0;\,0)$) durch ihre Projektionen $\boldsymbol{R}'$ in den ersten Quadranten $(r_1 = |z_1| \geqq 0,\ r_2 = |z_2| \geqq 0)$ der (r_1, r_2)-Ebene darstellen. Abb. 11 a—f zeigt die Projektionen einiger Reinhardtscher Körper. $\boldsymbol{R}_1'$ ist die Projektion eines Dizylinders, $\boldsymbol{R}_2'$ die der Kugel $|z_1|^2 + |z_2|^2 < 1$. Die Punkte von $\boldsymbol{R}_3'$, $\boldsymbol{R}_4'$, $\boldsymbol{R}_5'$ und $\boldsymbol{R}_6'$ sind durch die Vorschriften

$$\alpha < r_\nu < 1 \quad (\nu = 1, 2);$$

$$(r_2 < r_1 < 1) \cup (r_2 < \alpha < 1);$$

$$r_1 < r_2 < 1; \quad (r_\nu < \beta) \cup (\alpha < r_\nu < 1)$$

$$(\nu = 1, 2;\ \beta < \alpha < 1)$$

gegeben.

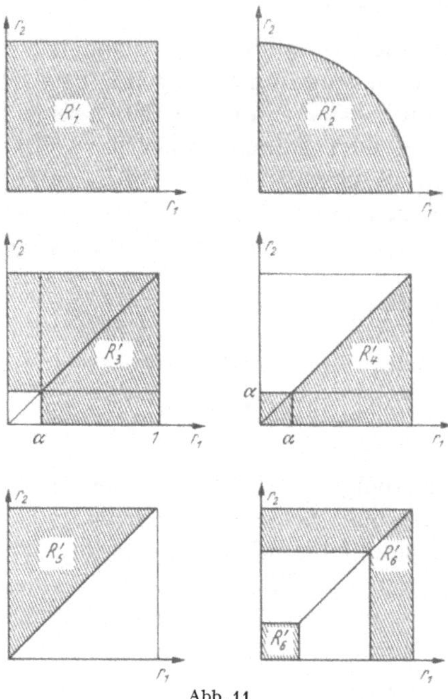

Abb. 11

Ein Reinhardtscher Körper heißt *vollkommen*, wenn jede Ebene $z_\nu = \text{const}$, die den Körper trifft, aus ihm eine volle Kreisscheibe (und nicht nur einen Kreisring) herausschneidet[1]. Offenbar sind die Körper $\boldsymbol{R}_1$ und $\boldsymbol{R}_2$ vollkommen, die übrigen in Abb. 11 (durch ihre Projektionen) dargestellten Reinhardt-Körper aber nicht.

Man nennt weiter einen Reinhardtschen Kreiskörper *eigentlich*, wenn er den Mittelpunkt als inneren (und nicht verzweigten) Punkt enthält. Die in den Abb. 11 c und e dargestellten Kreiskörper sind nicht eigentlich, wohl aber alle übrigen.

Diese Beispiele von Kreisbereichen werden zur Illustration unserer Sätze genügen. Beschäftigen wir uns jetzt mit den in solchen Bereichen erklärten analytischen Funktionen.

Eine Funktion $f(z_1, z_2)$ heißt in einem Punkt (t_1, t_2) *analytisch* (oder auch: *regulär*), wenn sie sich in einem gewissen Dizylinder (1) durch eine

---

[1] Wenn sie ihn überhaupt trifft.

dort konvergierende Potenzreihe

$$f(z_1, z_2) = \sum_{\mu, \nu=0}^{\infty} c_{\mu\nu} (z_1 - t_1)^{\mu} (z_2 - t_2)^{\nu} \tag{3}$$

darstellen läßt. Man übersieht sofort, daß jede in (t_1, t_2) analytische Funktion auch in jedem Punkt des zugehörigen Dizylinders analytisch ist.

Die Reihe (3) kann man auch als verallgemeinerte Taylor-Reihe in der Form

$$f(z_1, z_2) = \sum_{\mu, \nu=0}^{\infty} \frac{1}{\mu!\,\nu!} \frac{\partial^{\mu+\nu} f(z_1, z_2)}{\partial z_1^{\mu}\, \partial z_2^{\nu}} \bigg|_{\substack{z_1=t_1 \\ z_2=t_2}} \cdot (z_1 - t_1)^{\mu} \cdot (z_2 - t_2)^{\nu} \tag{4}$$

schreiben.

In der klassischen Funktionentheorie kann man leicht zeigen, daß genau die Funktionen in eine Potenzreihe entwickelt werden können, die differenzierbar sind. Es liegt die Frage nahe, ob auch bei Funktionen mit zwei komplexen Veränderlichen die Menge der (im eben definierten Sinne) in einem Bereich G regulären oder analytischen Funktionen zusammenfällt mit der Menge der Funktionen, für die $f_1(z_1) = f_1(z_1, a_2)$ und $f_2(z_2) = f_2(a_1, z_2)$ (bei festem a_1 bzw. a_2; $(a_1, a_2) \in G$) analytische (also differenzierbare) Funktionen der *einen* Veränderlichen z_1 bzw. z_2 sind. Das ist in der Tat der Fall. Es gilt der folgende „Fundamentalsatz" von HARTOGS[1]:

Satz XII 1

Ist $f(z_1, z_2)$ im Dizylinder $|z_1| < a$, $|z_2| < b$ eindeutig erklärt und stellt für jedes feste z_2 $\left(|z_2| < b\right)$ $f(z_1, z_2)$ eine in $|z_1| < a$ analytische Funktion von z_1 und umgekehrt für jedes feste z_1 $\left(|z_1| < a\right)$ eine analytische Funktion von z_2 $\left(\text{für } |z_2| < b\right)$ dar, so ist $f(z_1, z_2)$ eine im ganzen Dizylinder analytische Funktion beider Variablen.

Der Beweis dieses so trivial klingenden Satzes ist nicht ganz einfach, weil der Nachweis der aus der Differenzierbarkeit resultierenden Stetigkeit von $f(z_1, z_2)$ recht umständlich ist.

Wir wollen — ebenfalls ohne Beweis — einen weiteren Satz notieren, der sich aus den Konvergenzeigenschaften der mehrfachen Potenzreihen beweisen läßt[2]:

Satz XII 2

Jede in einem eigentlichen Reinhardtschen Kreiskörper R reguläre Funktion $f(z_1, z_2)$ ist in eine in ganz R konvergente Potenzreihe entwickelbar und damit zugleich auch in das Innere des kleinsten R umfassenden vollkommenen Reinhardtschen Kreiskörpers analytisch fortsetzbar.

Danach sind z.B. die in den Abb. 11d und f dargestellten Kreiskörper R_4 und R_6 Beispiele für Bereiche des (z_1, z_2)-Raumes, die *nicht*

---

[1] Siehe z.B. BEHNKE und THULLEN.
[2] Siehe BEHNKE-THULLEN, S. 39.

Existenzbereich von analytischen Funktionen sein können. Jede in R_4 oder R_6 analytische Funktion ist auch noch im Dizylinder $r_\nu < 1$ $(\nu = 1, 2)$ analytisch.

Dieser Tatbestand macht die Definition der „Regularitätshülle" sinnvoll. Um sie formulieren zu können, verallgemeinern wir zunächst einige Begriffe der klassischen Funktionentheorie. Eine Potenzreihe (3) heißt ein *Funktionselement* über dem Punkt (t_1, t_2). Zwei Elemente über demselben Grundpunkt gelten dann und nur dann als identisch, wenn alle Koeffizienten übereinstimmen. Die Gesamtheit aller durch analytische Fortsetzung von (3) zu gewinnenden Funktionselemente nennt man das *Regularitätsgebiet* der Funktion $f(z_1, z_2)$.

Ebenso wie bei Funktionen von einer komplexen Veränderlichen kann die analytische Fortsetzung von Funktionselementen auf nicht schlichte Gebiete führen: Man kann durch Fortsetzung eines zu (z_1, z_2) gehörenden Funktionselementes P_1 auf ein zum gleichen Punkt (z_1, z_2) gehörendes Funktionselement P_2 stoßen, das von P_1 verschieden ist.

Der Durchschnitt der Regularitätsgebiete aller in einem Gebiet G regulären Funktionen heißt die *Regularitätshülle* $\mathfrak{H}(G)$ von G.

Man kann leicht zeigen, daß es analytische Funktionen $f(z_1, z_2)$ gibt, die den Dizylinder R zum Existenzbereich oder zum Regularitätsgebiet haben. R_1 ist nach Satz XII 2 deshalb auch die Regularitätshülle von R_4, da alle in R_4 regulären Funktionen nach R_1 fortsetzbar sind.

Als die *Außenhülle* $\mathfrak{A}(G)$ eines Bereiches G bezeichnet man den Durchschnitt aller Regularitätsgebiete, die G ganz im Innern enthalten. Ist $\mathfrak{A}(G) \neq \mathfrak{H}(G)$, so bezeichnet man diese Menge auch als *Nebenhülle*. Wir werden später sehen, daß es Bereiche mit einer Nebenhülle gibt.

§ 2. Anwendung der Kernfunktion

Die Kernfunktion eines beschränkten Reinhardtschen Kreisgebietes berechnet man am einfachsten aus einem geeigneten vollständigen Orthonormalsystem. Für die Reinhardtschen Kreiskörper R mit dem Nullpunkt als Zentrum bilden die Monome $z_1^m z_2^n$ ($-\infty < m < +\infty$, $-\infty < n < +\infty$), soweit sie in R quadratintegrabel sind, ein Orthogonalsystem. Das Quadratintegral dieses Monoms berechnet man am einfachsten durch Einführen von Polarkoordinaten:

$$z_1 = r_1 \cdot e^{i\varphi_1}, \qquad z_2 = r_2 \cdot e^{i\varphi_2}.$$

Dann wird[1]:

$$a_{mn}^2 = \int\limits_{G} |z_1|^{2m} |z_2|^{2n} \, d\omega = 4\pi^2 \int\limits_{G^*} r_1^{2m+1} \cdot r_2^{2n+1} \, dr_1 \, dr_2, \tag{5}$$

---

[1] Wir setzen der Einfachheit wegen in diesem Kapitel für alle vierfachen Integrale das einfache Integralzeichen. G^* ist das Bild von G im (r_1, r_2)-Quadranten (vgl. Abb. 11).

und die Funktionen

$$\varphi_{mn}(z_1, z_2) = \frac{z_1^m z_2^n}{a_{mn}} \qquad (6)$$

bilden ein vollständiges Orthonormalsystem in $\boldsymbol{R}$. Genau die Funktionen sind in $\boldsymbol{R}$ quadratintegrabel (und gehören damit zum Raum $\boldsymbol{H}_{B(2)}$), für deren Koeffizienten in der Laurent-Entwicklung

$$f(z_1, z_2) = \sum_{m,n} b_{mn} z_1^m z_2^n$$

die Ungleichung

$$\sum_{m,n} |a_{mn} b_{mn}|^2 < \infty \qquad (7)$$

besteht. Die Kernfunktion $K_{B(2)}$ des zu $\boldsymbol{R}$ gehörenden Hilbertschen Funktionenraumes $\boldsymbol{H}_{B(2)}$ ist dann nach (III 9) durch

$$K_{B(2)}(z_1, z_2; \bar{t}_1, \bar{t}_2) = \sum_{m,n} \varphi_{mn}(z_1, z_2) \overline{\varphi_{mn}(t_1, t_2)} = \sum_{m,n} \frac{z_1^m z_2^n \bar{t}_1^m \bar{t}_2^n}{a_{mn}^2} \qquad (8)$$

gegeben. Für den Dizylinder mit $R_1 = R_2 = 1$ haben wir speziell

$$a_{mn}^2 = \frac{\pi^2}{(m+1)(n+1)}, \qquad m \geq 0, \, n \geq 0,$$

und daraus folgt für die Kernfunktion die uns bereits bekannte Formel (IV 83). Für die Kugel $|z_1|^2 + |z_2|^2 < R^2$ erhält man entsprechend

$$K_{B(2)}(z_1, z_2; \bar{t}_1, \bar{t}_2) = \frac{2R^2}{\pi^2(R^2 - z_1 \bar{t}_1 - z_2 \bar{t}_2)^3}. \qquad (9)$$

Aus den Formeln (9) und (IV 83) kann man eine Tatsache ablesen, die uns später noch beschäftigen soll: Für $t_1 = t_2 = 0$ ist die Kernfunktion für Zylinder und Kugel konstant, und zwar gleich dem reziproken Wert des Volumens. Für die Kugel bekommen wir nämlich $K_{B(2)}(z, z; 0, 0) = 2\pi^{-2} R^{-4}$, für den Dizylinder entsprechend $K_{B(2)}(z_1, z; 0, 0) = (\pi^2 R_1^2 R_2^2)^{-1}$. Das gilt entsprechend für beliebige beschränkte Reinhardtsche Kreisbereiche. In der Tat: In der Reihe (8) verschwinden für $t_1 = t_2 = 0$ alle Summanden bis auf den mit den Indizes $m = n = 0$. Wir haben also

$$K_{B(2)}(z_1, z_2; 0, 0) = \frac{1}{a_{00}^2} = \frac{1}{V(\boldsymbol{R})},$$

denn nach (5) ist ja

$$a_{00}^2 = 4\pi^2 \int_{G^*} r_1 r_2 \, dr_1 \, dr_2.$$

Für die Kernfunktion $K_{B(2)}$ gelten natürlich alle Sätze, die wir in Kapitel III für die Kernfunktionen beliebiger Funktionenklassen abgeleitet haben. Man sieht aber leicht ein, daß sich auch die in § VI 1 und VI 2 abgeleiteten Aussagen über Interpolationsprobleme leicht auf Funktionen mit mehreren Veränderlichen übertragen lassen. Um ein solches Orthonormalsystem zu erhalten, das dem System $\sigma_\nu(z)$ von § VI 2 entspricht, kann man etwa so vorgehen: Man ordnet die partiellen

Ableitungen
$$\frac{\partial^{i+k}}{\partial \bar{u}_1^{(i)}\,\partial \bar{u}_2^{(k)}}\,K(z_1,z_2;\bar{u}_1,\bar{u}_2)=K_{ik}(z_1,z_2;\bar{u}_1,\bar{u}_2)$$

der Kernfunktion nach $\bar{u}_1$ bzw. $\bar{u}_2$, indem man die Doppelindizes (ik) nach dem bekannten Diagonalschema

$$
\begin{array}{ccc}
\swarrow & \swarrow & \swarrow \\
(0\,0) & (0\,1) & (0\,2)\ldots \\
(1\,0) & (1\,1) & (1\,2)\ldots \\
(2\,0) & (2\,1) & (2\,2)\ldots
\end{array}
$$
$$\cdot\quad\cdot\quad\cdot\quad\cdot\quad\cdot\quad\cdot\quad\cdot\quad\cdot$$

abzählt. Man kann dann die partiellen Ableitungen so durchnumerieren:

$$K_{(1)}=K_{00},\quad K_{(2)}=K_{01},\quad K_{(3)}=K_{10},\quad K_{(4)}=K_{02},\quad \text{usf.}$$

Durch Orthogonalisierung dieser Funktionen $K_{(\nu)}$ entsteht dann ein vollständiges Orthonormalsystem $\sigma_\nu(z_1,z_2)$, mit dem man ähnlich arbeiten kann wie mit dem System $\sigma_\nu(z)$ für eine Veränderliche. Insbesondere kann man damit Extremalaufgaben der folgenden Art lösen:

Es soll die Funktion $f(z_1,z_2)$ kleinster Norm aus dem Raum $\boldsymbol{H}_{B(2)}$ bestimmt werden, die die Bedingungen

$$\left.\frac{\partial^{i+k}}{\partial z_1^i\,\partial z_2^k}\,f(z_1,z_2)\right|_{\substack{z_1=u_1\\z_2=u_2}}=\alpha_{ik}\qquad \begin{pmatrix}i=0,1,2,3,\ldots,i^*;\\k=0,1,2,3,\ldots,k^*\end{pmatrix}\tag{10}$$

erfüllt.

Reduziert man die Bedingung (10) auf $f(u_1,u_2)=1$, so ist nach Satz III3 die Funktion

$$M^{(1)}(z_1,z_2)=\frac{K_{B(2)}(z_1,z_2;\bar{u}_1,\bar{u}_2)}{K_{B(2)}(u_1,u_2;\bar{u}_1,\bar{u}_2)}$$

die Lösung der Extremalaufgabe. Die (eindeutig bestimmten) Lösungsfunktionen, die zu den Bedingungen[1]

$$f(u_1,u_2)=0,\quad f_{10}(u_1,u_2)=1,\quad f_{01}(u_1,u_2)=0\tag{10'}$$

und

$$f(u_1,u_2)=0,\quad f_{10}(u_1,u_2)=0,\quad f_{01}(u_1,u_2)=1\tag{10''}$$

gehören, wollen wir mit $M^{(10)}(z_1,z_2)$ bzw. $M^{01}(z_1,z_2)$ bezeichnen. Es gilt also z.B.

$$\int\limits_{G}|f(z_1,z_2)|^2\,d\omega\geqq\int\limits_{G}|M^{(10)}(z_1,z_2)|^2\,d\omega\qquad(d\omega=dx_1\,dx_2\,dy_1\,dy_2)\tag{11}$$

für alle Funktionen $f(z_1,z_2)\in\boldsymbol{H}_{B(2)}$, die die Bedingung (10') erfüllen.

---

[1] Es ist $f_{ik}(u_1,u_2)=\left.\dfrac{\partial^{i+k}\,f(z_1,z_2)}{\partial z_1^i\,\partial z_2^k}\right|_{\substack{z_1=u_1\\z_2=u_2}}.$

Wir wollen jetzt überlegen, wie sich die hier eingeführten Extremal-funktionen bei einer Abbildung des Gebietes G auf ein anderes Gebiet G^* transformieren. Man nennt eine solche Abbildung eines Gebietes G des (z_1, z_2)-Raumes auf ein Gebiet G^* des (w_1, w_2)-Raumes *pseudo-konform*, wenn sie durch ein Paar eindeutiger analytischer Funktionen

$$w_1 = w_1(z_1, z_2), \qquad w_2 = w_2(z_1, z_2) \tag{12}$$

bewirkt wird, für die die Jacobi-Determinante

$$D = \frac{\partial(w_1, w_2)}{\partial(z_1, z_2)} \tag{13}$$

überall regulär ist und nirgends in G verschwindet. Die Abbildung ist also im Kleinen umkehrbar eindeutig.

Man kann die Definition der pseudokonformen Abbildung auch weiter fassen[1] und auch nichteindeutige Funktionen und verschwindende Deter-minanten (13) zulassen, wenn nur die Jacobi-Determinante (13) *eindeutig und meromorph* ist. In diesem Fall „identifiziert" man in G^* die Punkte, die demselben Punkt $P \in G$ entsprechen, und eine Funktion in G^* wird nur dann als regulär betrachtet, wenn sie in den identifizierten Punkten den gleichen Wert annimmt.

Es sei jetzt eine pseudokonforme Abbildung (12) des Bereiches G auf den (nicht notwendig schlichten) Bereich G^* gegeben, bei der die Jacobi-Determinante (13) in G beschränkt ist und nirgends verschwin-det. Außerdem soll sie an der Stelle $z_1 = u_1$, $z_2 = u_2$ durch die Vorschrift

$$\frac{\partial w_1}{\partial z_1} = \frac{\partial w_2}{\partial z_2} = 1, \qquad \frac{\partial w_2}{\partial z_1} = \frac{\partial w_1}{\partial z_2} = 0 \tag{14}$$

„normalisiert" sein. *Dann transformieren sich die Funktionen* $M^{(1)}$, $M^{(10)}$ *und* $M^{(01)}$ *nach dem Gesetz*

$$\left.\begin{aligned}
M^{(1)}(z_1, z_2; G) &= M^{(1)}(w_1, w_2; G^*)\,\frac{\partial(w_1, w_2)}{\partial(z_1, z_2)}, \\[2mm]
M^{(10)}(z_1, z_2, G) &= M^{(10)}(w_1, w_2; G^*)\,\frac{\partial(w_1, w_2)}{\partial(z_1, z_2)}, \\[2mm]
M^{(01)}(z_1, z_2; G) &= M^{(01)}(w_1, w_2; G^*)\,\frac{\partial(w_1, w_2)}{\partial(z_1, z_2)}.
\end{aligned}\right\} \tag{15}$$

Wir geben die Begründung für die zweite der Gln. (15). Die Funktion[2] $M^{(10)}(z)$ ist doch durch die folgende Extremaleigenschaft ausgezeichnet:

---

[1] Siehe z. B. MASCHLER, S. 503.

[2] Wir schreiben der Einfachheit wegen $f(z)$ statt $f(z_1, z_2)$, $K(z, \bar{u})$ statt $K(z_1, z_2; \bar{u}_1, \bar{u}_2)$ usf., wenn keine Mißverständnisse zu befürchten sind. Mit der Kernfunktion ist in diesem Kapitel (wenn es nicht ausdrücklich anders gesagt wird) die Bergman-sche Kernfunktion $K_{B(2)}(z, \bar{u})$ gemeint. Wir lassen deshalb den Index $B(2)$ im folgenden beiseite. Dagegen ist es gelegentlich nötig, das Gebiet zu charakterisieren, zu dem K gehört, also z. B.: $K(z, \bar{u}; G)$.

Für alle Funktionen $f(z) \in \boldsymbol{H}_{B(2)}$, die die Bedingung (10') erfüllen, gilt

$$\int_{\boldsymbol{G}} |f(z)|^2 \, d\omega \geqq \int_{\boldsymbol{G}} |M^{(10)}(z)|^2 \, d\omega. \tag{16}$$

Wir beachten jetzt die Beziehung

$$\frac{D(x_1, y_1; x_2, y_2)}{D(\xi_1, \eta_1; \xi_2, \eta_2)} = \left| \frac{\partial(z_1, z_2)}{\partial(w_1, w_2)} \right|^2 = \frac{1}{|D|^2}, \quad w_\nu = \xi_\nu + i\,\eta_\nu, \quad (\nu = 1, 2), \tag{17}$$

zwischen der „Funktionaldeterminante" und der Jacobi-Determinante und transformieren dann die Integrale in der Ungleichung (16):

$$\int_{\boldsymbol{G}^*} |f(z(w))|^2 \left| \frac{\partial(z_1, z_2)}{\partial(w_1, w_2)} \right|^2 d\omega^* \geqq \int_{\boldsymbol{G}^*} |M^{(10)}(z(w))|^2 \left| \frac{\partial(z_1, z_2)}{\partial(w_1, w_2)} \right|^2 d\omega^*,$$

Setzen wir nun
$$d\omega^* = d\xi_1 \, d\eta_1 \, d\xi_2 \, d\eta_2.$$

$$f(z(w)) \cdot \frac{\partial(z_1, z_2)}{\partial(w_1, w_2)} = f_*(w), \qquad M^{(10)}(z(w)) \frac{\partial(z_1, z_2)}{\partial(w_1, w_2)} = M_*^{(10)}(w),$$

so wird daraus

$$\int_{\boldsymbol{G}^*} |f_*(w)|^2 \, d\omega^* \geqq \int_{\boldsymbol{G}^*} |M_*^{(10)}(w)|^2 \, d\omega^*.$$

Da die Determinante D in $\boldsymbol{G}$ überall regulär, beschränkt und von Null verschieden ist, durchläuft $f_*(w)$ die in $\boldsymbol{G}^*$ quadratisch integrablen Funktionen, wenn $f(z)$ den Raum $\boldsymbol{H}_{B(2)}(\boldsymbol{G})$ durchläuft. Wegen (14) entsprechen den Bedingungen (10') für $f(z)$ und $M^{(10)}(z)$ die analogen Aussagen für $f_*(w)$ und $M_*^{(10)}(w)$. Das bedeutet, daß

$$M_*^{(10)}(w) = M^{(10)}(z(w)) \frac{\partial(z_1, z_2)}{\partial(w_1, w_2)}$$

tatsächlich die $M^{(10)}(z)$ entsprechende Extremalfunktion in $\boldsymbol{G}^*$ ist:

$$M^{(10)}(w, \boldsymbol{G}^*) = M^{(10)}(z; \boldsymbol{G}) \cdot D^{-1}.$$

Die zweite der Gln. (15) ist damit bewiesen, und der Beweis der andern verläuft entsprechend. Wir wollen noch anmerken, daß bei einer *nicht* durch (14) normierten pseudokonformen Abbildung die Kernfunktion sich nach dem Gesetz

$$K\big(w(z), \overline{w(t)}; \boldsymbol{G}^*\big) = K(z, \bar{t}; \boldsymbol{G}) \cdot \frac{\partial(z_1, z_2)}{\partial(w_1, w_2)} \cdot \overline{\left(\frac{\partial(z_1, z_2)}{\partial(w_1, w_2)} \right)}_{w=w(t)} \tag{18}$$

transformiert. Das beweist man durch eine Verallgemeinerung der Betrachtung von §IV 2 für den Bergman-Kern in Räumen mit einer komplexen Veränderlichen.

Aus unseren Ergebnissen folgt, daß die Quotienten

$$Q_1(z) = \frac{M^{(10)}(z)}{M^{(1)}(z)}; \qquad Q_2(z) = \frac{M^{(01)}(z)}{M^{(1)}(z)} \tag{19}$$

invariant sind gegenüber pseudokonformen Abbildungen: Zähler und Nenner werden ja mit der Jacobi-Determinante multipliziert. Diese Bemerkung kann man benutzen, um den folgenden Satz zu beweisen:

Satz XII 3

Es ist nicht möglich, die Kugel $|z_1|^2 + |z_2|^2 < 1$ *auf den Dizylinder* $|z_1| < 1$, $|z_2| < 1$ *pseudokonform abzubilden.*

Nehmen wir an, es gäbe eine solche Abbildung $w = w(z)$. Dann könnte man (wegen $D \neq 0$) die Zahlen a_{ik} $(i, k = 1, 2)$ so wählen, daß die durch

$$W_1(z_1, z_2) = a_{11} w_1(z_1, z_2) + a_{12} w_2(z_1, z_2)$$

$$W_2(z_1, z_2) = a_{21} w_1(z_1, z_2) + a_{22} w_2(z_1, z_2)$$

bestimmte pseudokonforme Abbildung normalisiert ist, also die Bedingungen (14) erfüllt. Für eine solche Abbildung sind aber die Quotienten (19) Invarianten. Man kann nun leicht nachrechnen, daß für Kugel und Dizylinder

$$Q_1(z) = z_1, \qquad Q_2(z) = z_2$$

gilt. Wir haben also: $W_1 = z_1$, $W_2 = z_2$. Das heißt aber: Die normalisierte Abbildung ist die Identität, und die ursprünglich gegebene hat danach die Form

$$w_1 = b_{11} z_1 + b_{12} z_2,$$

$$w_2 = b_{21} z_1 + b_{22} z_2.$$

Man erkennt aber sofort, daß eine solche lineare Transformation nicht die Kugel in einen Dizylinder abbilden kann. Damit haben wir ein Beispiel zweier wichtiger einfach zusammenhängender Bereiche, die nicht pseudokonform aufeinander bezogen werden können. Man kann auch (unter Benutzung von Satz XII 1) leicht zeigen, daß zwischen den Reinhardtschen Kreiskörpern $\boldsymbol{R}_1$ und $\boldsymbol{R}_4$ (Abb. 11) eine solche Abbildung nicht möglich ist.

§ 3. Minimalbereiche

In der Theorie der konformen Abbildung (durch analytische Funktionen von *einer* Veränderlichen) weist man die Existenz von *Normalbereichen* nach, auf die man jeden Bereich der komplexen Ebene (bei gewissen Randbedingungen) abbilden kann (vgl. Kap. VII). Diese ein- oder mehrfach zusammenhängenden Bereiche sind durch ihre geometrischen Eigenschaften charakterisiert: Die Randkomponenten sind Kreise, Kreisbögen oder Strecken in vorgegebener Richtung. Es erweist sich aber als sinnvoll, auch die Abbildung durch die Funktion $N(z, u)$ (§ VII 5) als „Normalabbildung" anzusprechen: Der Bildbereich ist nicht durch einfache geometrische Eigenschaften beschreibbar, aber er ist durch wichtige Extremaleigenschaften ausgezeichnet (Satz IX 2). Man könnte auch den Bildbereich der Funktion $M(z, \bar{u}) \cdot K_{(B)}(u, \bar{u})^{-1}$ als Normalbereich ansprechen, obwohl er nicht einmal schlicht ist. Er ist aber auch durch eine Extremaleigenschaft charakterisiert (Satz IX 3).

In der Theorie der pseudokonformen Abbildungen gelingt es nicht, geometrisch ausgezeichnete Normalbereiche anzugeben. Es liegt deshalb nahe, *repräsentative Bereiche durch Extremaleigenschaften zu definieren*.

Ein Gebiet G des (z_1, z_2)-Raumes heißt *Minimalbereich in bezug auf einen Punkt* u $(u = (u_1, u_2) \in G)$ *als Mittelpunkt*, wenn jede pseudokonforme Abbildung $w = w(z)$, die der Bedingung

$$D(z)\big|_{z=u} = \frac{\partial(w_1, w_2)}{\partial(z_1, z_2)}\bigg|_{z=u} = 1 \tag{20}$$

genügt, das Gebiet G auf ein Gebiet G^* abbildet, dessen Volumen nicht kleiner ist als das von G.

Wir wollen dabei alle solche Gebiete G für unsere Betrachtungen zulassen, die *pseudokonforme Bilder schlichter und beschränkter Gebiete* sind. Sie brauchen nicht selbst schlicht zu sein, aber der Mittelpunkt u soll stets außerhalb der Verzweigungsmannigfaltigkeiten liegen. Diese Verabredung gilt im folgenden auch dann, wenn sie nicht mehr ausdrücklich erwähnt wird.

Das Volumen des Bildgebietes G^* ist wegen (17) gegeben durch

$$V(G^*) = \int\limits_{G} |D|^2\, d\omega = \int\limits_{G} \left| \frac{\partial(w_1, w_2)}{\partial(z_1, z_2)} \right|^2 d\omega. \tag{21}$$

Dabei genügt die Determinante D der Bedingung (20). Man wird also das Gebiet G auf ein Minimalgebiet G^* abbilden, wenn es gelingt, das Integral (21) unter der Nebenbedingung (20) zum Minimum zu machen. Im Raum $H_{B(2)}$ gilt nun die Ungleichung

$$\int\limits_{G} |f(z)|^2\, d\omega \geqq \int\limits_{G} M^{(1)}(z, \bar{u})|^2\, d\omega$$

für alle Funktionen $f(z_1, z_2)$, die an der Stelle $u = (u_1, u_2)$ den Wert 1 annehmen. Es kommt also darauf an, eine pseudokonforme Abbildung $w = w(z)$ so zu bestimmen, daß

$$\frac{\partial(w_1, w_2)}{\partial(z_1, z_2)} = M^{(1)}(z, u) = \frac{K_{B(2)}(z, \bar{u})}{K_{B(2)}(u, \bar{u})} \tag{22}$$

erfüllt ist. Das kann z. B. so erreicht werden: Man setzt

$$\left.\begin{aligned}
w_1(z_1, z_2) &= f(z_2) + \int^{z_1} M^{(1)}(t, z_2; \bar{u}_1, \bar{u}_2)\, dt, \\
w_2(z_1, z_2) &= z_2.
\end{aligned}\right\} \tag{23}$$

Dabei ist $f(z_2)$ eine beliebige in G (einschließlich des Randes) analytische Funktion. Dann ist tatsächlich

$$\frac{\partial(w_1, w_2)}{\partial(z_1, z_2)} = \begin{vmatrix} M^{(1)} & * \\ 0 & 1 \end{vmatrix} = M^{(1)}.$$

Im allgemeinen wird freilich die nach (23) definierte Funktion $w_1(z_1, z_2)$ *nicht eindeutig* sein. Aber wir haben ja bei der Definition der pseudokonformen Abbildung ausdrücklich diese Möglichkeit zugelassen. Die Funktion $w_1(z_1, z_2)$ wird sicher eindeutig, wenn jede Ebene $z_2 = \mathrm{const}$ aus dem Gebiet G einen einfach zusammenhängenden Bereich ausschneidet. Das gilt z.B. für gewisse Vereinigungsmengen von Dizylindern. Aus diesen Überlegungen folgt, daß es eine ganze Klasse von Minimalbereichen gibt, die zu einem gegebenen Bereich G gehören. Wir können die Abbildung auch stets so einrichten, daß $z = u$ in den Nullpunkt des Bildgebietes abgebildet wird.

Satz XII 4

Jedes beschränkte und schlichte Gebiet G des (z_1, z_2)-Raumes kann pseudokonform auf einen Minimalbereich G^* so abgebildet werden, daß die Determinante $D(z)$ die Bedingung (20) erfüllt. Dabei ist $z = u$ der Punkt, der durch die pseudokonforme Abbildung in den Nullpunkt übergeführt wird.

Das Volumen des Minimalbereiches ist durch

$$V(G^*) = \frac{1}{K_{B(2)}(u, \bar{u})} \tag{24}$$

gegeben. Denn nach (22) haben wir doch

$$V(G^*) = \int\limits_{G^*} d\omega^* = \int\limits_{G} \left| \frac{\partial(w_1, w_2)}{\partial(z_1, z_2)} \right|^2 d\omega = \int\limits_{G} \left| \frac{K_{B(2)}(z, \bar{u})}{K_{B(2)}(u, \bar{u})} \right|^2 d\omega = K_{B(2)}(u, \bar{u})^{-1}.$$

Die entsprechende Aussage gilt auch für Funktionen von einer Veränderlichen. Hier leistet nach Satz IX 3 die Funktion $\pi^{-1} M(z, \bar{u}) K_{(B)}(u, \bar{u})^{-1}$ die Abbildung auf einen Minimalbereich. Für einfach zusammenhängende Gebiete ist der Minimalbereich ein Kreis, für mehrfach zusammenhängende ein nicht schlichtes Gebiet. Wir müssen erwarten, daß auch bei Funktionen von zwei Veränderlichen die Minimalgebiete nicht immer schlicht sind.

Satz XII 5

Dann und nur dann ist ein Gebiet G Minimalbereich mit dem Zentrum u, wenn

$$K_{B(2)}(z, \bar{u}) = \mathrm{const} \tag{25}$$

gilt. Die Konstante ist dann gleich dem Reziproken des Volumens von G.

Wenn G ein Minimalgebiet mit dem Zentrum u ist, so leistet die Transformation

$$w_k = z_k - u_k \qquad (k = 1, 2) \tag{26}$$

eine Abbildung auf ein Minimalgebiet G^* des w-Raumes mit dem Zentrum im Nullpunkt. G^* ist wieder Minimalgebiet, da ja das Volumen bei dieser Abbildung nicht vergrößert wird. Die Jacobi-Determinante der pseudokonformen Abbildung (26) ist konstant gleich 1, deshalb gilt nach (22) und (24)

$$K_{B(2)}(z, \bar{u}) = K_{B(2)}(u, \bar{u}) = V^{-1}.$$

Ist umgekehrt $K_{B(2)}(z, \bar{u}) = \text{const}$ vorausgesetzt, so muß diese Konstante gleich $K_{B(2)}(u, \bar{u})$ sein. Die Transformation (26) genügt dann den Gln. (20) und (22) und bildet G auf ein Minimalgebiet ab, das zu G kongruent ist.

Daraus folgt, daß *die Hyperkugel, der Dizylinder und darüber hinaus alle Reinhardtschen Kreiskörper Minimalgebiete* sind. Es wurde schon in §2 gezeigt, daß für diese Gebiete (mit dem Zentrum $(0, 0)$) $K(z, 0) = \text{const}$ gilt.

Satz XII 6

Für das Gebiet G gelte für einen Punkt $u \in G$ die Relation $K_{B(2)}(u, \bar{u}) = V^{-1}$, wobei V das Volumen von G ist. Dann ist G ein Minimalgebiet mit dem Zentrum u.

Nach Satz XII 4 kann man nämlich G auf ein Minimalgebiet G^* mit dem Volumen $V = K_{B(2)}(u, \bar{u})^{-1}$ abbilden. Da nach Voraussetzung G das gleiche Volumen hat, ist auch G schon Minimalgebiet.

Satz XII 7

Ist G ein Minimalgebiet mit dem Zentrum u, so gilt für jede Funktion $f(z) \in H_{B(2)}$

$$f(u) = \frac{1}{V} \int\limits_{G} f(z)\, d\omega. \tag{27}$$

Dabei ist V das Volumen von G. Diese Darstellung (27) ist für Minimalbereiche charakteristisch.

Bemerken wir zuerst, daß die Formel (27) für den Spezialfall des Dizylinders schon im vierten Kapitel (IV 80) abgeleitet wurde. Wir gewinnen jetzt die allgemeinere Formel (27) aus Satz XII 5 und der reproduzierenden Eigenschaft des Kerns. Danach ist

$$f(u) = \int\limits_{G} K(z, \bar{u})\, f(z)\, d\omega_z = \int\limits_{G} K(u, \bar{z})\, f(z)\, d\omega_z = \frac{1}{V} \int\limits_{G} f(z)\, d\omega_z.$$

Ist umgekehrt G ein Gebiet von endlichem Volumen, in dem für alle Funktionen aus $H_{B(2)}$ die Darstellung (27) gilt, dann ist diese Formel auch richtig für $f(z) = K_{B(2)}(z, \bar{u})$. Aus der reproduzierenden Eigenschaft des Kerns für $f(z) = 1$ folgt dann:

$$1 = \int\limits_G K_{B(2)}(z, \bar{u})\, d\omega_z = V \cdot K_{B(2)}(u, \bar{u}).$$

Nach Satz XII 5 ist aber G ein Minimalgebiet.

Satz XII 8

Ist G ein Minimalgebiet mit dem Zentrum 0, so ist auch $\lambda\, G$ ein Minimalgebiet. Dabei ist λ eine beliebige von Null verschiedene komplexe Zahl.

Unter $\lambda\, G$ verstehen wir dabei das Aggregat aller Punkte von der Form $\lambda\, z\, (z \in G)$.

Man erhält nämlich das Gebiet $G_* = \lambda\, G$ aus G durch die Transformation $w_k = \lambda\, z_k$, $k = 1, 2$. Aus (18) folgt dann

$$K_{B(2)}(0, 0; G) = K_{B(2)}(0, 0; G_*) \cdot |\lambda|^4.$$

Also ist

$$K_{B(2)}(0, 0; G_*) = \frac{1}{V(G) \cdot |\lambda|^4} = \frac{1}{V(G_*)}.$$

G_* ist daher nach Satz XII 6 Minimalgebiet.

Satz XII 9

Für Minimalgebiete mit dem Zentrum u gilt

$$\operatorname*{Min}_{v \in G} K_{B(2)}(v, \bar{v}) = K_{B(2)}(u, \bar{u}). \tag{28}$$

Zum Beweis dieses Satzes beachten wir zuerst, daß ein Minimalgebiet *nicht mehr als ein Zentrum haben kann*. Hätte G zwei Zentren u_1 und u_2, so wäre nach (27) $f(u_1) = f(u_2)$ für alle Funktionen $f(z) \in H_{B(2)}$. Das ist aber sicher nicht richtig.

Ein von u verschiedener Punkt v aus G ist also nicht ebenfalls Zentrum des Minimalbereiches. Bilden wir jetzt G nach Satz XII 4 so ab, daß v in das Zentrum 0 übergeführt wird. Dann gilt doch

$$V(G) = \int\limits_G |1|^2\, d\omega \geqq \int\limits_G \left| \frac{K(z, \bar{v})}{K(v, \bar{v})} \right|^2 d\omega$$

$$= \int\limits_G \left| \frac{\partial(w_1, w_2)}{\partial(z_1, z_2)} \right|^2 d\omega = \int\limits_{G^*} d\omega^* = V(G^*),$$

also $V(G) \geqq V(G^*)$. Das Gleichheitszeichen kann aber nur dann stehen, wenn $K(z, \bar{v})$ zu 1 proportional, als konstant ist. $K(z, \bar{v})$ ist aber nach

Satz XII 5 nicht konstant, weil v nicht Zentrum von G ist. Wir haben also $V(G) > V(G^*)$, und aus

$$V(G) = \frac{1}{K(u,\,\bar{u})}\,, \qquad V(G^*) = \frac{1}{K(v,\,\bar{v})}$$

folgt dann Satz XII 9.

Satz XII 10

Es sei ein Minimalgebiet G^* mit dem Zentrum im Nullpunkt das pseudokonforme Bild eines Minimalgebietes G mit dem Zentrum im Nullpunkt. Die Abbildung $w_k(z)$ $(k = 1, 2)$ möge dabei den Punkt $u \neq 0$ in den Nullpunkt des Bildes überführen. Wenn beide Gebiete das gleiche Volumen haben, so ist

$$\left|\frac{\partial(w_1,\,w_2)}{\partial(z_1,\,z_2)}\right|_{z=u} > 1\,. \tag{29}$$

Nach (18) gilt nämlich

$$K(u,\,\bar{u};\,G) = K(0,\,0;\,G^*) \cdot \left|\frac{\partial(w_1,\,w_2)}{\partial(z_1,\,z_2)}\right|^2_{z=u}\,. \tag{30}$$

Nach Satz XII 9 ist weiter $K(u,\,\bar{u};\,G) > K(0,\,0;\,G)$. Da

$$V(G^*) = K(0,\,0;\,G^*)^{-1} = V(G) = K(0,\,0;\,G)^{-1}$$

vorausgesetzt ist, haben wir $K(0,\,0;\,G) = K(0,\,0;\,G^*) < K(u,\,\bar{u};\,G)$. Daraus folgt wegen (30) unsere Behauptung.

Die Sätze dieses Abschnitts lassen sich leicht verallgemeinern auf Funktionen von mehr als zwei Veränderlichen; man kann sie aber auch ausdehnen auf analytische Funktionen mit nur *einer* Variablen. In diesem Fall steht die Ableitung der Abbildungsfunktion für die Jacobische Determinante. Man kann das Analogon zu Satz XII 10 benutzen, um den folgenden bemerkenswerten Verzerrungssatz (für Funktionen von einer Veränderlichen) zu begründen:

Satz XII 11

Es sei G ein Bereich der z-Ebene und γ eine Kurve $K_B(z,\,\bar{z}) = \text{const}$ in G. A sei ein beliebiger Punkt auf γ und $w = f_A(z)$ eine konforme Abbildung von G auf ein Minimalgebiet G_A mit dem Zentrum 0, die den Bedingungen $f_A(A) = 0$, $f'_A(A) = 1$ genügt. Dann liegt das Bild jedes Bogens $\overset{\frown}{AB}$ auf γ von der Länge s ganz in einem Kreis vom Radius s um den Nullpunkt der w-Ebene.

Es sei C ein Punkt des Bogens $\overset{\frown}{AB}$ und $f_C(z)$ eine konforme Abbildung von G auf ein Minimalgebiet mit $f_C(C) = 0$, $f'_C(C) = 1$. Aus $K_B(A, A) = K_B(C, C)$ folgt dann nach (24) $V(G_A) = V(G_C)$. Wir wenden nun das Analogon von Satz XII 10 auf die Gebiete G_A und G_C an und erhalten unter Beachtung von (22):

$$1 < \left| \frac{f'_A(A)}{f'_C(A)} \right| = \left| \frac{K(C,\overline{C})}{K(A,\overline{C})} \right|,$$

also $|K(A,\overline{C};G)| < |K(C,\overline{C};G)|$ für alle $C \in \widehat{AB}$. Andererseits ist

$$f_A(B^*) = \int\limits_0^{B^*} \frac{K(z,\overline{A};G)}{K(A,\overline{A};G)}\, dz, \qquad B^* \in \widehat{AB}.$$

Deshalb folgt

$$|f_A(B^*)| < \int\limits_0^{B^*} 1 \cdot ds \leqq s.$$

Die Eigenschaften der Minimalgebiete sind vor allem von BERGMAN und MASCHLER untersucht worden. Es gibt aber noch andere Möglichkeiten einer „repräsentativen" Abbildung. BERGMAN [3] hat die Bildbereiche der pseudokonformen Abbildung

$$w_1(z) = \frac{M^{(10)}(z,t)}{M^{(1)}(z,t)} + t_1, \qquad w_2(z) = \frac{M^{(01)}(z,t)}{M^{(1)}(z,t)} + t_2$$

als „repräsentative Bereiche mit dem Zentrum $t = (t_1, t_2)$" bezeichnet. Wie MASCHLER zeigte, sind die der Hypersphäre und den Dizylindern äquivalenten repräsentativen Bereiche auch Minimalbereiche (mit gleichem Zentrum). Es gibt aber auch repräsentative Bereiche, die *nicht* Minimalbereiche (mit gleichem Zentrum) sind (MASCHLER, S. 515).

§ 4. Kernfunktion und Hüllenbildung

Da für die analytischen Funktionen von zwei (und mehr) komplexen Veränderlichen nicht jedes Gebiet auch Existenzgebiet sein kann, ergeben sich besondere Fragestellungen hinsichtlich der Fortsetzbarkeit von Funktionen. Eine der einfachsten ist diese:

Es sei G ein Gebiet des (z_1, z_2)-Raumes, das ein echter Teil seiner Regularitätshülle[1] $\mathfrak{H}(G)$ ist. Sind die in G quadratintegrablen Funktionen auch noch in $\mathfrak{H}(G)$ quadratintegrabel?

Es sind zwar alle in G regulären Funktionen auch noch in der Regularitätshülle $\mathfrak{H}(G)$ regulär, aber es ist damit nicht gesagt, daß das Integral über den absoluten Betrag des Quadrats *für die Hülle* existiert.

Weiter ist zu fragen, wie die Fortsetzbarkeit der Kernfunktion mit der Fortsetzbarkeit der in G regulären Funktionen zusammenhängt. Zur ersten Frage beweisen wir:

---

[1] Vgl. die Definition auf S. 224.

Satz XII 12

Es gibt Reinhardtsche Kreiskörper R, für die alle in R quadratintegrablen Funktionen auch noch in der Regularitätshülle quadratintegrabel sind und andere, für die das nicht zutrifft.

Ein Beispiel für den ersten Fall bietet der Reinhardtsche Kreiskörper R_3, für den zweiten Fall[1] der Körper R_4. In beiden Fällen ist der Dizylinder R_1 ($|z_1| < 1$, $|z_2| < 1$) die Regularitätshülle.

Es seien a_{mn} die nach (6) zu dem vollständigen Orthonormalsystem $\{z_1^m z_2^n a_{mn}^{-1}\}$ des Kreiskörpers gehörenden Zahlen, A_{mn} die entsprechenden für die Regularitätshülle. Dann haben wir für den Dizylinder als Hülle nach (5):

$$A_{mn}^2 = 4\pi^2 \int\limits_{r_2=0}^{1} \int\limits_{r_1=0}^{1} r_1^{2m+1} r_2^{2n+1} \, dr_1 \, dr_2 = \frac{\pi^2}{(m+1)(n+1)}, \quad m \geqq 0, \; n \geqq 0. \quad (31)$$

Schätzen wir nun die Zahlen a_{mn} für R_3 ab! Es ist doch[2]

$$a_{mn}^2 = 4\pi^2 \int\limits_{R_2'} r_1^{2m+1} r_2^{2n+1} \, dr_1 \, dr_2 > 4\pi^2 \int\limits_{\alpha}^{1} \int\limits_{\alpha}^{1} r_1^{2m+1} r_2^{2n+1} \, dr_1 \, dr_2,$$

also

$$a_{mn}^2 > \frac{\pi^2 (1-\alpha^2)^2}{(m+1)(n+1)} = A_{mn}^2 (1-\alpha^2)^2. \quad (32)$$

Für irgendeine in R_3 quadratintegrable Funktion $f(z) = \sum\limits_{m,n=0}^{\infty} b_{mn} z_1^m z_2^n$ ist nach (7) $\sum\limits_{m,n=0}^{\infty} |a_{mn} b_{mn}|^2$ konvergent. Nach (32) ist wegen $\alpha < 1$ dann aber auch $\sum\limits_{m,n=0}^{\infty} |A_{mn} b_{mn}|^2$ konvergent. Das heißt: $f(z)$ ist auch in $\mathfrak{H}(R_3) = R_1$ quadratintegrabel.

Aus dieser Überlegung gewinnen wir die folgende allgemeine Regel:

Es sei R ein Reinhardtscher Kreiskörper und $\mathfrak{H}(R)$ seine Regularitätshülle. Wenn für die Integrale[2]

$$a_{mn}^2 = 4\pi^2 \int\limits_{R'} r_1^{2m+1} r_2^{2n+1} \, dr_1 \, dr_2, \quad A_{mn}^2 = 4\pi^2 \int\limits_{(\mathfrak{H}(R))'} r_1^{2m+1} r_2^{2n+1} \, dr_1 \, dr_2$$

eine Ungleichung

$$k \, a_{mn} \geqq A_{mn} \quad (k > 0) \quad (33)$$

besteht, so sind alle in R quadratintegrablen Funktionen auch in $\mathfrak{H}(R)$ quadratintegrabel.

---

[1] Vgl. Abb. 11c und d.

[2] R' und $(\mathfrak{H}(R))'$ sind die in § 1 definierten Projektionsbereiche, vgl. Abb. 11.

Anders ist es bei Kreiskörper R_4. Hier haben wir

$$\frac{a_{mn}^2}{\pi^2} = 4 \int\limits_{R_4'} r_1^{2m+1} r_2^{2n+1}\, dr_1\, dr_2 < \frac{\alpha^{2m+2n+4}}{(m+1)(n+1)} + \frac{1}{(m+n+2)(n+1)}. \tag{34}$$

Betrachten wir jetzt die im Dizylinder R_1 reguläre Funktion

$$f(z_1, z_2) = -\frac{1}{z_1} \cdot \frac{1}{1-z_2} \cdot \log(1-z_1) = \sum_{m=0}^{\infty} \sum_{n=0}^{\infty} \frac{z_1^m z_2^n}{m+1}.$$

Sie ist in R_1, der Regularitätshülle von R_4, *nicht* quadratintegrabel, denn es ist doch

$$\int\limits_{R_1} |f(z_1, z_2)|^2\, d\omega = \pi^2 \sum_{m=0}^{\infty} \frac{1}{(m+1)^3} \sum_{n=0}^{\infty} \frac{1}{n+1}.$$

Diese Reihe divergiert. Wir schätzen nun das entsprechende Integral über R_4 selbst unter Benutzung von (34) so ab:

$$\int\limits_{R_4} |f(z_1, z_2)|^2\, d\omega = \sum_{m=0}^{\infty} \sum_{n=0}^{\infty} \frac{4\pi^2}{(m+1)^2} \int\limits_{R_4'} r_1^{2m+1} r_2^{2n+1}\, dr_1\, dr_2$$

$$< \pi^2 \left[\sum_{m=0}^{\infty} \sum_{n=0}^{\infty} \frac{\alpha^{2m+2n+4}}{(m+1)^3(n+1)} + \sum_{m=0}^{\infty} \sum_{n=0}^{\infty} \frac{1}{(m+1)^2(n+1)(m+n+2)} \right] = S_1 + S_2.$$

Die erste Summe konvergiert wegen $\alpha < 1$. Die zweite Summe S_2 können wir so abschätzen:

$$S_2 < \sum_{m=0}^{\infty} \sum_{n=0}^{\infty} \frac{1}{(m+1)^2(n+1)^2} = \frac{\pi^4}{36}.$$

$f(z_1, z_2)$ ist also ein Beispiel einer in R_1 regulären und in R_4, aber nicht in R_1 quadratintegrablen Funktion. Damit ist Satz XII 11 bewiesen.

Wir wollen jetzt untersuchen, wie die Fortsetzbarkeit der in einem Gebiet G regulären Funktionen mit der Fortsetzbarkeit der Bergmanschen Kernfunktion zusammenhängt und beginnen mit einfachen Beispielen.

Es sei R ein Reinhardtscher Kreiskörper, dessen Regularitätshülle der Dizylinder R_1 ist[1]. Ist ϑ eine beliebige reelle Zahl < 1, so gibt es in R Punkte mit $r_1 > \vartheta$, $r_2 > \vartheta$. Wäre es nicht so, so hätte R einen Teilbereich von R_1 zur Hülle. Deshalb konvergiert die Reihenentwicklung für die Kernfunktion

$$K(z, \bar{u}; R) = \sum_{m,n=0}^{\infty} \frac{z_1^m z_2^n \bar{u}_1^m \bar{u}_2^n}{a_{mn}^2} \tag{35}$$

in der ganzen Regularitätshülle R_1. Die Konvergenz ist gleichmäßig in jedem Polyzylinder $|z_1| < \vartheta$, $|z_2| < \vartheta$, $|u_1| < \vartheta$, $|u_2| < \vartheta$. Das bedeutet,

---

[1] Beispiele sind dafür die Körper R_4 und R_6 (Abb. 11d und f).

daß auch die reellwertige Funktion[1]

$$K_{\boldsymbol{R}}(u) = K(u, \bar{u}; \boldsymbol{R}) = \sum_{m,\,n=0}^{\infty} \frac{|u_1|^{2m}|u_2|^{2n}}{a_{mn}^2}$$

über $\boldsymbol{R}$ hinaus in die Hülle $\boldsymbol{R}_1 = \mathfrak{H}(\boldsymbol{R})$ (reell) analytisch fortgesetzt werden kann:

$$\mathfrak{H}(\boldsymbol{R}) \subset \mathfrak{K}(\boldsymbol{R}).$$

Dabei ist $\mathfrak{K}(\boldsymbol{R})$ das Existenzgebiet des R-Kernes unseres Kreiskörpers $\boldsymbol{R}$. Es heißt die *Kernhülle* von $\boldsymbol{R}$.

Wenn $\boldsymbol{R}$ mit dem Dizylinder $\boldsymbol{R}_1$ zusammenfällt, so haben wir

$$\boldsymbol{R}_1 = \mathfrak{H}(\boldsymbol{R}_1) = \mathfrak{K}(\boldsymbol{R}_1).$$

Der R-Kern ist nämlich in diesem Fall nach (IV 83) durch

$$K_{\boldsymbol{R}_1}(u) = K(u, \bar{u}; \boldsymbol{R}_1) = \frac{1}{\pi^2}\,\frac{1}{(1-|u_1|^2)^2\,(1-|u_2|^2)^2}$$

gegeben, und diese Funktion wächst bei Annäherung an den Rand von $\boldsymbol{R}_1$ über alle Grenzen, kann also gewiß nicht über $\boldsymbol{R}_1$ hinaus fortgesetzt werden.

Aber auch jeder R-Kern, der zu einem Teilbereich $\boldsymbol{R} \subset \boldsymbol{R}_1$ mit $\mathfrak{H}(\boldsymbol{R}) = \boldsymbol{R}_1$ gehört, hat $\boldsymbol{R}_1$ zum Existenzbereich. Nach Satz IV 11 gilt nämlich

$$K_{\boldsymbol{G}}(u) \geqq K_{\mathfrak{H}(\boldsymbol{G})}(u),$$

und deshalb ist auch $K_{\boldsymbol{R}}(u)$ nicht über $\boldsymbol{R}_1$ hinaus fortsetzbar. In diesem Fall haben wir

$$\boldsymbol{G} \subset \mathfrak{H}(\boldsymbol{G}) = \mathfrak{K}(\boldsymbol{G}).$$

Es gibt aber auch Fälle, in denen $\mathfrak{H}(\boldsymbol{G})$ in $\mathfrak{K}(\boldsymbol{G})$ enthalten ist.

$\widetilde{\boldsymbol{R}}$ sei der Reinhardtsche Kreiskörper, der aus $\boldsymbol{R}_1$ entsteht, wenn man die Achsen $z_1=0$ und $z_2=0$ entfernt. Hier sind *alle* Monome $z_1^m z_2^n$ regulär, aber nur die mit $m \geqq 0$, $n \geqq 0$ sind quadratintegrabel. Die Integrale über $\widetilde{\boldsymbol{R}}$ und $\boldsymbol{R}_1$ sind gleich, und deshalb stimmen die quadratintegrablen Funktionen in beiden Bereichen überein, und es ist auch

$$K(z, \bar{u}; \widetilde{\boldsymbol{R}}) = K(z, u; \boldsymbol{R}_1); \quad K_{\widetilde{\boldsymbol{R}}}(u) = K_{\boldsymbol{R}_1}(u).$$

Ist $f(z)$ irgendeine Funktion, die $\boldsymbol{R}_1$ zum Regularitätsbereich hat, so hat $g(z) = f(z) + z_1^{-1} + z_2^{-1}$ den Kreiskörper $\widetilde{\boldsymbol{R}}$ zum Regularitätsbereich. Deshalb ist $\widetilde{\boldsymbol{R}} = \mathfrak{H}(\widetilde{\boldsymbol{R}})$. $\mathfrak{K}(\widetilde{\boldsymbol{R}})$ ist aber gleich $\boldsymbol{R}_1$. Deshalb gilt in diesem Falle $\mathfrak{H}(\widetilde{\boldsymbol{R}}) \subset \mathfrak{K}(\widetilde{\boldsymbol{R}})$, und das Enthaltensein ist echt.

---

[1] Wir wollen im folgenden diese Funktion $K_{\boldsymbol{G}}(u)$ als den *R-Kern des Bereiches* $\boldsymbol{G}$ bezeichnen.

Bei diesem Beispiel unterscheiden sich $\mathfrak{H}(G)$ und $\mathfrak{K}(G)$ freilich nur um *zweidimensionale* Flächenstücke. Man weiß bisher noch nicht, ob sich $\mathfrak{H}(G)$ und $\mathfrak{K}(G)$ auch um ein vierdimensionales Stück unterscheiden können.

Beschäftigen wir uns jetzt mit Gebieten, die eine *Nebenhülle*[1] haben. Der durch die Ungleichungen $r_1 < r_2 < 1$ charakterisierte Kreiskörper $\boldsymbol{R}_5$ (Abb. 11e) ist ein Beispiel für einen Bereich, bei dem sich die Außenhülle von der Regularitätshülle unterscheidet[1]. Um das zu begründen, berechnen wir nach (8) und (5) die Kernfunktion dieses Bereiches:

$$K(z,\bar{u};\boldsymbol{R}_5) = \frac{z_2\,\bar{u}_2}{\pi^2\,(z_2\,\bar{u}_2 - z_1\,\bar{u}_1)^2\,(1 - z_2\,\bar{u}_2)^2}\,.$$

Man übersieht sofort, daß die Kernfunktion und der R-Kern

$$K_{\boldsymbol{R}_5}(u) = \frac{|u_2|^2}{\pi^2\,(|u_2|^2 - |u_1|^2)^2\,(1 - |u_2|^2)^2}$$

nicht über $\boldsymbol{R}_5$ hinaus fortsetzbar sind. Wir haben also $\boldsymbol{R}_5 = \mathfrak{H}(\boldsymbol{R}_5)$. Dieser Bereich $\boldsymbol{R}_5$ enthält zwar den Nullpunkt nicht als inneren Punkt, wohl aber gilt das für jeden Bereich, der $\boldsymbol{R}_5$ ganz im Innern enthält. Jeder $\boldsymbol{R}_5$ in dieser Weise umfassende Reinhardtsche Kreiskörper ist *eigentlich*, und seine Regularitätshülle enthält nach Satz XII 1 den Dizylinder $\boldsymbol{R}_1$. $\boldsymbol{R}_1$ ist deshalb die Außenhülle $\mathfrak{A}(\boldsymbol{R}_5)$ von $\boldsymbol{R}_5$; wir bezeichnen sie auch als Nebenhülle, weil sie von $\mathfrak{H}(\boldsymbol{R}_5) = \boldsymbol{R}_5$ verschieden ist. In diesem Fall ist also $\boldsymbol{R}_5 = \mathfrak{H}(\boldsymbol{R}_5) < \mathfrak{A}(\boldsymbol{R}_5)$.

Fassen wir zusammen: Es gilt für die hier betrachteten Reinhardtschen Kreiskörper

$$\mathfrak{H}(\boldsymbol{R}) < \mathfrak{K}(\boldsymbol{R}) < \mathfrak{A}(\boldsymbol{R}), \tag{36}$$

und unsere Beispiele zeigten, daß das Enthaltensein in dem einen oder anderen Fall echt sein kann.

Wir wollen nun die erste Aussage von (36) auf beliebige schlichte Bereiche G verallgemeinern. Dazu bezeichnen wir mit $\bar{G}$ das Gebiet des vierdimensionalen Raumes, das aus G durch die Zuordnung

$$z_1 \to \bar{z}_1, \qquad z_2 \to \bar{z}_2$$

entsteht. Ist $f(z)$ analytisch in G, so ist $f(\bar{z})$ analytisch für $z \in \bar{G}$, und für die entsprechenden Hüllen gilt offenbar

$$\overline{\mathfrak{H}(G)} = \mathfrak{H}(\bar{G}). \tag{37}$$

Die Kernfunktion $K(z,\bar{u})$ eines beschränkten und schlichten Bereiches G ist eine analytische Funktion der vier komplexen Veränderlichen z_1, z_2, $\bar{u}_1, \bar{u}_2$ in dem Produktgebiet $G \times \bar{G}$. Bei festem $\bar{u}$ ist sie eine analytische

---

[1] Definitionen in § 1.

Funktion von z_1 und z_2. Sie ist also — wie alle analytischen Funktionen in G — auch in die Hülle $\mathfrak{H}(G)$ analytisch fortsetzbar. Die Kernfunktion $K(z,\bar{u})$ ist deshalb (auf Grund einer naheliegenden Verallgemeinerung des Hartogsschen Fundamentalsatzes XII 1) analytisch in $\mathfrak{H}(G) \times \bar{G}$, und eine Wiederholung dieses Schlusses führt auf

Satz XII 13

Die Kernfunktion $K(z,\bar{u})$ eines schlichten und beschränkten Gebietes G des vierdimensionalen (z_1, z_2)-Raumes ist eine analytische Funktion der vier komplexen Veränderlichen $z_1, z_2, \bar{u}_1, \bar{u}_2$ im Produktgebiet $\mathfrak{H}(G_z) \times \mathfrak{H}(\bar{G}_u)$. Dabei ist $\mathfrak{H}(G)$ die Regularitätshülle von G. Der R-Kern $K_G(z) = K(z_1, z_2; \bar{z}_1, \bar{z}_2; G)$ ist in $\mathfrak{H}(G)$ reellwertig und reell-analytisch.

Die letzte Bemerkung begründet man aus der Tatsache, daß die Beziehung $\overline{K(z,\bar{u})} = K(u,\bar{z})$ auch in der Hülle $\mathfrak{H}(G)$ erhalten bleibt.

Nach Satz XII 13 gilt für alle schlichten und beschränkten Bereiche G:

$$\mathfrak{H}(G) \subset \mathfrak{K}(G), \tag{38}$$

und wir haben durch Beispiele belegt, daß dieses Enthaltensein echt sein kann. Wir wollen jetzt versuchen, auch die zweite Aussage von (36) zu verallgemeinern auf Bereiche, die keine Reinhardtschen Kreiskörper sind.

§ 5. Die analytische Fortsetzung quadratintegrabler Funktionen

Jede in einem Gebiet G reguläre Funktion kann in die Regularitätshülle $\mathfrak{H}(G)$ analytisch fortgesetzt werden. Darüber hinaus gilt aber für die in G quadratintegrablen Funktionen:

Satz XII 14

Es sei G ein schlichtes und beschränktes Gebiet des (z_1, z_2)-Raumes, G_0 ein Gebiet, für das die Relation

$$\mathfrak{H}(G) \subset G_0 \subset \mathfrak{K}(G)$$

erfüllt ist. Dann ist jede in G quadratintegrable Funktion $f(z)$ auch noch in G_0 regulär, und die in G gültigen Darstellungen von $f(z)$

$$f(z) = \sum_{\nu=1}^{\infty} a_\nu \, \varphi_\nu(z) \qquad \left((\varphi_\nu, \varphi_\mu) = \delta_{\nu\mu} \right) \tag{39}$$

und

$$f(z) = \int\limits_{G} K(z,\bar{u}) \, f(u) \, d\omega_u \tag{40}$$

gelten auch in G_0.

Es wird *nicht* behauptet, daß die Funktionen auch in G_0 noch quadratintegrabel sind. Die Bedeutung des Satzes liegt in der Möglichkeit, daß $\mathfrak{H}(G)$ in $\mathfrak{K}(G)$ *echt* enthalten ist. Dann behauptet Satz XII 14 die Fortsetzbarkeit jeder quadratintegrablen Funktion noch über $\mathfrak{H}(G)$ hinaus. Bei dem oben angegebenen Beispiel des Reinhardtschen Kreiskörpers $\widetilde{R}$ mit $\mathfrak{H}(\widetilde{R}) \neq \mathfrak{R}(\widetilde{R})$ ist allerdings die Aussage unseres Satzes recht trivial: Er besagt nur, daß die in $\widetilde{R}$ quadratintegrablen Funktionen auch noch auf den Achsen $z_1 = 0$ und $z_2 = 0$ regulär sind.

Zum Beweis des Satzes zeigen wir zuerst, daß die Darstellung

$$K_G(z) = \sum_{i=1}^{\infty} |\varphi_i(z)|^2 \tag{41}$$

des R-Kerns durch ein Orthonormalsystem auch in G_0 noch gültig ist. Es sei k eine stetige Kurve, die einen beliebigen Punkt z^{**} von G_0 mit einem Punkt z^* von G verbindet. Nach Voraussetzung läßt sich der R-Kern $K_G(z)$ in der Umgebung jedes Punktes von G_0 durch eine Potenzreihe darstellen:

$$K_G(z) = \sum_{k,l,m,n} K_{kl\overline{m}\overline{n}} (z_1 - t_1)^k (z_2 - t_2)^l (\overline{z}_1 - \overline{t}_1)^m (\overline{z}_2 - \overline{t}_2)^n. \tag{42}$$

Dabei ist

$$K_{kl\overline{m}\overline{n}} = \frac{1}{k!\,l!\,m!\,n!} \cdot \frac{\partial^{k+l+m+n} K_G(z)}{\partial z_1^k\, \partial z_2^l\, \partial \overline{z}_1^m\, \partial \overline{z}_2^n}\bigg|_{z=t}; \quad k, l, m, n = 0, 1, 2, \ldots . \tag{43}$$

Der Grundpunkt $t = (t_1, t_2)$ dieser Entwicklung möge auf der Kurve k liegen. Für die Kernfunktion $K(z, \overline{u}; G)$ gilt entsprechend in der Umgebung der Diagonalfläche $z = u$:

$$K(z, \overline{u}; G) = \sum_{k,l,m,n} K'_{kl\overline{m}\overline{n}} (z - t_1)^k (z - t_2)^l (\overline{u}_1 - \overline{t}_1)^m (\overline{u}_2 - \overline{t}_2)^n \tag{44}$$

mit

$$K'_{kl\overline{m}\overline{n}} = \frac{1}{k!\,l!\,m!\,n!} \cdot \frac{\partial^{k+l+m+n} K(z, \overline{u})}{\partial z_1^k\, \partial z_2^l\, \partial \overline{u}_1^m\, \partial \overline{u}_2^n}\bigg|_{(z,\overline{u})=(t,\overline{t})} = K_{kl\overline{m}\overline{n}}. \tag{45}$$

Wir denken uns nun das Bild der Kurve k auf der Diagonalfläche $z_1 = u_1$, $z_2 = u_2$ im (z, u)-Raum durch eine endliche Anzahl von Polyzylindern P_ν überdeckt:

$$|z_1 - z_1^{(\nu)}| < R_\nu, \quad |z_2 - z_2^{(\nu)}| < R_\nu, \quad |\overline{u}_1 - \overline{z}_1^{(\nu)}| < R_\nu, \quad |\overline{u}_2 - \overline{z}_2^{(\nu)}| < R_\nu,$$
$$\nu = 1, 2, 3, \ldots, r.$$

Dabei soll $(z_1^{(1)}, z_2^{(1)}) = z^*$ und $(z_1^{(r)}, z_2^{(r)}) = z^{**}$ sein und jeder Punkt $(z_1^{(\nu)}, z_2^{(\nu)})$ auch im Polyzylinder $P_{\nu+1}$ liegen.

Wir gehen nun von dem Polyzylinder P_1 aus, dessen Grundpunkt $(z_1^{(1)}, z_2^{(1)})$ noch in G selbst liegt. In einer gewissen Umgebung dieses Punktes wird die Kernfunktion $K(z, \overline{u}; G)$ durch ein in G vollständiges Orthonormalsystem $\{\varphi_\nu(z)\}$ dargestellt nach der Formel (III 9). Daher kann man die Entwicklungskoeffizienten (45) an der Stelle $(z_1^{(1)}, z_2^{(1)})$ so schreiben:

$$K^{(1)}_{k\bar{l}m\bar{n}} = \sum_{i=1}^{\infty} \varphi^{(1)}_{i,kl}\, \overline{\varphi^{(1)}_{i,mn}}. \tag{46}$$

Dabei ist

$$\varphi^{(1)}_{i,kl} = \frac{\partial^{k+l}\varphi_i(z)}{k!\, l!\, \partial z_1^k\, \partial z_2^l}\bigg|_{z=z^{(1)}}. \tag{47}$$

Nun ist doch die Reihe (44) im Polyzylinder P_1 absolut konvergent. Für jedes R mit $0 < R < R_1$ ist daher

$$\sum_{k,l,m,n} |K^{(1)}_{k\bar{l}m\bar{n}}|\, R^{k+l+m+n} = \sum_{j=0}^{\infty} \Big(\sum_{k+l+m+n=j} |K^{(1)}_{k\bar{l}m\bar{n}}|\Big)\, R^j < \infty.$$

Es gibt deshalb eine positive Zahl A, mit der für alle j die Ungleichung

$$\sum_{k+l+m+n=j} |K^{(1)}_{k\bar{l}m\bar{n}}| < \frac{A}{R^j} \tag{48}$$

erfüllt ist. Für $m=k$, $n=l$ ist speziell

$$K^{(1)}_{k\bar{l}k\bar{l}} = \sum_{i=1}^{\infty} |\varphi^{(1)}_{i,kl}|^2. \tag{49}$$

Deshalb ist $K^{(1)}_{k\bar{l}k\bar{l}}$ nicht negativ und wir haben

$$\sum_{k+l=j} |K^{(1)}_{k\bar{l}k\bar{l}}| = \sum_{k+l=j} K^{(1)}_{k\bar{l}k\bar{l}} = \sum_{k+l=j} \sum_{i=1}^{\infty} |\varphi^{(1)}_{i,kl}|^2 = \sum_{i=1}^{\infty} \sum_{k+l=j} |\varphi^{(1)}_{i,kl}|^2.$$

Nach (48) folgt daraus

$$\sum_{i=1}^{\infty} \sum_{k+l=j} |\varphi^{(1)}_{i,kl}|^2 < \frac{A}{R^{2j}}, \tag{50}$$

also erst recht

$$\sum_{k+l=j} |\varphi^{(1)}_{i,kl}|^2 < \frac{A}{R^{2j}},$$

für $i=1, 2, 3, \dots$. Nach der Schwarzschen Ungleichung für endliche Summen schließt man daraus auf

$$\sum_{k+l=j} |\varphi^{(1)}_{i,kl}| < \sqrt{j+1} \cdot \frac{\sqrt{A}}{R^j}. \tag{51}$$

Aus dieser Ungleichung ergibt sich nun die Regularität aller Funktionen $\varphi_i(z)$ im Dizylinder $\boldsymbol{D}_1$ mit $|z_1 - z_1^{(1)}| < R_1$, $|z_2 - z_2^{(1)}| < R_1$. Die Entwicklung in $z^{(1)}$ lautet nämlich

$$\varphi_i(z) = \sum_{k,l=0}^{\infty} \varphi^{(1)}_{i,kl}(z_1 - z_1^{(1)})^k\, (z_2 - z_2^{(1)})^l.$$

Für

$$\left|z_1 - z_1^{(1)}\right| < \vartheta R, \qquad \left|z_2 - z_2^{(1)}\right| < \vartheta R, \qquad 0 < \vartheta < 1$$

ist dann wegen (51):

$$\sum_{k,l=0}^{\infty} \left| \varphi_{i,kl}^{(1)} (z_1 - z_1^{(1)})^k (z_2 - z_2^{(1)})^l \right| < \sum_{j=0}^{\infty} \left(\sum_{k+l=j} \left| \varphi_{i,kl}^{(1)} \right| \vartheta^j R^j \right) < \sum_{j=0}^{\infty} \sqrt{j+1} \cdot \sqrt{A}\, \vartheta^j,$$

und daraus folgt die absolute und gleichmäßige Konvergenz der Reihe (51) im Innern von D_1.

Durch eine geringe Variation des Abschätzungsverfahrens kann man nun auch zeigen, daß $\sum \left| \varphi_i(z) \right|^2$ im Dizylinder D_1 gleichmäßig konvergiert. Für $\left|z_1 - z_1^{(1)}\right| < \vartheta R$, $\left|z_2 - z_2^{(1)}\right| < \vartheta R$ ist nämlich, wieder unter Beachtung der Schwarzschen Ungleichung

$$\left. \begin{aligned} \left| \varphi_i(z) \right| &= \left| \sum_{j=0}^{\infty} \sum_{k+l=j} \varphi_{i,kl}^{(1)} (z - z_1^{(1)})^k (z - z_2^{(1)})^l \right| < \sum_{j=0}^{\infty} \sum_{k+l=j} \left| \varphi_{i,kl}^{(1)} \right| \cdot R^j \vartheta^j \\ &\leq \sum_{j=0}^{\infty} \sqrt{(j+1) \sum_{k+l=j} \left| \varphi_{i,kl}^{(1)} \right|^2} \cdot R^j \cdot \vartheta^j. \end{aligned} \right\} \tag{52}$$

Setzen wir jetzt

$$\sum_{k+l=j} \left| \varphi_{i,kl}^{(1)} \right|^2 = \frac{A_i}{R^{2j}}. \tag{53}$$

so folgt aus (50) für diese Zahlen A_i:

$$0 \leq A_i, \qquad \sum_{i=1}^{\infty} A_i < A. \tag{54}$$

Aus (52) und (53) gewinnen wir schließlich die Abschätzung

$$\left| \varphi_i(z) \right| < \sum_{j=0}^{\infty} \sqrt{j+1} \cdot \sqrt{A_i}\, \vartheta^j < \sqrt{A_i}\, \frac{1}{(1-\vartheta)^{\frac{3}{2}}}.$$

Nach (54) ist deshalb $\sum \left| \varphi_i(z) \right|^2$ konvergent für $z \in D_1$; die Konvergenz ist gleichmäßig in jedem inneren Teilgebiet.

Damit haben wir als vorläufiges Ergebnis: *Die Funktionen des vollständigen Orthonormalsystems $\{\varphi_i(z)\}$ und der R-Kern $K_G(z)$ können aus G in das Gebiet $G_1 = G \cup D_1$ analytisch (bzw. reell analytisch) fortgesetzt werden.* Durch Wiederholung des Schlusses von G_1 auf $G_2 = G_1 \cup D_2$, $G_3 = G_2 \cup D_3 = G_1 \cup D_1 \cup D_2 \cup D_3$ usf. kommen wir nach endlich vielen Schritten zu dem Ergebnis, daß die genannten Funktionen auch noch in z^{**} regulär sind und die Reihendarstellung (41) des R-Kerns auch für $z = z^{**}$ gültig ist.

Wir beachten weiter, daß $K_G(z)$ überall positiv ist. Nach 8. in § X 6 kann man nämlich die Konstante V^{-1} als Funktion $\varphi_1(z)$ unseres Orthonormalsystems wählen. Es ist also $\sum \left| \varphi_i(z) \right|^2$ gewiß von Null verschieden.

Man kann aber auch jede andere in G quadratintegrable Funktion zur Funktion $\varphi_1(z)$ eines in G vollständigen Orthonormalsystems machen. Deshalb ist mit unseren Abschätzungen gleichzeitig bewiesen, daß *alle in G quadratintegrablen Funktionen nach G_0 analytisch fortgesetzt werden können.*

Auch die Reihe (39) konvergiert für $z \in G_0$. Nach der Schwarzschen Ungleichung ist ja

$$\left| \sum_{\nu=1}^{\infty} a_\nu \, \varphi_\nu(z)|^2 \right|^2 \leq \sum_{\nu=0}^{\infty} |a_\nu|^2 \cdot \sum_{\nu=0}^{\infty} |\varphi_\nu(z)|^2.$$

Insbesondere gilt also für die Kernfunktion $K(z, u; G)$ die Reihendarstellung

$$K(z, \bar{u}; G) = \sum_{\nu=1}^{\infty} \varphi_\nu(z) \, \overline{\varphi_\nu(u)} \tag{55}$$

auch noch für $z \in G_0, \bar{u} \in \overline{G}_0$.

Wir wollen jetzt zeigen, daß auch die Integralformel (40) für jeden Punkt $z \in G_0$ gültig ist. Dazu beachten wir, daß $\overline{K(z, \bar{u}; G)}$ für $z \in G_0$ eine quadratintegrable Funktion von u ist. Das folgt aus der Konvergenz der Reihe (55).

Unter Benutzung der Reihenentwicklung (39) (die ja auch für $z \in G_0$ noch gültig ist) bekommen wir nun:

$$\int_G K(z, \bar{u}; G) \, f(u) \, d\omega_u = \sum_{i=1}^{\infty} \varphi_i(z) \int_G \overline{\varphi_i(u)} \, f(u) \, d\omega_u = \sum_{i=1}^{\infty} a_i \, \varphi_i(z) = f(z). \tag{56}$$

Damit ist die Gültigkeit von (40) für $z \in G_0$ bewiesen. Diese Bemerkung ist deshalb besonders wichtig, weil man mit Hilfe der Formel (40) *die analytische Fortsetzung jeder in G quadratintegrablen Funktion in ein beliebiges Teilgebiet G_0 der Kernhülle $\Re(G)$ explizit angeben kann, wenn nur die Fortsetzung der Kernfunktion $K(z, \bar{z}; G)$ aus $G_z \times \overline{G}_{\bar{u}}$ nach $(G_0)_z \times (\overline{G}_0)_{\bar{u}}$ bekannt ist.*

Damit ist Satz XII 14 vollständig bewiesen. Wir wollen noch anmerken, daß *auch die Extremaleigenschaft des reproduzierenden Kerns* (Satz III 3) für die analytische Fortsetzung gültig bleibt. Nach (40) ist nämlich wegen der Schwarzschen Ungleichung:

$$|f(z)|^2 \leq \int_G |K(z, \bar{u}; G)|^2 \, d\omega_u \cdot \int_G |f(u)|^2 \, d\omega_u = \sum_{i=1}^{\infty} |\varphi_i(z)|^2 \cdot \int_G |f(u)|^2 \, d\omega_u$$

$$= K_G(z) \cdot \|f\|^2$$

für $z \in G_0$. Es ist also in G_0

$$K_G(z) = \underset{f \in F}{\mathrm{Max}} |f(z)|^2,$$

wobei F die Familie der in G quadratintegrablen Funktionen mit $\|f\| = 1$ durchläuft. Daraus ergibt sich auch wieder die Monotonie des Kerns: Ist G^* ein Gebiet, das G enthält, so ist im Durchschnitt $G^* \cap G_0$:

$$K_G(z) \geqq K_{G^*}(z).$$

§ 6. Kern und Außenhülle

Wir wollen jetzt die zweite Aussage von (36) auf beliebige schlichte und beschränkte Gebiete G verallgemeinern. Die Außenhülle $\mathfrak{A}(G)$ ist (vgl. § 1) erklärt als der Durchschnitt aller Regularitätsgebiete, die G ganz im Innern („kompakt") enthalten. Man kann[1] sie aber auch darstellen als Durchschnitt einer Folge $B_1, B_2, B_3, \ldots$ von Regularitätsgebieten, wobei B_{n+1} kompakt in B_n enthalten ist. Man kann weiter jedes B_n *von innen* durch analytische Polyeder approximieren. Darunter versteht man eine Menge von Punkten des (z_1, z_2)-Raumes, die durch endlich viele Ungleichungen

$$|f_\varrho(z_1, z_2)| < 1, \qquad \varrho = 1, 2, \ldots, r, \tag{56}$$

mit regulären Funktionen $f_\varrho(z_1, z_2)$ charakterisiert sind. Es gibt also zu jedem B_n ein Polyeder P_n, das die Bedingung[2]

$$B_{n+1} \ll P_n \ll B_n$$

erfüllt. Der Rand von P_n besteht aus endlich vielen Hyperflächenstücken $|f_\varrho(z_1, z_2)| = 1$. Es sei (z_1^*, z_2^*) ein beliebiger Punkt eines solchen Hyperflächenstückes, in dem

$$\frac{\partial f_\varrho(z_1, z_2)}{\partial z_1} \neq 0 \tag{57}$$

t[3]. Dann wird das Polyeder durch die pseudokonforme Abbildung

$$w_1 = f_\varrho(z_1, z_2), \qquad w_2 = z_2 \tag{58}$$

auf ein Gebiet B abgebildet, das ganz in einem Dizylinder

$$D: \quad |w_1| < 1, \qquad |w_2| < d$$

liegt. B braucht nicht schlicht zu sein, aber es liegen über jedem Punkt von D höchstens eine endliche Anzahl m von Punkten aus B. Dabei ist m eine für D feste Zahl. Nach (18) transformiert sich der R-Kern bei dieser Abbildung so:

$$K_{P_n}(z) = \left| \frac{\partial f_\varrho(z_1, z_2)}{\partial z_1} \right|^2 K_B(w_1, w_2). \tag{59}$$

---

[1] Vgl. z. B. BEHNKE-THULLEN.

[2] $A \ll B$ heißt: A ist in B kompakt enthalten.

[3] Randpunkte der Polyeder mit dieser Eigenschaft wollen wir *gewöhnliche* Randpunkte nennen.

Weiter folgt aus der Extremaleigenschaft des R-Kerns und aus den Voraussetzungen über B:

$$K_B(w) = \frac{\underset{f \in H(B)}{\text{Max}} |f(z)|^2}{\underset{B}{\int} |f|^2 \, d\omega} \geqq \frac{\underset{f \in H(D)}{\text{Max}} |f(z)|^2}{m \underset{D}{\int} |f|^2 \, d\omega} = \frac{K_D(w)}{m} .$$

Danach ergibt sich aus (59):

$$K_{P_n}(z) \geqq \frac{1}{m} \left| \frac{\partial f_\varrho(z_1, z_2)}{\partial z_1} \right|^2 \cdot K_D(w) .$$

Wegen (57) gibt es nun eine Umgebung von (z_1^*, z_2^*) und eine zugehörige Konstante m_0, so daß in dieser Umgebung

$$K_{P_n}(z) \geqq m_0 \cdot K_D(w) \tag{60}$$

gilt. In D ist aber der R-Kern durch

$$K_D(w) = \frac{d^2}{\pi^2 (1 - |w_1|^2)^2 (r^2 - |w_2|^2)^2}$$

gegeben. Er ist nicht über den Rand von D hinaus fortsetzbar. Nach (60) wächst also auch $K_{P_n}(z)$ bei Annäherung an den gewöhnlichen Randpunkt (z_1^*, z_2^*) über alle Grenzen.

Daraus kann man nun leicht schließen, daß der Kern nicht über die Außenhülle hinaus fortgesetzt werden kann. Nehmen wir an, $K_G(z)$ sei über einen Randpunkt der Außenhülle hinaus fortsetzbar. Dann gäbe es eine Umgebung U dieses Randpunktes, in der $K_G(z)$ beschränkt ist. Andererseits läßt sich $\mathfrak{A}(G)$ von außen durch analytische Polyeder approximieren. Es gibt dann sicher auch ein solches Approximationspolyeder P_n, das in U gewöhnliche Randpunkte hat. Da P_n das Gebiet G enthält, gilt wegen der Monotonie des Kerns

$$K_G(z) \geqq K_{P_n}(z) .$$

Wir haben aber gezeigt, daß $K_{P_n}(z)$ bei Annäherung an einen gewöhnlichen Randpunkt über alle Grenzen wächst. Die Annahme, daß $K_G(z)$ über die Außenhülle fortsetzbar sei, war also falsch.

Fassen wir zusammen:

Satz XII 15

Zwischen der Regularitätshülle $\mathfrak{H}(G)$, der Kernhülle $\mathfrak{K}(G)$ und der Außenhülle $\mathfrak{A}(G)$ eines beschränkten und schlichten Gebietes G besteht die Relation

$$\mathfrak{H}(G) < \mathfrak{K}(G) < \mathfrak{A}(G) . \tag{61}$$

Die erste Aussage von (61) war schon durch Satz XII 13 bewiesen. Eine unmittelbare Folge von (61) ist

Satz XII 16

In Gebieten ohne Nebenhülle[1] stimmt die Kernhülle mit der Regularitätshülle überein.

§ 7. Die allgemeine Bergmansche Metrik und ihre Fortsetzbarkeit

Die in § IV 9 eingeführte Bergmansche Metrik für Bereiche der komplexen Ebene kann auf die Definitionsgebiete der Funktionen mit mehreren komplexen Veränderlichen verallgemeinert werden. Wir beschränken uns wieder auf den Fall von zwei Veränderlichen z_1 und z_2.

Bei pseudokonformer Abbildung eines Gebietes G des (z_1, z_2)-Raumes gilt nach (18) für den Kern das Transformationsgesetz

$$K(w, \overline{w}; G^*) = K(z, \overline{z}; G) \cdot \left| \frac{\partial(z_1, z_2)}{\partial(w_1, w_2)} \right|^2. \tag{62}$$

Wir definieren nun die Größen $T_{m\overline{n}}(G)$ durch die Vorschrift

$$T_{m\overline{n}}(G) = \frac{\partial^2 \ln K(z, \overline{z}; G)}{\partial z_m \, \partial \overline{z}_n}; \quad m = 1, 2; \quad n = 1, 2. \tag{63}$$

Aus (62) und (63) folgt dann unter Beachtung der Regeln (IV 5) und (IV 6) für die Operatoren $\partial/\partial z$ und $\partial/\partial \overline{z}$:

$$\left. \begin{aligned} T_{m\overline{n}}(G^*) &= \frac{\partial^2 \ln K_{G^*}(z)}{\partial z_m^* \, \partial \overline{z}_n^*} = \sum_{p,q=1}^{2} \frac{\partial^2 \ln K_G}{\partial z_p \, \partial \overline{z}_q} \frac{\partial z_p}{\partial z_m^*} \frac{\partial \overline{z}_q}{\partial \overline{z}_n^*} \\ &= \sum_{p,q=1}^{2} T_{p\overline{q}}(G) \frac{\partial z_p}{\partial z_m^*} \frac{\partial \overline{z}_q}{\partial \overline{z}_n^*}. \end{aligned} \right\} \tag{64}$$

Aus diesem Transformationsgesetz (64) erkennt man sofort:

Die quadratische Form

$$ds_G^2(z_1, z_2) = \sum_{m,n=1}^{2} T_{m\overline{n}}(G) \, dz_m \, \overline{dz_n} \tag{65}$$

ist invariant gegenüber pseudokonformen Abbildungen. Sie ist *hermitesch*, weil wegen (III 3) $T_{m\overline{n}} = \overline{T_{n\overline{m}}}$ gilt. Darüber hinaus ist die durch (65) definierte quadratische Form sogar *positiv definit.* Das kann man (BERGMAN [3]) z.B. durch Lösung der folgenden Extremalaufgabe beweisen:

Es soll das Dirichlet-Integral

$$J(f) = \int\limits_{G} |f(z_1, z_2)|^2 \, d\omega$$

---

[1] Vgl. die Definitionen in § 1.

zum Minimum gemacht werden unter den Nebenbedingungen

$$f(u) = 0, \qquad \alpha_1 f_{10}(u) + \alpha_2 f_{01}(u) = 1.$$

Es zeigt sich[1], daß der Wert dieses Minimums gegeben ist durch

$$\text{Min } J(f) = \frac{1}{K(u, \bar{u}; G) \cdot \sum\limits_{m,n=1}^{2} T_{m\bar{n}}(u)\, \alpha_m \bar{\alpha}_n}. \tag{66}$$

Die im Nenner von (66) stehende quadratische Form muß danach positiv sein.

Wir wollen für den positiv definiten Charakter der Form (65) einen anderen Beweis erbringen[2], der den Vorteil hat, daß er unmittelbare Schlüsse über die Fortsetzbarkeit der Metrik in die Kernhülle zuläßt.

Stellen wir die Kernfunktion durch ein Orthonormalsystem dar, dessen erste Funktion $\varphi_1(z)$ gegeben ist durch

$$\varphi_1(z) = K(z, \bar{u}; G) \cdot \|K(z, \bar{u})\|_G^{-1}, \qquad u \in G.$$

Es liegt nahe, das durch Orthogonalisierung der Funktionen

$$K(z, \bar{u}), K_{10}(z, \bar{u}), K_{01}(z, \bar{u}), \dots$$

entstehende System $\{\sigma_\nu(z)\}$ (§ 1) zu wählen. Wir werden indessen für unseren Beweisgang über die Funktionen $\varphi_2(z)$, $\varphi_3(z)$, ... anders verfügen müssen und wollen deshalb festhalten, daß auf jeden Fall — wie man auch die Funktion $\varphi_1(z)$ zu einem vollständigen System ergänzt — für die folgenden Funktionen $\varphi_\nu(u) = 0$ ($\nu = 2, 3, 4, \dots$) gilt; es ist nämlich

$$K(u, \bar{u}) = \sum_{\nu=1}^{\infty} |\varphi_\nu(u)|^2 = |\varphi_1(u)|^2 + 0.$$

Außerdem bemerken wir, daß eine in G quadratintegrable Funktion $f(z)$ genau dann zu $\varphi_1(z)$ orthogonal ist, wenn sie an der Stelle u verschwindet. Wenn sie nämlich orthogonal ist, so können wir $f(z) = \varphi_2(z)$ als zweite Funktion unseres Systems wählen, und es ist dann, wie eben bemerkt, $\varphi_2(u) = 0$. Ist umgekehrt $f(u) = 0$, so folgt unsere Behauptung aus der reproduzierenden Eigenschaft des Kerns. Es ist doch dann

$$0 = f(u) = \big(f(z), K(z, \bar{u})\big) = \big(f(z), \varphi_1(z)\big).$$

---

[1] Man kann die Aufgabe unter Benutzung des auf S. 226 eingeführten Orthonormalsystems lösen.

[2] Er stammt von Sommer und Mehring.

Wir berechnen jetzt die Funktion T_{kl} unter Benutzung der Reihenentwicklung

$$K_{\boldsymbol{G}}(z) = \sum_{i=1}^{\infty} \varphi_i(z)\,\overline{\varphi_i(z)}\,.$$

Es wird dann, wieder unter Benutzung der Regeln (IV 5) und (IV 6):

$$
\begin{aligned}
T_{m\bar n} &= \frac{1}{K_{\boldsymbol{G}}(z)^2}\left[K_{\boldsymbol{G}}(z)\,\frac{\partial^2 K_{\boldsymbol{G}}(z)}{\partial z_m\,\partial\bar z_n} - \frac{\partial K_{\boldsymbol{G}}(z)}{\partial z_m}\cdot\frac{\partial K_{\boldsymbol{G}}(z)}{\partial\bar z_n}\right]\\[2mm]
&= \frac{1}{K_{\boldsymbol{G}}(z)^2}\left[\varphi_1(z)\,\overline{\varphi_1(z)}\sum_{j=1}^{\infty}\frac{\partial\varphi_j}{\partial z_m}\,\frac{\partial\overline{\varphi}_j}{\partial\bar z_m} - \varphi_1(z)\,\overline{\varphi_1(z)}\,\frac{\partial\varphi_1}{\partial z_m}\,\frac{\partial\overline{\varphi}_1}{\partial\bar z_n}\right]\\[2mm]
&= \frac{1}{K_{\boldsymbol{G}}(z)}\sum_{j=2}^{\infty}\frac{\partial\varphi_j}{\partial z_m}\,\frac{\partial\overline{\varphi}_j}{\partial\bar z_n}\,.
\end{aligned}
$$

Für die Form (65) erhält man also

$$ds^2 = \frac{1}{K_{\boldsymbol{G}}(z)}\sum_{m,n=1}^{2}\sum_{j=2}^{\infty}\frac{\partial\varphi_j}{\partial z_m}\cdot\frac{\partial\overline{\varphi}_j}{\partial\bar z_n}\,dz_m\,\overline{dz_n} = \frac{1}{K_{\boldsymbol{G}}(z)}\sum_{j=2}^{\infty}\left|\sum_{m=1}^{2}\frac{\partial\varphi_j}{\partial z_m}\,dz_m\right|^2. \quad (67)$$

Aus dieser Darstellung (67) erkennt man sofort, daß ds^2 positiv semidefinit ist. Wir wollen zeigen, daß sie sogar *positiv definit* ist. Dazu wählen wir als Funktionen $\varphi_2(z)$ und $\varphi_3(z)$ unseres Systems die Polynome

$$
\left.
\begin{aligned}
P_1(z) &= a_{11}(z_1 - u_1)\,,\\
P_2(z) &= a_{21}(z_1 - u_1) + a_{22}(z_2 - u_2)\,.
\end{aligned}
\right\} \quad (68)
$$

Die Konstanten von (68) sollen so gewählt sein, daß die beiden Funktionen normiert und orthogonal sind. Es ist daher $a_{11}\cdot a_{22}\neq 0$. Die Orthogonalität zu $\varphi_1(z)$ ist wegen $P_1(u)=P_2(u)=0$ gesichert. Wären nun die zu den Nummern $j=2$ und $j=3$ gehörenden Summanden in (67) gleich Null, so hätte man

$$a_{11}\,dz_1 + 0\,dz_2 = 0\,,$$

$$a_{21}\,dz_1 + a_{22}\,dz_2 = 0\,.$$

Das ist aber wegen $a_{11}\cdot a_{22}\neq 0$ unmöglich. Die Form (65) ist deshalb tatsächlich positiv definit.

Nach Satz XII 14 sind nun alle in $\boldsymbol{G}$ quadratintegrablen Funktionen in jedes Gebiet $\boldsymbol{G}_0$ fortsetzbar, das in der Kernhülle $\mathfrak{K}(\boldsymbol{G})$ enthalten ist, und aus dem Beweisverfahren des Satzes ergibt sich, daß auch die Darstellung (55) aus $\boldsymbol{G}_z\times\overline{\boldsymbol{G}}_u$ in den Raum $(\boldsymbol{G}_0)_z\times(\overline{\boldsymbol{G}}_0)_u$ fortgesetzt werden kann. Unsere Überlegungen über die quadratische Form (65) bleiben also auch dann richtig, wenn man für z bzw. u Punkte aus $\boldsymbol{G}_0$ wählt.

Satz XII 17

Die quadratische Form (65) ist positiv definit und invariant gegenüber pseudokonformen Abbildungen. Sie kann in das Gebiet $G_0 \subset \Re(G)$ fortgesetzt werden und ist auch dort positiv definit.

Man kann diese Form (65) benutzen, um für die Funktionen von zwei komplexen Veränderlichen Verzerrungssätze abzuleiten, die als Verallgemeinerungen von Satz V 7 gelten können[1].

BERGMAN [2], [3], [4].

MASCHLER.

SOMMER und MEHRING.

Literaturverzeichnis

Das Verzeichnis nennt Bücher und seit 1950 erschienene Zeitschriftenaufsätze. Ältere Arbeiten sind nur dann aufgenommen worden, wenn sie für den Text benutzt sind.

Umfassende Verzeichnisse der älteren Literatur findet man bei S. BERGMAN [2], [3], [4], S. BERGMAN und M. SCHIFFER [3] und bei ARONSZAJN [1].

ALEXITS, G.: Konvergenzprobleme der Orthogonalreihen. Berlin: Deutscher Verlag der Wissenschaften 1960.

ARONSZAJN, N.: [1] Theory of reproducing kernels. Trans. Amer. Math. Soc. **68**, 337—404 (1950).

— [2] Green's functions and reproducing kernels. Proc. Symp. spectral theory and diff. problems. 1955, pp. 355—411.

BEHNKE, H., u. F. SOMMER: Theorie der analytischen Funktionen einer komplexen Veränderlichen. Berlin-Göttingen-Heidelberg: Springer 1955. 582 S.

—, u. P. THULLEN: Theorie der Funktionen mehrerer komplexer Veränderlicher. Berlin: Springer 1934.

BERGMAN, S.: [1] Über die Entwicklung der harmonischen Funktionen der Ebene und des Raumes nach Orthogonalfunktionen. Math. Ann. **86**, 237—271 (1922).

— [2] Sur les fonctions orthogonales de plusieurs variables complexes avec les applications à la Théorie des fonctions analytiques. Mém. Sci. Math. **106**, 1—63 (1947).

— [3] Sur la fonction-noyau d'un domaine et ses applications dans la Théorie des transformations pseudo-conformes. Mém. Sci. **108**, 1—80 (1948).

— [4] The kernel function and conformal mapping. Survey math. Soc. **5** (1950).

— [5] Geometric and potential-theoretical methods in the theory of functions of several complex variables. Proc. of the Int. Congr. of Mathematicians 1952, vol. II, pp. 165—173.

— [6] Kernel function and extendes classes in the theory of functions of complex variables. Colloque sur les fonctions de plusieurs variables, pp. 135—157. Bruxelles 1953.

— [7] On zero and pole surfaces of functions of two complex variables. Trans. Amer. Math. Soc. **77**, 413—454 (1954).

— [8] Bounds for analytic functions in domains with a distinguished boundary surface. Math. Z. **63**, 173—194 (1955).

---

[1] Siehe z.B. BERGMAN [3].

Bergman, S.: [9] A class of pseudo-conformal and quasi-pseudo-conformal mappings. Math. Ann. **136**, 134—138 (1958).

— [10] A class of quasi-pseudo-conformal transformations in the theory of functions of two complex variables. J. Math. Mech. **7**, 937—956 (1958).

— [11] The number of intersection points of two analytic surfaces in the space of two complex variables. Math. Z. **72**, 294—306 (1960).

— [12] On properties of domain functionals. Stanford, California: Stanford Univ. (ohne Jahreszahl).

—, u. M. Schiffer: [1] Kernel functions and conformal mapping. Comp. Math. **8**, 205—249 (1951).

— [2] Potential-theoretic methods in the theory of functions of two complex variables. Comp. Math. **10**, 213—240 (1952).

— [3] Kernel functions and Elliptic Differential Equations in Mathematical Physics. New York 1953. 432 S.

Bieberbach, L.: Einführung in die konforme Abbildung. Berlin: W. de Gruyter 1949.

Bochner, S.: Über orthogonale Systeme analytischer Funktionen. Math. Z. **14**, 180—207 (1922).

—, and W. T. Martin: Several complex variables. Princeton: University Press 1948.

Bremermann, H.: [1] Analytic continuation of the kernel function and the invariant metric in several complex variables. Proc. of the Conference on Complex Variables. Ann Arbor, Michigan 1954.

— [2] Holomorphic continuation of the kernel function, Lectures on functions of a complex variable. Ann Arbor: University of Michigan Press 1955.

— [3] On a generalised Dirichlet problem for plurisub-harmonic functions. Trans. Amer. Math. Soc. **91**, 246—276 (1959).

Davies, P.: An application of doubly orthogonal functions to a problem of approximation in two regions. Trans. Amer. Math. Soc. **72**, 104—137 (1952).

Epstein, P.: The kernel function and conformal invariants. J. Math. Mech. **7**, 925—936 (1958).

Garabedian, P.: [1] Schwarz' Lemma and the Szegö kernel function. Thesis. Harvard University, 1948. Trans. Amer. Math. Soc. **67**, 1—35 (1949).

— [2] A new formalism for functions of several complex variables. J. d'Analyse math. **1**, 59—80 (1951).

—, and M. Schiffer: [1] Identities in the theory of conformal mapping. Trans. Amer. Math. Soc. **65**, 187—238 (1949).

— [2] On existence theorems of potential theory and conformal mapping. Ann. of Math. **52**, 167—187 (1950).

Gelfond, A.: Sur uns méthode générale pour les problèmes d'interpolation. Ann. Acad. Sci. Fenn., Ser. A **1**, Nr. 251/4 (1958).

Geronimus, Y. L.: Polynomials orthogonal on a circle and interval. Oxford-London-New York-Paris: Pergamon Press 1960.

Grötzsch, H.: Das Kreisbogenschlitztheorem der konformen Abbildung schlichter Bereiche. Ber. sächs. Akad., math.-phys. Kl. **83**, 238—253 (1931).

Grunsky, H.: [1] Neue Abschätzungen zur Theorie der konformen Abbildung ein- und mehrfach zusammenhängender Bereiche. Schr. Math. Sem. Univ. Berlin **1**, 95—140 (1932).

— [2] Eindeutige beschränkte Funktionen in mehrfach zusammenhängenden Gebieten. Jber. dtsch. Math.-Ver. **50**, 230—235 (1940); **52**, 118—132 (1942).

Hermes, H.: Einführung in die Verbandstheorie. Berlin-Göttingen-Heidelberg: Springer 1955.

Hummel, J. A.: Complete orthogonal sequences of functions uniformally small on a subset. Proc. Amer. Math. Soc. **8**, 492—495 (1957).

Kaszmarz, S., u. H. Steinhaus: Theorie der Orthogonalreihen. New York 1951. 296 S.

Kubo, T.: Bergman kernel function and canonical slit-mapping. Mém. Coll. Sci., Univ. Kyoto, Ser. A **28**, Math. No. 1, 33—40 (1953).

Lehto, O.: [1] Anwendung orthogonaler Systeme auf gewisse funktionentheoretische Extremalprobleme. Ann. Acad. Sci. Fenn., Ser. A **1**, 59 (1949).

— [2] On the existence of analytic functions with a finit Dirichlet-Integral. Ann. Acad. Sci. Fenn., Ser. A **1**, 67 (1949).

— [3] A method of analytic continuation. Ann. Acad. Sci. Fenn., Ser. A **1**, 70 (1950).

— [4] On Hilbert spaces with a kernel function. Ann. Acad. Sci. Fenn., Ser. A **1**, 74 (1950).

— [5] Some remarks on the kernel functions in Hilbert space. Ann. Acad. Sci. Fenn., Ser. A **1**, 109 (1950).

Lokki, O.: [1] Über Existenzbeweise einiger mit Extremaleigenschaften versehenen analytischen Funktionen. Ann. Acad. Sci. Fenn., Ser. A **1**, 76 (1950).

— [2] Über das Randwertproblem der analytischen Funktionen. Ann. Acad. Sci. Fenn., Ser. A **1**, 144 (1952).

Lowdenslager, D.: [1] Potential theory in bounded symmetric homogenous complex domains. Ann. of Math. **67**, 467—484 (1958).

— [2] Potential theory and a generalises Jensen-Nevanlinna formula for functions of several complex variables. J. Math. Mech. **7**, 207—218 (1958).

Maschler, M.: Minimal domains and their Bergman kernel function. Pacif. J. Math. **6**, 501—516 (1956).

Masatsugu: A simple proof of the Bieberbach-Grunsky theorem. Comm. math. Univ. St. Pauli **5**, 29—32 (1956).

Mehring, J.: Kernfunktion und Regularitätsgebiete im Raum von zwei komplexen Veränderlichen. Diss. Münster 1953.

Meschkowski, H.: [1] Über die konforme Abbildung gewisser Bereiche von unendlich hohem Zusammenhang auf Vollkreisbereiche. Math. Ann. **123**, 392—405 (1951); **124**, 178—181 (1952).

— [2] Beziehungen zwischen den Normalabbildungsfunktionen in der Theorie der konformen Abbildung. Math. Z. **55**, 114—124 (1951).

— [3] Einige Extremalprobleme aus der Theorie der konformen Abbildung. Ann. Acad. Sci. Fenn., Ser. A **1**, Nr. 117 (1952).

— [4] Verzerrungssätze für mehrfach zusammenhängende Bereiche. Comp. math. **11**, 44—59 (1953).

— [5] Beiräge zur Theorie der Orthonormalsysteme. Math. Ann. **127**, 107—129 (1954).

— [6] Verallgemeinerung der Poissonschen Integralformel auf mehrfach zusammenhängende Bereiche. Ann. Acad. Sci. Fenn., Ser. A **1**, Nr. 166 (1954).

— [7] Die Koeffizienten des Bergmanschen Orthonormalsystems. Math. Ann. **128**, 200—203 (1954).

— [8] Über Hilbertsche Räume mit Kernfunktion. Arch. d. Math. **6**, 151—156, 481 (1955).

— [9] Darstellung analytischer Funktionen durch den Randwinkel des Bildbereiches. Math. Z. **62**, 161—166 (1955).

— [10] Interpolation durch Funktionen eines Orthonormalsystems. Arch. d. Math. **8**, 175—179 (1957).

Meschkowski, H.: [11] Differenzengleichungen. Studia math. Nr. 14. Göttingen: Vandenhoeck & Ruprecht 1959. 242 S.
— [12] Zur Theorie der Interpolationsreihen. J. reine angew. Math. **202**, 9—15 (1959).
Morita, K.: On the kernel functions for symmetric domains. Sci. Rep. Tokyo Kyoitu Daigaku, Sec. I A **5**, 190—212 (1956).
Nehari, Z.: [1] The radius of univalence of an analytic function. Amer. J. Math. **71**, 845—852 (1949).
— [2] The kernel function and canonical map. Duke J. Math. **16**, 165—178 (1949).
— [3] On bounded analytic functions. Proc. Amer. Math. Soc. **1**, 268—275 (1950).
— [4] A class of domain functions and some allied extremal problems. Trans. Amer. Math. Soc. **69**, 161—178 (1950).
— [5] On the numerical computation of mapping functions by orthogonalisation. Proc. Nat. Acad. Sci. **37**, 369—372 (1951).
— [6] Extremalproblems in the theory of bounded analytic functions. Amer. J. Math. **73**, 78—106 (1951).
— [7] On weighted kernels. J. d'Analyse Math. **2**, 126—149 (1952).
— [8] Conformal mapping. Inc. New York-Toronto-London: McGraw-Hill Book Comp. 1952. 396 S.
— [9] An integral equation associated with a function-theoretical extremal problem. J. d'Analyse Math. **4**, 29—48 (1954—55).
Nevanlinna, R.: Eindeutige analytische Funktionen. Berlin: Springer 1936.
Ozawa, M.: Some estimations on the Szegö Kernel function. Kodai math. Sem. Report **8**, 71—78 (1956).
Püschel, W.: Die erste Randwertaufgabe der allgemeinen selbstadjungierten elliptischen Differentialgleichung zweiter Ordnung im Raum für beliebige Gebiete. Math. Z. **34** (1932).
Reich, E.: On radial slit mappings. Ann. Acad. Sci. Fenn., Ser. A **1**, Nr. 296 (1961).
—, and S. E. Warschawski: On canonical conformal maps of arbitrary connectivity. Pacif. J. Math. **10**, 965—985 (1960).
Rengel, E.: Über einige Schlitztheoreme der konformen Abbildung. Schr. Math. Sem. Berlin **1**, 141—162 (1932).
Riesz, F., et B. Sz.-Nagy: Leçons d'analyse fonctionelle. Budapest: Akademmiai Kiadó 1952. 448 S.
Schmeidler, W.: [1] Integralgleichungen mit Anwendungen in Physik und Technik. I. Leipzig: Geest & Portig K.G. 1950. 611 S.
— [2] Lineare Operatoren im Hilbertschen Raum. Stuttgart: B. G. Teubner 1954. 89 S.
Sommer, F., u. J. Mehring: Kernfunktion und Hüllenbildung in der Funktionentheorie mehrerer Veränderlicher. Math. Ann. **131**, 1—16 (1956).
Springer, G.: Interpolation problems for functions of several complex variables. J. Math. Mech. **7**, 957—962 (1958).
Stark, J.: On distortion in pseudoconformal mapping. Pacif. J. Math. **6**, 565—582 (1956).
Szegö, G.: Über orthogonale Polynome, die zu einer gegebenen Kurve der komplexen Ebene gehören. Math. Z. **9**, 218—270 (1921).
Tricomi, F. G.: Vorlesungen über Orthogonalreihen. Berlin-Göttingen-Heidelberg: Springer 1955.
Tsuji, M.: A simple proof of Bieberbach Grunsky's theorem. Comm. Math. Univ. St. Pauli **5**, 25—28 (1956).
Walsh, J. L.: Interpolation and approximation by rational functions in the complex domain. New York 1952.